U0168276

轨道交通行业系列培训教程

涂装工技术指导

主　编　张　煜

参　编　刘百良　谭晓晔　王　博

　　　　袁倩姝　罗　锋　李　琼

　　　　苏　权　汤亚敏　欧文杰

主　审　尹子文　周培植

机械工业出版社

本书内容紧密结合生产实际，重点突出，图文并茂，知识讲解深入浅出、通俗易懂。主要内容包括：涂装基础、涂料基础、涂装工艺、涂装设备、涂料与涂装质量控制、机车车体涂装工艺、城轨车体涂装工艺、部件涂装工艺、技能专家谈案例、涂装工试题及答案等。本书在技能训练方面贯彻了学以致用的原则，既有理论知识讲解，又有轨道交通涂装工艺介绍和实例解析等。

本书可作为轨道交通制造企业涂装工的培训教材，以及涂装工职业技能等级认定培训教材，也可作为高等职业教育城市轨道交通专业涂装课程教学用书。

图书在版编目（CIP）数据

涂装工技术指导/张煜主编. —北京：机械工业出版社，2023.10
轨道交通行业系列培训教程
ISBN 978-7-111-73812-1

Ⅰ.①涂…　Ⅱ.①张…　Ⅲ.①涂漆-技术培训-教材　Ⅳ.①TQ639

中国国家版本馆 CIP 数据核字（2023）第 170885 号

机械工业出版社（北京市百万庄大街 22 号　邮政编码 100037）
策划编辑：侯宪国　　　　　　　　　责任编辑：侯宪国　王振国
责任校对：韩佳欣　李杉　闫焱　　　封面设计：张　静
责任印制：常天培
北京机工印刷厂有限公司印刷
2024 年 1 月第 1 版第 1 次印刷
184mm×260mm・19.25 印张・4 插页・435 千字
标准书号：ISBN 978-7-111-73812-1
定价：59.80 元

电话服务　　　　　　　　　　　　网络服务
客服电话：010-88361066　　　　机　工　官　网：www.cmpbook.com
　　　　　010-88379833　　　　机　工　官　博：weibo.com/cmp1952
　　　　　010-68326294　　　　金　书　网：www.golden-book.com
封底无防伪标均为盗版　　　　机工教育服务网：www.cmpedu.com

本书编审委员会

主 任 委 员　张　煜

副主任委员　余志兵　李燕翔

委　　　员　尹子文　周培植　余　冰　杨朝光

　　　　　　王　博　谭晓晔　欧阳清平　杨军伟

　　　　　　蔡景柱　刘奉令　李　勇　李　健

秘 书 处　刘百良　袁倩姝

本书编审人员

主　编　张　煜

参　编　刘百良　谭晓晔　王　博　袁倩姝

　　　　罗　锋　李　琼　苏　权　汤亚敏

　　　　欧文杰

主　审　尹子文　周培植

序
Preface

  《中国制造 2025》提出大力推动十大重点领域突破发展，对先进轨道交通装备提出了以下要求："加快新材料、新技术和新工艺的应用，重点突破体系化安全保障、节能环保、数字化智能化网络化技术，研制先进可靠适用的产品和轻量化、模块化、谱系化产品。研发新一代绿色智能、高速重载轨道交通装备系统，围绕系统全生命周期，向用户提供整体解决方案，建立世界领先的现代轨道交通产业体系。"

  中车株洲电力机车有限公司致力于改善公众出行条件，创造与环境和谐发展的交通运输方式。公司在坚持创新驱动发展，推进"平台化、模块化、简统化、标准化"创新体系建设的同时不断加强高技能人才队伍的建设。随着科学技术的飞速发展，相关岗位对技术人员和技术工人的理论水平和技能水平有了更高的要求。《涂装工技术指导》一书凝聚了公司多年来专业技术骨干和专家的心血和汗水，编审委员会在此基础上经过提炼，使之形成体系，为技能的传承和改进奠定基础。

  想成为一名优秀的技能人才，仅仅掌握本教材所涉及的内容是远远不够的，还必须付出更多的努力和汗水，同时还要能在实际业务操作中不断地总结和提高，加强自我专业知识的储备，增加竞争意识，提升自身素质与修养，并时刻保持谦虚、谨慎、戒骄戒躁的工作作风，努力使自己在当今这个充满竞争的环境中占有一席之地。

  希望本书的出版发行能够为中国轨道交通装备事业的发展和高技能人才队伍的建设略尽绵薄之力。

《涂装工技术指导》编审委员会主任　张煜

前 言
Foreword

　　近年来，随着科学技术以及经济水平的飞速发展，人们对轨道交通系统的需求日益增多。轨道交通凭借快速、便捷、安全、运量大和效率高等特性，成为公共交通的重要组成部分。《中国制造2025》将先进轨道交通装备列入十大重点发展领域之一，为促进轨道交通技术的持续发展和传承，培训轨道交通系统人才队伍，中车株洲电力机车有限公司组织编写了"轨道交通行业系列培训教程"。《涂装工技术指导》一书是其中的一本，由经验丰富的中车技能专家和工艺人员共同编写。本书内容紧密结合生产实际，重点突出，图文并茂，知识讲解深入浅出、通俗易懂，适于培训指导。

　　本书由张煜任主编，刘百良、谭晓晔、王博、袁倩姝、罗锋、李琼、苏权、汤亚敏和欧文杰参与编写，由尹子文、周培植任主审。在本书编写过程中参阅了部分文献、著作和相关技术标准，在此向相关作者表示最诚挚的感谢。在本书编写过程中得到了中车株洲电力机车有限公司的领导、专家和多位高级技师的大力支持和帮助，在此表示衷心的感谢。

　　鉴于涂装工艺和设备仍在不断发展和提高，加之编者水平有限，书中不足之处在所难免，敬请读者提出宝贵意见和建议。

编　者

目录 Contents

第3章　涂装工艺

第 2 篇　专业技能知识

第 6 章　机车车体涂装工艺

第7章　城轨车体涂装工艺

第8章　部件涂装工艺

第 9 章　技能专家谈案例

第 3 篇　试题

第 10 章　基础知识类试题

第 11 章　职业道德类试题

第 12 章　实操类试题

试题答案

参考文献

第 **1** 篇

专业基础知识

第1章

涂装基础

☺ **学习目标：**

1. 掌握涂装的基础知识。
2. 掌握职业道德基本要求。
3. 掌握安全文明生产与环境保护知识。
4. 掌握涂装相关法律法规要求。

1.1 基础理论知识

1.1.1 金属材料与非金属材料基本知识

从事涂装工作的人员，在工作中经常要与各种金属材料、非金属材料接触，了解并掌握这些材料的性能、分类等基本知识，对提高涂装技能和分析解决生产实际中的问题有极大的帮助。

1. 金属材料基本知识

（1）金属材料的性能 金属材料的性能决定着材料的适用范围及应用的合理性，通常包括物理性能、化学性能、力学性能和工艺性能等。

1）金属材料的物理性能：

① 密度。单位体积物质所具有的质量称为密度，用符号 ρ 表示，单位为 g/cm^3 或 kg/m^3。常用金属材料的密度如下：铸钢为 $7.8g/cm^3$，灰铸铁为 $7.2g/cm^3$，钢为 $8.9g/cm^3$，黄铜为 $8.63g/cm^3$。

② 导电性。金属传导电流的能力叫作导电性。各种金属的导电性各不相同，通常银的导电性最好，其次是铜、金和铝。

③ 导热性。金属材料传导热量的能力称为导热性。一般用热导率 λ 表示金属材料导热性能的优劣。通常导电性好的材料，其导热性也好。

④ 热膨胀性。金属材料受热时体积增大，冷却时收缩，这种现象称为热膨胀性。例如，被焊工件由于受热不均匀而产生不均匀的热膨胀，就会导致焊件发生变形和产生焊接应力。

2）金属材料的化学性能：

① 抗氧化性。金属材料在高温时抵抗氧化性气体腐蚀作用的能力称为抗氧化性。

② 耐蚀性。金属材料抵抗各种介质（大气、酸、碱、盐等）侵蚀的能力称为耐蚀性。一般化工、热力设备中许多部件选材时必须考虑钢材的耐蚀性。

3）金属材料的力学性能：金属材料受外部负荷时，从开始受力直至材料被破坏的全部过程中所呈现的力学特征，称为力学性能。它是衡量金属材料使用性能的重要指标。力学性能主要包括弹性、塑性、刚度、强度、硬度、冲击韧性、疲劳强度和断裂韧性等。

其中常用的硬度有布氏硬度（HB）、洛氏硬度（HR）、维氏硬度（HV）三种。

（2）金属材料的分类　根据金属材料颜色的不同，把金属材料分为黑色金属与有色金属两大类，黑色金属包括铁、铬、锰；有色金属是指除黑色金属以外的所有金属。

1）黑色金属的分类：工业上使用的钢铁实际上是利用自然界存在的铁矿石经过冶炼而得到的铁碳合金，含碳量在 2.11% 以上的铁碳合金为生铁，含碳量小于 2.11% 的铁碳合金为钢，含碳量小于 0.04% 的铁碳合金为工业纯铁。

① 生铁。生铁是含碳量在 2.11%~6.67% 并含有非铁杂质较多的铁碳合金，工业生铁的含碳量一般在 2.5%~4.0%，并且含有 Si、Mn、S、P 等元素，是用铁矿石经高炉冶炼得到的产品，如白口铸铁、灰铸铁等。

② 钢。钢是用生铁（炼钢生铁）或生铁加一部分废钢炼成的，含碳量低于 2.11%，并使其杂质（主要指 S、P）含量降低到规定标准的铁碳合金。钢的主要元素除 Fe、C 外，还有 Si、Mn、S、P 等，如碳素钢、合金钢等。

③ 不锈钢。不锈钢是在空气或化学腐蚀介质中能够抵抗腐蚀的一种高铬合金钢，具有美观的表面和优良的耐蚀性。因为不锈钢含有铬而使表面形成很薄的铬膜，这个膜隔离开侵入钢内的氧气而使不锈钢具有耐腐蚀能力。为了保持不锈钢所固有的耐腐蚀能力，钢中必须含有 12% 以上的铬。

2）有色金属的分类：有色金属又称为非铁金属，是指除黑色金属外的金属，其中除少数有颜色外（铜为紫红色，金为黄色），大多数为银白色。有色金属有 60 多种。

有色金属按照性能和特点可分为轻金属、重金属、贵金属、稀有金属和稀土金属五大类。工业上常用的有色金属及其合金有铝及铝合金、铜及铜合金、镍及镍合金、钛及钛合金、铅及铅合金、镁及镁合金等。

① 铝及铝合金。铝是一种轻金属，密度是 $2.79g/cm^3$。铝合金强度比较高（接近或超过优质钢），塑性好，可加工成各种型材，具有优良的导电性、导热性和耐蚀性，在工业上得到广泛使用。纯铝可制作电线、电缆、器皿及配制合金，铝合金可制造承受较大载荷的机器零件和构件。

② 铜及铜合金。铜是人类最早使用的金属，其应用以纯铜为主。铜合金具有较高的强

度、塑性、弹性极限、疲劳极限，同时还具有较好的抗碱性及优良的减摩性和耐磨性。工业上常将铜和铜合金分为纯铜、黄铜、青铜和白铜。

2. 非金属材料基本知识

金属材料以外的材料统称为非金属材料，按其化学特征，一般分为有机高分子材料和无机非金属材料两大类。

（1）有机高分子材料　有机高分子材料具有较高的强度、良好的塑性、较强的耐蚀性、很好的绝缘性、重量轻等优良性能。有机高分子材料一般分天然和人工合成两大类。

1）特点：高分子化合物是指相对分子质量很大（可达几千乃至几百万）的一类有机化合物。它们在结构上是由许多简单的、相同的称为链节（单体）的结构单元，通过化学键重复连接而成的。高分子化合物也称为高聚物或聚合物。有机高分子材料是以高分子化合物为主要成分，与各种添加剂（或配合剂）配合，经过适当的加工而成。材料的基本性能主要取决于高分子化合物。

有机高分子材料具有密度小、绝缘性能优良、减摩和耐磨及自润滑性能优良、耐蚀性优良、富有黏力、易于合金化、富有弹性、透光性优良、易老化和耐热性差、可燃等特点。

2）分类：

① 塑料。塑料制品都是以合成树脂为基本材料，按一定比例加入填充料、增塑剂、着色剂和稳定剂等材料，经混炼、塑化，并在一定压力和温度下制成的。按照应用范围，塑料分为通用塑料、工程塑料和特种塑料。

通用塑料主要包括聚乙烯（PE）、聚氯乙烯（PVC）、聚苯乙烯（PS）、聚丙烯（PP）、酚醛塑料和氨基塑料六大品种。这一类塑料的特点是产量大、用途广、价格低，它们占塑料总产量的3/4以上，大多数用于日常生活用品。其中，以聚乙烯、聚氯乙烯、聚苯乙烯、聚丙烯这四大品种用途最广泛。

工程塑料是指能作为结构材料在机械设备和工程结构中使用的塑料。它们的力学性能较好，耐热性和耐蚀性也比较好，是当前大力发展的塑料品种。这类塑料主要有聚酰胺（PA）、聚甲醛（POM）、聚甲基丙烯酸甲酯（PMMA，俗称有机玻璃）、聚碳酸酯（PC）、ABS塑料、聚苯醚、聚砜（PSF）和氟塑料等。

特种塑料是具有某些特殊性能，能满足某些特殊要求的塑料，如医用塑料等。这类塑料产量少、价格贵，只用于有特殊需求的场合。

② 橡胶。橡胶是一种具有优良的伸缩性，良好的储能能力，以及耐磨、耐酸、耐碱、隔音、绝缘等良好性能的高分子防腐蚀材料，它们在很宽的温度范围内处于高弹态。橡胶分为天然橡胶和合成橡胶两大类。

天然橡胶是一种以聚异戊二烯为主要成分的天然高分子化合物，可制成氧化橡胶和氯化橡胶，其中氯化橡胶可用来制造耐火涂料。

合成橡胶是以煤、石油、天然气为主要原料，经人工合成的高弹性聚合物，主要有丁苯橡胶（SBR）、丁腈橡胶（NBR）、氯磺化聚乙烯橡胶（CSM）、丁基橡胶（IIR）、氯丁橡胶（CR）、氟硅橡胶（MFQ），广泛用于制作密封件、减振件、传动件、轮胎和电线等制品。

③ 合成纤维。纤维是一种细长且柔软的物质，由许多纤维分子或细胞组成。纤维可以是天然的，如棉花、麻、羊毛等，也可以是人工合成的，如聚酯纤维、尼龙等。纤维包括天然纤维和化学纤维。其中化学纤维又分为人造纤维和合成纤维。人造纤维是用自然界的纤维加工而成的，例如称为"人造丝""人造棉"的粘胶纤维、硝化纤维、醋酸纤维等。合成纤维以石油、煤、天然气为原料制成，目前国内外大量发展的主要有聚酰胺纤维、聚酯纤维及聚丙烯腈纤维三大类。合成纤维具有强度高、密度小、耐磨和不霉、不腐等特点，广泛用于制作衣料。

④ 复合材料。复合材料是指由两种或两种以上不同的化合物组成的人工合成材料。其具有减摩性、耐磨性、自润滑性和耐蚀性优良，耐疲劳性高，抗断裂能力强，减振性能好，高温性能好，抗蠕变能力强等特点。复合材料构件制造工艺简单，具有良好的工艺性能，适合整体成型。

玻璃纤维增强塑料通常称为玻璃钢。由于其成本低、工艺简单，是目前应用最广泛的复合材料。它的基体可以是热塑性塑料，如尼龙、聚碳酸酯、聚丙烯等；也可以是热固性塑料，如环氧树脂、酚醛树脂、有机硅树脂等。玻璃钢可制造汽车、火车、城铁车身的零部件，也可应用于机械工业的各种零件。

⑤ 胶黏剂。胶黏剂统称为胶，它是以黏性物质为基础，并加入各种添加剂组成的一种复合材料。它可将各种零件、构件牢固地胶结在一起，有时可部分代替铆接或焊接等工艺。由于胶粘工艺操作简便，接头处应力分布均匀，接头的密封性、绝缘性和耐蚀性较好，且可连接各种材料，所以在工程中应用日益广泛。胶粘剂分为天然胶粘剂和合成胶粘剂两种。糨糊、虫胶和骨胶等属于天然胶粘剂，而环氧树脂、氯丁橡胶等则属于合成胶粘剂。通常，人工合成树脂型胶粘剂由粘剂（如酚醛树脂、聚苯乙烯等）、固化剂、填料及各种附加剂（增韧剂、抗氧剂）等组成，根据使用要求可选择不同的配比。

（2）无机非金属材料 无机非金属材料包括耐火材料、耐火隔热材料、耐蚀（酸）非金属材料和陶瓷材料等。

耐火材料是指能承受高温而不易损坏的材料，常用的有耐火砌体材料、耐火水泥及耐火混凝土。

耐火隔热材料又称为耐热保温材料，常用的有硅藻土、蛭石、玻璃纤维（又称为矿渣棉）、石棉以及它们的制品，如板、管、砖等。

耐蚀（酸）非金属材料主要由金属氧化物、氧化硅和硅酸盐等组成，在某些情况下它们是不锈钢和耐蚀合金的理想代用品，常用的有铸石、石墨、耐酸水泥、天然耐酸石材和玻璃等。

1.1.2 氧化还原反应

物质与氧化合的反应叫作氧化反应，含氧化合物里的氧被夺去的反应叫作还原反应，氧化反应和还原反应必定是同时发生的。但是，如果根据物质在化学反应中得氧或失氧来判断氧化还原反应是有局限性的。事实上，在很多氧化还原反应中，不一定有氧元素参加，例如钠和氯气反应生成氯化钠。从氧化还原的电子理论来看，物质失去电子是氧化，获得电子是还原。氧化还原反应是电子得失或传递的反应，有的元素获得电子，化合价降低，有的元素失去电子，化合价升高。下面给氧化还原反应下一个更确切的定义：凡是有电子转移（得失或偏移）的反应就叫作氧化还原反应。

在氧化还原反应里，原子（或离子）失去电子或电子对偏离的变化称为氧化，失去电子或电子对偏离的物质叫作还原剂，其化合价升高。还原剂具有还原性，其在反应中失去电子后被氧化形成的生成物称为氧化产物。相反，原子（或离子）得到电子或电子对偏向的变化称为还原，得到电子或电子对偏向的物质叫作氧化剂，其化合价降低。氧化剂具有氧化性，其在反应中得到电子后被还原形成的生成物称为还原产物。氧化剂和还原剂在习惯上是指参加反应的一种物质来说的，而实际上发生电子得失的往往是其中的一部分原子或离子。

氧化还原反应是一种很重要的化学反应，如工业生产中的金属冶炼。在涂装作业中如金属腐蚀及防护、电泳涂装等都涉及氧化还原反应。

1.1.3 金属腐蚀原理

（1）金属腐蚀的分类　金属表面和周围介质接触，由于发生化学作用或电化学作用而引起的破坏叫作金属的腐蚀。

1）根据腐蚀的环境，金属腐蚀可分为大气腐蚀、土壤腐蚀、海水腐蚀、高温气体腐蚀和化工介质腐蚀。

2）根据腐蚀的形态，金属腐蚀可分为均匀（全面）腐蚀和局部腐蚀两类。前者较均匀地发生在全部表面，后者只发生在局部。例如孔蚀、缝隙腐蚀、晶间腐蚀、应力腐蚀破裂、腐蚀疲劳、氢腐蚀破裂、选择腐蚀、磨损腐蚀和脱层腐蚀等，都属于局部腐蚀。一般局部腐蚀的危害比全面腐蚀大得多，有一些局部腐蚀往往是突发性和灾难性的，如设备和管道穿孔破裂造成可燃、可爆或有毒流体泄漏，而引起火灾、爆炸、污染环境等事故。均匀腐蚀虽然危险性小，但大量金属暴露在产生均匀腐蚀的气体和水中，其经济损失非常惊人。

3）根据腐蚀的作用原理，金属腐蚀可分为化学腐蚀和电化学腐蚀。两者的区别是当电化学腐蚀发生时，金属表面存在隔离的阴极与阳极，有微小的电流存在于两极之间，单纯的化学腐蚀则不形成微电池。

（2）金属腐蚀的原因　金属腐蚀的本质是金属原子失去电子被氧化的过程。引起金属腐蚀的原因有化学腐蚀和电化学腐蚀两种。

1）化学腐蚀。化学腐蚀是指金属表面与非电解质直接发生纯化学反应而引起的破坏。化学腐蚀是根据化学的多相反应机理，金属表面的原子直接与反应物（如氧、水、酸）的分子相互作用。在化学腐蚀过程中，电子的传递是在金属与氧化剂之间直接进行的，因此没有电流产生。

化学腐蚀最主要的形式是气体腐蚀，也就是金属的氧化过程（与氧的化学反应），或者是金属与活性气态介质在高温下的化学作用。例如，在一定的温度下，金属与干燥气体

（如二氧化硫、硫化氢、卤素等）相接触时，在金属的表面生成相应的化合物（氧化物、硫化物、氯化物等）。这种腐蚀在低温下不显著，甚至不发生，但在高温下情况很严重。如碳钢在常温和干燥的空气里并不能被腐蚀，但在高温下就容易被氧化，生成一层氧化皮（由 FeO、Fe_2O_3、Fe_3O_4 组成），同时还会发生脱碳现象，使钢铁表面的硬度减小，疲劳极限降低。

此外，在金属与某些非电解质（如石油、苯）的接触过程中，如在非电解质溶液中含有硫和硫化物时，它们能与金属反应生成硫化物，从而加快金属的腐蚀速度。

2）电化学腐蚀。电化学腐蚀是指金属表面与有离子导电的介质（电解质）发生电化学反应而产生的破坏。它与化学腐蚀不同，是由于形成了原电池而引起的。在电化学腐蚀过程中，电子的传递是通过金属从阳极区流向阴极区的，其结果是导致电流的产生。

电化学腐蚀是最常见的腐蚀，金属腐蚀中的绝大部分均属于电化学腐蚀，例如在自然条件下（海水、土壤、地下水、潮湿大气和酸雨等）对金属的腐蚀通常是电化学腐蚀。为进一步了解电化学腐蚀的本质，先做下面的试验：

在一支试管里，加入 5mL 稀硫酸溶液，放入一块纯锌，这时几乎看不到氢气产生。如果用一根铜丝接触锌块，便会看到铜丝表面剧烈地放出氢气，如图 1-1 所示。当纯锌放入稀硫酸溶液时，锌失去电子成为锌离子进入溶液，锌块附近的锌离子浓度逐渐增大，阻止了溶液中的氢离子移向锌块。这样就减少了氢离子从锌块获得电子的机会，反应进行得很慢。当铜丝和锌块接触后，锌块上的电子转移到铜丝上，氢离子就从铜丝上获得电子而生成氢气放出，因此反应继续进行。

与铜接触的锌在和酸反应的过程中，电子先由锌传给铜，铜再传给氢离子，这可以由铜锌原电池来证实，如图 1-2 所示。

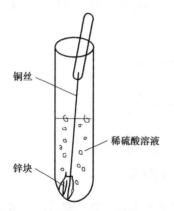

图 1-1 与铜丝接触时，纯锌在酸中的溶解

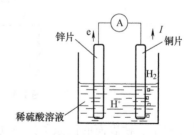

图 1-2 铜锌原电池

将铜片和锌片浸在稀硫酸溶液中，可以看到锌片上有氢气放出，但反应很慢，而铜片上没有什么现象发生。用导线连接铜片和锌片后，可以看到铜片上有较多的氢气产生，如在导线中间串联一个电流表，此时可以看到电流表上有一定量的电流通过，电流的方向是从铜极流向锌极，即电子从锌极流向铜极。锌的电位比铜低，锌在稀硫酸溶液中发生化学反应，逐

渐地以正离子状态进入溶液，使锌电极失去正离子，这样自由电子过剩而通过导线流向电位较高的铜电极，在铜极上发生还原反应而产生氢气。由此可见，铜片上放出氢气，不是铜片与稀硫酸发生化学反应导致的，而是溶液中的氢离子在铜片上获得了从锌原子放出的电子，从而变成氢分子的结果。

由化学能转变为电能的装置叫作原电池。在原电池中，电子流入的一极是正极（较不活泼金属），电子流出的一极是负极（较活泼金属）。因为较活泼的金属发生氧化反应，电子从较活泼的金属（负极）流向较不活泼的金属（正极）。

锌片和铜片上的化学反应式如下：

$$负极（锌片）\quad Zn-2e^- = Zn^{2+}（氧化反应）$$
$$正极（铜片）\quad 2H^+ + 2e^- = H_2\uparrow（还原反应）$$

结果是电极电位比铜低的锌片被不断地消耗或腐蚀。

$$原电池反应 \quad Zn + 2H^+ = Zn^{2+} + H_2\uparrow$$

电化学腐蚀产生的过程是阳极发生氧化反应、电子流动、离子迁移、阴极发生还原反应。

金属的电化学腐蚀过程和原电池的工作原理相同，下面以钢铁为例说明钢铁在空气中的电化学腐蚀。工业用的钢铁有许多细小的杂质分布在其中，这些杂质比较不易失去电子，但是都能导电，它们与铁可以构成原电池的两极。

当钢铁暴露在潮湿的空气中时，表面吸附空气中的水分，形成一层水膜。水可以微弱地电离出 H^+ 和 OH^-，水膜中的 H^+ 可因空气中的 CO_2 溶解在水里而增加。

$$H_2O + CO_2 \rightleftharpoons H_2CO_3 \rightleftharpoons H^+ + HCO_3$$

这样钢铁表面就形成了无数个微小的原电池，钢铁就如放在含 H^+、OH^-、HCO_3^- 离子的溶液中，称其为微电池。在这些微电池中，铁为负极，杂质为正极，使钢铁很快被腐蚀，如图 1-3 所示。

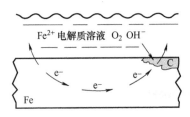

图 1-3　钢铁的电化学腐蚀示意图

在负极上，铁表面的铁原子失去电子，形成 Fe^{2+} 离子进入水膜，同时铁上多余的电子转移到杂质上：

$$负极（铁）\quad Fe - 2e^- = Fe^{2+}（被氧化）$$

进入水膜中的 Fe^{2+} 离子和 OH^- 离子结合成 $Fe(OH)_2$，附着在铁表面上：

$$Fe^{2+} + 2OH^- = Fe(OH)_2\downarrow$$

在正极上，H^+ 从杂质上获得电子，生成氢气放出：

$$正极（碳）\quad 2H^++2e^-=H_2\uparrow\quad（被还原）$$

生成的 $Fe(OH)_2$ 被空气中的 O_2 氧化成 $Fe(OH)_3$（铁锈的主要成分）：

$$4Fe(OH)_2+O_2+2H_2O=4Fe(OH)_3\downarrow$$

上述腐蚀过程中由于有氢气放出，所以称之为析氢腐蚀。析氢腐蚀实际上是在酸性较强的情况下进行的。

一般情况下，如果铁表面吸附的水膜酸性很弱或是中性溶液，则在负极上铁被氧化成 Fe^{2+} 离子：

$$2Fe-4e^-=2Fe^{2+}\quad（被氧化）$$

在正极上，主要是溶解于水中的 O_2 获得电子：

$$2H_2O+O_2+4e^-=4OH^-\quad（被还原）$$

腐蚀总反应：

$$2Fe+O_2+2H_2O=2Fe(OH)_2$$

这种腐蚀叫作吸氧腐蚀。其中，析氢腐蚀和吸氧腐蚀往往同时发生，实际上钢铁腐蚀主要是吸氧腐蚀。

（3）防止金属腐蚀的方法

1）正确选用金属材料和改变金属的组成。根据金属材料的内在耐蚀性选用金属材料，例如碳钢对浓碱和浓酸有相对不错的耐蚀性，但不耐稀酸，因此可以用碳钢制造盛放浓碱和浓酸的贮槽。

可改变金属的组织提高其耐蚀性，例如不锈钢就是在钢中加入一定量的铬、镍、钛等元素来提高耐蚀性的；也可用化学热处理方法来改变金属制品的表面性能，例如把普通钢进行渗氮，就可以提高其耐磨性和耐蚀性。

2）保护层法。在金属表面上覆盖保护层，借以隔开金属与腐蚀介质的接触，从而减少腐蚀。工业应用最普遍的覆盖层有非金属保护层、金属保护层、化学保护层等。

① 非金属保护层。把有机和无机化合物涂覆在金属表面，如涂料、塑料、玻璃钢、橡胶、沥青、搪瓷（曾称珐琅）、混凝土和防锈油等。在金属表面涂覆非金属保护层，用得最广泛的是使用涂料对金属进行防腐。

② 金属保护层。在金属表面镀上一层不易被腐蚀的其他金属或合金，如锌、锡、铝、镍、铬等。例如，镀锌钢板（俗称白铁皮）就是在薄钢板的表面镀了一层锌，镀锡钢板（俗称马口铁）就是在薄钢板的表面镀了一层锡。

③ 化学保护层。化学保护层也称为化学转化膜，是采用化学或电化学方法，使金属表面形成的稳定化合物膜层。根据成膜时所采用的介质，可将化学转化膜分为氧化膜、磷化膜、铬酸盐钝化膜等。

a. 氧化膜：在一定温度下把钢铁件放入含有氧化剂的溶液中进行处理，可以在金属表面生成一层致密的金属与氧的化合物膜。例如钢铁的"发蓝"或"发黑"处理。

b. 磷化膜：把金属放入含有锌、锰、铁等的磷酸盐溶液中进行化学处理，可以在金属表面生成一层难溶于水的磷酸盐保护膜。磷化膜呈微孔结构，与基体结合牢固，具有良好的吸附性、润滑性和耐蚀性。

c. 铬酸盐钝化膜：把金属或金属镀层放入含有某些添加剂的铬酸或铬酸盐溶液中，可以生成铬酸盐钝化膜。铬酸盐钝化膜与基体结合牢固，结构比较紧密，具有良好的化学稳定性、耐蚀性，对基体金属有较好的保护作用。

3）缓蚀剂法。在腐蚀介质中加入少量能降低腐蚀速度的物质来防止腐蚀的方法叫作缓蚀剂法，此种物质称为缓蚀剂或腐蚀抑制剂。

缓蚀剂可分为无机缓蚀剂和有机缓蚀剂两大类。对钢铁来说，常用的无机缓蚀剂有铬酸钾、重铬酸钾、硝酸盐、亚硝酸钠等。这些缓蚀剂大多为氧化剂，由于它们能使金属表面形成致密的氧化膜，因而可达到缓蚀的目的。无机缓蚀剂适用于中性或碱性溶液，而在酸性溶液中效率较低，一般在酸性溶液中都使用有机缓蚀剂，例如琼脂、糊精、尿素等。由于它们吸附在金属表面，使金属与腐蚀介质隔离而减慢了腐蚀速度。例如在自来水系统中加入一定的苛性钠或石灰，以去除水中过多的 CO_2，防止水管发生腐蚀。

4）电化学保护法。用直流电改变被保护金属的电位，从而使腐蚀减缓或停止的保护方法叫作电化学保护法。电化学保护法是根据金属电化学腐蚀的原理而采取的一种方法。这类保护方法主要有阴极保护法、保护器保护法和阳极保护法三种。

① 阴极保护法：把被保护的金属设备接到直流电源的负极上，进行阴极极化，从而达到保护金属的目的。例如，地下石油管道和船舶的外壳，均可采用此种保护方法。

② 保护器保护法：又叫作牺牲阳极阴极保护法，就是把低于被保护金属电极电位的金属材料作为阳极（牺牲阳极），从而对被保护金属进行阴极极化。例如，采用电极电位较低的锌合金或铝镁合金连接在钢铁制品上，前者作为阳极而不断遭受腐蚀，后者得以保护。

③ 阳极保护法：利用直流电对保护金属进行阳极极化，使金属处于阳极钝化状态，从而达到保护的目的。

总之，金属的腐蚀过程很复杂，防腐的方法也是多种多样，在不同的条件下，腐蚀的情况不同，采取的防腐措施也不同，应具体情况具体分析。所采用的防腐方法既要行之有效，又要尽可能简便易行。

1.1.4 识图知识

1. 比例与图线

（1）比例　图形的线性尺寸与实际机件相应的线性尺寸之比称为比例。绘图时应尽量采用 1∶1 的原比例，但在图形过小或过大不便绘制时，可适当放大或缩小比例。

（2）图线　图线是构成视图的基本要素，机械图样中的图形是用各种不同粗细和型式的图线画成的，不同的图线在图样中表示不同的含义。图线分为粗、细两种。粗线的宽度 b 应按图的大小和复杂程度，在 0.5～2mm 之间选择（一般取 0.7mm），细线的宽度约为 $b/3$。图线宽度的推荐系列为 0.18mm、0.25mm、0.35mm、0.5mm、0.7mm、1mm、1.4mm 和 2mm。绘制图样时，应采用表 1-1 中规定的图线型式来绘图。

表1-1　图线的表示方法和用途

图线名称	图线型式及代号	线宽	一般应用
细实线	——————————	$b/3$	① 过渡线 ② 尺寸线及尺寸界线 ③ 弯折线及辅助线 ④ 指引线和基准线 ⑤ 剖面线
波浪线	～～～	$b/3$	① 断裂处的边界线 ② 视图与剖视图的分界线
双折线	～／～／～	$b/3$	断裂处的边界线
粗实线	——————————	b	① 可见棱边线 ② 可见轮廓线 ③ 相贯线 ④ 螺纹牙顶线
细虚线	4～6　1	$b/3$	① 不可见棱边线 ② 不可见轮廓线
粗虚线	4～6　1	b	允许表面处理的表示线
细点画线	15～30　3	$b/3$	① 轴线 ② 对称中心线
粗点画线	15～30　3	b	限定范围表示线
细双点画线	～20　5	$b/3$	① 相邻辅助零件的轮廓线 ② 可动零件极限位置的轮廓线

2. 投影原理

（1）投影的基本知识　从物体与影子之间的对应关系规律中，创造出一种在平面上表达空间物体的方法，叫作投影法。要获得物体的投影图，必须具备光源、被投影对象和投影面。调整这三个条件可得到不同种类的投影图。

1）中心投影法。在日常的生活中，如果将三角板放在电灯泡和桌面之间，桌面上就有一个放大了的三角形的影子，这种现象叫作投影。因为光源是从投射中心发出的，所以这种投影称为中心投影，如图1-4所示。用中心投影法得到的图形不能反映物体的真实大小，机械图样中一般不采用。

2）平行投影法。如果把中心投影法的投射中心移至无穷远处，则各投射线成为相互平行的直线，这种投影法称为平行投影法。它又可分为斜投影法（投射线与投影面相倾斜的平行投影法，见图1-5）和正投影法（投射线与投影面相垂直的平行投影法，见图1-6）。

（2）正投影法的投影特点

1）被观察的物体在观察者与投影面之间，观察者是"正对着"物体去看的，因此能准确、完整地表达出形体的形状和结构。

2）投影的大小不受观察者与物体以及物体与投影面之间距离大小的影响。

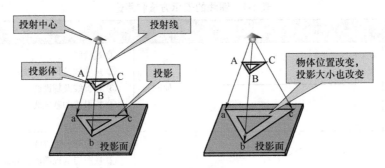

图1-4　中心投影法

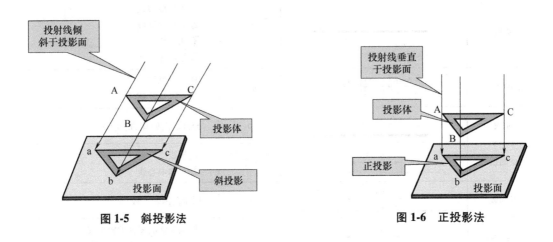

图1-5　斜投影法　　　　　　　　　　图1-6　正投影法

3）投射线与投影面垂直，各投射线互相平行，但图形立体感较差。

正投影法具有真实性、积聚性、类似性的特性。

3. 三视图

一般只用一个方向的投影无法确定空间物体的情况，如图1-7所示，通常必须将形体向几个方向投影，才能完整清晰地表达出形体的形状和结构。

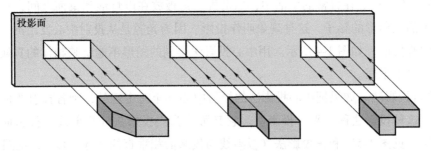

图1-7　一个方向的投影无法确定空间物体的情况

（1）三投影面体系　选用三个互相垂直的投影面，建立三投影面体系，如图1-8所示。在三投影面体系中，三个投影面分别用V（正投影面）、H（水平投影面）、W（侧投影面）来表示。三个投影面的交线OX、OY、OZ称为投影轴，三个投影轴的交点称为原点。

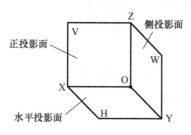

图 1-8　三投影面体系

（2）三视图的形成　如图 1-9a 所示，将 L 形块放在三投影面中间，分别向正面、水平面、侧面投影。在正面的投影叫作主视图，在水平面上的投影叫作俯视图，在侧面上的投影叫作左视图。

为了把三视图画在同一平面上，如图 1-9b 所示，规定正面不动，水平面绕 OX 轴向下转动 90°，侧面绕 OZ 轴向右转 90°，使三个互相垂直的投影面展开在一个平面上，如图 1-9c 所示。为了画图方便，把投影面的边框去掉，得到图 1-9d 所示的三视图。

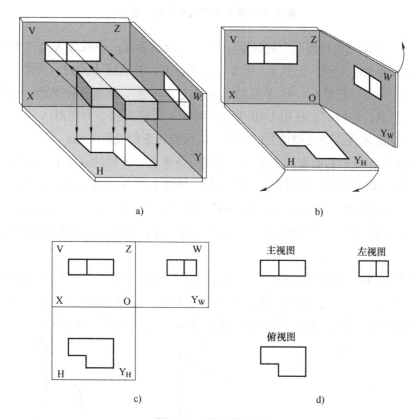

图 1-9　三视图的形成

（3）三视图的投影关系　如图 1-9 所示，三视图的投影关系如下：

1）V 面、H 面（主、俯视图）——长对正。

2）V 面、W 面（主、左视图）——高平齐。

3）H 面、W 面（俯、左视图）——宽相等。

4. 点、直线、平面的投影

（1）点的投影　在三投影面体系中，用正投影法将空间点 A 向三投影面投射，结果和制图中有关符号表达如图 1-10 所示。

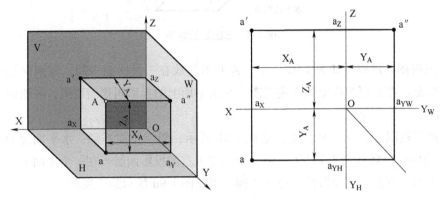

图 1-10　点 A 在三投影面的投影

下面讨论 A 点在三个投影面上的投影。从 A 点的正上方，并通过 A 点进行投影，在水平投影面上的投影是一个点，记做 a。从 A 点的正前方，并通过 A 点进行投影，在正投影面上的投影也是一个点，记做 a'。从 A 点的正左侧方，并通过 A 点进行投影，在侧投影面上的投影也是一个点，记做 a''。从图 1-10 中可以看到，无论从哪个方向对 A 进行投影，其投影总是一个点。点 A 在三个投影面上的投影，应保持如下的投影关系：

1）点 A 的正面投影和侧面投影必须位于同一条垂直于 Z 轴的直线上（$a'a'' \perp OZ$ 轴）。

2）点 A 的正面投影和水平投影必须位于同一条垂直于 X 轴的直线上（$a'a \perp OX$ 轴）。

3）点 A 的水平投影到 OX 轴的距离等于该点的侧面投影到 OZ 轴的距离（$aa_X = a''a_Z$）。

已知某点的两个投影，就可根据"长对正、高平齐、宽相等"的投影规律求出该点的第三投影。

（2）直线的投影　从正投影法得知，投射线必须垂直于投影面，但这里并没有指出直线必须垂直于投影面，直线与投影面的相对位置关系有：直线与投影面垂直；直线与投影面平行；直线与投影面倾斜。下面主要讨论它们的投影特性，如图 1-11 所示。

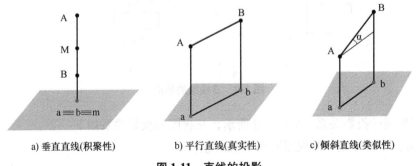

a) 垂直直线(积聚性)　　　b) 平行直线(真实性)　　　c) 倾斜直线(类似性)

图 1-11　直线的投影

1）直线与投影面垂直的投影。如图 1-11a 所示，AB 代表一条直线且垂直于投影面放置，从它的正上方并通过它向下投影，只能见到该直线的上端点，即得到的投影为一点。由此可见，直线垂直于投影面的投影是一个点。

直线垂直于投影面的投影特性是：在其垂直的投影面上，投影有积聚性；在另外两个投影面上，投影为水平线段或垂直线段，并反映实长。

2）直线与投影面平行的投影。如图 1-11b 所示，AB 代表一直线，且平行于投影面放置，从它的正上方并通过它向下投影，所得到的投影为线段 ab。由于投射线垂直于投影面，即 Aa、Bb 垂直于投影面，从几何知识可知 AabB 为一矩形，矩形的对边相等，所以 AB = ab。由此可见，直线平行于投影面，其投影反映它的实长。

直线平行于投影面的投影特性是：

① 在其平行的那个投影面上的投影反映实长，并反映直线与另两个投影面的倾角。

② 在另两个投影面上的投影为水平线段或垂直线段，并小于或等于实长。

3）直线与投影面倾斜的投影。如图 1-11c 所示，AB 代表直线且倾斜于投影面放置，从它的正上方并通过它向下投影，所得到的投影线 ab 的长度比实际线段 AB 的长度缩短了。由此可见，直线与投影面倾斜的投影是一条比实长缩短了的直线。

直线倾斜于投影面的投影特性是：三个投影都缩短了，即都不反映空间线段的实长及与三个投影面的夹角，且与三根投影轴都倾斜。

（3）平面的投影　不在一条直线上的三点、一条直线和该直线外一点、两平行直线、两相交直线可决定一个平面。由点、线与投影面的相对位置，同样可以找到平面与投影面的相对位置。平面与单个投影面的相对位置有三种：平面平行于投影面；平面垂直于投影面；平面倾斜于投影面。下面讨论它们的投影特性，如图 1-12 所示。

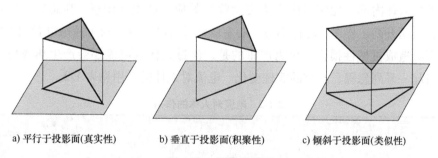

a) 平行于投影面(真实性)　　b) 垂直于投影面(积聚性)　　c) 倾斜于投影面(类似性)

图 1-12　平面的投影

1）投影面平行于平面的投影特性是：

① 在它所平行的投影面上的投影反映实形。

② 在另外两个投影面上的投影分别积聚成与相应的投影轴平行的直线。

2）投影面垂直于平面的投影特性是：

① 在其垂直的投影面上，投影积聚为一条直线。

② 在另外两个投影面上，都是缩小的类似形。

3）投影面倾斜于平面的投影特性是：三个投影都是缩小的类似形。

1.1.5 电工常识

电力是现代工业生产的主要动力，随着现代工业的不断发展，它的应用也越来越广泛。如果我们缺乏基本电工知识，就难免发生设备和人身事故，造成一些不必要的损失。

1. 电流的种类

电流分为直流电和交流电。直流电是电流的方向和大小不发生变化的电能；交流电是电流的方向和大小做周期性变化的电能。

2. 安全用电与电气防爆

电能按电压高低可分为高压电和低压电两类，电压在 250V 以上的为高压电，电压在 250V 以下的为低压电。在电力输送中，采用高压电可减少电能的损耗。在涂装生产中，一般采用电压为 220/380V 的三相四线制供电系统，照明电多采用 220V，动力电多采用 380V。

安全用电的内容包括供电系统的安全、用电设备的安全、人身安全三个方面，它们之间是紧密联系的。供电系统的故障可能导致用电设备的损坏、人身伤亡事故或一定范围内的停电。下面重点介绍人身安全。

（1）触电

1）电流对人体的伤害。外部的电流经过人体，造成人体器官组织损伤，甚至死亡，这种现象称为触电。触电依伤害的性质可分为电击和电伤两种。电击是指电流通过人体内部，对人体内脏及神经系统造成伤害的现象。当人体内通过的工频电流超过 50mA、时间超过 1s 时，就可能有生命危险。电伤是指电对人体外部造成局部伤害的现象。电伤可分为电烧伤、皮肤金属化、电烙印、机械性损伤和电光眼等。在触电事故中，电击和电伤常会同时发生，其中电击是最常见和最危险的一种伤害。

电流通过人体内部，能使肌肉产生突然收缩效应，产生针刺感、压迫感、打击感、痉挛、疼痛、血压升高、昏迷、心律不齐、心室颤动等症状，这不仅可使触电者无法摆脱带电体，而且还会造成机械性损伤。更为严重的是，流过人体的电流还会产生热效应和化学效应，从而引起一系列急骤、严重的病理变化。电流对人体的作用见表 1-2。

表 1-2 电流对人体的作用

电流/mA	作用的特征	
	50~80Hz 交流电（有效值）	直流电
0.6~1.5	开始有感觉，手轻微颤抖	没有感觉
2~3	手指强烈颤抖	没有感觉
5~7	手指痉挛	感觉痒和热
8~10	手已较难摆脱带电体，手指尖至手腕均感剧痛	热感觉较强，上肢肌肉收缩
50~80	呼吸肌麻痹，心室开始颤动	强烈的灼热感，上肢肌肉强烈收缩痉挛，呼吸困难

（续）

电流/mA	作用的特征	
	50~80Hz 交流电（有效值）	直流电
90~100	呼吸肌麻痹，持续时间 3s 以上则出现心脏停搏和心室颤动	呼吸肌麻痹
300	持续 0.1s 以上可致心跳、呼吸停止，机体组织可因电流的热效应而被破坏	

由于触电对人体的危害性极大，为了保障人的生命安全，使触电者能够自行脱离电源，因此各国都规定了安全操作电压。我国规定的安全电压：将 50~500Hz 的交流电压安全额定值分为 42V、36V、24V、12V、6V 五个等级，供不同场合选用。42V 用于有触电危险的场所使用的手持式电动工具等；36V 用于在矿井、多导电粉尘等场所使用的行灯等；24V、12V、6V 则可供某些具有人体可能偶然触及的带电的设备选用。另外，还规定安全电压在任何情况下不得超过 50V 有效值。当电气设备采用大于 24V 的安全电压时，必须有防止人体直接触及带电体的保护措施。

2）触电的种类。

① 单相触电。人站在地上或其他接地体上，而人的某一部位触及一相带电体，称为单相触电。对于高压带电体，人体虽未直接接触，但由于超过了安全距离，高电压对人体放电，造成单相接地而引起的触电，也属于单相触电。图 1-13 为单相触电示意图。

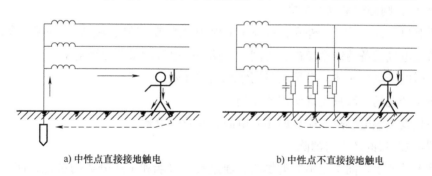

a) 中性点直接接地触电   b) 中性点不直接接地触电

图 1-13 单相触电示意图

② 两相触电。人体两处同时触及两相带电体，称为两相触电，如图 1-14 所示。两相触电加在人体上的电压为电源的线电压，所以两相触电的危险性最大。

一旦发生触电，应立即原地急救。人体触电后，常出现心跳停止、呼吸中断等死亡的假象，救护人员切勿放弃抢救。这时应首先切断电源，立即进行人工呼吸和心脏胸外按压，使触电者恢复心跳和呼吸，同时请医生抢救。

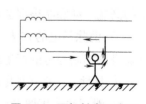

图 1-14 两相触电示意图

（2）防止触电事故的措施 电气设备在正常情况下，其外壳是不带电的，如果出现绝缘损坏或安装错误等而使金属外壳带电（俗称漏电），这时若有人触及外壳，就会发生触电事故。为了防止触电，电气设备的金属外壳必须采取保护接地或保护接零措施。

① 保护接地。保护接地是指将电气设备（如电动机、变压器等）平时不带电的金属外壳用专门设置的接地装置实行良好的金属性连接，其接地电阻不能超过 4Ω。保护接地的作用是当设备金属外壳意外带电时，将其对地电压限制在规定的安全范围内，消除或减小触电的危险。

② 保护接零。将电气设备在正常情况下不带电的金属外壳与变压器中性点引出的工作零线或保护零线相连接，这种方式称为保护接零。当某相带电部分碰触电气设备的金属外壳时，通过设备外壳形成该相线对零线的单相短路回路，该短路电流较大，足以保证在最短的时间内使熔丝熔断、保护装置或断路器跳闸，从而切断电流，保障了人身安全。若单相用电设备的保护接零措施使用的是三脚插头和三眼插座，应把用电设备的外壳用导线接在稍长的插脚上，并通过插座与中性线连接。

低压供电系统中电源中性点大多都进行工作接地，所以一般用电设备的金属外壳都采用保护接零。

（3）安全用电知识　触电的主要原因有：人们缺乏安全用电常识，不遵守安全规程，违章作业；电气设备或线路中因绝缘损坏而使金属外壳带电；电气设备的保护接地或保护接零断开；其他一些偶然事故等。因此要防止触电，必须具有安全用电知识。

1）严格遵守操作规程，禁止一般人员带电操作。更换熔丝时，应先切断电源，如确有必要带电操作，则必须采取安全措施。

2）所有电气设备的金属外壳，都应采取保护接地或保护接零措施，并保证完好。

3）防止电气设备的绝缘受损、受潮，定期检查电气设备的绝缘电阻。

4）裸露的带电金属体，必须及时用绝缘物包扎好。

5）在生产现场一般只允许使用 36V 行灯。

6）一旦发生触电事故，应立即切断电源，并及时抢救。

（4）静电现象的产生与消除

1）静电的产生。同类或不同类物质，通过紧密接触和迅速分离的过程，使一些物质失去电子，另一些物质得到电子。得到电子的物质带负电荷，这些电荷又不易移动，便不断堆积形成集团电荷而产生静电。在涂装生产中，溶剂在管道中的快速流动，各种物料在搅拌机中的高速运动和摩擦都会产生静电。

2）消除静电的方法。由于静电的影响，使易燃物质产生燃烧和爆炸，为了安全生产，就要设法抑制静电的产生和消除静电。消除静电的方法有以下几种：

① 接地。一般接地电阻在 4Ω 以下，即已与大地做了良好的连接，静电荷已不可能产生。

② 泄漏法。用增温法及抗静电剂等办法，降低物质电阻来消除静电电荷。

③ 工艺控制法。从生产工艺中采取措施，限制电荷的产生和控制电荷的积聚。

（5）电气防爆知识

1）燃烧、爆炸的产生。由于涂装生产中使用的原料大多是易燃易爆的物质，它们燃点低，极易挥发，加上生产方式多为非密封式，因而生产场所的空间，必然会有一定浓度的混合性气体。如果生产场所通风装置不好，那么这类气体就极易达到燃烧和爆炸的极限。如果遇到振动、冲击、过热或微小火花，就可能引起燃烧和爆炸。因此，涂装生产场所内的电气装置一般都采用防爆型及安全型，以确保安全。

2）防爆措施。一般来说，防爆场所的照明灯具、电动机控制按钮、指示信号均采用防爆型，导线应尽量采用电缆和铁管敷设，至于电路的电器元件应尽量采用封闭式，同时应将电气设备置于与该场地隔离的场所内（如车间配电室）。

1.2 职业道德

1.2.1 职业道德基本知识

职业道德的概念有广义和狭义之分。广义的职业道德是指从业人员在职业活动中应该遵循的行为准则，涵盖了从业人员与服务对象、职业与职工、职业与职业之间的关系。狭义的职业道德是指在一定职业活动中应遵循的、体现一定职业特征的、调整一定职业关系的职业行为准则和规范。不同的职业人员在特定的职业活动中形成了特殊的职业关系，包括职业主体与职业服务对象之间的关系、职业团体之间的关系、同一职业团体内部人与人之间的关系，以及职业劳动者、职业团体与国家之间的关系。

1. 职业道德的基本要求

《新时代公民道德建设实施纲要》中明确指出："推动践行以爱岗敬业、诚实守信、办事公道、热情服务、奉献社会为主要内容的职业道德，鼓励人们在工作中做一个好建设者。"因此，我国现阶段各行各业普遍适用的职业道德的基本内容，即"爱岗敬业、诚实守信、办事公道、热情服务、奉献社会"。

（1）爱岗敬业 通俗地说就是"干一行爱一行"，它是人类社会所有职业道德的一条核心规范。它要求从业者既要热爱自己所从事的职业，又要以恭敬的态度对待自己的工作岗位。爱岗敬业是职责，也是成才的内在要求。

所谓爱岗，就是热爱自己的本职工作，并为做好本职工作尽心竭力。爱岗是对人们工作态度的一种普遍要求，即要求职业工作者以正确的态度对待各种职业劳动，努力培养热爱自己所从事工作的幸福感、荣誉感。

所谓敬业，就是用一种恭敬严肃的态度来对待自己的职业。任何时候用人单位只会倾向于选择那些既有真才实学又踏踏实实工作，持良好工作态度的人。这就要求从业者只有养成干一行、爱一行、钻一行的职业精神，专心致志搞好工作，才能实现敬业的深层次含义，并在平凡的岗位上创造出奇迹。一个人如果看不起本职岗位，心浮气躁，好高骛远，不仅违背了职业道德规范，而且会失去自身发展的机遇。虽然社会职业在外部表现上存在差异性，但只要从业者热爱自己的本职工作，并能在自己的工作岗位上兢兢业业工作，终会有机会创造出一流的业绩。

爱岗敬业是职业道德的基础，是社会主义职业道德所倡导的首要规范。爱岗就是热爱自己的本职工作，忠于职守，对本职工作尽心尽力；敬业是爱岗的升华，就是以恭敬严肃的态度对待自己的职业，对本职工作一丝不苟。爱岗敬业，就是对自己的工作要专心、认真、负责任，为实现职业上的奋斗目标而努力。

（2）诚实守信 诚实就是实事求是地待人做事，不弄虚作假。在职业行为中最基本的体现就是诚实劳动。每一名从业者，只有为社会多工作、多创造物质或精神财富，并付出卓有成效的劳动，社会所给予的回报才会越多，即"多劳多得"。

"守信"，要求讲求信誉，重信誉、信守诺言。要求每名从业者在工作中严格遵守国家的法律、法规和本职工作的条例、纪律；要求做到秉公办事，坚持原则，不以权谋私；要求做到实事求是、信守诺言，对工作精益求精，注重产品质量和服务质量，并同弄虚作假、坑害人民的行为进行坚决的斗争。

（3）办事公道 所谓办事公道是指从业人员在办事情、处理问题时，要站在公正的立场上，按照同一标准和同一原则办事的职业道德规范，即处理各种职业事务要公道正派、不偏不倚、客观公正、公平公开。对不同的服务对象一视同仁、秉公办事，不因职位高低、贫富亲疏的差别而区别对待。

如一个服务员接待顾客不以貌取人，无论对那些衣着华贵的人还是对那些衣着平平的人，对不同国籍、不同肤色、不同民族的宾客能一视同仁，同样热情服务，这就是办事公道。无论是对那些一次购买上万元商品的大主顾，还是对一次只买几元钱小商品的人，同样周到接待，这就是办事公道。

（4）热情服务 热情服务是指听取群众意见，了解群众需要，为群众着想，端正服务态度，改进服务措施，提高服务质量。做好本职工作是热情服务最直接的体现。要有效地履职尽责，必须坚持工作的高标准。工作的高标准是单位建设的客观需要，是强烈的事业心责任感的具体体现，也是履行岗位责任的必然要求。

（5）奉献社会 奉献社会是社会主义职业道德的最高境界和最终目的。奉献社会是职业道德的出发点和归宿。奉献社会就是要履行对社会、对他人的义务，自觉地、努力地为社会、为他人做出贡献。当社会利益与局部利益、个人利益发生冲突时，要求每一个从业人员把社会利益放在首位。

奉献社会是一种对事业忘我的全身心投入，这不仅需要有明确的信念，更需要有崇高的行动。当一个人任劳任怨，不计较个人得失，甚至不惜献出自己的生命从事某种事业时，他关注的其实是这一事业对人类、对社会的意义。

2. 职业道德的特征

（1）职业性 职业道德的内容与职业实践活动紧密相连，反映着特定职业活动对从业人员行为的道德要求。每一种职业道德都只能规范本行业从业人员的职业行为，在特定的职业范围内发挥作用。

（2）实践性 职业行为过程，就是职业实践过程，只有在实践过程中，才能体现出职业道德的水准。职业道德的作用是调整职业关系，对从业人员职业活动的具体行为进行规范，解决现实生活中的具体道德冲突。

（3）继承性　在长期实践过程中形成的，会被作为经验和传统继承下来。即使在不同的社会经济发展阶段，同样一种职业因服务对象、服务手段、职业利益、职业责任和义务相对稳定，职业行为的道德要求的核心内容将被继承和发扬，从而形成了被不同社会发展阶段普遍认同的职业道德规范。

（4）多样性　不同的行业和不同的职业，有不同的职业道德标准。

3. 职业道德的本质

（1）职业道德是生产发展和社会分工的产物　自从人类社会出现了农业和畜牧业、手工业的分离，以及商业的独立，社会分工就逐渐成为普遍的社会现象。由于社会分工，人类的生产就必须通过各行业的职业劳动来实现。随着生产发展的需要，随着科学技术的不断进步，社会分工越来越细。

分工不仅没有把人们的活动分成彼此不相联系的独立活动，反而使人们的社会联系日益加强，人与人之间的关系越来越紧密、越来越扩大，经过无数次的分化与组合，形成了今天社会生活中的各种各样的职业，并形成了人们之间错综复杂的职业关系。这种与职业相关联的特殊的社会关系，需要有与之相适应的特殊的道德规范来调整，职业道德就是作为适应并调整职业生活和职业关系的行为规范而产生的。可见，生产的发展和社会分工的出现是职业道德形成、发展的历史条件。

（2）职业道德是人们在职业实践活动中形成的规范　人们对自然、社会的认识，依赖于实践，正是由于人们在各种各样的职业活动实践中，逐渐认识到人与人之间、个人与社会之间的道德关系，从而形成了与职业实践活动相联系的特殊的道德心理、道德观念、道德标准。由此可见，职业道德是随着职业的出现以及人们的职业生活实践形成和发展起来的，有了职业就有了职业道德，出现一种职业就随之有了关于这种职业的职业道德。

（3）职业道德是职业活动的客观要求　职业活动是人们由于特定的社会分工而从事的具有专门业务和特定职责，并以此作为主要生活来源的社会活动。它集中地体现着社会关系的三大要素——责、权、利。

1）每种职业都意味着承担一定的社会责任，即职责。如完成岗位任务的责任，承担责权范围内的社会后果的责任等。职业者的职业责任的完成，既需要通过具有一定权威的政令或规章制度来维持正常的职业活动和职业程序，强制人们按一定规定办事，也需要通过内在的职业信念、职业道德情感来操作。当人们以什么态度来对待和履行自己的职业责任时，就使职业责任具有了道德意义，成为职业道德责任。

2）每种职业都意味着享有一定的社会权力，即职权。职权不论大小都来自于社会，是社会整体和公共权力的一部分，如何承担和行使职业权力，必然联系着社会道德问题。

3）每种职业都体现和处理着一定的利益关系。职业劳动既是为社会创造经济、文化效益的主渠道，也是个人一个主要的谋生手段，因此，职业是社会整体利益、职业服务对象的公众利益和从业者个人利益等多种利益的交汇点、结合部。如何处理好它们之间的关系，不仅是职业的责任和权力之所在，也是职业内在的道德内容。

总之，没有相应的道德规范，职业就不可能真正担负起它的社会职能。职业道德是职业活动自身的一种必要的生存与发展条件。

(4) 职业道德是社会经济关系决定的特殊社会意识形态　职业道德虽然是在特定的职业生活中形成的，但它作为一种社会意识形态，则深深根植于社会经济关系之中，决定于社会经济关系的性质，并随着社会经济关系的变化而变化发展着。

在人类历史上，社会的经济关系归根到底只有两种形式：一种是以生产资料私有制为基础的经济结构，另一种是以生产资料公有制为基础的经济结构。与这两种经济结构相适应也产生了两种不同类型的职业道德：一种是私有制社会的职业道德，包括奴隶社会、封建社会和资本主义社会的职业道德；另一种是公有制社会即社会主义社会的职业道德。以公有制为基础的社会主义的职业道德与私有制条件下的各种职业道德有着根本性的区别。

社会主义社会人与人之间的关系，不再是剥削与被剥削、雇佣与被雇佣的职业关系，从事不同的职业活动，只是社会分工不同，而没有高低贵贱的区别，每个职业工作者都是平等的劳动者，不同职业之间是相互服务的关系。每个职业活动都是社会主义事业的一个组成部分。各种职业的职业利益同整个社会的利益，从根本上说是一致的。因此，各行各业有可能形成共同的职业道德规范，这是以私有制为基础的社会的职业道德难以实现的。

1.2.2 职业守则

1) 遵守法律、法规和有关规定。
2) 爱岗敬业、具有高度的责任心。
3) 严格执行工作程序、工作规范、工艺文件和安全操作规程。
4) 工作认真负责，团结合作。
5) 爱护涂装设备、工具。
6) 着装整齐，符合规定。
7) 保持工作环境清洁有序，文明生产。
8) 施工时能根据需要穿戴合适的个人防护用品。

1.3 安全文明生产与环境保护

1.3.1 涂装工安全卫生、防毒知识

为了保护身心健康，避免发生人身安全事故和中毒事件，涂装工必须做好个人的防护工作。

涂装生产中所使用的涂料及溶剂等绝大部分都是有毒物质，在工作中会形成漆雾、有机溶剂蒸气和粉尘等，操作者若缺乏防范意识，长期接触并吸入体内，易使操作者患急性和慢性中毒、职业病和皮肤病等。因此，必须做好场地的环境卫生、劳动安全防护、操作者个人的健康保护工作。

1. 涂料的毒性

涂料的毒性主要是由所含的溶剂、颜料和部分基料等有毒物质所造成的。毒性的大小与溶剂种类、浓度以及作用时间长短等因素有关。例如，车间空气中的有机溶剂最高允许浓度见表 1-3。有机溶剂一般都具有溶脂性（对油脂具有良好的溶解作用），会造成皮肤干燥、开裂、发红并引起皮肤病。当溶剂被吸入人身体后，将对神经组织产生麻痹作用，引起行动和语言的障碍，造成失神状态。有机溶剂对神经系统的毒性是共性，但因化学结构不同，各种有机溶剂还有其个性，毒性也不一，如苯、甲苯、二甲苯，其蒸气能破坏血液循环和血液的正常组成。

表 1-3　车间空气中的有机溶剂最高允许浓度

物质名称	最高允许浓度/（mg/m³）	物质名称	最高允许浓度/（mg/m³）
苯	50	丙酮	400
甲苯	100	200 号溶剂汽油（也称为松香水）	300
二甲苯	100	二氯乙烷	50
三氯乙烯	30	松节油	300
甲醇	50	氯苯	50
乙醇	1500	乙酸甲酯	100
丙醇	200	乙酸乙酯	200
丁醇	200	乙酸丁酯	200

苯中毒现象如下：

1）轻度苯中毒：头痛、头晕、全身无力、疲劳嗜睡、心悸及食欲不振等，偶尔有鼻、牙龈出血等现象。

2）中度苯中毒：白细胞下降到 3000 个/L 以下，红细胞和血小板减少，鼻、牙龈出血频繁，皮下可出现淤血、紫斑，妇女经期延长，抵抗力下降。

3）重度苯中毒：白细胞下降到 2000 个/L 以下，红细胞和血小板大量减少，口腔黏膜及皮下出血，视网膜广泛出血，肝脏肿大，骨骼组织显著改变，多发性神经炎，再生障碍性贫血等。

另外，有些颜料（如含铅颜料和锑、镉、汞等化合物）及防霉涂料使用的防霉剂（如有机汞、八羟基喹啉铜盐）等均为有害物质，若吸入体内则可引起中毒反应。有些基料的毒性也很大，如聚氨酯漆中含有游离异氰酯，能使呼吸系统过敏；环氧树脂涂料中含有的有机胺类固化剂可能引起皮炎等。大漆中的漆酚，对人体的刺激性比较厉害，接触后会发生红疹肿胀、皮肤呈水痘状或因感染而溃烂。因此，在使用这些涂料时必须采取预防措施，严防吸入或接触。

2. 预防中毒的安全措施

为保障涂装操作者的身体健康，涂装车间应制定切实的卫生安全措施，并对操作者进行安全卫生教育和培训。预防中毒的措施如下：

1）涂装车间内温度应保持不低于15℃，相对湿度为50%~70%，空气清洁，无灰尘。

2）涂装作业前，应穿戴好各种防护用具，如专用工作服、手套、面具、口罩、眼镜和鞋帽等。施工中应尽量避免有害物质触及皮肤，在裸露的皮肤、手上涂医用凡士林或涂抹防护油膏进行保护，其配方见表1-4。防护油在10min内即可形成一层保护膜。施工完毕后，此薄膜可在温水中用肥皂洗掉。当皮肤上沾了涂料时，不要用苯类稀释剂擦洗，要用肥皂蘸热水反复摩擦去污；万一有腐蚀性的化学品接触皮肤，应立即用流动的水进行冲洗，必要时应到医院处理。

表1-4 常用防护油膏的配方

配方一		配方二		配方三	
物质名称	质量分数	物质名称	质量分数	物质名称	质量分数
乳酪素	10%	淀粉	1%	水杨酸	0.3%
水	30%	白陶土	35%	酒精	1.7%
碳酸钠	1%	滑石粉	1%	凡士林	7.5%
酒精	28%	白明胶	1%	肥皂粉	1%
甘油	7.5%	甘油	12%	水	14.1%

3）在产生有害蒸气、气体和粉尘的工位，应设置排风装置，以使有害气体（或粉尘）的浓度低于最高允许浓度，一般最高允许浓度是毒性下限值的1/10~1/2。

4）对于毒性大、有害物质含量较高的涂料不宜采用喷涂、淋涂、浸涂等方法涂装。喷涂时，被漆雾污染的空气在排出前应过滤，排风管应超过屋顶1m以上。吸收新鲜空气点和排出废气点之间的距离，在水平方向应不少于10m。

5）在喷涂室内作业时，应先打开风机，后起动喷涂设备；作业结束时，应先关闭喷涂设备，后关闭风机。全面排风系统排出有害气体及蒸气时，其吸风口应设置在有害物质浓度最大区域，全面排风系统气流流向应避免有害物质进入操作者的呼吸区域。

6）清洗喷枪、漆刷等涂装工具时，应在带盖溶剂桶内进行，不使用时可自动密闭。操作酸和碱时作业人员应穿戴专用工作服（橡胶手套、橡胶套袖、围裙和防护眼镜等）。

7）在涂装现场严禁吃东西，更不要用未洗过的手接触食物，以免发生食物中毒。涂装作业后不准喝酒，因为酒精会促进人体对毒性的吸收。

8）涂装车间的生产和生活用水要充足，而且水质要好。每天在涂装作业完后最好进行淋浴。

9）一旦出现事故，应将中毒人员迅速抬离涂装现场，加大通风，使中毒人员平卧在空气流通的地方。严重者要施行人工呼吸，急救后送医院诊治。

10）禁止未成年人和怀孕期、哺乳期妇女从事密闭空间作业和含有机溶剂、铅等成分涂料的涂装作业。对从事涂装施工的人员，应每年进行一次职业健康检查。

3. 涂料中毒防治的主要措施

涂料中毒防治的主要措施见表 1-5。

表 1-5　涂料中毒防治的主要措施

引起中毒的途径	引起中毒的物质	主要防治措施
呼吸道吸入	成膜物质中挥发的有毒单体、溶剂蒸气、粉尘	作业场所良好通风；人员佩戴防护用品；遵守安全操作规程；设置中毒急救措施
皮肤、黏膜接触	涂料成品、涂料漆雾、溶剂	作业场所良好通风；人员佩戴防护用品；及时用清水、肥皂水清洗；及时用药物治疗
经口误服	涂料成品	遵守安全操作规程；人员佩戴防护用品；及时用药物洗胃治疗

中毒急救治疗的一般原则：

（1）呼吸道中毒　如果操作人员在涂料施工中吸入有毒有害气体，首先应保持呼吸道的通畅。第一要防止声门痉挛、喉头水肿的发生，将 2% 的碳酸氢钠、10% 异丙肾上腺素、1% 麻黄素雾化吸入，呼吸困难严重者及早将气管切开。应绝对卧床休息给予激素，并适当限制输液量。对作用于神经系统的毒物，要限制液体输入量，采用 20% 甘露醇或 25% 静脉注射或快滴。氰化物中毒应迅速吸入亚硝酸异戊酯或注射 3% 亚硝酸钠，再注射硫代硫酸钠。一氧化碳中毒可用高压氧或吸氧。

（2）急性皮肤吸收的中毒　对于经皮肤吸收的毒物或腐蚀造成皮肤灼伤的毒物，应立即脱去受污染的衣服，用大量的清水冲洗，也可用温水，严禁用热水。冲洗时间至少15min，冲洗越早、越彻底越好。中毒的过程有一段时间，要注意观察清洗是否彻底，不能认为已经清洗便不再有中毒的发生。

（3）误服吞咽中毒　误服吞咽除应及时反复漱口、除去口腔毒物外，还应当采用催吐、洗胃、清泻及使用解毒、排毒药物治疗等措施。

1.3.2　涂装工安全防火、防爆知识

涂料及稀释剂所用的溶剂绝大部分都是易燃和有毒物质，在涂装过程中形成的漆雾、有机溶剂蒸气、粉尘等与空气混合、积聚到一定的浓度范围时，一旦接触火源，就很容易引起火灾或爆炸事故。因此，从事涂装的作业人员必须高度重视和具备防火、防爆安全知识。为了做好防火、防爆工作，必须了解火灾、爆炸产生的原因和预防措施，了解火灾的类型和灭火的方法，做到有备无患。

1. 防火知识

（1）涂装生产中火灾发生的原因　在涂装生产过程中，涂料中有机溶剂的挥发和涂料粉尘的飞散是难以避免的。当这些有机溶剂蒸气和粉尘与空气混合并积聚到一定含量范围时，一旦接触明火（火花、火星），就容易引起火灾和爆炸。

涂料中常用溶剂的燃烧程度，通常是按照溶剂的闪点、燃点和自燃点来划分的。

1）闪点。易燃和可燃液体表面以及易燃固体表面，都有一定的可燃气体与空气形成的混合物，此种混合物遇火源会发生燃烧。如果可燃气体挥发速度慢，一经燃烧，新的蒸气来不及补充，则此种燃烧一闪即灭，称为闪燃。能引起闪燃的温度叫作闪点。可燃物闪点越低，危险性越大。闪点是可能引起火灾的最低温度。通常根据涂料的闪点来划分涂装作业的火灾危险性，见表1-6。

表1-6　涂装作业的火灾危险性

涂料及有机溶剂	火灾危险等级	情况说明
闪点在28℃以下的涂料及有机溶剂	甲	极易燃烧
闪点在28~45℃的涂料及有机溶剂、粉末涂料	乙	一般
闪点在45℃以上的涂料	丙	难燃

凡是闪点低于室温的有机溶剂，在涂装作业中必须严格控制这些有机溶剂的敞口操作。涂装前处理除油中常用的汽油，其闪点为-20℃。操作中应严禁用汽油来洗手、洗工作服、擦地板，因为这是造成火灾事故的常见原因。

2）燃点和自燃点。可燃液体在空气中达到某一温度时，接触火源即发生燃烧，若移去火源仍能继续燃烧，这种现象叫作着火。能引起着火的最低温度叫作燃点或着火点。

在燃点下能形成连续燃烧，因为此时的液体蒸发速度比闪点时稍快，蒸气量足以供给连续不断的燃烧。在连续燃烧的最初瞬间，火焰周围的液体温度可能刚刚达到燃点，但随后温度会不断升高，促使液体蒸发进一步加快，火势逐渐扩大，形成稳定的连续燃烧。

自燃是指可燃烧物质在没有明火作用的情况下发生的燃烧。发生自燃的最低温度叫作自燃点。在生产过程中，任何装置内的可燃物质的温度必须远低于其自燃点。

（2）涂装生产中火灾发生的条件　火灾发生必须同时具备可燃物质、助燃物质（氧气）、火源三个基本条件，缺少其中任何一个条件都不能燃烧。

1）有可燃物质存在，并达到一定浓度。涂装生产中产生的可燃物质包括：有机溶剂在存放、清洗、稀释、加热、涂覆、干燥固化及排风时挥发、蒸发的易燃、易爆蒸气；涂料施工中清洁除油时沾染有机溶剂及涂料的废布、纱头、棉球；员工的喷漆防护服、手套等，以及漆垢、漆尘；涂料中的固体组分、粉末涂料、轻金属粉。

2）有助燃物质（氧气）存在，助燃物质数量不够也不会发生燃烧。正常空气中含氧量在21%左右。若空气中含氧量降低至14%~18%或更低时，可燃物质一般会停止燃烧。

3）有火源存在，即有引起可燃物质燃烧的热能源。火源必须具有足够的温度和热量。涂装车间常见的火源如下：

①自燃火源。浸有清油、油性漆或松节油的废布、棉纱，若不及时清理而任其自然堆积，会导致热量积聚而产生化学反应，当温度达到了自燃点，就会"自动着火"。

②明火，如火焰、火星、灼热。

③摩擦冲击火花，如用铁器敲打或开启金属桶，铁器互相敲击或穿有铁钉的鞋子撞击铁器，都容易产生冲击火花。

④ 电火花或电热。电气设备开关在开启、关闭时，会产生接触瞬间火花，电线短路或过载时会产生过热和巨热现象，这些都是产生火灾的潜在隐患。

⑤ 静电放电（静电积累、静电喷枪与工件间距离过近等）。在生产中，两个良好的绝缘体之间的摩擦是产生静电的主要原因，也是火灾和爆炸事故的根源。涂装车间静电产生的来源主要有电动机的传动带和带轮、打磨和抛光设备、各种喷涂设备以及作业人员所穿的化纤衣服等，这些都可以产生静电，甚至在调配涂料时倾倒溶剂也能产生静电。

（3）涂装生产中的防火措施

1）严格遵守防火规则。在涂装现场严禁使用明火或吸烟，不准携带火柴、打火机和其他火种进入工作场地。如必须生火，或使用喷灯、电烙铁焊接时，必须在规定的区域内进行。

2）涂装车间需要焊接检修时，必须先办理动火审批手续，并指派专门防火人员到现场监视和防范。焊接前，应先将作业场地30m以内的漆垢以及各种可燃物质清扫干净，同时根据动火量的大小配备足够的灭火器材。

3）涂装车间应有良好的送排风装置。对于喷涂室、调漆室及烘干室，除应设置通风装置外，还应随时测定混合气体的含量，并配有可燃气体报警装置，其报警浓度下限值应控制在所检测可燃气体爆炸下限的25%，以防止火灾事故发生。

4）涂装车间所使用的所有电气设备和照明装置必须采用防爆产品。定期检查电路及设备的绝缘有无破损、电动机是否超负荷、电气设备的接地是否牢固可靠等，其接地电阻不应大于10Ω。插头必须是三线结构，凡能产生火花而导致火灾危险的电气设备和仪器严禁使用。在使用溶剂的场所，禁止安装刀开关、配电箱、断路器及普通电动机。

5）在涂装作业过程中，应避免敲打、碰撞、冲击、摩擦等动作，以免产生火花或静电放电引起火灾。在开启金属桶时，应使用铜制工具或专用工具。

6）涂装过程中，清洁除油时沾染有机溶剂、涂料的废布、纱头、棉球，员工喷漆防护服、手套等应集中并妥善保存，特别是沾染有机溶剂、涂料的废布、纱头、棉球必须存放在专用的有水的金属桶内，不能放置在灼热的火炉边或暖气管、烘房附近，以防引起火灾。

7）涂装生产中使用的涂料和溶剂，必须存放在有防火设施的库房内保管。

8）防止静电放电引起的火花。静电喷枪不能与工件的距离过近，消除设备、容器和管道内的静电积累，在有限空间生产和涂装时要穿着防静电的服装。

（4）灭火方法　火灾的类型很多，灭火的方法也多种多样，其基本方法有如下三种：

1）窒息法。即隔绝空气，使可燃物无法获得氧气而停止燃烧。

2）冷却法。即降低已燃物质温度，使之降低到燃点以下而停止燃烧。

3）隔离法。将正在燃烧的物质与未燃烧物质隔开，中断可燃物质的供给，使火源孤立，火势不致蔓延。

为了迅速扑灭火灾，以上三种方法可同时使用。

现实中，常使用灭火剂灭火，对灭火剂的要求是效能高、使用方便、成本低、对人体和生物基本无害。常用的灭火剂有水、泡沫液、惰性气体、阻燃/不燃性挥发液、化学干粉、固态物质等。

可燃物的类型及灭火的方法见表1-7。

表1-7 可燃物的类型及灭火的方法

序号	可燃物	火灾初起时的灭火法	灭火原理
1	有机纤维类普通燃烧材料（例如擦漆用的废纱头和破布）	用黄沙灭火；用水基型灭火器灭火	冷却降温、隔绝空气作用
2	有机溶剂、涂料类不溶于水的燃烧性液体（如稀释剂、清油、清漆、色漆等）	用二氧化碳灭火器灭火；用泡沫灭火器和石棉毯灭火	隔绝空气、窒息氧气
3	有机溶剂（醇和醚类可溶于水的燃烧性液体，如酒精、丁醇、乙醇等）	用水灭火	冲淡溶液灭火，或将容器盖严，隔绝空气
4	电气设备、仪器设备（如空气压缩机、输漆泵、静电设备等）	用干粉、二氧化碳灭火器灭火	灭火剂比空气重，可在物体上形成隔绝空气的屏障及冲淡氧气作用
5	电动机燃烧（如各种开口或封闭式电动机）		

涂装车间的员工应熟悉防火安全技术知识、火灾类型及其扑灭方法，因此应熟悉各种消防工具的使用方法。例如，电气设备着火时，应立即切断电源，以防火灾蔓延和产生电击事故。当工作服着火时，切勿惊慌奔跑，而应就地打滚熄火。当粉尘类材料（如粉末涂料、铝粉颜料等）着火时，不能使用喷水灭火，以免扩大火灾面积。

2. 防爆知识

目前，涂料仍以溶剂型涂料和粉末涂料为主。涂料中的有机溶剂及涂料稀释剂均易燃、易爆，且闪点都很低。粉末涂料虽然闪点很高，但无法抵挡静电打火时的高温。现今国内采用较多的涂装方法仍是喷涂法。水溶性涂料虽然消除了火灾的危险，但在应用方面还不是很广泛。基于上述原因，涂装生产中必须做好防爆工作，以确保安全生产。

（1）涂装生产中引发爆炸的因素

1）溶剂型涂料引发爆炸的因素：一是涂料中的有机溶剂闪点低，且涂料的组成大部分是易燃物质；二是涂料施工中有机溶剂含量超标。在涂装作业区域内，由于溶剂的大量挥发，以及含有溶剂和不含溶剂的涂料粉尘同空气一起组成混合气体，当其浓度达到爆炸极限时，遇火即可引发燃烧爆炸。产生爆炸的最低浓度叫作爆炸下限，产生爆炸的最高浓度叫作爆炸上限。浓度在爆炸下限以下或爆炸上限以上，或点火能量不足，或氧气（助燃物质）量不够，都不能发生燃烧和爆炸。只有在爆炸下限和爆炸上限这个浓度区间可以发生爆炸，这个区间称为爆炸范围。当可燃气体过少低于爆炸下限时，剩余空气可吸收爆炸点放出的热，使爆炸的热不再扩散到其他部分继续引起燃烧和爆炸；当可燃气体超过爆炸上限时混合气体内含氧量不足，也不会引起爆炸，但极为有害。可用爆炸界限作为衡量爆炸危险等级的尺度。可燃气体和可燃蒸气的爆炸极限常以体积分数表示，也可以用质量表示，单位是 mg/m³。

闪点、爆炸界限与涂料及溶剂的沸点、挥发速度有关。沸点越低，挥发速度越快，闪点就低，在同样的条件下也易于达到爆炸界限。常用有机溶剂和稀释剂的闪点、爆炸界限、沸点及挥发速度等参数见表1-8。

表1-8 常用有机溶剂和稀释剂的闪点、爆炸界限、沸点及挥发速度等参数

有机物名称	闪点/℃（闭杯法）	爆炸界限（%）（体积）	沸点/℃	自燃点	相对挥发速率（醋酸丁酯=1）
甲苯	4.1	1.27~7	111	552	1.95
二甲苯	25.29	1~5.3	135	530	0.68
乙醇	14	4.3~19	78.3	390.4	2.6
异丙醇	11.7	2.02~7.99	82.5	460	2.05
正丁醇	27~34	1.45~11.25	117.3	340~420	0.45
乙酸乙酯	-4	2.18~11.4	77	425.5	5.25
环己酮	44	1.1~8.1	155	420	0.25
乙酸丁酯	27	1.4~8	126.5	421	1
200号溶剂汽油	33	6.2~10	14~200	—	0.18
石油醚	<0	1.4~5.9	30~120	—	
丙酮	-17.8	2.55~12.8	56.1	561	7.2
苯	-11.1	1.4~21	79.6	562.2	5
松节油	35	0.8以上	150~170	253.3	0.45
甲醇	12	6~36.5	64.65	470	6
甲乙酮	-4	1.8~11.5	79.6	505	4.65

2）粉末涂料引发爆炸的因素。粉末涂料在涂装生产中引发燃烧爆炸的因素主要有以下3点：

① 粉尘浓度超标。如果静电喷粉室和回收装置设计不合理，造成粉尘积聚严重，当粉尘浓度超过粉末涂料的爆炸下限时，而温度达到粉末涂料的闪点，就会引起燃烧爆炸。各种粉末涂料的爆炸下限及闪点见表1-9。

表1-9 各种粉末涂料的爆炸下限及闪点

涂料名称	爆炸下限/(g/m³)	闪点/℃
环氧树脂涂料	30	450
聚酰胺涂料	20	500
带有铅粉的环氧树脂涂料	36	505
聚酯树脂涂料	67	470
丙烯酸树脂涂料	50	435

② 电气设备防爆设施不符合技术要求和预热温度过高。在静电喷涂区域内，若电气设备防爆设施不合格，出现电打火现象，或涂装前工件预热温度过高，超过了该粉末涂料的闪点，这时如果粉尘浓度又很高，就可引发粉末涂料的燃烧爆炸。

③ 静电喷涂设备使用不当。高压静电发生器的电源插头无专用插座，且使用过程中高压调整不当或操作出现过失，如静电喷枪喷粉量过大、喷枪与工件距离过近、回收设备使用效率太低、进风量不合理、设备接地不符合要求等，都会造成静电喷涂时粉末涂料的爆炸。

（2）涂装生产中的防爆措施

1）对于溶剂型涂料的涂装作业，可根据现场实际测定的涂料及稀释剂的闪点、爆炸极限、自燃点的数据分为各种等级，分别采取不同的防范措施。

2）在使用易燃有机溶剂脱脂的操作区域，必须设置良好的槽边通风和区域总通风装置，及时将区域内挥发的溶剂气体浓度降至爆炸下限以下。

3）处理各种涂装前表面预处理槽液时，应尽量采取封闭式作业，最大限度地降低溶剂的挥发量，以防止自燃或人为过失引发的燃烧爆炸。

4）涂装车间无论是哪一级的爆炸危险场区，都应严禁明火，防止机械碰撞产生火花，以杜绝除自燃外的一切人为过失引发的燃烧爆炸。

5）涂装车间应设置专用喷涂室作为溶剂型涂料的操作区，喷涂室内应有良好的送排风装置，以将飞散的涂料和溶剂蒸气浓度控制在尽量小的范围内，使之不超过爆炸下限，从而避免燃烧爆炸。

6）涂装车间所使用的所有电气设备和照明装置必须采用防爆产品。定期检查电路及设备的绝缘有无破损、电动机是否超负荷、电气设备的接地是否牢固可靠等，其接地电阻不应大于10Ω。插头必须是三线结构，凡能产生火花而导致火灾危险的电气设备和仪器严禁使用。在使用溶剂的场所，禁止安装刀开关、配电箱、断路器及普通电动机。

7）粉末、静电涂装都应在专用涂装室内进行。粉末喷涂室内应有良好的粉末回收装置，可使喷粉室内的粉尘浓度降至爆炸下限以下；静电喷涂室的结构及所有设备均应符合防火、防爆要求。

8）每班次作业完成后，应将操作现场清理干净，同时将剩余的涂料及溶剂（配套稀释剂）送回专用库房妥善保管。废弃物应集中处理，做到安全文明生产。

1.3.3 涂装作业安全措施

涂装作业中的安全措施，一般可以分为以下几种：涂装前表面预处理操作的安全措施，涂装生产设备和工具的安全使用措施，特殊环境下涂装作业时的安全措施，涂膜烘干过程中的安全措施，涂料储存和保管的安全措施。

1. 涂装前表面预处理操作的安全措施

涂装前表面预处理工序包括脱脂、除锈、除漆、酸洗、磷化、钝化和阳极氧化等，其处理方法有手工方法、机修方法和化学方法等。采用手工方法或机修方法除锈、除旧漆时，应按照设备安全操作规程操作设备和工具。在厂房内处理时，应有良好的通风排尘装置。厂房内的温度、采光、照明、有毒物质的气体挥发、粉尘的飞散等不得超过国家规定的标准。操作区内的温度不低于15℃，相对湿度不高于80%。采光以自然光为主，照明、电器开关必须使用防爆型，照明应有足够的亮度，即其光线能够穿越稀薄烟雾和蒸气。粉尘要及时排放、妥善处理及回收。喷砂、喷丸、抛丸设施要有专用设备，均应在专用的喷砂（丸）、抛丸室内进行，并无粉尘泄漏。如有泄漏，则不应超过国家标准的规定。操作者在施工时，应穿好工作服，佩戴好防尘口罩及其他防尘用具。

采用化学法脱脂时，应单独进行，并推荐使用水性表面活性金属清洗剂。若采用有机溶剂或碱液脱脂时，应配槽进行。操作时，操作者要穿戴好（耐酸、耐碱、耐溶剂）手套、防护眼镜、围裙。采用三氯乙烯等有机蒸气脱脂时，必须在密闭装置中进行，操作者应戴好防毒面具。

采用酸洗法清除氧化膜和铁锈时，使用硫酸、盐酸、硝酸、磷酸、氢氟酸等均需按工艺规定进行配槽处理，操作者应穿橡胶围裙，戴耐酸橡胶手套，严格按工艺流程作业。酸洗处理时，使用电葫芦、桥式起重机起吊被处理工件，出入酸槽时操作要缓慢，勿使酸液溅出伤人。特别应注意的是，在配制含有硫酸的溶剂时，要切记先加水后加酸的顺序。如果先加酸后加水，水与硫酸接触时，会立即释放大量的热，形成沸腾的状态，并使酸滴从槽内飞溅出来，极易造成人身伤害事故。

利用火焰法清除旧涂膜时，必须注意周围的环境并应制定防火措施。操作人员在施工时，必须穿戴好防护帽、眼镜、手套等防护用品。使用煤油、酒精喷灯连续工作时，应经常检查喷灯的灯体是否过热，过热会导致灯体产生热膨胀，引起爆炸事故。另外，煤油喷灯严禁使用汽油。

2. 涂装生产设备和工具的安全使用措施

涂装生产设备和工具要根据实际涂装方法来选择。涂装技术发展到今天，绝大多数产品的涂装都不同程度地采用了大、中、小型机械自动化流水线生产，并与先进的干燥技术/设备和自动化控制系统相匹配，组成科技含量高的生产线，如电泳涂装、静电涂装、粉末涂装生产线等。下面就几种先进的涂装设备和工具的安全操作加以说明。

（1）高压无气喷涂设备的安全使用措施

1）使用高压无气喷漆机前，应检查高压涂料缸、高压过滤器的螺母，各高压管路、气路接头是否旋紧。

2）气动式高压无气喷涂机使用的动力是压缩空气，最高进气压力不能超过0.7MPa（7kgf/cm²）。电动式高压无气喷涂机是采用交流电源来驱动的，操作时要正确控制涂料的压力、电源电压，以及电动机的输出功率和转速。

3）喷涂时，应先进行试喷来调整压力，待压力正常后再正式进行喷涂生产。

4）高压无气喷漆机的喷枪应配置自动安全装置。在高压无气喷漆机停喷时，应及时将扳机自锁挡片锁住。在任何情况下，不应将承压的无气喷涂装置的喷嘴对准人体、电源、热源，也不用手试压。

5）高压软管应具有足够的耐压强度和使用长度，内径不得过小，以减少涂料通过时的阻力和输出足够的涂料，供喷涂时使用。

（2）电泳涂装设备的安全使用措施

1）电泳前，应严格检查电气设备。按工艺要求使用直流电源，根据所选用涂料和工件材质的不同确定工作电压。当电源接通后，操作者要距离槽边 1m 以上，不能触摸导电机构、辅助电极等。

2）使用超滤设备时，每次起动超滤泵都应关闭超滤器进口阀，打开出口阀，待超滤泵起动后再缓缓打开超滤器进口阀，调整进口阀、出口阀直至达到要求的进出口压力。

3）检查电泳循环系统和制冷系统以确认其正常运行，维持电泳液的恒定温度。

4）经常检查电泳涂装的电控装置、电泳设备、机械化传送机构，以上设备均应良好接地。

5）电泳液储备槽应始终保持干净，一旦电泳槽出现意外情况，电泳液储备槽应能立即投入使用。

6）按正确顺序开启管路上的阀门，防止错开造成事故。

（3）静电涂装设备的安全使用措施

1）静电喷涂前，应检查设备接地（接地电阻应小于 10Ω）和绝缘，确认其可靠性后方可开通高压，结束喷涂后应先切断高压。

2）静电喷涂室内的通风装置，应在喷涂前 10min 打开，喷涂操作完成后 10min 关闭。

3）操作时，设备无论哪部分出现故障，均应先切断电源后方可调整维修。

4）操作者应穿静电工作服和导电鞋（电阻在 10Ω 以下）。如果是操作手提式静电喷枪，必须用裸手或戴导电手套操作。

5）手提式静电喷漆设备的电源开关接通后，严禁移动静电发生器，以免发生事故。静电设备的高压电缆/线应悬空吊架，与其他电力线至少保持 50cm 的距离。

（4）其他施工设备的使用要求。

1）对所用的设备和工具，如空气压缩机的储气筒、油分离器，烘房设备的鼓风、排气及防爆装置等，应在使用前进行检查。喷漆机的油分离器如果损坏，或者可靠性变差，整机应停止使用。

2）使用压缩机时，应随时注意压力计的指针，其不得超过极限红线。

3）定期检查施工场所的电源开关及其他设备，如有不正常和不合格现象，应随即修理和更换。

4）大规模的水性涂料施工（如房屋建筑的墙壁涂料）中，电缆要有良好的绝缘，必要时切断电源，因为施工过程中涂料会接触到电缆。

5）涂料库房的照明灯泡应有防爆装置，照明开关应安装在门外。

6）室内涂漆施工时，应有适当的通风设备，每 1h 至少应更换两次空气。烘箱顶部应装有通风排气管。每 1.5m³ 的烘箱容积，至少应有 1m² 面积的防爆保险门。

3. 特殊环境下涂装作业时的安全措施

（1）高温涂装作业时的安全措施　涂装业属于高温行业，高温作业导致的职业病是

"中暑"，预防高温危害的措施有如下几条：

1）企业要重视做好防暑降温工作。

2）施工现场采用各种措施隔绝热源，做好作业场所的自然通风或机械通风，降低生产环境气温。

3）注意做好个人卫生防护工作，应使用适当的防护用品，如防热服装（头罩、面罩、衣裤和鞋袜等）以及特殊防护眼镜等。

4）合理饮用含盐饮料，并补充营养。每人每天应饮水 3~5L，盐 20g，配以 0.2%~0.3% 的盐开水或汽水。口渴饮水时，以少量多次为宜。营养膳食应是高热量、高蛋白、高维生素 A、高维生素 B1、高维生素 B2 和高维生素 C。平时多喝番茄汤、绿豆汤、豆浆和酸梅汤等。

5）进行就业前及每年暑前健康体检。凡发现有心血管系统器质性疾病、持久性高血压、溃疡病、活动性肺结核、肺气肿、肝肾疾病、中枢神经系统器质性疾病、重病后恢复期及体弱者，均不宜从事高温作业。若是高温作业个人在体检中发现上述症状者，应调离高温作业。

6）合理的劳动休息制度。根据生产特点和具体条件，适当调整夏季高温作业劳动和休息制度，保证高温作业工人夏季有充分的睡眠和休息。

7）易受热辐射的电气设备应有隔热措施，安全载流量应选大一级；不得在热源的电气设备上方敷设导线或装设喷头开启型配电开关及电器具；配电箱应采用铁质材料，应能防火花飞溅和防尘；有双电源供电的熔炼设备，应装设可靠的联络开关、信号和报警装置；对于高度在 2.5m 以下的配线，移动式电气设备的橡套电缆均应穿管保护，移动式落地排风扇应固定位置，按正规要求走线；应敷设人工接地体，并保证接地（零）的完好。

（2）高空涂装作业时的安全措施　高空涂装作业是指在高于地面 2m 以上的狭隘场所进行涂装工作。高空涂装作业的事故种类有坠落、外来飞物碰伤、高空作业设备倒塌和触电等。

1）高空涂装作业人员应系好安全带，以防跌落。

2）高空作业所用的脚手架、吊架等设备要有足够的强度和宽度，周围应设有 1m 高的安全防护网。在脚手架下面应设安全防护网，严禁在同一垂直线的上下场所同时进行涂装作业。

3）高空作业人员要定期检查身体。身体衰弱有病者，如患高血压病、神经衰弱症及癫痫等，严禁参加高空作业。

4）在临街马路或人行道等处的梯子上下操作时，必须在附近设置临时围挡物或派专人指挥行人车辆绕道慢行。在室外高空场所作业要注意风的影响，事先要预想到由于刮起的暴风使作业姿势不安全而产生的危险，在这种情况下应暂缓涂装作业。不得随便用桶、箱子等物架在实心铺板上进行操作，谨防坠物伤人。

5）在高空作业场所附近的电路应迁移或断电。无论电路切断与否，接地电路部分的电线（即离头部 30cm，离体侧或足下 60cm 以内的或在作业过程中工具等能接触的部分）应穿入绝缘器具，如在电线上穿黄色塑胶管等。

（3）密闭空间涂装作业时的安全措施　这里所指的密闭空间，除一般的箱式结构外，还包括槽、地下室、船舱、钢板梁、箱型柱等，它们的内部通风不良、出入口受限制。在这样闭塞的场所内部进行涂装作业和准备作业多伴随着危险，因为闭塞场所使管理人员不能进行充分监督，事故不能及时被发现，因而在密闭空间内进行涂装作业时，必须采取如下安全措施：

1）预先检查和确认箱内状况。

① 检查箱内有无残留物，调查喷出、泄漏的可能性，测定并区分物质的有害、有毒或易燃、爆炸等的危险性。

② 检查和确认停止动力装置的处置状况，关闭管道。

③ 排除箱内的残留物。

2）进行箱内气雾的检查，以确认安全和考虑残留物的影响、空间的大小、作业内容等，准备防爆型通风换气装置、送风式面罩等。在进入箱内前应充分换气，在作业过程中每 1h 应换气 20~30 次。

3）严防静电产生，禁止用明火。尤其是必须在夜间施工时，应使用 36V 照明灯或防爆矿灯。

4）应配置看护人员，准备急救用品。进入箱内作业前必须穿戴好防护用具，并应定时换人入内操作。

4. 涂膜烘干过程中的安全措施

热固性涂膜应严格按工艺规定的干燥温度、干燥时间进行烘干，防止超温或超时造成产品质量事故。采用电热板加热的电炉，控制炉温的电控装置、仪器仪表及炉内设置的电热偶等都要调整准确。烘干炉内的辐射加热元件布置要合理。烘干炉内应有溶剂蒸气排放装置，以防止溶剂蒸气含量过高时产生爆炸危险。

采用燃油或燃气的加热烘干炉，应控制好喷油量和燃气量，燃烧装置应设防爆阀门。

电加热炉的加热器和循环风机要设有联锁保护，以防过热烧坏加热器，影响炉内温度的均匀性，致使涂膜干燥出现质量问题。

5. 涂料储存和保管的安全措施

涂料及其稀释剂、助剂等都是易燃易爆物品，同时其挥发的蒸气对人体和环境会造成危害。因此，必须加强涂料在储存和保管中的管理工作，制定油漆在储存、运输、配制等过程中的安全措施。

1）涂料必须在定点库房储存，库房内不能同时混放可燃材料，如氧化剂、金属粉末、各种稀释剂等，其中稀释剂应另设库房存放。储存油漆的库房应加强防火管理，严禁携带火种入内。要设有"禁止烟火"或"禁带火种"等明显标志，并备有充足的消防器材，如泡沫灭火器、二氧化碳灭火器和黄沙等。

2）涂料库房应保持干燥、阴凉、通风，防止烈日暴晒，邻近无火源。库房温度一般应保持在 15~25℃，相对湿度 50%~75%，定期通风。库房地面一般为水泥或石质地面。地面上应搁上水泥或木质横栅，将桶垫空，以免桶底受潮生锈穿孔。堆放油漆桶最好不要多于三层。

3）仓库内不许调配涂料，调配和施工场所与仓库应有一定的距离，以免易燃有毒的挥发性蒸气扩散到仓库内部。涂料包装桶应严格密封，同时要定期检查，防止出现滴漏等现象。涂料包装桶发生泄漏时，需将该桶提出仓库，在安全的地方换桶或修补，切勿在仓库内使用焊接等方法补修。

4）涂料或稀释剂开桶时，应在仓库外进行，不能用金属器械敲击，以免产生火花。也不能在仓库内堆放敞口的涂料桶。用过的棉纱、废屑、空桶等也不宜丢弃在仓库内。涂料空桶等应集中存放在通风良好的地方，并定期处理。

5）加强仓库的管理制度，严格进行出入库的登记，针对不同类型的涂料进行分类存放。双组分或三组分的涂料要注意按组分配套放置。每类涂料要填写制造厂商、批号、出厂日期、入库时间和规定保管期。应依照"先进先出"的原则发料，防止积压过久而引起油漆变质，一般油漆储存期为 1~2 年。

6）涂料在储存中若发生"胖听"等弊病，应以预防为主，并将形态发生改变的涂料桶移出仓库，按弊病治理的相关内容进行处理。

7）一般情况下，应将小件涂料放在架子上，数量较多的大件涂料放在地面的垫板上。

8）涂料在装运过程中，现场应通风良好，小心轻放，不得倒置或重压，并根据《危险化学品安全管理条例》等的有关规定办理相应手续。对于长途运输的油漆，铁罐包装必须完整，铁罐之间用木板条隔开，防止摩擦撞击。

9）大批量运输涂料时应用专用的集装箱或包装箱，防止任何火种的混入，并保持温度不能过高，不得与其他化学药品等货物混装。应用篷布覆盖，不得日晒雨淋。包装一旦破损，要及时更换包装，禁止现场焊补。

10）配置涂料要有专用的配料房或在室外现场施工，不能在仓库内配料。配料房附近不得有火源，并配置一定的消防设备。配料房内不得过多存放易燃易爆物品，并应经常清理，保持整洁。切勿将易燃涂料或稀释剂放置在人员经常走动、操作的地方。

11）配料房应通风良好、干燥、阴凉，并保持一定的温度和湿度。各种油漆应放置整齐，多组分涂料要配套放置。

12）涂料桶开罐配制时可能发现各种弊病或病态，如沉底、结块、结皮、析出、胶凝等，应进行处理，将涂料过滤、充分搅拌均匀。

13）双组分涂料按照一定的比例调配均匀后，要有一定的活化期。调配好的涂料，如放在大口铁桶内，要用双层牛皮纸或塑料纸盖住桶口并用绳扎住，防止气体挥发或尘屑落入。涂料要在尽量短的时间内用完，特别是双组分涂料有一定的使用期限。

14）两桶间倾倒溶剂或油漆时，可能形成电位差，产生静电火花，点燃溶剂的蒸气。预防的措施是：用一根长的导管将溶剂导入桶底；在倾倒时用一斜板使溶剂或涂料顺桶边下流；将甲乙两桶用金属线连接起来并接地。

1.3.4 环境保护知识

现代工业涂装在制造业中（尤其在机械制造业中）是一项既复杂又对环境、温度等各项指标有严格要求的工作，同时也是最严重的公害发生源之一，是耗能、耗水和排放挥发性有机化合物（VOC）的主要场所。涂装中的预处理、涂覆、烘干等过程又不同程度地产生废气、废水和废渣，特别是涂料中的有机溶剂（或粉末涂料微粒）多属于易燃易爆品，对人体有一定的危害性，若不加治理，不仅会影响操作者的健康和生产的安全，而且对环境造成污染。因此，在涂装生产中应采取各种有效措施，进行环保治理。

1. 涂装车间对环境的污染

在涂料成膜过程中，根据不同的施工方法，涂料的损耗占涂料使用量的 20%~80%。工业比较集中的地区，涂料施工过程中有机溶剂的挥发量，达该地区碳氢化合物排出总量的27.1%。在施工过程中，溶剂型涂料生产总量 50% 的有机溶剂会全部挥发。如在空气喷涂过程中，干燥成膜的涂料量仅占涂料使用量的 30%，其余 70% 的涂料形成废水、废气和废渣排出，直接排入大气中的有机溶剂占涂料使用量的 35%~40%，比干燥成膜的涂料量还要大。因此，在涂装生产中应采取各种有效措施，进行环保治理。产品涂装中排出的 VOC 主要来源于涂料和喷具的清洗。如在汽车涂装线上 VOC 的排出比例中，中涂和面漆分别占到了 19% 和 36%，二者占全部 VOC 排放量的 55%。

2. 涂装车间的有害物质

涂装作业中的有害物质，随使用涂料品种和处理方法的不同，其有害物质的种类、来源也不同，见表 1-10。

表 1-10　涂装作业过程中有害物质的种类及来源

种类	主要来源	主要成分
废水	① 脱脂、酸洗、磷化等前处理 ② 喷漆室排出废水	酸液、碱液及重金属盐类；颜料、填料、树脂、有机溶剂
废气	① 喷漆室排出废气 ② 挥发室排出废气 ③ 烘干室排出废气	均含有甲苯、酯类、醇类、酮类；有机溶剂、涂料热分解产物以及反应生成物中的醛类、胺类废渣
废渣	① 磷化后沉渣 ② 水溶性涂料产生淤渣	金属盐类；树脂、颜料、填料

3. 控制有害溶剂 VOC 的排放

在涂料生产和施工中实现清洁生产，对涂料中的光化学反应性溶剂尽量减少使用，以达到清洁生产标准规定的 VOC 限值以下。对组分中的有毒物质，如汞、铅、铬等重金属，各种助剂，以及怀疑会致癌的原料，应严格控制其含量，并加以限制使用。具体措施如下：

1）采用低 VOC 或无 VOC 的环保型涂料（高固体分涂料、水性涂料、粉末涂料等）替代有机溶剂型涂料，这是较彻底解决 VOC 对大气污染的根本措施。

2）提高涂着效率，尤其是提高喷涂作业场合的涂着效率。手工空气喷涂实现低压化、静电化（用空气静电喷枪替代一般的空气喷枪）；克服人的因素（熟练程度、责任性和身体状况等的不同造成的喷涂质量和涂料利用率的差异），采用自动静电喷涂替代手工喷涂；采用机器人自动杯式静电喷涂替代往复式自动杯式静电喷涂；采用喷涂条件合理化和控制智能化等措施来减少过喷涂，提高涂着效率。

3）加强溶剂管理，降低有机溶剂使用量。在现场加强溶剂管理，如回收洗枪用的溶剂再利用；换色编组，顺序统一，减少换色次数（即减少洗枪次数）和洗枪的溶剂损失量；涂料、溶剂容器加盖等。还可以改进（优化）设备，如配置溶剂再生装置，缩短涂料管理线；在机器人静电喷涂场合，选用新型的弹匣式旋杯供漆系统（可使换色时的涂料和溶剂损失减少 93%）；调整喷漆室的风速等。

4）涂装车间设置废气处理装置，减少污染大气的 VOC 的散发量。

4. 涂装车间"三废"的治理

（1）废气的治理　废气中除了主要含有各种溶剂蒸气之外，往往还含有漆雾与粉尘。废气的治理，常从严格控制废气的产生和消除废气中有害成分两方面着手，以防为主，防治结合。为了治理有机溶剂的污染，还可采用活性炭吸附法和燃烧法，处理烘干室和喷漆室的有害气体。

1）活性炭吸附法。活性炭吸附机理是：活性炭具有较高的比表面积，1g 重活性炭的总表面积可达 $500 \sim 1000 \text{m}^2$。利用其毛细管的凝聚作用和分子间的引力，可使有机溶剂蒸气吸附在它的表面上，而后当加热烘干时，被吸附的气体解析出来经冷却又变成液态，从而可达到回收溶剂的目的。此法适用于小范围应用。

2）燃烧法。常采用触媒燃烧法和直接燃烧法处理高浓度、小风量的有机溶剂废气。

① 触媒燃烧法：将含有有机溶剂的气体加热至 $200 \sim 300 \text{℃}$，通过触媒层进行氧化反应，可在较低温度下燃烧。

② 直接燃烧法：将含有有机溶剂的气体加热至 $700 \sim 800 \text{℃}$，使其直接燃烧，进行氧化反应，分解为二氧化碳和水。燃烧时，需要另外加入燃料，余热可以再利用。

在喷涂施工漆雾不可避免时，可采用吸尘设备或加强排风设施（附带有除尘器），以达到降低粉尘浓度的目的。

（2）废水的治理　涂装施工中，在酸洗、磷化、钝化和电泳涂漆等工序里排放的废水中，含有大量的酸和盐以及含有铬等有毒离子，若直接排放则危害极大。废水的处理按其处理程度和要求划分为三个阶段，即一级处理、二级处理和三级处理。

1）一级处理：用机械方法或简单的化学方法，使废水中的悬浮物或胶状物体沉淀，以及中和水质的酸碱度，这属于预处理。

2）二级处理：采用生物处理或添加凝聚剂，使废水中的有机溶解物氧化分解，以及部分悬浮物凝聚分离。经二级处理后的废水大部分可以达到排放标准。

3）三级处理：采用吸附、离子交换、电渗析、反渗透和化学氧化等方法，将水中难以分解的有机物和无机物除去。经过这一级的处理，废水的水质可达到地面水的水质标准。

处理废水时可采用的处理方法很多，要根据废水中含有杂质的成分和处理要求综合应用。常用的中和法、化学凝聚法、氧化还原法、生化法、离子交换法、吸附法等都可用于不同废水的处理。

（3）废渣的治理　废渣主要是在喷漆室中产生的。在喷漆室中，废漆的收集方法主要是湿式静电沉降法，还可采用高压文氏涤气器、箱式过滤器等装置加以收集。对于涂料生产和施工中的其他废弃物，若是废油或已固化的漆渣、废抹布等，适用于焚烧处理。一般通过破碎压缩、分选、焚烧、回收、无害化处理等，防止二次污染。对空涂料桶，在涂料用毕后，用碱液清洗、焊补后，可再用或制成其他装载桶。

1.4 法律法规

1.4.1 《中华人民共和国劳动合同法》相关知识

1. 劳动合同相关术语

1）劳动合同：是员工与用人单位确立劳动关系，明确双方权利和义务的协议，是确立劳动关系的法律形式，是规范劳动主体行为的准绳，是调整劳动关系的一种手段，是处理劳动争议的主要依据。

2）固定期限劳动合同：是指用人单位与劳动者约定合同终止时间的劳动合同。

3）无固定期限劳动合同：是指用人单位与劳动者约定无确定终止时间的劳动合同。

4）劳动合同的变更：是指劳动合同双方当事人就已订立的劳动合同条款进行修改、补充的法律行为。

5）劳动合同的终止：是指劳动合同期满或者当事人约定或法定事由出现，或者当事人之间达成一致意见，双方提前取消劳动关系的法律行为。

6）劳动合同的解除：是指劳动合同订立后，由于当事人约定或法定事由出现，或者当事人达成一致意见，双方提前取消劳动关系的法律行为。

2. 劳动合同的订立、履行和变更、解除和终止

1）用人单位自用工之日起即与劳动者建立劳动关系。建立劳动关系，则应当订立书面劳动合同。已建立劳动关系，未同时订立书面劳动合同的，应当自用工之日起一个月内订立书面劳动合同。

2）劳动合同一经订立，用人单位应当按照劳动合同约定和国家规定，向劳动者及时足额支付劳动报酬。用人单位拖欠或者未足额支付劳动报酬的，劳动者可以依法向当地人民法院申请支付令，人民法院应当依法发出支付令。

3）用人单位应当严格执行劳动定额标准，不得强迫或者变相强迫劳动者加班。用人单位安排加班的，应当按照国家有关规定向劳动者支付加班费。

4）劳动者拒绝用人单位管理人员违章指挥、强令冒险作业的，不视为违反劳动合同。劳动者对危害生命安全和身体健康的劳动条件，有权对用人单位提出批评、检举和控告。

5）劳动合同的解除和终止

① 用人单位有下列情形之一的，劳动者可以解除劳动合同：

a. 未按照劳动合同约定提供劳动保护或者劳动条件的。

b. 未及时足额支付劳动报酬的。

c. 未依法为劳动者缴纳社会保险费的。

d. 用人单位的规章制度违反法律、法规的规定，损害劳动者权益的。

e. 因本法第二十六条第一款规定的情形致使劳动合同无效的。

f. 法律、行政法规规定劳动者可以解除劳动合同的其他情形。

用人单位以暴力、威胁或者非法限制人身自由的手段强迫劳动者劳动的，或者用人单位违章指挥、强令冒险作业危及劳动者人身安全的，劳动者可以立即解除劳动合同，不需事先告知用人单位。

② 劳动者有下列情形之一的，用人单位可以解除劳动合同：

a. 在试用期间被证明不符合录用条件的。

b. 严重违反用人单位的规章制度的。

c. 严重失职，营私舞弊，给用人单位造成重大损害的。

d. 劳动者同时与其他用人单位建立劳动关系，对完成本单位的工作任务造成严重影响，或者经用人单位提出，拒不改正的。

e. 因本法第二十六条第一款第一项规定的情形致使劳动合同无效的。

f. 被依法追究刑事责任的。

③ 有下列情形之一的，用人单位提前三十日以书面形式通知劳动者本人或者额外支付劳动者一个月工资后，可以解除劳动合同：

a. 劳动者患病或者非因工负伤，在规定的医疗期满后不能从事原工作，也不能从事由用人单位另行安排的工作的。

b. 劳动者不能胜任工作，经过培训或者调整工作岗位，仍不能胜任工作的。

c. 劳动合同订立时所依据的客观情况发生重大变化，致使劳动合同无法履行，经用人单位与劳动者协商，未能就变更劳动合同内容达成协议的。

④ 有下列情形之一的，劳动合同终止：

a. 劳动合同期满的。

b. 劳动者开始依法享受基本养老保险待遇的。

c. 劳动者死亡，或者被人民法院宣告死亡或者宣告失踪的。

d. 用人单位被依法宣告破产的。

e. 用人单位被吊销营业执照、责令关闭、撤销或者用人单位决定提前解散的。

f. 法律、行政法规规定的其他情形。

3. 劳务派遣

1）劳务派遣单位应当与被派遣劳动者订立二年以上的固定期限劳动合同，按月支付劳动报酬；被派遣劳动者在无工作期间，劳务派遣单位应当按照所在地人民政府规定的最低工资标准，向其按月支付报酬。

2）劳务派遣单位应当将劳务派遣协议的内容告知被派遣劳动者，不得克扣用工单位按照劳务派遣协议支付给被派遣劳动者的劳动报酬。劳务派遣单位和用工单位不得向被派遣劳动者收取费用。

3）使用劳务派遣员工的单位应当履行下列义务：

① 执行国家劳动标准，提供相应的劳动条件和劳动保护。

② 告知被派遣劳动者的工作要求和劳动报酬。

③ 支付加班费、绩效奖金，提供与工作岗位相关的福利待遇。

④ 对在岗被派遣劳动者进行工作岗位所必需的培训。

⑤ 连续用工的，实行正常的工资调整机制。用工单位不得将被派遣劳动者再派遣到其他用人单位。

4）被派遣劳动者享有与用工单位的劳动者同工同酬的权利。

1.4.2 《中华人民共和国大气污染防治法》相关知识

1. 《中华人民共和国大气污染防治法》的主要制度

新建、扩建、改建向大气排放污染物的项目，必须遵守国家有关建设项目环境保护管理的规定。

（1）大气污染物排放总量控制和许可证制度 国家采取措施，有计划地控制或者逐步消减各地方主要大气污染物的排放总量。地方各级人民政府对本辖区的大气环境质量负责，制定规划，采取措施，使本辖区的大气环境质量达到规定的标准。同时规定，国务院和省、自治区、直辖市人民政府对尚未达到规定的大气环境质量标准的区域和国务院批准划定的酸雨控制区、二氧化硫污染控制区，可以划定为主要大气污染物排放总量控制区。并且进一步明确，主要大气污染物排放总量控制的具体办法由国务院规定。在此基础上，本法又规定，大气污染物总量控制区内有关地方人民政府依照国务院规定的条件和程序，按照公开、公平、公正的原则，核定企业事业单位的主要大气污染物排放总量，核发主要大气污染物排放许可证。对于有大气污染物总量控制任务的企业事业单位，本法要求，必须按照核定的主要大气污染物排放总量和许可证规定的条件排放污染物。

（2）污染物排放超标违法制度 本法对大气环境质量标准的制定、大气污染物排放标准的制定做出了规定，同时该法率先于其他环境污染防治法律明确了"达标排放、超标违法"的法律地位。

（3）排污收费制度 征收排污费制度的实质是排污者由于向大气排放了污染物，对大气环境造成了损害，应当承担一定的补偿责任，征收排污费就是进行这种补偿的一种形式。这种制度，一是体现了污染者负担的原则；二是实行这种制度可以有效地促使污染者积极治理污染，所以它也是推行大气环境保护的一种必要手段。

2. 防治特定污染源、污染物的措施

（1）防治燃煤污染的措施 防治燃煤产生的大气污染的主要措施包括：控制煤的硫分和灰分、改进城市能源结构、推广清洁能源的生产与使用、发展城市集中供热、要求电厂脱硫除尘、加强防治城市扬尘工作等。

（2）机动车船污染控制的措施 任何单位和个人不得制造、销售或者进口污染物排放超过规定标准的机动车船；在用机动车不符合制造当时污染物排放标准的，不得上路行驶；同时对机动车船的日常维修与保养、车船用燃料油、排气污染检测抽测等做出了原则规定。考虑到机动车船排放污染的流动性这一特征，在机动车船地方标准的制定权限方面也做出了特殊规定，即省、自治区、直辖市人民政府制定机动车船大气污染物地方标准严于国家排放标准的，或对在用机动车实行新的污染物排放标准并对其进行改造的，须报经国务院批准。

（3）防治废气、粉尘和恶臭污染

1）在防治粉尘污染方面，要求采取除尘措施、严格限制排放含有毒物质的废气和粉尘。

2）在防治废气污染方面，要求回收利用可燃性气体、配备脱硫装置或者采取其他脱硫措施。

3）在防治恶臭污染方面，规定特定区域禁止焚烧产生有毒有害烟尘和恶臭的物质以及秸秆等产生烟尘污染的物质。

除了上述主要内容外，《中华人民共和国大气污染防治法》还有以下重要内容：建设项目的环境影响评价和污染防治设施验收、特别区域保护、大气污染防治重点城市划定、酸雨控制区或者二氧化硫污染控制区划定、落后生产工艺和设备淘汰、现场检查、大气环境质量状况公报（PM2.5）等制度。

1.4.3 《中华人民共和国水污染防治法》相关知识

1. 水污染防治的原则

水污染防治应当坚持预防为主、防治结合、综合治理的原则，优先保护饮用水水源，严格控制工业污染、城镇生活污染，防治农业面源污染，积极推进生态治理工程建设，预防、控制和减少水环境污染和生态破坏。

2. 水污染防治的监督管理

1）新建、改建、扩建直接或者间接向水体排放污染物的建设项目和其他水上设施，应当依法进行环境影响评价。建设项目的水污染防治设施，应当与主体工程同时设计、同时施工、同时投入使用。

2）国家对重点水污染物排放实施总量控制制度。

3）国家实行排污许可制度。

3. 工业水污染防治

1）国务院有关部门和县级以上地方人民政府应当合理规划工业布局，要求造成水污染的企业进行技术改造，采取综合防治措施，提高水的重复利用率，减少废水和污染物排放量。

2）国家对严重污染水环境的落后工艺和设备实行淘汰制度。

3）国家禁止新建不符合国家产业政策的小型造纸、制革、印染、染料、炼焦、炼硫、炼砷、炼汞、炼油、电镀、农药、石棉、水泥、玻璃、钢铁、火电以及其他严重污染水环境的生产项目。

4）企业应当采用原材料利用效率高、污染物排放量少的清洁工艺，并加强管理，减少水污染物的产生。

1.4.4 《中华人民共和国固体废物污染环境防治法》相关知识

1. 相关术语

（1）固体废物　是指在生产、生活和其他活动中产生的丧失原有利用价值或者虽未丧失利用价值但被抛弃或者放弃的固态、半固态和置于容器中的气态的物品、物质以及法律、行政法规规定纳入固体废物管理的物品、物质。

（2）工业固体废物　是指在工业生产活动中产生的固体废物。

（3）生活垃圾　是指在日常生活中或者为日常生活提供服务的活动中产生的固体废物以及法律、行政法规规定视为生活垃圾的固体废物。

（4）危险废物　是指列入国家危险废物名录或者根据国家规定的危险废物鉴别标准和鉴别方法认定的具有危险特性的固体废物。危险废物具有急性毒性、毒性、腐蚀性、感染性、易燃易爆性等，对人类身体健康和环境的威胁极大，是本法管理和防治的重点。

（5）贮存　是指将固体废物临时置于特定设施或者场所中的活动。

（6）处置　是指将固体废物焚烧和用其他改变固体废物的物理、化学、生物特性的方法，达到减少已产生的固体废物数量、缩小固体废物体积、减少或者消除其危险成分的活动，或者将固体废物最终置于符合环境保护规定要求的填埋场的活动。

（7）利用　是指从固体废物中提取物质作为原材料或者燃料的活动。

2. 固体废物的防治原则

固体废物污染环境的防治实行减量化、资源化和无害化的"三化"原则，"全过程控制"原则，"污染者依法负责"的原则。

3. 固体废物污染环境防治工作管理体制

国家各级环境保护行政主管部门对固体废物污染环境的防治工作实施统一监督管理。确定需要配套建设的固体废物污染环境防治设施，必须与主体工程同时设计、同时施工、同时投入使用，经当地环境保护行政主管部门验收合格后，该建设项目方可投入生产或者使用。

4. 工业固体废物污染环境的防治

国家实行工业固体废物申报登记制度。产生工业固体废物的单位必须按照国务院环境保护行政主管部门的规定，向所在地县级以上地方人民政府环境保护行政主管部门提供工业固体废物的种类、产生量、流向、贮存、处置等有关资料，应当建立、健全污染环境防治责任制度，采取防治工业固体废物污染环境的措施，合理选择和利用原材料、能源和其他资源，采用先进的生产工艺和设备，减少工业固体废物产生量，降低工业固体废物的危害性。对其产生的不能利用的工业固体废物，必须按照国家规定的标准建设处置的设施、场所，并禁止擅自关闭、闲置或者拆除。

5. 危险废物污染环境防治的特别规定

1）对危险废物的容器和包装物以及收集、贮存、运输、处置危险废物的设施、场所，必须设置危险废物识别标志。

2）收集、贮存危险废物，必须按照危险废物特性分类进行。

3）禁止混合收集、贮存、运输、处置性质不相容而未经安全性处置的危险废物。

4）禁止将危险废物混入非危险废物中贮存。

5）转移危险废物的，必须按照国家有关规定填写危险废物转移联单，并向危险废物移出地设区的市级以上地方人民政府环境保护行政主管部门提出申请。移出地设区的市级以上地方人民政府环境保护行政主管部门应当经接受地设区的市级以上地方人民政府环境保护行政主管部门同意后，方可批准转移该危险废物。未经批准的，不得转移。

第 2 章
涂料基础

☺ 学习目标：
1. 掌握涂料的基础知识。
2. 掌握涂料的分类与命名要求。
3. 掌握涂料调制与配色知识。
4. 了解国内外涂料研究现状。

2.1 涂料的作用与组成

2.1.1 涂料的作用

涂料是可以用不同施工工艺涂覆在物体表面，经过物理变化或化学反应，形成具有保护、装饰或特殊性能的固态涂膜的一类液体或固体材料的总称。早期涂料大多以植物油和天然树脂为主要成膜原料熬炼而成，因此被称为"油漆"。随着科学技术的不断发展，涂料以合成树脂作为主要成膜物质，已大部分或全部取代了植物油，因此被称为"涂料"。现代涂料的生产结构，特别是油漆与涂料组成原材料的性质已经发生了"质"的变化，把涂料继续称为"油漆"已名不副实，称为"涂料"才是正确的科学的叫法。早期的天然涂料产品和现代的合成涂料产品都是有机高分子材料，所形成的涂膜属于高分子化合物类型。涂料作为一种工程材料，其主要功能有保护、装饰、标志等作用。

1. 保护作用

未经防护（涂装）处理的物体暴露在大气中，受到氧气、水分、微生物等的侵蚀，造成金属腐蚀、木材腐朽、水泥风化、塑料制品老化等毁损现象。在物体表面涂上涂料，能够隔绝外界的侵蚀物质，有效地阻止或延迟这些破坏现象的发生和发展，大大延长材料的使用寿命。例如防腐蚀涂料能保护化工、炼油、冶金、轻工等工业部门的机器、设备、管道、构筑物等，减轻化学介质的侵蚀。"三防"涂料能保证仪器、仪表和贵重设备在热带、亚热带地区的湿热气候下的正常使用，并能防止霉烂。

2. 装饰作用

涂料表面可以根据人们的实际需要，制成各种色彩或呈现无光、哑光、高光的表面，还可以制成能形成各种花纹的表面。通过涂料涂装，可以改变物体表面原来的颜色，使色彩得以调和，环境得以改善，形成新的美丽外观，以满足人们的审美，从而达到装饰物品、美化环境等作用。例如机房、工厂和机器表面上涂以平光浅色漆，不仅有利于保护视力、安静神经、修养精神，同时还可以给人愉悦的心情。

3. 标志作用

由于涂料可使物体带上明显的颜色，因此具有标志的作用。例如工厂的各种管道、设备、容器、槽车等，涂上各种不同的颜色后，可使操作工人容易识别，提高操作的准确度，避免事故的发生；化学品、危险品等可以利用涂料的颜色作标志，使人们提高警惕、小心使用；标志漆、马路划线漆、铁道号志漆，对保护行车安全，维护交通秩序，都有非常重要的作用。

4. 特殊作用

涂料还具有很多特殊功能。例如，电动机、电缆上的绝缘漆、漆包线漆，能保证这些机器运转正常；在军事上使用的抗红外线漆，可以干扰敌人利用红外线拍照，达到隐蔽、伪装的目的；优质的防污漆，可以长期使船底保持光洁，保证舰艇行进速度；迷彩涂料被广泛应用于飞机、坦克等军事装备上，可以起到伪装、保护自己的作用。某些涂料还有防滑、耐油、防碎、抗辐射、示温、导电、隔音、防潮和绝热等特殊作用。

2.1.2 涂料的组成

1. 涂料的组成材料

涂料由油料、树脂、颜料、溶剂、辅助材料五大类材料组成。

1）油料：分为干性油、半干性油、不干性油等。油料是涂料的主要成膜物质。

2）树脂：有天然树脂和合成树脂等。树脂是涂料的主要成膜物质。

3）颜料：有着色颜料、防锈颜料、体质颜料等。颜料是涂料的次要成膜物质。

4）溶剂：包括助溶剂、稀释剂两种。溶剂在涂料的组分中是次要成膜物质。

5）辅助材料：有催干剂、固化剂、增韧剂、防潮剂、脱漆剂、润湿剂、防结皮剂、防霉剂、防沉淀剂、悬浮剂、退光剂、稳定剂和乳胶漆助剂等。辅助材料是涂料的次要成膜物质，也称为成膜添加物。

2. 涂料中成膜物质的作用

涂料的组成分类及其作用见表2-1。

表 2-1　涂料的组成分类及其作用

组成分类	组成材料	成分		作用
主要成膜物质	油料	干性油	桐油、亚麻油、梓油等	形成涂膜的物质，决定涂膜主要性能的成分
		半干性油	豆油、葵花籽油、玉米油等	
		不干性油	蓖麻油、椰子油等	
	树脂	天然树脂	虫胶、沥青、松香等	
		合成树脂	硝基纤维、松香甘油酯、酚醛、丙烯酸、环氧树脂等	
次要成膜物质	颜料	着色颜料	钛白粉、偶氮颜料等	具有颜色和遮盖力，能提高涂层的力学性能和耐久性，还能使涂料具有防锈、导电等功能
		体质颜料	碳酸钙、滑石粉等	
		功能颜料	防锈颜料、导电颜料、磁粉、防滑剂等	
辅助成膜物质	溶剂	助溶剂	二甲苯、乙醇、松节油等	溶剂可将涂料溶解或稀释成液体，对涂装及固化过程起重要作用。不会残留在涂膜中，是帮助成膜的成分
		稀释剂	石油溶剂、酯、酮、醇的混合溶剂	
	辅助材料	填料	防固化剂、乳化剂、分散剂、引发剂、沉淀剂、流变剂、防结皮剂、防流挂剂、催干剂、流平剂、增塑剂等	可对涂料或涂膜的某一特定方面的性能起改进作用。有用于涂料干燥、固化的；有提高涂膜性能的；有提高涂料储存稳定性的；有提高装饰性能或保护性能的

（1）主要成膜物质　油料和树脂是形成涂膜的主要物质，是决定涂膜性质的主要因素。采用桐油、豆油、亚麻油等油料作主要成膜物质的涂料习惯上叫作油性漆；用树脂作主要成膜物质的涂料，叫作树脂漆；将油料和一些天然树脂合用作为主要成膜物质的涂料叫作油基漆。主要成膜物质能将次要成膜物质及辅助成膜物质黏结成膜，从而起到涂料的保护、装饰作用。

（2）次要成膜物质　涂料中所使用的颜料和增塑剂，是次要成膜物质。次要成膜物质不能离开主要成膜物质单独构成涂膜。虽然涂料中没有次要成膜物质照样可以形成涂膜，但有了它，涂料可显著地增加很多特殊的性能，使涂料品种增多，以满足各种需要。

（3）辅助成膜物质　溶剂、催干剂和其他涂料助剂等是辅助成膜物质，这类物质也不能单独构成涂膜，它们在涂料中一般用量很少，但所起的作用很大，能改善涂料的加工、成膜及使用等性能。

在涂料的组成中，没有颜料或体质颜料的透明体，称为清漆；加有颜料或体质颜料的有色体或不透明体，称为色漆（磁漆、调合漆、底漆）；加有大量体质颜料的稠厚浆状体，称为腻子。涂料中不含有挥发性稀释剂的称为无溶剂涂料，且又呈粉末状的则称为粉末涂料；以一般有机溶剂为稀释剂的称为溶剂型涂料；以水作为溶剂的称为水溶性漆。

2.2 涂料分类与命名

2.2.1 涂料分类

目前市场上各种涂料多达上千种，新品种还在不断出现。我国于 1981 年颁布国家标准 GB 2705—1981《涂料产品分类、命名和型号》，1992 年进行了修订和增补，并命名为《涂料产品分类、命名和型号》，制定了以涂料基料中主要成膜物质为基础的分类方法。按照这种分类方法，涂料品种根据成膜物质分为 17 大类，另将稀释剂等辅助材料定为一大类，所以涂料产品共分为 18 大类。修订后的标准虽然有了很大的进步，但仍然无法适应涂料工业高速发展的需要。因此，2003 年对标准再次进行了修订，修订后的标准编号为 GB/T 2705—2003，标准名称为《涂料产品分类和命名》，将涂料分为三大类，每个大类中又分为若干小类。

1. 以涂料产品的用途为主线分类

新标准以涂料产品的用途为主线，将涂料产品划分为三大主要类别：建筑涂料（见表 2-2）、工业涂料（见表 2-3）和通用涂料及辅助材料（见表 2-4）。

表 2-2 建筑涂料

主要产品类型		主要成膜物质类型
墙面涂料	合成树脂乳液内墙涂料；合成树脂乳液外墙涂料；溶剂型外墙涂料；其他墙面涂料	丙烯酸酯类及其改性共聚乳液；醋酸乙烯及其改性共聚乳液；聚氨酯、氟碳等树脂；无机黏合剂等
防水涂料	溶剂型树脂防水涂料；聚合物乳液防水涂料；其他防水涂料	EVA、丙烯酸酯类乳液；聚氨酯、沥青、PVC 胶泥或油膏、聚丁二烯等树脂
地坪涂料	水泥基等非木质地面用涂料	聚氨酯、环氧等树脂
功能性建筑涂料	防火涂料；防霉（藻）涂料；保温隔热涂料；其他功能性建筑涂料	聚氨酯、环氧、丙烯酸酯类、乙烯类、氟碳等树脂

表 2-3 工业涂料

主要产品类型		主要成膜物质类型
汽车涂料（含摩托车涂料）	汽车底漆（电泳漆）；汽车中涂漆；汽车面漆；汽车罩光漆；汽车修补漆；其他汽车专用漆	丙烯酸酯类、聚酯、聚氨酯、醇酸、环氧、氨基、硝基，PVC 等树脂
木器涂料	溶剂型木器涂料；水性木器涂料；光固化木器涂料；其他木器涂料	聚酯、聚氨酯、丙烯酸酯类、醇酸、硝基、氨基、酚醛、虫胶等树脂
铁路、公路涂料	铁路车辆涂料；道路标志涂料；其他铁路、公路设施用涂料	丙烯酸酯类、聚氨酯、环氧、醇酸、乙烯类等树脂

（续）

主要产品类型		主要成膜物质类型
轻工涂料	自行车涂料；家用电器涂料；仪器、仪表涂料；塑料涂料；纸张涂料；其他轻工专用涂料	聚氨酯、聚酯、醇酸、丙烯酸酯类、环氧、酚醛、氨基、乙烯类等树脂
船舶涂料	船壳及上层建筑物漆；船底防锈漆；船底防污漆；水线漆；甲板漆；其他船舶漆	聚氨酯、醇酸、丙烯酸酯类、环氧、乙烯类、酚醛、氯化橡胶、沥青等树脂
防腐涂料	桥梁涂料；集装箱涂料；专用埋地管道及设施涂料；耐高温涂料；其他防腐涂料	聚氨酯、丙烯酸酯类、环氧、醇酸、酚醛、乙烯类、氯化橡胶、沥青、有机硅、氟碳等树脂
其他专用涂料	卷材涂料；绝缘涂料；机床、农机、工程机械等涂料；航空、航天涂料；军用器械涂料；电子元器件涂料；以上未涵盖的其他专用涂料	聚酯、聚氨酯、环氧、丙烯酸酯类、醇酸、乙烯类、氨基、有机硅、氟碳、酚醛、硝基等树脂

表 2-4　通用涂料及辅助材料

主要产品类型		主要成膜物质类型
调合漆、清漆、磁漆、底漆、腻子、稀释剂、防潮剂、催干剂、脱漆剂、固化剂、其他通用涂料及辅助材料	建筑涂料和工业涂料未涵盖的无明确应用领域的涂料产品	改性油脂；天然树脂；酚醛、沥青、醇酸等树脂

2. 以涂料产品的主要成膜物为主线分类

以涂料产品的主要成膜物质为主线，将涂料产品分为建筑涂料、其他涂料及辅助材料两大主要类型。

建筑涂料的主要产品类型同表 2-2。其他涂料的主要产品类型（即按成膜物分类的涂料产品）共 16 大类，见表 2-5。

表 2-5　其他涂料分类

序号	代号	成膜物质类别	主要成膜物质[1]
1	Y	油脂漆	天然植物油、动物油（脂）、合成油、松浆油等
2	T	天然树脂[2]漆	松香、虫胶、乳酪素、动物胶、大漆及其衍生物等
3	F	酚醛树脂漆	酚醛树脂、改性酚醛树脂、二甲苯树脂等
4	L	沥青漆	天然沥青、（煤）焦油沥青、石油沥青等
5	C	醇酸树脂漆	甘油醇酸树脂、季戊四醇醇酸树脂、其他醇类的醇酸树脂、改性醇酸树脂等
6	A	氨基树脂漆	脲（甲）醛树脂、三聚氰胺甲醛树脂、聚酰亚胺树脂等
7	Q	硝基漆	硝基纤维素（酯）、改性硝基纤维素（酯）等
8	G	过氯乙烯树脂漆	过氯乙烯树脂、改性过氯乙烯树脂等

(续)

序号	代号	成膜物质类别	主要成膜物质[①]
9	X	烯类树脂漆	聚二乙烯基乙炔树脂、氯乙烯树脂、聚醋酸乙烯类及其共聚物、聚乙烯醇缩醛树脂、含氟树脂、氯化聚丙烯树脂、石油树脂等
10	B	丙烯酸树脂漆	丙烯酸树脂、丙烯酸共聚物及其改性树脂等
11	Z	聚酯树脂漆	饱和聚酯树脂、不饱和聚酯树脂等
12	H	环氧树脂漆	环氧树脂、环氧酯、改性环氧树脂等
13	S	聚氨基树脂漆	聚氨基甲酸酯树脂等
14	W	元素有机硅漆	有机硅树脂、有机钛树脂、有机铝树脂等
15	J	橡胶漆	天然橡胶及其衍生物、合成橡胶及其衍生物等
16	E	其他成膜物类涂料	无机高分子材料、聚酰亚胺树脂、二甲苯树脂等

① 主要成膜物类型中树脂类型包括水性、溶剂型、无溶剂型、固体粉末等。
② 包括直接来自天然资源的物质及其加工处理后的物质。

2.2.2 涂料命名

我国对涂料产品的命名和命名注意事项在相应的国家标准（GB/T 2705—2003）中做了明文规定。

1. 命名原则

涂料名称=颜色或颜料名称+成膜物质名称+基本名称（特性或专业用途）

2. 涂料命名原则说明

1）涂料的颜色名称位于涂料全名的最前面。颜色名称主要有红、黄、蓝、白、黑、绿、紫、棕、灰等颜色，有时加上深、中、浅（淡）等词。若颜料对涂膜性能起显著作用，则可用颜料的名称代替颜色的名称，仍置于涂料名称的最前面，如红丹油性防锈漆。

2）涂料名称中的成膜物质名称可做适当简化，如聚氨基甲酸酯简化为聚氨酯，硝酸纤维素（酯）简化为硝基等。

3）漆基中含有多种成膜物质时，选取起主要作用的一种成膜物质命名，必要时也可选取两种成膜物质命名，主要成膜物质名称在前，次要成膜物质名称在后，例如红环氧硝基磁漆。

4）基本名称仍采用我国已有习惯名称，例如清漆、磁漆、罐头漆、甲板漆等。涂料基本名称编号见表2-6。

5）对于某些有专业用途、特性的产品，必要时可在成膜物质和基本名称之间标明其专业用途、特性等，但航空涂料、汽车涂料、铁路用涂料等均不标明。

6）凡需要烘烤干燥的涂料，名称中都会有"烘干"或"烘"字样。如名称中没有上述字样，即表明该涂料品种既可常温干燥（自干），又可烘烤干燥。

7）凡双（多）组分的涂料，在名称后应增加"（双组分）"或"（三组分）"等字样，例如聚氨酯木器漆（双组分）。

注：除稀释剂外，混合后产生化学反应或不产生化学反应的独立包装的产品，都可认为是涂料组分之一。

表 2-6　涂料基本名称编号

编号	基本名称	编号	基本名称	编号	基本名称
00	清油	32	抗弧（磁）漆、互感器漆	65	卷材涂料
01	清漆	33	（黏合）绝缘漆	66	光固化涂料
02	厚漆	34	漆包线漆	67	保温隔热涂料
03	调合漆	35	硅钢片漆	70	机床漆
04	磁漆	36	电容器漆	71	工程机械用漆
05	粉末涂料	37	电阻器、电位器漆	72	农机用漆
06	底漆	38	半导体漆	73	发电、输配电设备用漆
07	腻子	39	电缆漆、其他电工漆	77	内墙涂料
09	大漆	40	防污漆	78	外墙涂料
11	电泳漆	41	水线漆	79	防水涂料
12	乳胶漆	42	甲板漆、甲板防滑漆	80	地板漆、地坪漆
13	水溶（性）漆	43	船壳漆	82	锅炉漆
14	透明漆	44	船底防锈漆	83	烟囱漆
15	斑纹漆、裂纹漆、桔纹漆	45	饮水舱漆	84	黑板漆
16	锤纹漆	46	油舱漆	86	标志漆、路标漆、马路划线漆
17	皱纹漆	47	车间（预涂）底漆		
18	金属漆、闪光漆、	50	耐酸漆、耐碱漆	87	汽车漆
20	铅笔漆	52	防腐漆	88	汽车漆（底盘）
22	木器漆	53	防锈漆	89	其他汽车漆
23	罐头漆	54	耐油漆	90	汽车修补漆
24	家用电器涂料	55	耐水漆	94	铁路车辆用漆
26	自行车涂料	60	防火涂料	95	桥梁漆、输电塔漆及其他（大型露天）钢结构漆
27	玩具涂料	61	耐热（高温）涂料		
28	塑料涂料	62	示温涂料	96	航空、航天用漆
30	（浸渍）绝缘漆	63	涂布漆	98	胶液
31	（覆盖）绝缘漆	64	可剥漆	99	其他

涂料的基本名称由编号区别。其编号的划分原则是：00～13 代表涂料的基本品种；14～18 代表美术漆；20～28 代表轻工产品用漆；30～39 代表绝缘漆；40～47 代表船舶漆；50～55 代表防腐漆；60～67 代表特殊功能涂料；70～73 代表机电设备涂料；77～86 代表

建筑涂料；87~90 代表汽车产品用涂料。00~99 之间尚有许多空号，以留给未来开发的新品种涂料作为编号用。

3. 涂料命名注意事项

1）涂料中含有松香改性酚醛树脂和甘油酯时，按其含量比划分为酯胶或酚醛漆类。如松香改性酚醛树脂占树脂总质量分数的 50% 或以上，则归入酚醛漆类，反之则归入酯胶漆类（天然树脂漆类）。

2）在油基类中，树脂与油的比例在 1∶2 以下为短油度，比例在 1∶3~1∶2 为中油度，比例在 1∶3 以上为长油度。

3）在醇酸类中，油占树脂总质量分数的 50% 以下为短油度，占 50%~60% 为中油度，占 60% 以上为长油度。

4）在氨基类中，氨基树脂与醇酸树脂的比例在 1∶2.5~1∶1 为高氨基，比例在 1∶5~1∶2.5 为中氨基，比例在 1∶7.5~1∶5 为低氨基。

5）在特殊情况下，在涂料名称的最后部分出现"烘漆""底漆"字样，并没有按规定给出"04""06"代号，如灰环氧醇酸绝缘烘漆、乙烯防腐底漆的型号分别为 H31-5、X52-6，此种情形或者是由于该涂料具有较强的专业用途，或者符合一般习惯，在给定型号名称时，必须注意。

2.3 涂料调制与配色

2.3.1 涂料调制原则

正确选择和调配使用涂料，对于涂装效果有直接的影响。现代的各种产品表面涂装，绝大多数要求高保护或高装饰性的涂层质量，单一涂层已为数不多，一般都需涂装两层以上的多层涂层。如果涂装时使用的各涂层间涂料的基本性质不同，涂料间会产生互溶；稀释剂的性质作用不同，涂料会出现分层并将树脂析出，造成材料的浪费，而且涂层出现起皱、发花、桔皮、脱落等质量事故。因此，在涂装生产过程中，为了满足使用条件对涂层性能的要求，选择涂料时必须遵循底层、中间层与面层涂料间的配套使用原则。

1. 涂料与基材的配套

不同材质的表面，必须选用适宜的涂料品种与其匹配，如木材制品、纸张、皮革和塑料表面不能选用需要高温烘干的烘烤成膜涂料，必须采用自干或仅需低温烘干的涂料。各种金属表面所用的底漆应视不同的金属来选择涂料的品种。如在钢铁表面可选用铁红或红丹防锈底漆，而有色金属特别是铝及铝镁合金表面则绝对不能使用红丹防锈底漆，否则会发生电化学腐蚀，不仅起不到保护作用，还会加速腐蚀的发生，对这类有色金属要选择锌黄或锶黄防锈底漆。水泥的表面因具有一定的碱性，可选用具有良好的耐碱性的乳胶涂料或过氯乙烯底漆。而对塑料薄膜及皮革表面，则宜选用柔韧性良好的乙烯类和聚氨酯类涂料。

2. 涂层与涂层的配套

现代新型高分子合成树脂涂料，涂层成膜时的一系列物理变化和化学变化都在干燥过程中进行，如氧化反应、氧化聚合反应和聚合反应等。绝大多数的新型合成树脂涂料，其成分中含有树脂、油料、颜料、助剂和稀释剂，它们几乎都是化学物质和化学合成物质，并具有各自的性质和作用，都是经过慎重筛选、试验、组合配比后混合炼制而成的涂料。涂料组分中的各组分应是混合后能融为一体的物质，只有这样，才能成为一类品种的涂料。同类不同性能、用途和品种的涂料，其组成主要成膜物质的性能应当相同或极其相近，因此才能在涂装后组成底层、中间层、面层为一体的复合涂层。不同类型、品种的涂料相配合组成复合涂层，能够组合为复合涂层的原因是涂料在制造过程中已做了相互改性，经过配套使用，不会出现涂层病态。但是，大多数涂料是不可以的。所以，在选择复合涂膜用的涂料时，应本着同类型相一致的原则，不同类型涂料品种的组合，属于特殊的例外。

如底漆与面漆的配套，最好是烘干型底漆与烘干型面漆、自干型底漆与自干型面漆、同漆基的底漆与面漆配套使用。当选用强溶剂的面漆时，底漆必须能耐强溶剂而不被咬起。此外，底漆和面漆应有大致相近的硬度和伸张强度。硬度高的面漆与硬度很低的底漆配套，常产生起皱的弊病。用作醇酸底漆的醇酸树脂油度比用作面漆的树脂油度应短些，否则面漆的耐候性差，并且由于底漆和面漆干燥收缩程度不同，易造成涂层出现龟裂。一般情况下，底层的干燥条件比外层的干燥条件要高，否则也会出问题。

3. 涂层间的附着性

涂装过程中要注意底层、中间层、面层的同类型不同品种的涂料的附着力应保持一致，彼此间的结合力要好，不应互相影响。底层涂料对产品表面要具有优良的附着力，对其上面涂层都应具有良好的结合力，如附着力差的面漆（如过氯乙烯漆、硝基漆）应选择附着力强的底漆（如环氧底漆、醇酸底漆等）。在底漆和面漆性能都很好而两者层间结合不太好的情况下，可采用中间过渡层，以改善底层和面层的附着性能。

4. 使用条件对配套性的影响

应考虑底漆和面漆在使用环境条件下的配套性问题，如在富锌底漆上不能采用油改性醇酸树脂面漆作为水下设备的防护涂层，这是因为醇酸树脂的耐水性欠佳，当被涂物浸入水中使用时，渗过面漆的水常和底漆中的锌粉发生反应而生成碱性较强的氢氧化锌，腐蚀金属基材，破坏整个涂层。所以，在富锌底漆或镀锌的工件上以采用耐水、耐碱性良好的氯化橡胶、乙烯树脂、聚氨酯、环氧树脂等涂料品种为宜，也可以考虑使用具有良好封闭性能的中间漆作为封闭性中间涂层。

5. 涂料与施工工艺的配套

涂料与施工工艺配套适当与否直接影响涂层质量、涂装效率和涂装成本。每种涂料的施工工艺均有自己的特点和一定的适用范围，应严格按涂料说明书中规定的施工工艺进行。

高黏度厚膜涂料一般选用高压无空气设备进行喷涂施工，高固体分涂料（如长效防腐玻璃鳞片涂料）采用高压无空气喷涂时所得涂膜的防腐效果大大优于刷涂施工时涂膜的性能。因此，对于一定的涂料必须选用适宜的施工工艺。

6. 涂料与辅助材料之间的配套

涂料的辅助材料虽不是主要成膜物质，但对涂料施工固化成膜过程和涂层性能却有很大影响。辅助材料包括稀释剂、催干剂、固化剂、防潮剂、消泡剂、增塑剂、稳定剂和流平剂等。它们的作用主要是改善涂料的施工性能和使用性能，防止涂层产生弊病，但它们必须使用得当，否则将产生不良的影响。例如，每类涂料均有其特定的稀释剂，不能乱用，当过氯乙烯漆使用硝基漆稀释剂时，将会使过氯乙烯树脂析出，而胺固化环氧树脂涂料使用酯类溶剂作稀释剂时，涂膜固化速度将明显降低，影响涂膜性能。因此，各种辅助材料的使用一定要慎重，切不可马虎。

7. 特殊涂层的配套

特殊涂层的配套，如面层涂料是硝基或过氯乙烯类树脂类的强溶剂性涂料，选择的底层涂料如果不是与该面层涂料相配的底层涂料，则选择其他类型的底层涂层应无咬起现象。虽然底层涂料不配套，但中间层的腻子和二道底漆能起到承上启下的作用，使类型和品种不同的涂料配套成功，这样的配套有时是允许的。但这样的配套涂装效率太低，对自动化流水线涂装生产的适应性更差，一般是不可取的。

2.3.2 涂料调制方法

1. 核对涂料类别、名称、型号及品种

涂装涂料调制前，应准备好开桶工具，按产品涂装工艺要求，从仓库领出供当班涂装用的足量的各类型和品种的涂料及配套稀释剂，以及其他辅助材料。开桶前，要认真仔细地核对底层、中间层、面层涂料及稀释剂是否配套，以及涂料包装桶壁上印有的涂料类别、名称、型号、品种及代号、生产批号、生产厂家和出厂日期及包装桶是否有破损等。核对无误后，将涂料桶倒置并进行一定时间的摇晃，使涂料上下混合均匀，以减少开桶后的搅拌调整时间。然后再倒过来，用适宜的开桶工具打开涂料桶和配套稀释剂桶的盖子。注意：如涂料桶回收，只可撬开不损坏整体包装的小封闭盖子；不回收的涂料桶，可顺着包装桶上盖边缘顺序打开。

2. 目测观察涂料的外观质量并搅拌

打开涂料桶后，首先应仔细观察涂料表面是否有结皮、干结、沉淀、变色、变稠、混浊和变质等质量问题。如醇酸树脂类涂料因料桶封闭不严而使表面结皮，这时应揭掉结皮膜。因树脂和盐类颜料皂化作用干结已不能使用的，以及因铁皮包装变色也已不能使用的，都应进行调换和处理后再调制。出厂的涂料的黏度都应比涂装使用的黏度要高。对某些沉淀，在未加入稀释剂前要用清洁的搅拌工具将涂料上下搅拌，特别要把涂料桶底部的沉淀物搅起。如果沉淀物较多，搅不动，可稍加稀释剂后再搅拌。初步搅匀后，按工艺规定的黏度分多次加入适量稀释剂，不要将稀释剂一次加入，因一次加入或多或少没有准确性，加入少了还可以继续加入，而加入多了则增加涂料调制量，涂装使用不完也难于保管，还容易造成涂装质量事故的发生。加入稀释剂后要进行充分搅拌，使整体涂料充分稀释均匀、颜色一致。调制是否达到规定的涂装黏度，需要用黏度计进行测量，普遍使用涂-4 黏度计和秒表进行测量。

经测量后如不符合要求，应进行适当调整，直至准确为止。在考虑各种涂装条件的情况下，可以与规定黏度有少许差别，但差别不宜过大。

3. 过滤

无论哪种涂料都需要过滤后才能使用，即使目前广为使用的粉末涂料，同样要经过滤后才能使用，只不过是购进前，它已在粉末生产厂进行了粒度分级过滤筛选，所以涂装单位第一次使用时无须过滤，但回收的粉末再次使用时，需要用筛粉机过滤后才能使用。溶剂型涂料通常用由铜丝网或不锈钢丝网制成的孔径为 0.080~0.125mm（120~180 目）的网筛过滤。对于装饰性要求高的涂料品种，应用 180 目以上的网筛过滤。也可选用先粗滤后细滤的二次过滤方法，以提高过滤速度。涂料过滤时，不要使用硬质工具在网筛内搅拌，以免破坏网筛。网筛大小与盛料桶口径相适应，不要将涂料流在桶壁外面。

4. 涂料调配时间与调整

若是二层以上的多层涂装，涂料的调配应从底层涂料开始依次进行。调配的时间要本着先用先调、后用后调的方法。如果有压力供漆罐设备则可一次调完装入，否则应按照上述方法操作。涂装过程中如需中断操作，再次操作前，应充分搅拌后目测或用黏度计进行测量，符合涂装要求的黏度后再进行涂装。随时搅拌和调整是保证颜色一致和涂层厚度均匀所必需的，特别是在涂装硝基类和其他自干型涂料时显得尤为重要。

5. 辅助材料的加入方法

涂料的涂装环境条件不能满足要求时，或者涂装过程中或涂装干燥成膜形成涂层后发现涂料因涂装环境条件而影响涂层质量时，应在涂料调制中适量加入一些辅助材料进行调整。例如涂装现场温度不够、相对湿度太大、阴雨天气等，涂层表面出现泛白、不干、回黏、起皱等质量问题，应在调制涂料时加入防潮剂和催干剂。防潮剂加入量（质量分数）一般在 10%~20%，加入量过多，会起相反作用，更不能代替稀释剂。催干剂的加入量应视涂料类型和品种的不同而有所不同。催干剂加入量过多或品种不对，涂层不但不干，而且还会出现许多质量事故。若出现起皱病态可以加入少量硅油来调节。

提示：在涂装过程中，属于因涂料调制方法不当而引起的涂层质量事故有桔皮、起皱、颗粒、针孔、麻点、流挂、露底、失光、起泡和裂纹等。若发现以上缺陷，应及时从涂料调制中查找原因。

2.3.3 涂料调制注意事项

涂装操作前的涂料调制是一项很严肃的技术工作，必须认真掌握。调制涂料时需要按照一定的技术要领进行，因为涂料和稀释剂等都是化工产品，都有一系列不同的物理和化学性能，稍有不慎，就会出现质量问题。从涂装操作技术的角度来讲，涂料调制时应注意以下几点。

1. 调制涂料前熟悉涂装产品图样

调制涂料前，熟悉设计图样要求的目的是明确产品涂装的质量要求和涂装部位，例如：涂装后产品表面涂层要在什么样的环境下使用，要求涂层发挥哪些性能和作用，要求使用的是保护性涂层还是装饰性涂层，保护与装饰的程度等。涂装产品的设计图样上都会有涂装技术要求标准（国标、部标或企业标准），同时标定有检查涂层质量的标准和涂层规定使用的涂料及不需要涂装的部位。再结合产品涂装的设计要求，对选择使用的涂料进行涂装操作前的涂料调制。还需确定是一般性调制，还是过细的调制。

2. 熟悉涂装工艺守则

涂装工艺守则包含的内容有适用范围、材料、设备及工具、准备工作、操作过程、检查、安全及注意事项7个部分。根据设计图样上对涂装的规定要求，认真熟悉产品涂装工艺守则。其主要目的是，全面了解选择使用的涂层间涂料及稀释剂的名称、代号、配套性，涂料的涂装程序与工艺流程，涂料的涂装特点及涂装环境条件要求，涂装方法及设备工具，操作规程及涂层间的质量检查标准，涂装操作全部完成后的涂层检验质量标准等。工艺守则的内容都是与涂料调制有很大关系的。绝大多数涂装工艺守则的准备工作栏都会明确规定涂料的调制黏度、过滤铜丝网筛的目数与过滤次数、搅拌程度等内容。但是，涂料调制方法与工艺参数等都是理论数据，是根据选用涂料的出厂质量指标中规定的黏度及涂装特点而定的，应当在产品涂装中使用经过质量验收和工艺验证后的参数。即使如此，国内大多数企业的涂装条件和检查条件，以及规定的调制参数还需要操作者在进行具体的涂料调制中去正确地掌握。操作者在实际操作过程中对工艺文件的掌握、理解存在差距，往往发生各种涂料质量事故（排除涂料与涂装的其他质量问题）。因此，操作者应严格执行工艺文件，认真对待涂料的调制；涂装单位应进行工艺纪律督查，切勿忽视这项极为重要的技术准备工作。

3. 熟悉已选用涂料的性能及用途

涂装工艺选用的涂料，都是考虑了涂料的性能及用途的，但都不会在图中写明。涂装操作者必须在操作前清楚选用涂料的全部性能与用途、涂料的涂装特点和应当达到的最高质量标准。如硝基类涂料和氨基醇酸涂料的性能、用途及涂装特点不同，各类型品种或同类型的不同品种的性能、用途及涂装特点也不同，因此调制方法不同。硝基类涂料出厂黏度大，氨基醇酸涂料黏度次之。涂料的细度和遮盖力不一样，而涂层质量则更不相同，与其配套的品种的性能也根本不同。调制时要根据性能及用途和涂料的涂装特点进行。调制好的硝基和氨基醇酸涂料在涂装时，硝基类涂料中的溶剂和稀释剂挥发快，而氨基醇酸涂料的溶剂和稀释剂挥发得很慢。因此，涂料黏度在涂装过程中就会随时变化，沉淀速度也不同，涂装过程中需要不停地进行搅拌和黏度调整。熟悉选用涂料的性能及用途是非常必要的，涂装操作时，随时对已调制好的涂料进行调整，使其保持稳定，对达到最高的涂装质量标准是有益处的。

4. 掌握涂装产品的材质、涂装方法及设备、工具

产品材质不同，则各涂层结构选用涂料的品种、涂料的施工工艺也不同。涂装有刷、浸、淋、滚、喷涂、高压无气喷涂、电泳、静电喷涂和粉末喷涂等多种方法。各种涂装方法采用的设备工具不同，涂料的调制方法则不同，各有调制要求，大多数操作者是按工艺规定调制的。干燥成膜形成的涂层，其外观光泽不够、表面有灰尘颗粒、起泡、起皱、流挂等诸多的质量事故中，除了因涂料质量操作不好、设备工具有问题、涂装方法和干燥方法掌握不好外，涂料调制质量不高的原因在上述质量事故中几乎都存在。涂料调制时除了要按工艺规定要求认真调制外，还要掌握涂装产品材质、涂装方法、设备工具的不同，在涂装过程中随时调整已调制好的涂料是非常重要的。

5. 掌握涂料的涂装特点与涂装环境条件

涂料的特点、涂装条件与涂料调制的关系很大，需要认真掌握，涂装工艺中往往难以规定得很明确。涂装环境（温、湿度）会对涂装产生一系列的影响，使涂装工艺参数难以适应。操作者应当在涂料调制中掌握其变化，进行适时的调整。例如温度低、相对湿度大时应添加防潮剂和催干剂；低温时涂料黏度相对变稠，如仍按规定调制黏度则有可能在烘干时产生流挂；温度高时涂料本身黏度下降，就要少加稀释剂。这种涂装环境温度、湿度的变化，在涂料调制时要认真地掌握与对待。其他的如涂装环境卫生条件不好等因素，则要进行认真的改善。

6. 掌握涂层层次与涂层厚度

单一涂层的涂料与稀释剂要注意配套。多层涂料涂装品种及稀释剂等进行调制时要特别注意相互配套使用。最理想的多涂层复合涂装选用的底层、中间层和面层涂料的类型应相同。同类型的底层、中间层和面层的涂料及稀释剂是可以相互配套使用的，这样调制涂料时就方便得多（不允许配套使用的除外）。涂装层次与涂层厚度对涂料调制的要求（也是对涂装操作的要求）是：底层和中间层涂料的黏度应小，涂装时要随时调整，保证始终是薄层涂装；面层涂料则应调成规定黏度，一般稍大于底层和中间层的黏度。每层涂料都应过滤后使用，并在调制时进行充分搅拌并随时搅拌及调整。装饰性要求高的涂层，调制的面层涂料普遍应过滤二次为宜。

7. 防止油、水和灰尘等杂质的混入

涂料使用前和使用中不允许油、水、灰尘等污染物混入料桶或槽液中，以免造成各种涂装质量事故。

2.3.4 涂料配色

1. 色彩的基本知识

人们每时每刻都生活在色彩之中，色彩是怎么回事，色彩是怎样产生的，在学习一些有关色彩的基本知识后，将对色彩有一个基本的了解，以便在配色时得以应用。

（1）光与色的关系 色是人的眼睛受到可见光刺激后所产生的视觉感。物体之所以能显示出各种颜色，都是靠光线照射在物体上，经过物体不同的吸收和反射作用而形成的。白色的日光可分解为红、橙、黄、绿、青、蓝、紫七色。如果某一物体能把照射到的日光全部吸收，那么我们就看不到任何反射光线，便视这一物体为"黑色"，正如在暗室中一线光都不透时，任何颜色的物体在我们的视觉中都是"黑色"的；如果某一物体能将日光全部反射，则我们视这一物体和日光一样，是"白色"的；如果某一物体选择性地吸收了一部分日光，那么我们就能看到未被吸收而反射的那部分光，即是那个物体外表的颜色。因此，有光就有色，无光便无色，光和色的关系是不可分的。

（2）光与色的产生 著名的英国物理学家牛顿在 1666 年发现由于光的折射而产生色的现象。即把波长 400~700nm 的可见光（这是人所能见到的光）引入暗室，在光的通道上设置棱镜，当光照在棱镜上产生折射时，在白色幕布上就会出现彩虹一样的红、橙、黄、绿、青、蓝、紫的美丽彩带。这种现象在光学中称为"色散"，色带则称为光谱，即是色光的混合。光是一种电磁波，波长不同的各色光线（光波）照射在物体上，折射的曲率不同，从而产生"色散"使人的眼睛看到了各种不同的颜色。

（3）光的波长与色的关系　因为光的波长不同，才会有各种不同的颜色，形成万紫千红的色彩组合。可见光的波长范围见表 2-7。

表 2-7　可见光的波长范围

颜色	波长区间/nm	颜色	波长区间/nm
红	610~700	青	500~540
橙	590~610	蓝	450~500
黄	570~590	紫	400~450
绿	540~570		

（4）颜色在物体表面能显出彩色　自然界里各种物体都是光的反映体。人们所看到的各种物体，有单一的颜色，也有同一物体呈现两种以上颜色的。这是什么原因呢？我们可以用色彩学的知识来解释这些现象。因为各种物体都是由物质组成的，不同物质有不同的性能，对阳光照射的吸收和反射也不同，所以各种物体才显示出各种不同的颜色，构成了色彩缤纷的世界。每个物体都具有质量和色素，又具有折射（反射）光和吸收光的性质。当每个物体全色（红、橙、黄、绿、青、蓝、紫色）接受并不完全折射（反射），而是能吸收某些色光，从而使物体本身呈现出所折射（反射）色光赋予的颜色。

（5）颜色的表示　在众多的色彩中，可以找出它们的规律性，即把人们所能看得到的色彩分成有色彩和无色彩两大类。划分的范围是将白色、黑色、灰色及它们所有的深浅不同的颜色称为无色彩类；而把红、橙、黄、绿、青、蓝、紫色以及其他不同的色彩称为有色彩类。

（6）三原色及拼色法　色彩名目繁多、千变万化，但有三种颜色是最基本的，用它们可以调配出各种色彩，但用任何颜色却调配不出这三种色彩，因而称其为三原色。三原色又分为色光三原色和物体色三原色两种，如图 2-1 和图 2-2 所示。

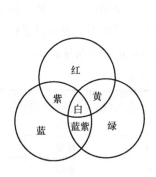

图 2-1　色光三原色

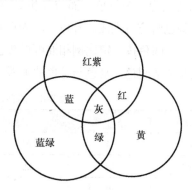

图 2-2　物体色三原色

1）色光三原色：将红、蓝和绿三种色按不同比例混合，可以得到全部的色。而混合其他色却不能得到这三种色。因为这三种原色混合后的色彩明度增加，故也称其为加色法三原色。

2）物体色三原色：物体色中的三原色是蓝绿、红紫和黄色，将它们按不同的比例混合也可得到好多色彩。因为这三种原色混合后的色彩变浑、变暗，故又称其为减色法三原色。

通常我们把红、黄、蓝称为颜料的三原色，也称为第一次色、基本色，是用任何颜色也不能调配出的三个颜色。调配颜色时必须了解颜色的基本色，才能使配色有规律可循。以三原色为基础进行颜色调配，则可调配出其他各种色彩。图2-3所示为颜料三原色的名称、相互关系及拼色图。

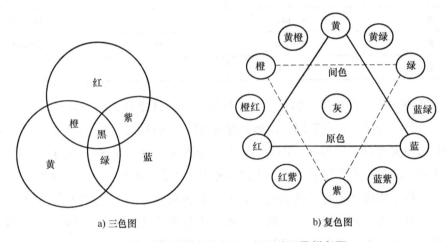

a) 三色图　　　　　　　　b) 复色图

图2-3　颜料三原色的名称、相互关系及拼色图

① 间色。两种原色以适当的比例相混合而成的颜色称为间色，也称为第二次色。例如：红+黄=橙；红+蓝=紫；黄+蓝=绿。橙、紫、绿为间色，间色也只有三个。

② 复色。两间色与其他色相混调或三原色之间以不等量混调而成的颜色称为复色。复色也可以调配出很多颜色。

③ 补色。两个原色可以调配成一个间色，而另一个原色则称为这个间色的补色；两个间色相加混调成为一个复色，而与其相对应的另一个间色，也称为补色。

在调配颜色时应特别注意补色，因为在复色中加入补色会使颜色亮度降低，甚至使颜色变灰、变黑。三个间色按一定比例相混可得灰色；三个原色按一定比例相混可得黑色。所以，在配色时一定要了解间色、复色与补色的关系。调色、复色与补色的关系见表2-8。

表2-8　调色、复色与补色的关系

调色	复色	补色	调色	复色	补色
红与蓝	紫	黄	紫与绿	橄榄	橙
蓝与黄	绿	红	绿与橙	柠檬	紫
黄与红	橙	蓝	橙与紫	赤褐	绿

④ 消色。黑色和白色又称为消色。它们是色彩带以外的两种颜色，是色彩调配中必不可少的。黑色和白色以不同的比例混合，可得到不同程度的灰色；与原色和间色混合，可改变色彩的明度，即加入白色则变亮，加入黑色则变暗。

（7）颜色的三属性　颜色的三属性（也称为三要素、三刺激值）是色相、明度和纯度，它们是衡量（对比）颜色的三个基本条件，缺一不可。

1）色相。也称为色调，是指色彩的相貌。在颜色的三属性中，色相被用来区分颜色，是颜色本质方面的特性。颜色是由物体接受光照射时反射（折射）光的波长的长短决定的。各种物体由于质量和色素不同，吸收和反射的色光不同，使得各种物体表面呈现出红、橙、黄、绿、青、蓝、紫等色彩。色彩与色光的光谱对应，即由色光的光波长短范围内的波长决定颜色。所以，各种物体除吸收的色光外，折射出去的色光也是由某一个范围的波长决定的光，例如光波在 610~700nm 这个范围内的光都呈红色。因此，各种物体呈现出的颜色的色相，都是物体反射（折射）的色光波长的长短范围刚好与光谱中色光波长的长短范围相一致，通过两者对应的比例使人看得到的颜色和色相。

2）明度。也称为亮度。根据物体表面反射光的程度不同，色彩的明暗程度就会不同，这种色彩的明暗程度称为明度。白色的反射率高，明度亮；黑色的反射率低，明度暗。

3）纯度。也称为饱和度。纯度指的是色彩饱和程度，即通常人们所说的色的纯正。光波波长越单纯，色相纯度越高，反之，色相纯度越低。

（8）颜色的表示　人们对颜色的表示，通常以自然界接近的特定物品来命名，例如天蓝色、草绿色、嫩绿色、咖啡色、米黄色、肉色和奶油色等。但这种对颜色的表示方法极不准确，只能是近似的、定性的表示，不能准确表达颜色的三属性。为了准确地表达颜色的色相、明度、纯度，就必须采用统一的、专业的标准。

1）标准色卡（比色卡或微缩胶片）表示法。标准色卡表示法是目前人们表达和交流的主要方法。尽管人有极强的辨色能力，也不可能将上千种颜色都记住。涂料制造商经过几十年的积累，把各种涂料颜色制成标准的色卡表达出来。标准色卡的正面是色彩，背面是该颜色的配方代号，通过代号可查阅制造商提供的颜色配方，从而可进行颜色调配。

2）孟塞尔颜色系统表示法。孟塞尔颜色系统表示法是将颜色的三属性用三维坐标图形表示出来，使颜色三属性能以定量的方法表示，如图 2-4 所示。

在孟塞尔颜色坐标中，中央轴代表中性色的明度等级，白色在顶部，黑色在底部，明度值分为 0~10 共 11 个感觉上等距离的等级，在实际中常采用 1~9。在与中央轴垂直的水平方向上，表示同一颜色的纯度的变化。离中央轴越远，颜色的纯度越高，相反则纯度越低。纯度从中央轴到周围的距离分为 0、2、4、6、8、10 共 6 个等级。在圆周方向上共有 10 个色相，其中包括 5 个主色相和 5 个中间色相，即红（R）、黄（Y）、蓝（B）、绿（G）、紫（P）为主色相，黄红（YR）、绿黄（GY）、蓝绿（BG）、紫蓝（PB）、紫红（PR）为中间色相，如 5R 为纯红。每个色相又分为 10 个等级，每个主色相和中间色相的等级各为 5 个。每种颜色都可以用色相 H、明度 V 和纯度 C 表示，即

$$HV/C = 色相 \times 明度 / 纯度$$

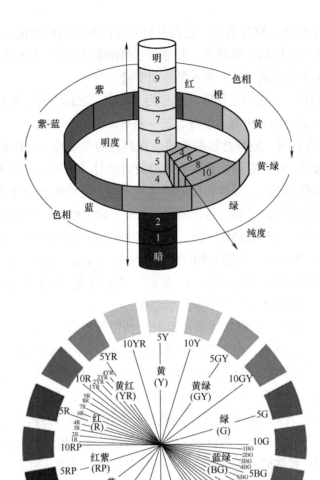

图 2-4 孟塞尔颜色系统表示法

例如：10Y6/12 表示色相为黄与绿黄之间的中间色相，明度为 6，纯度为 12 的颜色。如果是明度为 5 的灰色，也可写成 N5。

3）Lab 颜色空间表示法。颜色测量的本质就是一个测量工具，在刻度均匀的情况下，测量结果精度可控。在印刷行业中，用于打印或者印刷的设备是 CMYK 设备，其颜色值的数值表达空间是与设备有关的 CMYK 颜色空间，使用的印刷油墨、基材、光照等都将引起颜色差异。基于与设备无关的颜色取值空间制作的颜色，能够很好地解决上述问题。由国际照明委员会（CIE）于 1976 年提出的 Lab 颜色空间是均匀的，且颜色值的表达不受任何硬件设备的性能与状态影响，具有设备不相关性。如图 2-5 所示，Lab 颜色空间为三维立体空间，用亮度指数 L^*、色度指数 a^* 和 b^* 表示。L^* 的取值范围为 0~100，从下到上表示黑到白之间过渡的灰色；a*表示色度轴从红到绿的变化；b*表示色度轴从黄到蓝的变化。

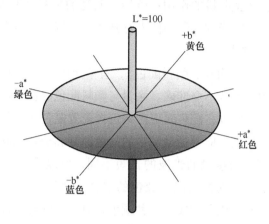

图2-5　Lab颜色空间表示法

4）分光光度曲线表示法。分光光谱值反映了测量颜色表面对可见光谱各波长光的反射率。将可见光谱的光以一定步距（5nm、10nm、20nm）照射颜色表面，然后逐点测量反射率，将各波长光的反射率值与各波长之间关系描点可获得被测颜色表面的分光光度曲线。也可将测量值转换成其他表色系统值。每一条分光光度曲线唯一地表达一种颜色。

（9）颜色的对比　调配的颜色如果没有对比色来检验，则很难说调配得是否准确，所以一般情况下都应进行对比。颜色的对比方法有两种：一种方法是和光谱对比，可采用光泽仪、光电比色计等仪器对比；另一种方法就是目测对比，即与各种标准色卡相对比，其关键是标准色卡要制作得很准确。标准色卡应以光谱颜色为标准，这样才能使与标准色卡相对比的颜色达到高的准确度。颜色对比的内容是要对比色相、明度和纯度。颜色对比与使用的对比色板面积有很大关系：色板面积小，则对比的准确度差距大；面积大的色板，其色彩的色相、明度和纯度的呈现都比较有层次，对比时很容易找出差距。

（10）颜色调配的层次　颜色调配的层次非常重要。调色时，要首先找出主色和依次相混调的颜色，最后才是补色和消色。两相近色相调配，一般都可以调配出鲜艳明快的颜色，颜色柔和协调。补色是调整灰色调的，所有颜色与其补色相调，都只能调成灰色调和较为沉着的色调。因此，在调配颜色时，补色一定要慢慢地少量加入，否则一旦加入量过多，则很难再调整过来。消色同样也要少量地分次加入，一旦加入量过多，也很难调整。白色过量或作为主色尚可调整，而黑色过量则很难调整过来。补色和消色过量的结果是：一方面是难以调整，另一方面是调配量越调越多，浪费时间和原材料，使用不完则难以保管。对于复色调配，应当主、次色依次序分清，按比例顺序逐步加入。用补色和消色进行最后的慎重调整，首先要调配好色相，然后再调整明度和纯度。调配颜色应有秩序地按步进行，按主次顺序加入色料，用这种调配方法才能调得又快又准确。

（11）颜色的感觉与作用　颜色给人的视觉、生理、心理产生各种各样的感觉和作用。现代人对色彩的要求也呈现多样化。颜色能给人以很多生理上的感觉，如冷暖感、疲劳感、轻重感、前进与后退感、明亮感等。颜色还会使人在心理上产生很多联想。颜色具有很多象征意义，在人的心理上会产生明显的作用：鲜艳、明亮的色彩会使人感到快乐、精神振奋，催人奋进，给人以启发等；暗淡的色调会使人感到压抑、沉闷，给人的身心健康造成损伤。

2. 涂料的配色原则与方法

涂料使用过程中的配色（涂料、颜料配色），有一定的规律和方法。违反颜色相调成色的规律和方法，调配出的颜色就不会准确。涂料与颜料配色的色料选择、比例关系、配制方法，关系着配色的准确性。所以，配色时要严格选择配置复色涂料的色料，不能违反一定选择原色的原则，不能任意替代，应遵循最基本的配色原则和选择正确的操作方法。

（1）配色原则　由于人眼接触的光波的长短不同，所以看见的颜色也不一样。有光才有色。光有强弱明暗，物质反射光的能力及色的组合千变万化，这给配色工作带来很大困难。将两种或两种以上的颜色相混调成另一种颜色，有一定的规律性，不可随意进行，必须遵循配色的各项原则。

1）涂料颜色的辨别。应用有关色彩理论知识和色彩辨别方法，才能准确判断出所需调配颜色的本色。要辨别涂料的本色，首先应在标准色卡上找出涂料颜色的名称。将标准色卡或标准色板置于足够亮的阳光下或标准光源之下，辨别出涂料的本色，以及主色是由哪几种颜色调配而成的、基本比例关系、色料的主次混合顺序、色相的组合及明度和纯度等。多种颜色的鉴别必须通过颜色的基本特征（即色的"三属性"的表现状况）进行区分，并以原色的成色、间色、复色、补色和消色等调配成色的色相、明度和纯度进行准确判断。如果辨别有误，则很难调配出所要求的标准颜色。

2）配色的"先主后次、由浅至深"的原则。配色时，无论是调配小样还是大量调配，必须遵守将深色漆加入到浅色漆中的原则，边调边看，再由浅至深地调整色相、明度和纯度，以及光泽和浮色等。各种涂料配色前应充分搅拌，在配色中也应充分搅拌，使之均匀互溶。

3）颜色的对比和色料选择。配色时，无论是调配小样还是大量调配，在调出基本色相后，再进行色相、明度和纯度的调整。当颜色调整至与标准色卡相近时，将调配好的涂料涂装到样板上，待溶剂挥发后，与标准色卡进行对比，应边调整边对比，直至颜色完全一致。调配色相鲜艳、明度纯正的颜色时，选用的颜料或原色涂料的品种越少越好。根据减色法配色原理，使用原色涂料与颜色的品种越多，配出颜色的鲜艳度越差，明度越暗。

4）标准色的选择。最标准的色是光谱的颜色，与用照片制作的标准色卡（又称为色板）相比总会有一些差距。校验配色的准确度时，可采用光电比色计等仪器进行对比。用光电比色计还可检测每种颜色的定量成分与加入量的差数，因为光谱仪能够真实地反映光谱色的本色。但是，在缺少设备时，选用准确度较高的标准色卡则是唯一的选择。对比调整是考验配色好坏的一条准则，也是配色准确度高的保证条件之一。

5）调节涂料色彩的作用。成品涂料都具有多种多样的颜色。根据产品涂装需要，首先要显示出颜色的新颖性，标示出现代光学最新成果的色彩美。若再加上先进的材质、造型、加工工艺，则可以起到既装饰产品又美化使用环境的作用。颜色应醒目明快、舒展、令人喜爱。暖色令人感到温暖、愉快，催人奋进，冷色让人感到爽快、安静、舒适等，给人心理上美的享受。

（2）色料选择　绝大多数涂料的配色依据是按照光谱色制作的标准色卡和标准色板。配色前，准确判断和辨别出所要调配颜色的主色（即底色）的组成后，就可以进行色料的选择及准备了。再依次准备好配色的盛装容器和工具，选择好适宜配色后与标准色卡或标准样板进行对比的场所（有标准的自然光或光源）、配色后用作对比的标准样板等就可以进行配色了。

配制复色涂料对使用色料的选择是非常重要的。选择色料不当，则很难调配出所要求颜色的涂料。因此，选择色料要遵循一定的方法。

1）色料选用依据。由于涂装产品使用环境条件的需要，色料选用时应考虑如下几点：调配的颜色要新颖，要突出产品的功能性和装饰性，兼顾设备整体颜色的统一，协调其他零部件已涂装的色彩，还要考虑产品在市场上的竞争，以及涂料购入的困难程度和生产短缺情况等因素。

2）配色用辅助添加剂的加入方法。配色过程中，根据涂料的使用要求，需要加入催干剂、固化剂、防毒剂等一些辅助材料，或添加定量清漆。配色时如使用的原色涂料与颜料色浆黏度大，则需要加入稀释剂，为使之互溶，应当加入适宜的配套品种，加入量应以尽量少为准。催干剂、固化剂等要在配制时按适宜比例加入，如加入过量会影响明度和色泽。例如在调配浅色时，如果需要加入催干剂，则应先加催干剂后配色，以免影响色相。

3）准确辨别配色的色相。根据几种颜料色浆和涂料在配制中所占的比例，来确定被选料的品种、性能、数量等，辅助材料应一并选择。

4）配色选择方法与注意事项：

① 色料的配套性。配色时，大多是配制复色涂料，需要几种原色涂料或色料。应选择性能相同的原色涂料、原色颜料色素、稀释剂等，且它们应配套。必要添加的辅助材料中，催干剂、固化剂、防潮剂、罩光涂料等要与复色涂料的性能、质量相宜，并绝对避免它们有损涂料的色相、明度、纯度。如果选择不当，相互混溶性不好，成色质量差，严重者会产生树脂析出、分层等疵病。

② 颜料比重。用两种色料配制复色涂料是极少数的情况，几种颜料相调则属常见。颜料的密度不同，配制后的复色涂料易沉淀，使用时产生"浮色"，造成色相偏离。

③ 色料的颜色标准。虽已判定复色调配用料的基本色调、主要色相及调整色料，但仍需在选料时具备对比颜色的标准色卡或标准色板，方可准确地对照选择，以免影响配色的色相、明度和纯度等。涂料如绿、灰、青色等需用几种色漆料，各颜料的密度肯定不同，配制时应边调边充分搅拌，使之充分互溶。最好选用密度相近的色料，如配色必须使用其他色料时，为避免使用中可能产生的浮色，可采用加入硅油的办法来调整。

（3）配色的注意事项　配色是一项复杂而细致的工作，调配时必须注意以下事项：

1）调配色漆时，所采用的色漆的基料必须相同或能相互混溶，以免造成树脂析出、浮色、沉淀甚至报废，例如过氯乙烯漆不能与硝基漆相混配色。

2）配色前应首先确定所需要的颜色是由哪几种颜色组成的，然后试配小样，确定参加配色的各种涂料的量，作为配大样的依据。

3）配色时应先加入主色（即在配色中用量大、着色力小的颜色），然后慢慢地添加副色（即用量少、着色力强的颜色），并不断搅拌，随时观察颜色的变化。为了防止配过头，可先留一半主色漆备用。

4）如果来样为干样板，则调配的色漆需待干燥后再做比较。若时间不允许，喷样后待浮色现象稳定即可与原样板比较，并应注意鲜样要比原样稍浅一些。如果来样是漆，则可将样品漆液充分调匀后，滴于正在调配的漆棒上对比，边调边对比，直到配准为止。

5）比色时，必须在光照充分的条件下进行，最好是在晴天或阳光照射度较好的地方。如果光线太暗或光源选择不当往往会影响配色的准确性。

6）配色用容器必须干净，不能用盛装过不同牌号色漆的旧漆桶、罐来调制。配好后的涂料应随即用盖密封，以防结皮、落灰。

2.4 国内外涂料研究现状

2.4.1 建筑涂料研究现状

1. 墙面涂料

墙面涂料是指用于建筑墙面使其美观整洁，同时也能够起到保护作用，延长其使用寿命的一类涂料。墙面涂料按建筑墙面分为内墙涂料和外墙涂料。作为涂料的一个重要组分，成膜物质在涂料中起着重要作用。以聚丙烯酸酯乳液为成膜物质的涂料是目前市场上流行的墙体涂料，具有弹性好、不易老化、耐擦洗等优点。

（1）内墙涂料　内墙涂料作为室内装饰的重要组成部分之一，使用环境条件比外墙涂料好，因此在功能性方面的要求较外墙涂料低，其更加注重的是环保方面的要求。研制开发环保型聚丙烯酸酯类内墙涂料是该领域的研究热点。例如：采用丙烯酸酯共聚物乳液、颜填料和成膜助剂制备具有湿度调节功能的内墙涂料，这种涂料在干燥环境下能增加室内湿度，潮湿环境下又具有除湿功能。

（2）外墙涂料　外墙涂料由于涂刷在建筑的外立面，长期受到阳光照射和雨水冲刷，因此要具有良好的抗紫外、耐候及耐洗刷性。有机氟、有机硅及无机纳米粒子改性的聚丙烯酸酯乳液是制备该类外墙涂料的主要选择。例如：用有机硅/聚丙烯酸酯复合乳液配制外墙涂料，随着复合乳液中有机硅含量从15%增加到35%，涂膜的耐洗刷性、附着力明显增强，耐冲击性和耐磨耗性略有提高，柔韧性基本无变化。再如，用有机氟硅/聚丙烯酸酯复合乳液制备的外墙涂料，具有高耐候性、高耐沾污性、高保色性、低污染性，符合当今建筑涂料的发展潮流。

2. 防水涂料

防水涂料是指经固化后能形成具有一定延伸性、弹塑性、抗裂性、抗渗性及耐候性的防水薄膜，起到防水、防渗和保护作用的一种涂料。防水涂料多用于建筑物屋面、地下室、厨卫间、地下车库、蓄水池等部位，以防止雨水、地下水、工业和民用给排水，以及空气中的湿气、蒸汽等侵入建筑物内。目前常用的防水涂料主要有聚氨酯防水涂料、丙烯酸酯防水涂料、聚合物水泥基防水涂料、聚合物改性乳化沥青防水涂料、硅橡胶防水涂料和无机防水涂料等。

例如：以水、异氰酸酯（MDI）为原材料，制得一种环保型聚氨酯防水涂料。该防水涂料充分考虑了亲水聚醚多元醇、亲水扩链剂、气体吸收剂和含水量对防水涂料性能的影响。试验结果表明：当亲水聚醚多元醇占配方总质量的 20%、亲水扩链剂占 0.4%、气体吸收剂占 4%、含水量为 20% 时，制得的聚氨酯防水涂料性能最佳。

再如，采用硅丙乳液作为聚合物水泥基防水涂料的基料，制得屋面用白色反射防水涂料，可使屋面兼具防腐、防水和节能功能。该涂料的拉伸强度大于 2MPa，断裂伸长率大于 250%，黏结强度大于 1MPa，抗渗性大于 0.8MPa，防水效果优异。

3. 地坪涂料

地坪涂料是涂装于水泥砂浆、混凝土、石材或者钢板等地面，能够对地面起到装饰、保护或者某些特殊功能的建筑涂料。相比于目前家庭住宅装修偏重选择木地板、耐磨地砖、花岗岩和地毯等装饰材料，地坪涂料因为具有更好的技术经济效益以及种类多、维修方便和功能性强等特点，有着更为广泛的应用和使用范围。地坪涂料按成膜物质可分为环氧地坪涂料、聚氨酯地坪涂料、甲基丙烯酸甲酯地坪涂料、聚脲地坪涂料和其他地坪涂料，其组成、特征和用途见表 2-9。

表 2-9　地坪涂料的组成、特征和用途

涂料种类	组成	特征或用途等的描述
环氧地坪涂料	通常由环氧树脂、溶剂和固化剂及颜料、助剂等构成	这类涂料中包含众多的地坪涂料品种，如无溶剂自流平地坪涂料、防腐蚀地坪涂料、耐磨地坪涂料、防静电地坪涂料和水性地坪涂料等，其主要特征是与水泥基层的黏结力强，能够耐水及其他腐蚀介质的作用，以及具有非常良好的涂膜物理力学性能等，是用量最大的地坪涂料
聚氨酯地坪涂料	以聚醚树脂、聚酯树脂、丙烯酸树脂或环氧树脂为甲组分，异氰酸酯为乙组分而构成	因涂膜硬度与和基层的黏结力等不如环氧树脂类涂料，其品种较少，主要有弹性地坪涂料和防滑地坪涂料
甲基丙烯酸甲酯地坪涂料	以聚甲基丙烯酸甲酯（PMMA）为主体树脂基料	该涂料具有快速固化、超低温固化（-30℃）、优异的耐候性、绿色环保等优点
聚脲地坪涂料	主要由异氰酸酯、聚醚多元醇、聚醚多元胺、胺扩链剂、各种功能助剂、颜（填）料、活性稀释剂等组成	聚脲地坪涂料是由异氰酸酯组分和氨基化合物组分反应生成的弹性体，其优点在于弹性高（断裂伸长率 ≥450%），耐磨和防腐蚀性能好，对基层的附着和表面防滑性能优良
其他地坪涂料	以丙烯酯树脂和氯化橡胶等为基料	通常作为水泥或混凝土表面的处理剂，起封闭作用，防止泛碱或水蒸气渗出，以利于涂装和在使用过程中对涂层的防护

4. 功能性建筑涂料

功能性建筑涂料是指一种涂覆在建筑物体表面，能形成牢固附着的连续薄膜材料，主要是起装饰、保护、标志等作用。随着人们生活水平的提高，对当代建筑性能要求越来越高。而涂料作为建筑中不可缺少的一部分，功能性建筑涂料不仅可以美化建筑，为人们提供一个良好的居住环境和外观建筑，对建筑物也有保护作用，能有效防止建筑物被过早地破坏。

（1）防火涂料 防火涂料是施用于可燃性基材表面，用以改变材料表面燃烧特性，阻滞火灾迅速蔓延，或施用于建筑构件上，用以提高构件的耐火极限，推迟结构破坏的特种涂料。按照防火机理的不同，防火涂料可分为膨胀型防火涂料和非膨胀型防火涂料两类。由于地铁车辆的轻量化、美观要求和生产周期的限制，目前地铁车辆上所使用的防火涂料均为膨胀型防火涂料。膨胀型防火涂料主要由基体树脂、催化剂、成炭剂、发泡剂等成分组成。涂层在受火时膨胀发泡，形成泡沫层，泡沫层不仅隔绝了氧气，而且因其质地疏松而具有良好的隔热性能，可延滞热量传向被保护基材的速率。涂层在膨胀发泡产生泡沫层的过程中因体积增大而呈吸热反应，消耗大量热量，有利于降低结构温度，故其防火隔热效果显著。

涉及防火涂料业务的国外企业较多，如美国的 3M、卡宝拉因、宣伟和 PPG，丹麦的海虹老人，印度的 Lloyd，英国的 Nullifire，芬兰的泰克诺斯，日本的关西涂料，荷兰的阿克苏诺贝尔，德国的 Rudolf Hensel 和挪威的佐敦等。国内防火涂料企业也较多，但涂料产品性能参差不齐，有待进一步规范和提升。

日本关西涂料公司公开了一项关于膨胀型防火涂料的国际专利。该膨胀型涂料组合物可以在 $-5\sim40$℃ 的环境温度下固化或干燥，可以通过常规方法施涂，例如无气喷涂、刷涂等。施工时可直接涂覆于基材，也可先涂覆底漆。该涂料含有苯乙酰胺化合物、环氧树脂、成炭剂等组分，具有优异的耐火性能和防腐蚀性能，适用于多种基材，如钢、镀锌钢、铝、塑料、木材、混凝土和玻璃等。

俄罗斯某公司公开了一项关于膨胀型防火涂料的俄罗斯专利。该涂料适用于建筑业、运输以及需要保护表面免受火灾的其他领域。该涂料含有氯乙烯共聚物或氯乙烯与乙酸乙烯酯的共聚物、醇酸清漆半成品或类似物、醇酸树脂、丙烯腈共聚物、膨胀型添加剂、触变添加剂、二氧化钛和有机溶剂等。可通过无气喷涂或联合喷涂，形成阻燃膨胀型涂料，其耐火极限最高可延长至 2.5h。该涂料也适用于低温工况条件下的基材。

东芬兰大学的 Mezbah Uddin 等以氢氧化镁和酪蛋白等组分为原料合成了一种环保型阻燃复合材料，并对其涂层性能进行了测试。结果表明，通过酪蛋白的膨胀、残炭层的形成、氧化镁的隔热等物理和化学协同作用，可以抑制火势蔓延，同时释放被酪蛋白保留的水蒸气。涂层能使松木基材的耐火时间提高 147%，同时发烟率和峰值放热率分别降低 53% 和 30%。

（2）防霉涂料 防霉涂料是指一种能抑制霉菌生长的功能型涂料，通常是通过在涂料中添加某种抑菌剂而达到防霉目的。传统的油漆或其他装饰涂料在储存过程中，为了防止液态涂料因细菌作用而引起霉变，常加入一定量的防腐剂，但这类涂料防腐剂的加入量远低于防霉涂料中抑菌剂的加入量，因而仅有涂料防腐作用，而无涂层防霉效果。防霉建筑涂料（以下简称防霉涂料）是其涂膜能够抑制霉菌繁殖、生长的功能型建筑涂料，主要用于通风不良的潮湿场所，以及环境中富含营养物的厂房墙面涂饰，起美化和保护作用。

例如：根据抗菌剂的不同抗菌原理，采用有机-无机抗菌防霉剂复配进行抗菌防霉涂料的配方设计，通过性能测试对比，可以获得性能优异的抗菌防霉内墙涂料。产品性能满足 GB/T 9756—2018《合成树脂乳液内墙涂料》的优等品要求、GB 18582—2020《建筑用墙面涂料中有害物质限量》的指标以及 HG/T 3950—2007《抗菌涂料》中抗菌等级 0级的要求。

再如，将一种含有羧甲基纤维素钠的溶液与另一种含有氯化钠和氯化钙的溶液混合，然后再与一种含有二烯丙基二甲基氯化铵均聚物的溶液混合，制得一种涂料组合物，其聚合电解质的质量分数为 20%，具有抗菌性能，适用于聚合物基材、玻璃、金属、纸张、建筑物等的表面涂装。

（3）保温隔热涂料　建筑用保温隔热涂料是一种集保温、隔热、装饰于一体的安全、节能、环保、经济的新型建筑用涂料，在建筑物的外表面及室内涂覆一层保温隔热涂料可有效调节室内外温度，既可降低建筑物的内部温度，还可使建筑物内部热量不易快速散失，起到保温隔热作用。根据保温隔热原理不同，保温隔热涂料可分为阻隔型、反射型、辐射型和复合型。

1）国内在保温隔热材料上的研究起步较晚，主要起步于 20 世纪 80 年代中期，而且相关研究主要局限在一些高温管道及高温设备表面的保温，以及一些异形件的高温管段。截至目前，国内越来越重视对保温隔热涂料的研究，不同厂商生产了多种保温隔热涂料，市场上已量产的有稀土复合保温隔热涂料、涂敷型硅酸盐复合隔热材料、硅酸盐复合保温隔热涂料、硅酸镁复合保温隔热材料等。目前国内最广泛生产和应用的保温隔热涂料是阻隔型保温隔热涂料，特别是硅酸盐复合保温隔热涂料。该类保温隔热涂料基于各种含镁和铝的非金属矿物纤维，掺加一定数量的化学助剂，并掺和相应的填充剂和辅助材料共聚制成特定的保温隔热涂料。再者，通过使多种不同的隔热机理以最有利的方式结合制备高性能的复合保温涂层，可以更好地利用多种机理的优势，创造更好的保温条件，使保温效益最大化。在墙体保温材料领域，研究及应用较广的是反射型保温涂层，其通过反射太阳光特定波段光线的特性，可以有效调节干旱半干旱地区夏季建筑外墙的温度，有效缓解城镇的热岛效应。由于其在城镇化发展中具有改善城市居住功能的优点，目前越来越多的研究人员聚焦在这类反射型保温材料的研究上，期望研制出保温效果好、经济性好的涂料。

2）国外使用的保温隔热等涂层材料在技术、材料、设计、生产、工程施工等方面都取得了很大的进展，其中建筑墙体用涂层材料属于产量最大的一种。在保温隔热材料技术研究方面，北美、欧洲、东亚等地区及国家的研究处于世界领先水平，我国早期的保温涂层材料大多依赖国外进口。

德国的 VENA 公司研发了一种以陶瓷为基料的保温隔热复合材料，主要是利用微米级的空心陶瓷颗粒，通过多种物理化学方法进行改性，与某种环保型乳状液体进行共聚混合，形成黏附力强、化学性质稳定的涂料，涂刷在不同建筑或设备表面上（如金属、墙体、车厢等），一般情况下只要涂刷1/3mm厚的保温隔热材料，即可对太阳光达到90%的反射率，节能效果可到40%。

（4）其他功能性涂料　抗菌涂料在整个涂料领域占比虽然不大，但新冠肺炎疫情在全球的蔓延在一定程度上推动了抗菌涂料的研发力度和投入。目前，涉及抗菌涂料的主要制造商包括阿克苏诺贝尔、巴斯夫、杜邦、钻石涂料、立邦涂料、立帕麦、帝斯曼、宣伟、思诺泰、Trop集团、AK集团和龙沙集团等。

美国宣伟公司公开了一项关于一种高性能抗菌涂料的美国专利。该涂料含有水、胶乳聚合物、颜料和生物杀灭剂等组分。其中生物杀灭剂含有无机杀灭剂和有机杀灭剂，其涂层在初始2h内对革兰氏阳性细菌、革兰氏阴性细菌等细菌具有很高的杀灭率。即使在反复污染试验后，其表面仍具有较高的细菌杀灭率。该涂层能够提供长达48个月的细菌杀灭功效。

加拿大滑铁卢大学纳米技术研究院研发了一种抗冠状病毒涂层。该大学与二氧化硅创新实验室联合开展研发工作，并进行了各项试验研究，如抗病毒材料研究、抗病毒机理研究、计算模型分析等，在研究成果的基础上进一步优化涂层配方，该涂层适用于学校、商场、交通、医院、工厂、住宅等公共环境及私人空间的抗菌防护。

2.4.2　工业涂料研究现状

1. 汽车涂料

汽车涂料是一类体现涂料行业技术水平的高性能涂料品种。近年来，消费者对汽车外观要求越来越多样化、时尚化，从而刺激了汽车涂料市场的发展。与此相关的涂料性能主要涉及UV（紫外光）防护性能、施工性能、保光性能等。另外，丰富的汽车外观色彩、色调及其涂料解决方案为汽车涂料市场带来了巨大的发展潜力。2019年，全球汽车涂料市场规模超过170亿美元，尽管全球汽车产业增速趋缓，但汽车涂料市场仍然保持较高的增长速度。

随着涂料技术的创新，涂装技术的发展进一步提升了汽车外观，同时又顺应环保要求。而涂装工艺的改进有效提高了涂装效率，减少了过喷，赋予了涂层更好的性能。从车型来看，由于货运量以及贸易活动的增加，重型商用车的需求持续增加。乘用客车的车型款式丰富，对于高品质涂料的应用需求也越来越多，以此提升汽车的抗紫外性能、耐酸性、耐热性等。未来几年，由于人们对汽车乘坐舒适性、美观度、功能性等要求越来越高，OEM涂料（即原始设备制造涂装用涂料）的需求仍保持旺盛，涂料的耐久性、防腐性以及喷涂工艺的改进将进一步推动OEM涂料市场的发展。另外，汽车修补服务业对汽车涂料市场的影响非常显著。汽车涂料市场利润可期，竞争激烈。巴斯夫、艾仕得、KCC集团、杜邦、PPG、阿克苏诺贝尔、科思创、立邦、宣伟、卡博特、科莱恩等涂料企业都在致力于汽车涂料业务的全球布局。

2019年汽车涂料行业和汽车涂装行业最关注的两个标准，一个是GB 24409—2020《车辆涂料中有害物质限量》替代 GB 24409—2009《汽车涂料中有害物质限量》，另一个是 GB/T 38597—2020《低挥发性有机化合物含量涂料产品技术要求》。此外，各地更新的环保法规和标准，要求各汽车厂建设新涂装厂关停旧的溶剂型涂料涂装厂的步伐加快，或者投资将现有溶剂型涂装线进行技术升级改造。因此，采用绿色环保的水性涂料取代溶剂型涂料已成为汽车涂装领域发展的重要趋势。

随着水性漆的发展和技术的不断进步，许多品牌对水性漆在附着力、气泡、针孔等问题上提出了解决方案，优化了自身技术。目前，汽车漆水性涂料的技术发展方向主要有两个：一个是进一步降低自身的 VOC（挥发性有机化合物）排放水平，目前国际上的中高端水性漆品牌都朝着进一步降低 VOC 排放量的方向提升自身的技术；另一个是高固含清漆在市场上的应用时间比较久，应用范围广泛，生产成本也比较低。由于水性清漆的生产成本高于高固含清漆，因此水性色漆匹配高固含清漆进行组合，可以在保证 VOC 排放量的基础之上进一步降低生产成本。

2. 木器涂料

在我们的日常生活和工作中，木质产品随处可见，可用于室内和室外。为了能延长木质产品的使用寿命，经常采用涂料来对其表面进行装饰和防护。目前木器涂料主要有溶剂型、水性、粉末型和辐射固化型等类型。

（1）国家标准　针对室内装饰装修用木器涂料，原来有两个强制性国家标准——GB 18581—2009《室内装饰装修材料溶剂型木器涂料中有害物质限量》和 GB 24410—2009《室内装饰装修材料 水性木器涂料中有害物质限量》。全国涂料和颜料标准化技术委员会根据《工业和信息化部科技司关于做好强制性标准（含计划）整合精简结论后续落实工作的通知》（工科函〔2017〕464 号），将 GB 18581—2009、GB 24410—2009 整合修订项目列入 2018 年第一批强制性化工国家标准项目计划。2019 年 4 月，国家标准化管理委员会以"国标委发〔2019〕14 号"文批准了该项目的立项计划，编号为 20190071-Q-339。2019 年 9 月项目编制工作组完成了标准修订和报批工作，正式标准 GB 18581—2020《木器涂料中有害物质限量》于 2020 年 3 月 4 日发布，2020 年 12 月 1 日实施。

（2）产品分类　修订后的标准在溶剂型木器涂料和水性木器涂料的大类基础上增加了辐射固化型木器涂料、粉末型木器涂料等涂料大类，同时又在溶剂型木器涂料大类内增加了不饱和聚酯类溶剂型木器涂料产品。首先将木器涂料分为水性、溶剂型、辐射固化型和粉末型木器涂料，然后再依据配方体系进行细分，如水性木器涂料分为清漆和色漆；溶剂型木器涂料分为聚氨酯类、硝基类（仅限工厂化涂装使用）、醇酸类、不饱和聚酯类；辐射固化型木器涂料分为水性和非水性；粉末涂料现阶段的应用相对较少，未进行分类。

（3）技术趋势　全球木器涂料市场的主要趋势是持续缓慢转向使用水性涂料，特别是水性 UV 固化涂料。这种情况已经开始，预计将会持续下去。目前大型家具企业水性化转型进展迅猛，如北京天坛家具、深圳长江家具、上海白玉兰家具，几乎完全绿色化。上海白玉兰家具几乎完全水性化；深圳长江家具主要是 UV 底水性面；北京天坛家具商用产品采用 UV 底水性面，民用产品采用水性底水性面；美克·美家 70% 以上实现水性化。但中小企业目前溶剂型涂料的使用比例仍然较高，水性涂料与 UV 涂料加起来的总和占比不超过 20%。

3. 船舶涂料

在全球大力发展海洋经济的背景下，人们对海洋环境的重视程度逐步加深。传统船舶重防腐涂料多是以牺牲海洋环境为代价换取船舶防腐的高效性和长效性。伴随着全球各地海洋环境保护相关法律法规的颁布，传统船舶防腐涂料势必被淘汰，符合法规的新型环境友好型船舶防腐涂料成为目前船舶涂料行业的重要研究方向。

（1）水性化　近年来，国内外工业所用涂料绝大多数为溶剂型涂料，然而溶剂型涂料存在固化过程产生大量有毒挥发物污染环境以及造成经济浪费等缺点，而且多数挥发物为易燃易爆的有机物，给施工安全带来极大威胁。为消除溶剂型涂料挥发物带来的危害，许多国家相继出台环境保护法规来限制 VOC 含量，号召社会积极发展"环境友好型"涂料（水性涂料、高固体分涂料、粉末涂料以及 UV 辐射固化涂料等）。近年来，一些新型的水性树脂相继出现，应用于重防腐涂料中的水性涂料再度成为研发热点，如 Rohm & Hass 公司（美国）研发出性能优于溶剂型环氧/聚氨酯涂料的双组分水性丙烯酸/环氧树脂涂料。我国从 20 世纪 90 年代开始发展水性涂料，水性涂料作为未来重防腐涂料的重要发展方向，虽然目前市场占有率较低，但是在未来具有广阔前景。

（2）低表面处理　过去的十几年，低表面能防污涂料的研究多集中在涂层表面功能结构的设计上。自清洁、防腐、抗菌等功能与表面特性（如化学成分、物理性质和表面形貌等）密切相关，然而涂层表面易遭到破坏，导致其功能下降或丧失，影响防污效果。近年来，船舶低表面能防污涂料发展迅速，但仍存在结合强度不高、寿命不长等诸多问题。未来，船舶低表面能防污涂料的研究可能主要集中在以下几个方面：

1）以氟硅树脂为基料的氟硅防污涂料兼顾了有机氟树脂和有机硅树脂的优点，制备的涂层具有更好的防污性能，在无毒防污材料领域发展潜力巨大。

2）将低表面能技术与表面结构技术相互融合，以低表面能树脂为基料，通过引入具有特殊性能的化学试剂，以提高涂料的防污性能，将会成为未来涂层技术的重点发展方向之一。

3）低表面能防污涂料与纳米材料、仿生涂料和含生物活性物质的防污涂料相结合，有望付诸实际应用，为实现环境友好型海洋开发做出巨大贡献。

4）利用自愈机制完成涂层自修复，在延长使用寿命的同时保持其较高的除污性能，因此微胶囊自修复技术在涂料中的应用研究已成为涂料领域的重点。

（3）无溶剂化　无溶剂涂料又被称为活性溶剂涂料，在涂料固化成膜的过程中，溶剂作为涂膜成分，不向大气中排放对环境有害的有机化合物。随着人们环保意识的不断加强，国际上一些发达国家相应做出对涂料 VOC 含量的严格限制，无溶剂涂料由于能够减少可挥发溶剂对环境的危害而备受关注。目前市场上常见的双液型无溶剂涂料主要有有机硅涂料、环氧树脂及其改性涂料、聚脲涂料以及 100%固体聚氨酯涂料。

（4）高固体化　通常情况下，质量固体含量为 60%~80%、满足一次性成膜干膜的厚度大于 $80\mu m$ 的溶剂型涂料被称为高固体分涂料。随着国内外对环境保护的越发重视，VOC 含量低的高固体分涂料的需求量逐年飙升。高固体分涂料由于可挥发溶剂含量少，环境危害小，并且具有一次性成膜厚等优点，在钢结构等重防腐领域被广泛应用。与传统溶剂型涂料相比，高固体分涂料具有相同的施工条件，在工业防腐领域占有重要位置。继续降低 VOC含量、不断提高体积固含量是高固体分涂料未来的研究方向。

4. 防腐涂料

防腐蚀涂料由于存在巨大的市场潜力，竞争十分激烈。许多涂料大公司，如 PPG、海虹老人、艾仕得、佐敦、关西、巴斯夫、阿克苏诺贝尔等涉足这一领域，并不断加强研发力度及创新技术，顺应环保法规趋势，满足用户各种严格要求，从而推动防腐蚀涂料市场的健康发展。

1）法国海思力公司公开了一项关于石油天然气管道防护技术的美国专利。这些管道通常由一定长度的钢管在现场焊接在一起，并在铺设管线时在接头处进行涂层防护处理。涂层的结构和组成可根据具体情况来涂装，而聚丙烯（PP）涂层是最常用的涂层体系之一。如三层 PP（3LPP）涂层可用于防腐蚀和防划伤，五层 PP（5LPP）涂层可用于附加的隔热。在隔热要求特别高的条件下，可以使用七层 PP（7LPP）涂层。另外，熔结环氧底漆通常作为配套涂层使用。

2）阿根廷巴塔哥尼亚页岩服务公司公开了一项关于钢管内壁防护涂层体系的欧洲专利。该专利涉及了一种用于流体输送的钢管内壁防腐和耐磨的涂层体系，具体包括：具有游离羟基的环氧树脂层，可直接涂覆于钢管内壁；直接涂覆在环氧树脂层上的热塑性黏合层；直接涂覆在黏合层上的塑料材料层。塑料材料选自一种热塑性塑料，如聚乙烯、聚醚醚酮或聚丙烯。该防护体系能非常有效地防止由通过钢管输送的流体引起的磨损和腐蚀。

3）美国管道制造公司公开了一项关于金属管道表面防护涂层的加拿大专利。该涂层具有优异的抗电化学腐蚀和机械损伤的能力。该涂层至少包括作为牺牲阳极层的内涂层和由无机金属氧化物制成的保护性介电材料的外涂层。也可视情况施加中间层，以提高涂层之间的附着力，而且提供额外的电流保护。其适用于埋地、水下或其他潮湿环境下的金属表面防护，如海洋工程、船舶、埋地管道等。

4）美国陶氏集团公开了一项关于一种双组分环氧防腐涂料的欧洲专利。该涂料组合物包含环氧组分 A 和固化剂组分 B，环氧组分 A 包含水性环氧树脂、聚合物分散剂以及颜料和/或增量剂。该涂料具有良好的热稳定性和防腐蚀性，适用于多种基材的防护，如木材、金属、塑料、泡沫、宝石、弹性体基材、玻璃、织物、混凝土或水泥基材。该涂料组合物适用于各种涂料应用领域，如船舶和保护涂料、汽车涂料、交通涂料、外墙外保温系统（EIFS）、屋顶胶粘剂、木器涂料、卷材涂料、塑料涂料、罐头涂料、建筑涂料、民用涂料和工程涂料等。

5）德国 MTU 航空发动机公司公开了一项关于一种多层涂膜体系防腐蚀涂层及其制备方法的国际专利。该多层腐蚀保护层具有多个金属层和陶瓷层，且金属层（如铬）和陶瓷层（如氮化铬铝）通过物理气相沉积法交替沉积于基材上，而且在陶瓷层内还嵌入了纳米氮化铬层。基材可为铁、镍、钴合金、陶瓷复合材料、纤维增强陶瓷等。该专利的防腐蚀涂层还具有优异的附着力和耐磨性能，适用于飞机发动机部件，如转子叶片、导向叶片、涡轮机内衬、叶轮，能显著提高部件的使用寿命。

6）美国PPG公司公开了一项关于改善金属基材耐蚀性方法的国际专利。该电泳涂料组合物包含一种树脂，该树脂由含活泼氢、阳离子盐基团的树脂，至少部分封闭型多异氰酸酯固化剂，片状颜料等组分组成。电泳涂料组合物颜基比大于或等于0.5。金属基材包括黑色金属和有色金属，如铁、钢及其合金材料，铝、铜、锌、镁及其合金材料等。

5. 其他涂料

（1）卷材涂料　卷材涂料是采用快速、自动化流水线的生产方式，将涂料涂布于连续的金属薄板上，经固化后达到一定力学性能的一种专业涂料。涂装后的卷材产品经冲压加工后被广泛应用于建筑、家电、汽车、装饰等各种领域。随着彩板应用数量和范围迅速扩大，卷材涂料已经进入快速发展期，今后彩板及其涂料的发展趋势是高性能、环保和经济性。根据巴斯夫、阿克苏诺贝尔、贝格集团等公司的技术动向分析，卷材涂料户外使用寿命的延长、产品的功能化、环保节能将是彩板今后一段时间的研究方向。

1）超耐候建筑卷材涂料。目前，超耐候卷材涂层主要有PVDF氟碳卷材涂料、HDP高性能聚酯卷材涂料和改性聚酯卷材涂料等品种。

2）功能性卷材涂料。功能性卷材涂料主要有自清洁卷材涂料、冷屋顶卷材涂料、汽车用板卷材涂料和无铬家电卷材涂料等产品。

3）粉末卷材涂料。由于粉末涂料不含有机溶剂，具有零VOC的优点，从环保角度来讲，是取代溶剂型涂料的最佳选择，并且能够得到厚膜型的涂层。美国First Precision LLC开发了Powder Coil粉末卷材涂料的高速涂装和固化技术，结合了喷涂的Powder Jet粉末涂料喷涂技术，并采用NIR近红外的固化技术，使线速度达到了25m/min。

4）水性卷材涂料。水性涂料以水代替有机溶剂，可以在很大程度上减少涂料行业有机溶剂的使用，其有效性、成本和环境可接受性是显而易见的，因此越来越受到人们的青睐。根据应用特点，水性卷材涂料包括底漆、背面漆和面漆，这三种涂料涂覆在金属薄板上发挥着不同的功能，满足卷材板的不同要求。

（2）绝缘涂料　绝缘涂料是指在基材上能够形成保护膜，使其不导电，保证其安全使用的一种功能涂料。绝缘涂料一般要求保证仅有微小的电流通过，隔绝不同电位的带电体。小到电子元器件、手机、计算机等，大到电动汽车、飞机等，都需要很好的绝缘涂料。绝缘涂料中的高分子绝缘涂料占有很大的比重，而绝大多数高分子材料都具有一定的绝缘性。目前常见的高分子绝缘涂料有聚酰亚胺绝缘涂料、聚氨酯绝缘涂料、环氧树脂绝缘涂料等。

（3）工程机械等涂料　工程机械涂装的发展不仅和工程机械用户需求、工程机械产品涂装功能、工程机械本身的发展相关，还与涂料技术与产品、涂料施工工艺与设备、国家及地方环保政策、自动化技术发展等相关。受多种因素的影响，工程机械涂装外观将向装饰化、个性化、色彩多样化等方向发展，涂料将向水性化、粉末化、高固体分化、多功能化发展，涂装将向零部件面漆化、集中与专业化、涂料涂装一体化发展，涂装设备则向前处理涂装一体化、自动化、数字化与智能化发展。

（4）航空、航天涂料 航空、航天涂料是指用于各种飞行器（飞机、导弹、火箭、卫星、飞船等）的专用涂料。航空、航天涂料除了传统的保护、装饰功能外，其重要性更大程度是体现在其特殊的功能性，如耐高温、耐烧蚀、隔热、耐磨蚀、耐辐照、隐身、防腐蚀等性能更为重要。航空、航天涂料的技术水平在某种意义上代表着一个国家航空工业的发展水平。

1）飞机蒙皮涂料。随着飞机性能的进一步提高，原来使用的醇酸、硝基类涂料逐渐被环氧、丙烯酸、聚氨酯类涂料代替。随着技术的进步，耐老化及耐沾污性能较好的氟硅、氟碳涂料也逐步被应用到飞机蒙皮涂料上。

2）飞机舱室涂料。现阶段国军标仅对涂层的光泽、颜色提出了具体要求，国内普遍采用半光丙烯酸聚氨酯涂料作为飞机座舱内涂料。

3）飞机发动机涂料。现代航空发动机金属材料多采用镁合金、铝合金、钛合金等，国外针对镁合金、铝合金的耐高温、防腐涂料研究较为充分，如美国 TELEFLEX 公司牌号为 SERMETEL 的产品系列，耐温及防护性能十分优异，是波音、空客等国外企业指定唯一的发动机金属材料防护涂料。钛合金除了在其表面进行标注外通常不采用涂料进行防护。

4）飞机零部件涂料。

① 长期耐受400℃以上高温的雷达罩多采用纤维增强熔硅材料，这类材料的致密性较高，除了抗水渗透和柔韧性方面稍有不足外，其他性能不需要涂料进行补充，因此其涂料市场需求不迫切。迄今，能够耐受这一温度并满足气动要求的保护涂料在国内几乎是空白。

② 国外于20世纪60年代就开始了有机玻璃表面保护涂层的研究，主要有丙烯酸、聚氨酯树脂涂料、聚硅氧烷涂料等。近年来，又发展了纳米改性涂料、有机-无机杂化涂料等。经过近几年的发展，国外公司已经推出了用于 PC 表面防护的成熟产品，并得到工业应用。

③ 国外的油箱保护涂料早期主要采用环氧橡胶、环氧类、氨基甲酸酯和聚氨基甲酸酯涂料，代表性的产品有波音公司的 BMS10-39 环氧涂料。此外，阿克苏诺贝尔的整体油箱保护涂料，由于其性能优异，也占据着国内市场相当大的份额。

5）特殊专用涂料。

① 示温涂料。英国、俄罗斯、德国、法国、美国、日本及中国等国都非常重视示温涂料的开发研制。特别是德国（如 Rolls-Royceplc 公司）的示温涂料性能水平非常突出，成功应用于发动机热端部件的测温，其测温区域为240~1300℃，有些品种测温点多达10个，间隔为50~70℃。目前示温涂料朝着多测温点、宽温度区间、高温区及快速反应的方向发展。中昊北方涂料工业研究设计院有限公司很早就开始示温涂料的研究，是国内唯一专业从事示温涂料研究的专业院所，产品品种涵盖了37~1150℃的温度测量范围，目前正在研发1150℃以上的示温涂料品种。

② 水性涂料。随着环保和低碳经济要求的日益提高，为了确保施工人员的身体健康，改善施工环境，满足环保的要求，航空、航天涂料的水性化技术日益得到重视。发达国家已

经实现了飞机用底漆、色漆的水性化及机内舱用涂料的水性化,如波音、空客等。以德国为例,早就已经将水性涂料用于军用车辆、舰艇内表面的涂装,现在除了装备表面一层罩光涂料外其余部分防腐涂料基本实现了水性化。

③ 隔热耐烧蚀保护涂料。随着我国航天飞行技术的进步,对于耐温可达800~1200℃且具有隔热、抗烧蚀功能涂层材料的需求越来越迫切。国内先后研制了数十个品种,主要有弹性聚氨酯类高温电缆绝热涂料、高温绝热带,用于瞬时高温火焰冲刷作用下的电缆、插座等电器元件的保护;酚醛树脂、环氧酚醛树脂类涂料,用于火箭发动机及发射环境、飞机高温部位的耐高温、消融、隔热绝热保护;环氧改性有机硅类涂料,用于飞行器(导弹、火箭、卫星、飞船等)表面的隔热防护。另外,中国科学院北京化学研究所、中国航天工业总公司第一研究院(703所)、中国兵器工业集团第五三研究所和中国科学院上海硅酸盐研究所等单位也在该领域建树颇丰,均有大量产品获得应用。

④ 热控涂料。热控涂料是卫星热控技术的辅助手段,各国已经研制出的热控涂层材料按照热辐射性质可分为全反射表面、中等反射表面、太阳吸收表面、中等红外反射表面、灰体表面、中等红外吸收表面、太阳反射表面、中等太阳反射表面及全吸收表面,针对不同作用原理各有优劣。但是,若能够同时采用以上2~3项作用原理,形成的技术优势将更为明显,如将太阳反射与相变技术结合,能够获得更好的效果。

(5)军用涂料 军队通用装备普遍使用防盐雾、防霉菌、防海水的"三防漆",两栖装备的防护标准要求更高,发展方向是使用纳米喷涂材料提高金属表面防护水平。伪装功能、隐身屏蔽功能、吸波功能是军工涂料发展的重要方向。随着雷达、红外、激光及照相等探测技术在军事领域的应用和发展,为了提高武器装备的生存和突防能力,军事大国加强了隐身涂料的应用研究工作,以期作为提高武器装备作战效能的手段。因此,研制先进的隐身涂料是目前世界各国研制军工涂料的主要技术课题。

(6)其他涂料

1)温变涂料。温变涂料是一种通过颜色变化测量并表现物体表面温度和温度分布的智能涂料。由于其具备自由选色、变色可逆性、变色温度较低、寿命较长且灵敏度较高等优点,被广泛用于军事、工业、医疗、防伪、服装和日常装饰等领域。其中,以Ag、Cu、Hg的碘化物、络合物钴盐、镍盐六次甲基四胺为代表的无机温变涂料,虽然具有明亮鲜艳的颜色,但存在颜色恢复性差、变色温度高、耐久性低、毒性大的缺点,因而不宜应用于服装、医疗等皮肤接触领域。

2)核电专用涂料。核电站涂料可分为核电专用涂料和核电常规涂料。核电常规涂料适用于核电站非辐射控制区,除核安全设备内、外表面涂层及以外的全部设备及构筑物,其技术要求与其他工业领域同等环境条件下涂层的技术指标一致。核电专用涂料用于存在核辐射的场所和结构,主要包括安全壳内、辐射控制区,以及涉及辐射的厂房、设备和其他结构表面。核电专用涂料既要满足防腐和装饰性要求,还必须具备易于去除放射性沾污、耐辐射和在事故条件下保持稳定的特殊性能。这些特殊性能对于保障核电站安全,防止放射性污染,保证人员安全是非常重要的。安全壳内涂层系统应进行去除放射性沾污、耐辐照和LOCA

（冷却剂丧失事故）三项核性能评定试验。

2.4.3 通用涂料及辅助材料研究现状

1. 腻子

轨道交通车辆因车体大部件采用拼焊技术，每道焊缝都存在一定量的焊接变形，表面平整度较差。为获得良好的外观，车辆表面需刮涂腻子。目前，轨道交通车辆腻子刮涂工序常用的材料为不饱和聚酯腻子。不饱和聚酯腻子由主剂和固化剂组成，主剂一般包括不饱和聚酯树脂、填料、着色剂、触变剂（增稠剂）、促进剂、分散剂、增塑剂，也有将着色剂、增稠剂等加到固化剂中的做法。常用的填料有滑石粉、高岭土、碳酸钙（重、轻）、钛白粉、硅藻土、膨润土、石棉粉、玻璃微珠、云母粉、陶土等。填料的选择应考虑粒径、密度、硬度、沉降、疏松度、价格等因素。常用的着色剂有钛白、铁丹、苯胺黑、炭黑、铁黑、铬黄、铬绿和锰蓝。在腻子制备上大都采用先捏合后上三辊磨的方法。

2. 稀释剂

常见的油性稀释剂主要含有苯、二甲苯、三甲苯等芳香烃成分及醛类、酮类和酯类等。研究证明，室内空气污染可能会引起呼吸系统、神经系统及血液循环系统的疾病，聚氨酯漆释放的 VOC 中特别是苯系物会刺激人的皮肤、眼睛和呼吸道等，严重威胁人们的身体健康，老年人和儿童更容易受到危害，罹患白血病甚至死亡。因此，针对聚氨酯漆和苯系物展开研究越来越被人们所重视。随着水性涂料的广泛使用，目前稀释剂已经开始逐步被去离子水所替代。

3. 固化剂

（1）水性环氧树脂固化剂　这种固化剂主要是催化型和加成聚合型固化剂。加成聚合就是把环氧树脂中的环氧基打开，使其进行加成聚合反应，最终形成的三维网状结构中有固化剂的参加，因此用量是可以控制的。

1）催化型固化剂。它以阳离子或阴离子方式促使环氧树脂的环氧基发生开环加成聚合反应，而最终生成的三维网状结构中并不存在固化剂，因此用量不好控制。增加其用量会导致固化速度过快，不利于固化产物性能的稳定。另外，这类固化剂可以单独使用，也可以作为促进剂与其他固化剂混合使用。

2）加成聚合型固化剂。这种固化剂种类很多，有多元胺、酸酐、多元酚、聚硫醇等，凡是具有两个或两个以上活泼氢的化合物均可作为固化剂，其中最重要的是多元胺和酸酐。酸酐占全部固化剂的23%，而多元胺大约占全部固化剂的71%。酸酐可直接作为固化剂使用，而多元胺由于伯胺基过多，活性较强，因此常改性后使用。另外，在有特殊需要的时候，如固化温度过高，或是固化温度过低，也会使用氨基树脂和多异氰酸酯等作为环氧树脂的固化剂。

（2）水性聚氨酯固化剂　传统型的固化剂是以聚酯多元醇和多异氰酸酯为原料，在催化剂的作用下合成的一类带有多个-NCO官能团的聚氨酯预聚物。水性聚氨酯固化剂在传统聚氨酯固化剂的基础上引入亲水基团来改善聚异氰酸酯，以使其易于在水中乳化分散，并保持一定的稳定性。其优点为不含溶剂、环保无毒、黏度低、极易分散于水性聚合物中。常用的改性方法为直接乳化法和亲水改性法。直接乳化法是指聚氨酯分子中的亲水性链段或基团含量很少，不足以自乳化，或者是其链中彻底不含亲水性成分，故需要外加乳化剂，依靠外力才能获得乳液。亲水改性法是指在聚氨酯预聚体的分子链中直接引入亲水基团，或者是引入含有亲水基团的扩链剂，然后将其中和成盐，所得亲水改性聚氨酯可直接分散于水中形成稳定的聚氨酯乳液。

第3章

涂装工艺

Chapter 3

☺ 学习目标：
1. 掌握涂装前处理的基础知识。
2. 掌握常见涂装工艺流程。
3. 掌握涂装厂房工艺布局知识。
4. 了解最新的涂装前沿技术。

3.1 涂装前处理

工件在涂装前，需要清除表面的油脂、油污、氧化皮、锈蚀、残留杂质物等，必要时，还要进行表面化学转化的处理，这些过程称为前处理。其目的是增加涂层的附着力，延长涂膜的使用寿命，充分发挥涂层的防护作用。前处理质量影响着涂层的附着力、外观，以及涂层的耐潮湿及耐腐蚀等方面的性能。因涂膜都黏附在被认真清理的工件表面，前处理工作做得不好，涂料质量再好，也不能发挥出应有的作用，锈蚀仍会在涂层下继续蔓延，导致涂膜起泡、脱皮等缺陷，甚至涂膜成片脱落，使涂层过早失效。因此，前处理是涂装施工中不可缺少的工序，是保证涂层质量的重要一环。

前处理主要包括除油、除锈、磷化等工艺。前处理的主要对象如下：

1）油污。工件在加工、运输和储存的过程中，易于被各种油污沾污，如各种润滑油、润滑脂、防锈油脂、拉延油、切削油、乳化油、抛光膏和磨光剂等。

2）氧化皮和锈蚀。工件在加工和存放过程中，由于高温和各种因素的影响，易产生氧化皮和锈蚀。对钢铁来说，其氧化皮和铁锈的成分主要是铁的各种氧化物和氢氧化物。对铝合金来说，其锈蚀成分为三氧化二铝（Al_2O_3）和氢氧化铝 $[Al(OH)_3]$。

3）酸、碱、盐及焊渣、焊油、型砂、汗渍、旧漆膜、灰尘、水等。这些异物的存在既会引起工件的继续腐蚀，也会影响涂层的附着力。

3.1.1 表面除油

1. 油污的性质和组成

工件表面除油前选择脱脂方法和脱脂剂时,首先要了解工件表面所带油污的性质和组成,只有这样,才能进行正确的选择,达到满意的去除效果。

(1) 油污的性质

1) 化学性质。根据油污能否与脱脂剂发生化学反应而分为皂化油污和非皂化油污。

① 皂化油是指能与碱起化学作用生成肥皂的油,包括动物油和植物油,它们可以依靠皂化、乳化和溶解作用而除油。皂化油本身不溶于水,但经皂化后可溶于水,适合碱洗或直接用有机溶剂清洗。在通常的温度下,油脂有呈固态的,也有呈液态的。一般说来,呈固态的油脂叫作脂肪,呈液态的油脂叫作油。因为植物油脂通常呈液态,叫作油;动物油脂通常呈固态,叫作脂肪。

② 非皂化油是指不能与碱生成肥皂的矿物油,如凡士林、润滑油、石蜡等。非皂化油只溶于有机溶剂,不溶于水,它们只能依靠乳化或溶解作用来除油,适合用有机溶剂或挥发性较好的专用清洗剂清洗。

2) 物理性质。根据油污黏度或滴落点的不同,其形态有液体和半固体。黏度越大或滴落点越高,清洗越困难。根据油污对基体金属的吸附作用,可分为极性油污和非极性油污。含有脂肪酸和极性添加剂的极性油污,有较强地吸附在基体金属上的倾向,清洗较困难,要靠化学作用或较强的机械作用力来脱除。

此外,某些油污,如含有不饱和脂肪酸的拉延油,长期存放后会氧化聚合形成薄膜,非常难以清洗。油污中有时含有微细的固体颗粒,例如研磨剂、抛光膏、磨光剂、拉延油和锻造润滑剂等,其细微的颗粒吸附在基体金属表面上,油污有时还会和金属腐蚀产物等混杂在一起,都会极大地增加清洗的难度。

(2) 油污的组成

1) 矿物油、凡士林。它们是防锈油、防锈脂、润滑油、润滑脂及乳化液的主要成分。

2) 皂类、动植物油脂、脂肪酸等。它们是拉延油、抛光膏的主要成分。

3) 防锈添加剂。它们是防锈油和防锈脂的主要成分。

在加工和储运过程中,金属屑、灰尘及汗渍等污物也总是混杂在各种油污中。

2. 除油的方法

(1) 机械喷砂法 以压缩空气为动力形成高速喷射束,将喷料(铜矿砂、石英砂、铁砂、海砂、金刚砂等)等高速喷射到需处理的工件外表面,使工件外表面的外表发生变化的过程称为机械喷砂。机械喷砂法既可除油又可除锈,效果好,效率高。

(2) 有机溶剂除油法 根据相似相溶原理,利用有机溶液对油的溶解能力除油的过程称为有机溶剂除油。有机溶剂除油利用的是物理性的溶解作用,可以除去皂化油和非皂化油。采用的有机溶剂要求溶解力强,不易着火,毒性小,便于操作,挥发速度适中。采用有机溶剂除油的特点是生产效率高,但不能去除无机盐,且在溶剂挥发后,往往工件表面还剩一层薄油膜，特别是在清除那些高黏度、高滴落点的油脂时具有特殊的效果，而且可以在常温下用简单的器具进行手工清洗，因而适用于产量不大、机械化水平不高或有特殊要求的场合。对于清洁度要求高的表面，还需要加碱液处理。在实际生产中常用的有机溶剂有汽油、煤油、松节油、松香水、含氯有机溶剂等。

1）芳烃溶剂，如苯、甲苯、二甲苯。芳烃溶剂溶解力强，但对人体毒性大，在生产中很少使用。

2）石油溶剂，如汽油。常用的有 200 号汽油和 120 号汽油，毒性小，挥发性小，易燃烧，尤其是 200 号汽油。采用汽油清洗的方法是用刷子或抹布蘸汽油后手工擦洗被清洗工件的表面或将被清洗工件直接浸入汽油槽中清洗，随后晾干或烘干。用汽油清洗时手工擦洗劳动强度大，而且劳动条件也较差，火灾危险性大，因此生产场地应有良好的通风和消防设施。汽油清洗法常用于小批量生产的大型工件的除油。

3）卤代烃类溶剂，如二氯乙烷、三氯乙烯等。卤代烃类溶剂溶解力强，沸点低，经蒸馏易回收，便于重复利用，而且不易爆、不易燃。因此，卤代烃类溶剂在有机溶剂清洗中占有独特的地位。其中具有代表性的是三氯乙烯有机溶剂。

含氯有机溶剂清洗一般是利用它们的气相进行除油清洗，即将热的溶剂蒸气与室温下的工件接触，并在工件上冷凝成液体，将油污溶解，滴离工件时将油污带走。虽然气相有机溶剂除油效率很高，但是不能洗掉无机盐类和碱类物质，不能去除工件上的灰尘微粒。将三氯乙烯的浸洗、气相清洗和喷洗联合采用，可以获得极好的清洗效果。采用卤代烃类除油时，尤其是三氯乙烯，因为毒性较大，必须在良好的封闭式脱脂机中进行，并且要有良好的通风设备。

4）醇类溶剂，如甲醇、乙醇、异丙醇、丙酮。丙酮主要在实验室里使用。工业上用得最多的是乙醇和异丙醇。一般清洗方法是刷洗、擦洗。但在电路板行业中，异丙醇用溶剂蒸气清洗法除油。

（3）超声波除油法　将黏附有油污的工件放入有除油液的超声波除油机中，并使除油过程处于一定频率的超声波场作用下的除油过程，称为超声波除油。引入超声波可以缩短除油时间，提高除油质量，降低化学药品的消耗量。尤其对复杂外形零件、小型精密零件、表面有难除污物的工件有显著的除油效果，可以省去费时的手工劳动，防止零件的损伤。这种方法主要适用于小型、小批量工件的清洗，效率高，效果佳。超声波是频率在 16kHz 以上的高频声波，超声波除油基于空化作用原理。当超声波发生器发出的高频振荡信号，通过换能器转换成高频机械振荡而传播到除油液时，由于压力波（疏密波）的传导，使溶液在某一瞬间受到负应力，而在紧接着的瞬间受到正应力作用，如此反复作用。当溶液受到负压力作用时，溶液中会出现瞬时真空，出现空洞，溶液中蒸气和溶解的气体会进入其中，变成气泡。气泡产生后的瞬间，由于受到正压力作用，气泡受压破裂而分散，同时在空洞周围产生数千大气压的冲击波，这种冲击波能冲刷零件表面，促使油污剥离。超声波强化除油，是利用了冲击波对油膜的破坏作用及空化现象产生的强烈搅拌作用。

超声波除油的效果与零件的形状、尺寸、表面油污性质、溶液成分、零件的放置位置等有关，最佳的超声波除油工艺要通过试验确定。超声波除油所用的频率一般为 30kHz 左右。零件小时，采用高一些的频率；零件大时，用较低的频率。超声波是直线传播的，难以达到被遮蔽的部分，因此应该使零件在除油槽内旋转或翻动，以使其表面各个部位都能受到超声波的作用，进而得到较好的除油效果。

（4）碱液除油法　利用热碱溶液对油脂的皂化和乳化作用，将零件表面油污除去的过程，称为碱液除油。碱性溶液包括两部分：一部分是碱性物质，如氢氧化钠、碳酸钠等；另一部分是硅酸钠、乳化剂等表面活性物质。碱性物质的皂化作用除去可皂化油，表面活性剂的乳化作用除去不可皂化油。碱液除油具有生产效率高、工艺简单、操作容易、成本低廉、除油液无毒、不易燃等特点。但是，碱液除油一般需要加热，能源消耗大，除油后的工件应用清水（最好是热水）冲洗干净。

常用的碱液除油工艺乳化能力较弱，因此当工件表面油污中（主要是矿物油）或工件表面附有过多的黄油、涂料乃至胶质物质时，在碱液除油之前应先用机械方法或有机溶剂除油，以保证除油效果。

（5）电化学除油法　在碱性溶液中，以零件为阳极或阴极，采用不锈钢板、镍板、镀镍钢板或钛板为第二电极，在直流电作用下将零件表面油污除去的过程，称为电化学除油，又称为电解除油。电化学除油液与碱性化学除油液相似，但电化学除油液的碱度比化学除油液低，因为此时的皂化作用已降低到极次要的地位，主要依靠电解作用强化除油效果。通常电化学除油比化学除油更有效，速度更快，除油更彻底。

电化学除油除了具有化学除油的皂化与乳化作用外，还具有电化学作用。在电解条件下，电极的极化作用降低了油与溶液的界面张力，溶液对零件表面的润湿性增加，使油膜与金属间的黏附力降低，使油污易于剥离并分散到溶液中乳化而除去。在电化学除油时，不论是工件作为阳极还是阴极，其表面上都有大量气体析出。当工件为阴极时（阴极除油），其表面进行的是还原反应，析出氢气；当工件为阳极时（阳极除油），其表面进行的是氧化反应，析出氧气。电解时金属与溶液界面所释放的氧气或氢气在溶液中起乳化作用。因为小气泡很容易吸附在油膜表面，随着气泡的增多和长大，这些气泡将油膜撕裂成小油滴并带到液面上，同时对溶液起到强烈的搅拌作用，加速了零件表面油污的脱除速度。电化学除油可分为阴极除油、阳极除油及阴-阳极联合除油。

由于阴极除油和阳极除油各有优缺点，生产中常将两种工艺结合起来，即阴-阳极联合除油，取长补短，使电化学除油法更趋于完善。在联合除油时，最好采用先阴极除油再短时间阳极除油的操作方法。这样既可利用阴极除油速度快的优点，同时也可消除"氢脆"。因为在阴极除油时渗入金属中的氢气，可以在阳极除油的很短时间内几乎全部除去。此外，零件表面也不至于氧化或腐蚀。实践中常采用电源自动周期换向实现阴-阳极联合除油。对于黑色金属制品，大多采用阴-阳极联合除油。对于高强度钢、薄钢片及弹簧件，为保证其力学性能，绝对避免发生"氢脆"，一般只进行阳极除油。对于在阳极上易溶解的有色金属制件，如铜及其合金零件、锌及其合金零件、锡焊零件等，可采用不含氢氧化钠的碱性溶液阴极除油。若还需要进行阳极除油以除去零件表面的杂质沉积物，电解时间要尽量短，以免零件遭受腐蚀。

（6）表面活性剂除油法　以表面活性剂为主作为清洗剂，利用其表面张力低、浸透湿润性好、乳化力强等特性来洗净金属表面油污的过程，称为表面活性剂除油。与碱液或溶剂除油的机理不同，表面活性剂除油是由于它降低了油污与金属之间的界面张力而产生的渗透、润湿、乳化、分散等多种作用的综合结果。所有的表面活性剂在分子结构上都是极性与非极性的。其极性部分都易溶于水，为亲水基团；其非极性部分为 C-H 链，都不溶于水，称为憎水基团，但都易溶于油，为亲油基团。

随着各种新型合成表面活性剂的开发，尤其是在研制成无泡或少泡的清洗能力强的，且能生物降解的表面活性剂之后，近年来表面活性剂清洗法在金属清洗中已得到广泛采用。这种清洗方法具有下列特点：

1）在同样的清洗条件下清洗能力较碱液清洗强，除油质量好，可使清洗液的 pH 值接近中性或弱碱性（pH 值为 9~11），适用于有色金属的清洗。

2）无毒，不挥发，采用它除油可以避免溶剂带来的火灾和环境危害，而且除油效果好，用量少，可以降低生产成本。

3）与其他表面处理工序合并，如组成除油、酸洗或磷化二合一处理的工艺，在一定条件下可实现简化工艺的目的。

4）在采用了生物降解的表面活性剂后，有利于表面处理工序污水的处理。

因此，随着表面活性剂和清洗剂产量和种类的增加，它们在表面处理上的应用也日益广泛。

表面活性剂除油用的清洗剂一般由多种表面活性剂、各种助剂（如消泡剂、防锈剂等）配制而成，其除油性能主要取决于表面活性剂的种类和特性。

表面活性剂的分类有很多种方法，但最常用和最方便的方法是按离子的类型分类。按离子类型分类，是指表面活性剂溶于水时，凡是能电离生成离子的就叫作离子型表面活性剂，凡是不能电离不生成离子的则叫作非离子型表面活性剂。而离子型表面活性剂可以按离子的种类再进行分类，可分为阴离子表面活性剂、阳离子表面活性剂和两性表面活性剂。

金属除油主要采用阴离子型和非离子型表面活性剂。还可按分子量大小分为低分子量（200~1000）、中分子量（1000~10000）和高分子量（10000 以上）三种表面活性剂。

3. 除油效果的判定

除油效果的好坏，可用多种方法判断，应根据情况选用判定方法。下面是较为常用的几种除油效果好坏的判定方法：

（1）验油试纸法　将 0.1mL 由有机酸和金属硫酸盐组成的浅蓝色透明极性溶液用玻璃棒均匀摊布在水平钢材表面（直立表面用 0.5mL），覆盖面积不小于 20mm×40mm，然后将 A 型验油试纸紧贴在溶液膜上，1min 后观察，若极性溶液完全与验油试纸接触，会出现连片完整的红色，表明油污已清除干净。反之，在有油污的地方，不会存在极性溶液，所以会出现稀疏点状或斑块，表明油污未清理干净，其不均匀的程度可以显示残留油污的相对含量。这种方法操作简单、灵敏，可用于钢、铜、铝等金属表面。可检测出的表面残余含油量不大于 0.12g/m²，适合用作涂装前除油程度的检查。

（2）硫酸铜法　将除油后的试片放入酸性硫酸铜溶液中，1min 后取出冲洗，若置换出的铜膜完整均匀，光泽和结合力好，说明除油彻底，反之表面还存在油污。

（3）油渍法　将除油剂滴在被测表面，蒸发干后，若无痕迹，说明没有油污，若有圆环，说明油污没有除尽。

（4）擦拭法　用白绸布或滤纸擦拭表面，若白绸布或滤纸洁白无污，说明除油效果好，反之除油效果不良。

（5）水湿润法　将工件或试样浸入水中，再移出水面呈 45°倾斜，观察水膜情况，若水膜完整，说明无油污，若存在水珠或无水膜情况，说明存在油污。

（6）呼气法　向金属表面呼气（或用雾化器），清洁的表面有均匀的雾水，而有油的地方没有雾水。

（7）喷射图案法　用喷枪喷洒含有 0.1%染料的蒸馏水于已事先浸湿的表面，有油污的地方，不会显示颜色。

（8）石粉法　将被测金属垂直放入表面撒有滑石粉的水中，再垂直取出，洁净的表面均匀粘有滑石粉，有油污的地方则没有滑石粉。

（9）荧光法　试样涂布含有荧光染料的油污，做完清洗试验后，再在紫外光下进行检查，即用带网格的透明评定板，在紫外线下检查残留荧光区域的大小。这种方法可以实现定量检测，但需制备人工油污且只能用试样做试验。

（10）称重法　试样用乙醚清洗、干燥、称重，再蘸油污，用清洗剂除油，干燥后再称重。前后两次质量的差值，即为油污的残留量。残留量越多，清洗效果越差。这种方法也可以定量检测，但只能用试样做试验。

在上述几种判定方法中，（1）是标准的方法，（5）~（8）四种方法简单易行，但当碱或者表面活性剂附着在表面时，会影响观察结果，出现判断失误。

3.1.2　表面除锈

金属表面一般都存在氧化皮和锈蚀物，在涂漆前必须将其除尽，不然会严重影响漆膜的附着力、装饰性和使用寿命，造成经济损失。

对钢铁来说，其氧化皮和铁锈的成分主要是铁的各种氧化物和氢氧化物，如氧化亚铁（FeO）、三氧化二铁（Fe_2O_3）、四氧化三铁（Fe_3O_4）、氢氧化铁 [$Fe(OH)_3$] 及其水合物和混合物。对铝合金来说，其锈蚀成分为三氧化二铝（Al_2O_3）和氢氧化铝 [$Al(OH)_3$]。直接在锈蚀物上涂漆，涂膜附着不牢，并且锈蚀物会继续蔓延。

除锈方法很多，大体上可分为两大类，即物理方法和化学方法。

① 物理方法：手工除锈、机械除锈、喷（抛）砂或喷（抛）丸、火焰法和激光法等。

② 化学方法：酸洗除锈和碱液除锈等。

1. 除锈标准

为了保证漆膜的牢固附着力，必须保证除锈质量，所以对钢板的除锈提出了标准。国家标准 GB/T 8923.1—2011《涂覆涂料前钢材表面处理 表面清洁度的目视评定 第 1 部分：未涂覆过的钢材表面和全面清除原有涂层后的钢材表面的锈蚀等级和处理等级》将钢材表面分成 A、B、C、D 四个锈蚀等级。

A：大面积覆盖着氧化皮而几乎没有铁锈的钢材表面。

B：已发生锈蚀，并且氧化皮已开始剥落的钢材表面。

C：氧化皮已因锈蚀而剥落，或者可以刮除，并且在正常视力观察下可见轻微点蚀的钢材表面。

D：氧化皮已因锈蚀而全面剥落，并且在正常视力观察下可见普遍发生点蚀的钢材表面。

将除锈方法分成喷射清理、手工和动力工具清理、火焰清理三种类型。

（1）喷射清理（以字母"Sa"表示）　分为 4 个等级：

1）Sa1——轻度的喷射清理：在不放大的情况下观察时，表面应无可见的油、脂和污物，并且没有附着不牢的氧化皮、铁锈、涂层和外来杂质。

2）Sa2——彻底的喷射清理：在不放大的情况下观察时，表面应无可见的油、脂和污物，并且几乎没有氧化皮、铁锈、涂层和外来杂质，任何残留污染物应附着牢固。

3）Sa2½——非常彻底的喷射清理：在不放大的情况下观察时，表面应无可见的油、脂和污物，并且没有氧化皮、铁锈、涂层和外来杂质，任何污染物的残留痕迹应仅呈现为点状或条纹状的轻微色斑。

4）Sa3——使钢材表观洁净的喷射清理：在不放大的情况下观察时，表面应无可见的油、脂和污物，并且应无氧化皮、铁锈、涂层和外来杂质，该表面应具有均匀的金属光泽。

Sa2½级是一般行业通用的除锈要求，轨道交通行业也是如此。

（2）手工和动力工具清理（以字母"St"表示）　用手工和动力工具清理是指用铲刀、手工或动力钢丝刷、动力砂纸盘或砂轮等工具进行表面处理。手工和动力工具清理前，厚的锈层应铲除，可见的油、脂和污物也应清除掉。手工和动力工具清理后，钢材表面应清除浮灰和碎屑。手工和动力工具清理分为两个等级：

1）St2——彻底的手工和动力工具清理：钢材表面应无可见的油、脂和污物，并且没有附着不牢的氧化皮、铁锈、涂层和外来杂质。

2）St3——非常彻底的手工和动力工具清理：钢材表面应无可见的油、脂和污物，并且没有附着不牢的氧化皮、铁锈、涂层和外来杂质。除锈应比 St2 更为彻底，底材显露部分的表面应具有金属光泽。

（3）火焰清理（以字母"Fl"表示）　火焰除锈前，厚的锈层应铲除，它包括在火焰加热作业后，以动力钢丝刷清除加热后附着在钢材表面的产物。火焰清理只有一个等级：

Fl：钢材表面应无氧化皮、铁锈、涂层和外来杂质，任何残留的痕迹应仅为表面变色（不同颜色的暗影）。

2. 手工除锈法

手工除锈法就是利用手工工具和材料除去金属表面锈蚀的过程。手工除锈时，由于工件的材质、形状、锈蚀种类和锈蚀程度差别很大，常常需要多种工具互相配合使用，才能达到除锈的目的。手工除锈常用的工具有尖头锤、钢丝刷、刮刀、铲刀、钢锉和钢线束等。常用的材料主要为砂布，砂布的型号根据除锈质量要求来选择。除锈后用吸尘器、清洁干燥的压缩空气或清洁的刷子清理表面。清理以后，第一道漆应尽可能较早地涂上，以免锈蚀。

手工除锈工具与方法都简便，但生产效率低，劳动强度大，操作条件恶劣，影响周围环境，而且除锈不彻底，一般只能除去疏松的铁锈和鳞片状的旧漆，不能除尽氧化皮，所以仅用于局部修理，或机械除锈和喷（抛）丸除锈难于进行的部位。

3. 机械除锈法

（1）采用风动或电动工具除锈法　金属表面处理的风动或电动除锈工具以压缩空气或电能为动力，使除锈器产生圆周运动或往复运动，当与工件表面接触时利用摩擦力或冲击力达到除锈的目的。

（2）喷丸（砂）除锈法　利用压缩空气，将一定粒度的钢丸（砂）喷向带锈工件表面进行除锈。喷丸（砂）除锈法主要有干喷丸（砂）、湿喷砂、真空喷丸（砂）等。与手工除锈和风动除锈相比，喷丸（砂）除锈可大大提高除锈质量和工作效率。经喷丸（砂）的钢铁表面具有一定的粗糙度，有利于涂膜的附着，一般适用于较厚的钢板及其制件的除锈。

（3）抛丸除锈法　抛丸除锈法是在喷砂除锈的基础上改进的，它是利用高速旋转的抛丸器的叶轮，将直径为 $0.2\sim1mm$ 的铁丸或其他材料的丸体，抛到工件表面上，依靠高速铁丸对工件表面的冲击和摩擦达到除锈的目的。其特点是可提高材料80%的抗疲劳强度和1倍的抗腐蚀应力，对材料的表面硬度也有一定程度的提高，并且改善了劳动条件，提高了生产效率，而且铁丸还可以回收利用。

（4）高压喷水除锈法　高压喷水除锈法是一种较新的除锈工艺，其原理是利用高压水射流的动能对工件表面的锈蚀物产生冲击、疲劳和气蚀等作用，使锈蚀脱落而除去。这种方法适用于处理大面积的与底金属有很强附着力的锈蚀层、氧化皮和旧涂层，具有防锈效率高、成本低等优点。

（5）磨料水射流技术　磨料水射流是指在射流中混入磨料（如石榴石、碳化硅、石英砂等），使磨料与水在混合腔瞬间混合形成液固两相介质射流，通过喷嘴喷出。因磨料和水在出口处等速喷出，使其对材料的剥除和打击能力有所增强。在磨料水射流中，磨粒输出的形式一般为间断式，即对材料表层进行高频率的冲蚀。

4. 酸洗除锈法

酸洗除锈作为较为成熟的除锈方式，实质是溶液与铁锈间相互作用。把需要处理的材料完全放入配制好的溶液（盐/硫酸）中，经过酸液和锈层的一系列化学反应进行除锈作业。一般酸性溶液对金属材料本身具有腐蚀性，在酸洗过程中会发生氢脆现象（在金属基体内形成氢原子，改变其内部应力分布，最终导致金属的脆性增强）。在酸性溶解液中加入适量的缓蚀剂可在金属表面形成一层保护膜，有效减缓腐蚀程度及氢脆现象。

酸洗除锈法设备相对简单，工人操作方便，但其产生的污染较大。同时酸液的性能对除锈效果较为重要，处理效果不可控制。

5. 超声波除锈法

超声波技术用于除锈作业，具有高效、稳定等特点。超声波作用于液体溶液，可在其内部形成空化泡。其工作原理是利用液体内分子间拉压交叠的应力，形成一些直径为 $50\sim500\mu m$ 的细小空腔。这些空腔的内外压力相差较大，这就使得其破裂时产生一定的液力冲击波，从而破坏工件基体表面的锈蚀层。

超声波设备具有稳定的运行机制，环境友好，工人易于操作，可高效迅速地去除金属材料表面锈层。但是，这种除锈设备较为复杂，成本相对较高，不适于中小型企业使用。

6. 激光除锈法

激光除锈技术主要通过光学系统筛选出一些方向性好的激光束，这些激光束本身具有比较高的能量。通过照射需要除锈工件上附着的锈层，破坏锈层与工件基体间的相互作用力，对锈层进行剥离。除锈时需要根据不同的锈蚀程度调整激光的能量密度，使高能激光束在不损害工件基体表面的情况下，对锈层进行剥离。激光除锈技术的优点主要是能量以光的形式传递，通过光纤改变方向，不会与工件产生机械接触，可以很好地保护工件基体材料。

但激光除锈的机制复杂，过多地依赖于操作经验和实验，没有一个定量的数学模型对它进行描述。传统的激光检测技术设备投入大，而且抗干扰能力差，不利于对除锈过程及结果进行预测，无法准确预估激光对基体表面的损伤情况。

3.2 溶剂型涂料涂装

溶剂型涂料是以有机溶剂作为成膜物质的分散介质的涂料。尽管溶剂型涂料中的有机溶剂含量高，但以其独特的性能，如具有良好的施工性能、流平性、耐蚀性，优异的装饰性，良好的配套性，目前用量仍然很大，在工业中应用十分广泛。

溶剂型涂料按照成膜物质可分为溶剂挥发型涂料、氧化聚合型涂料、固化剂交联型涂料和烘烤型涂料。溶剂型涂料品种很多，有天然树脂涂料、酚醛树脂涂料、沥青涂料、醇酸树脂涂料、氨基树脂涂料、硝化纤维素涂料、过氯乙烯树脂涂料、乙烯树脂涂料、丙烯酸树脂涂料、聚酯树脂涂料、聚氨酯树脂涂料、环氧涂料、有机硅涂料、纤维素涂料和橡胶涂料等。

3.2.1 刷涂

刷涂是手工使用漆刷蘸漆后把涂料均匀地涂覆到工件表面的涂装方式。在各种涂装方式中，刷涂法适用性强，不需要使用专用设备，工具简单，操作方法容易掌握，但生产效率低，劳动强度大，产品的涂层厚度不均匀，施工条件也较差。

1. 刷涂操作常用工具

刷涂使用的工具种类较多，各种刷涂工具如图 3-1 所示。其中最常用的工具有漆刷、排笔刷等。

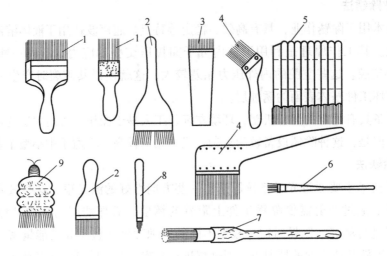

图 3-1　各种刷涂工具

1—扁形刷　2—板刷　3—大漆刷　4—长柄扁形刷（歪脖形刷）　5—竹管排笔刷
6—长圆杆扁头笔刷　7—圆形刷　8—毛笔刷　9—棕丝刷

（1）漆刷　漆刷的种类按形状可分为圆形、扁形和歪脖形三种；按制作材料可分为硬毛刷和软毛刷两种。硬毛刷主要用猪鬃制作，软毛刷常用狼毫、獾毛、绵羊毛和山羊毛制作。

漆刷由刷毛、刷柄和两者之间的连接件构成。漆刷的刷毛可用猪鬃、树棕、狼毫、羊毛、人发等制作，刷毛可排列成扁形或圆形。刷柄则用竹或木制作，可制作成直柄或歪脖形柄。刷毛与刷柄之间通过黏胶、金属片、钉子来连接。用猪鬃作刷毛制成的扁形木柄刷是使用最广泛的一种油漆刷，又称为长毛刷、猪鬃刷，通常简称为漆刷。

漆刷一般以鬃毛厚、毛口齐、根部硬、头部软、刷毛不松散、不脱毛，蘸溶剂后甩动漆刷而漆刷前端不分开者为上品。漆刷的规格由刷柄的尺寸来表示。

刷涂磁漆、调合漆和底漆的刷子，应选用扁形或歪脖形的硬毛刷，刷毛的弹性要大，因为这类漆刷涂时的黏度较大。

刷涂油性清漆的刷子，应该选用刷毛较薄、弹性较好的猪鬃或羊毛等混合制作的刷子。

刷涂树脂清漆和其他清漆的刷子，应该选用软毛板刷或歪脖形刷，因为这些漆的黏度较小，干燥迅速，而且在刷涂第二遍时，容易使下层的漆膜溶解，要求刷毛前端柔软，还要有适当的弹性。

天然大漆的黏度较大，需要用特制的刷子，一般多用人发、马尾等制作，外用木板夹住，刷毛很短，弹性较大。

（2）排笔刷　排笔刷是使用细竹竿和羊毛制成毛笔后，再用竹梢把毛笔并联在一起而制成。排笔刷有多种规格，为握刷方便，排笔刷拼合竹管两侧均做成圆弧形状。常见的有 4 管、6 管、8 管、10 管和 12 管排笔刷。

2. 刷涂工具的使用方法

（1）漆刷的使用方法　新的漆刷在使用前，为了除净刷子中的残毛及粉尘，应将漆刷轻轻地叩打几次，并在 1/2 号砂皮上来回摩擦刷毛头部，把刷毛磨顺并使刷毛柔滑，以免在使用中发生掉毛和产生明显刷痕。为了防止漆刷脱毛，在使用漆刷之前，在刷毛的根部渗入虫胶漆或硝基漆等黏合剂进行封固，并在连接刷毛和刷柄的金属皮两边钉上几枚钉子加固。

使用漆刷刷涂水平面时，刷毛浸入涂料中的部分应为毛长的 2/3；刷涂垂直面时，刷毛浸入涂料中的部分应为毛长的 1/2；刷涂小件时，刷毛浸入涂料中的部分应为毛长的 1/3。漆刷蘸涂料后，应将漆刷在涂料桶的内壁来回拍打几下，使蘸起的涂料集中到刷毛的头部，并除去多余的漆，这样既有利于施工又可防止涂料从漆刷上滴落。漆刷的握法如图 3-2 所示。

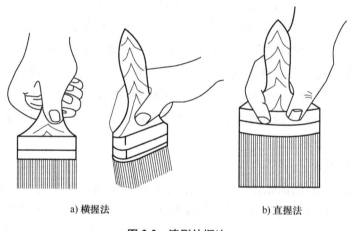

a) 横握法　　　　　　　　　b) 直握法

图 3-2　漆刷的握法

1）拇指在前，食指、中指在后，抵住接近刷柄与刷毛连接处的薄铁皮卡箍上部的木柄，刷子应握紧，不使刷子在手中任意松动。

2）大拇指握刷子的一面，食指按搭在刷柄的前侧面，其余三指按压在大拇指相对面的刷柄上，刷柄上端紧靠虎口，刷子与手掌近似垂直状，适用于横刷、上刷、描字等操作。

3）大拇指按压在刷柄上，另外四指和掌心握住刷柄，漆刷和手基本处于直线状态，适用于直刷、横刷、下刷等操作。

上述三种握法必须握紧刷柄不得松动，靠手腕的力量运刷，必要时以手臂和身体的移动来配合扩大刷涂范围，增加刷涂力量。

刷涂时，涂料必须在施工前搅拌均匀，并调配到适当的黏度，涂料的黏度一般控制在 30~50s（涂-4 黏度计，25℃）为宜，涂料过稀容易发生流挂、露底现象，过稠则不容易涂刷，并造成涂抹过厚而产生起皱、存在刷痕等弊端。在使用新漆刷时涂料可稍稀，在使用刷毛较短的旧漆刷时涂料可稍稠。

刷涂时，蘸了涂料的漆刷应从涂装段的中间位置向两端涂刷，并且按照自上而下、自左至右、先里后外、先斜后直、先难后易、纵横涂刷的规律进行刷涂。此外，对不同的作业面，还应注意采用不同的涂刷方法。例如，垂直表面的施工，最后一遍涂刷应从上而下地进行；水平表面的施工，最后一遍涂刷应顺着光线照射的方向进行；木材表面的施工，最后一遍涂刷应顺着木材的纹理进行。这样才能获得一层均匀、光亮、平滑的涂膜。

（2）排笔刷的使用方法　新排笔刷在使用前，先清除灰尘和残毛，用油漆将刷毛浸透，再用手指将笔毛夹紧从笔根部向笔尖端方向擦去多余的油漆，理直笔毛，静置干燥备用。旧排笔刷在使用前，要用酒精溶解刷毛上的油漆后再用。

3.2.2 空气喷涂

空气喷涂工艺设备包括喷枪和相应的涂料供给、压缩空气供给、被涂物输送、涂装作业环境条件控制与净化等工艺设备。喷枪是最主要的工艺设备，其技术性能对涂装质量的影响最大。其他工艺设备都是为确保必要的工艺参数与漆膜质量，提供必要的技术条件。涂料供给设备包括储漆罐、涂料增压罐或增压泵。压缩空气供给设备包括空气压缩机、油分离器、储气罐、输气管道。被涂物输送设备包括输送悬链（或输送带）、传送小车、挂具。涂装作业环境条件控制与净化设备包括排风机、空气滤清器、室温与湿度控制调节装置、具有除漆雾功能的喷漆室、废气废漆处理装置等。空气喷涂设备的种类很多，各有其特点，应根据被涂物的状况与材质、预定的涂层体系、对漆膜的质量要求、生产规模等因素正确地选用，组成合理的涂装生产设备体系。

1. 空气喷涂的原理

空气喷涂的原理是用压缩空气从空气帽的中心孔喷出，在涂料喷嘴前端形成负压区（见图3-3），使涂料容器中的涂料从涂料喷嘴喷出，并迅速进入高速压缩空气流，使液-气相急骤扩散，涂料被微粒化，涂料呈漆雾状飞向并附着在被涂物表面，涂料雾粒迅速集聚成连续的漆膜。

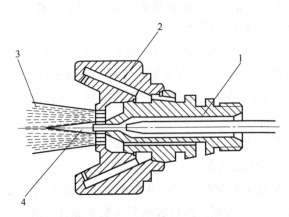

图3-3　空气喷涂喷枪枪头的工作原理

1—涂料喷嘴　2—空气帽　3—空气喷射　4—负压区

2. 空气喷涂的特点

（1）涂装效率高 每小时可喷涂 $50 \sim 100 \text{m}^2$，比刷涂快 $8 \sim 10$ 倍。

（2）适应性强 几乎不受涂料品种和被涂物状况的限制，可应用于各种涂装作业场所。

（3）漆膜质量好 空气喷涂所获得的漆膜平整光滑，可达到最好的装饰性。

（4）漆雾飞散 空气喷涂时漆雾易飞散，污染环境，涂料损耗大，涂料利用率一般为 50%左右甚至更少。

3. 喷涂作业要点

在喷涂作业时，要掌握好喷涂距离、喷枪运行速度、喷雾图形的搭接等要领，才能获得满意的喷涂效果。

（1）喷涂距离 喷涂距离是指喷枪前端与被涂物之间的距离。在一般情况下，使用大型喷枪喷涂时，喷涂距离应为 $20 \sim 30 \text{cm}$；使用小型喷枪喷涂时，喷涂距离应为 $15 \sim 25 \text{cm}$。喷涂时，喷涂距离保持恒定是确保漆膜厚度均匀一致的重要因素之一。

喷涂距离影响漆膜厚度与涂着效率。在同等条件下，距离近漆膜厚，涂着效率高；距离远漆膜薄，涂着效率低。喷涂距离过近，在单位时间内形成的漆膜过厚，易产生流挂；喷涂距离过远，则涂料飞散多，而且由于漆雾粒子在大气中运行时间长，稀释剂挥发太多，漆膜表面粗糙，涂料损失也大。

喷涂时喷枪必须与被涂表面垂直，运行时保持平行，才能使喷涂距离恒定。如果喷枪呈圆弧状运行，则喷涂距离在不断变化，所获得漆膜的中部与两端将产生明显差别。如果喷枪倾斜，则喷雾图形的上部和下部的漆膜厚度，也将产生明显的差别。

喷涂距离与喷雾图形的幅宽也有密切关系。如果喷枪的运行速度与涂料喷出量保持不变，喷涂距离由近及远逐渐增大，其结果将是喷涂距离近时，喷雾图形幅宽小，漆膜厚；喷涂距离增大时，喷雾图形幅宽大，漆膜薄。如果喷涂距离过大，喷雾图形幅宽也会过大，且会造成漆膜不完整、露底等缺陷。

（2）喷枪运行速度 喷涂作业时，喷枪运行速度要适当，并保持恒定。喷枪的运行速度一般应控制在 $20 \sim 60 \text{cm/s}$ 范围内，当运行速度低于 20cm/s 时，形成的漆膜厚易产生流挂；当运行速度大于 60cm/s 时，形成的漆膜薄易产生露底的缺陷。被涂物小且表面凹凸不平时，运行速度可慢一点；被涂物大且表面较平整时，在增加涂料喷出量的前提下，运行速度可快一点。

喷枪的运行速度与漆膜厚度有密切关系。在涂料喷出量恒定时，运行速度在 50cm/s 时的漆膜厚度与 25cm/s 时的漆膜厚度相差 4 倍。所以，应按照漆膜厚度的要求确定适当的运行速度，并保持恒定，否则，漆膜厚度不会均匀一致。

确定喷枪运行速度时，还应考虑涂料的喷出量。喷雾图形幅宽不变，而涂料喷出量增加或减少，则喷枪运行速度应随着加快或减慢。同样，如果涂料喷出量不变，喷雾图形幅宽增大或减小，喷枪运行速度也应随着加快或减慢。可见，喷枪运行速度受涂料喷出量与喷雾图形幅宽的制约。

（3）喷雾图形的搭接 喷雾图形搭接是指喷涂时喷雾图形之间的部分重叠。由于喷雾图形中部漆膜较厚，边沿较薄，喷涂时必须使前后喷雾图形相互搭接，才能使漆膜均匀一致。相互搭接的宽度，与漆膜厚度的均匀性关系密切。搭接的宽度应视喷雾图形的形状不同而各有差异；而且，椭圆形、橄榄形和圆形三种喷雾图形的平整度也存在一定差别。

（4）涂料的黏度　涂料的黏度也是喷涂作业中要注意的问题。涂料黏度会影响涂料喷出量。如果用同一口径喷嘴喷涂不同黏度的涂料，由于从涂料罐到涂料喷嘴前端这段通道所受的阻力是不相同的，黏度高的涂料所受的阻力大，涂料喷出量少，黏度低的涂料所受的阻力小，涂料喷出量必然相对要多一些。

涂料的黏度也影响漆膜的平整度。涂料的黏度与雾化效果有密切的关系，例如：在涂料喷出量相同的情况下，黏度为20s和40s的两种涂料的漆雾粒子直径相差是很明显的，漆雾粒子直径的差异，将会导致漆膜平整度的差异。

喷涂时应重视涂料的黏度。在喷涂前应对涂料进行必要的稀释，将喷涂黏度调整到合适的范围。另外，由于各种涂料的特性不同，虽经稀释调整，其喷涂黏度也是各不相同的。所以，在确定喷涂条件时，也应考虑涂料黏度这个因素。如果使用同一口径的喷枪，喷涂黏度高的涂料时可将涂料喷出量调小一点；在喷涂黏度低的涂料时，相应地可将涂料喷出量调大一点。

4. 喷涂作业注意事项

（1）防止杂物混入涂料　喷涂前涂料必须要加以过滤，以除去涂料中的杂质，不能混入灰尘和结块的涂料。喷涂装置的所有涂料通道都要保持清洁，避免前次喷涂后未清洗干净的残留物堵塞喷枪和管路。拆卸和组装时要避免黏附灰尘和其他脏物，以免混入涂料影响漆膜外观。

（2）防止沾污喷涂装置　喷涂装置完全避免沾污、保持清洁很不容易，但喷涂作业时必须使喷涂装置处于清洁状态。如果喷涂装置黏附灰尘、废漆等污物，喷涂时将会影响喷涂质量，特别是喷枪枪头，如果黏附污物，将会影响雾化效果。喷涂装置在清洗时，要将黏附污物刷洗干净。

（3）注意运动部件的磨损　涂料中含有比较多的硬质颜填料，这些硬质材料容易磨损喷涂装置的运动部件，喷涂装置的故障大多由此而产生。因此，应经常检查运动部件的磨损情况与密封件的密封情况，以便尽早维护或更换。

（4）注意稀释剂对管路和密封垫的侵蚀　涂料的稀释剂对管路和密封垫有侵蚀作用，因此必须采用耐稀释剂侵蚀的管路和密封垫。但是，一般涂料不通过的部位，可以采用不十分耐稀释剂的材料，只是清洗时要避免与稀释剂接触。

（5）防止静电火花放电　溶剂型涂料多数是绝缘体，当喷涂作业时涂料大量流动或向容器内大量注入涂料时，涂料与被涂物或容器接触，由于相互急剧摩擦而产生静电荷，这些静电荷积聚在被涂物或容器表面，当接触接地的物品时，则产生火花放电，这是涂装作业中易引起火灾的原因之一。因此，所有喷涂装置都应有可靠的接地措施。

3.2.3 高压无气喷涂

高压无气喷涂（简称无气喷涂）是不需要借助压缩空气喷出使涂料雾化，而是给涂料施加高压使涂料喷出雾化的工艺。自20世纪中叶无气喷涂出现以来，由于涂料喷出压力高，雾化效果好，漆雾飞散少，喷涂效率高，很快被推广采用。

为适应各种涂装需要，充分发挥无气喷涂的特长，并弥补某些不足之处，无气喷涂设备和喷涂方法有了新的发展。静电无气喷涂就是综合了无气喷涂和静电喷涂两者的特长，既充分发挥了无气喷涂效率高的特点，又发挥了静电喷涂涂着效率高的特点；热喷型无气喷涂能在无气喷涂高固体分和高黏度涂料时，改善雾化效果，提高漆膜的装饰性，又能获得较厚的漆膜；双组分无气喷涂的出现是为适应双组分涂料的喷涂需要；空气辅助无气喷涂综合了空气喷涂和无气喷涂的特长，既发挥了空气喷涂雾化效果好、漆雾粒子细的特点，又保留了无气喷涂效率高的特点，且喷涂压力低，只需一般无气喷涂压力的1/3左右。

从20世纪中叶无气喷涂出现至今，无气喷涂设备有了很多改进，并能满足各种涂装作业的需要，成为目前应用最广泛的涂装方法，已在车辆、船舶、机械、建筑等各行各业得到了普遍应用。

1. 无气喷涂的原理

无气喷涂的原理如图3-4所示。将涂料施加高压（通常为11~25MPa），使其从涂料喷嘴喷出，当涂料离开涂料喷嘴的瞬间，便以高达100m/s的速度与空气发生激烈的高速冲撞，使涂料破碎成微粒，在涂料粒子的速度未衰减前，涂料粒子继续向前与空气不断地多次冲撞，涂料粒子不断地被粉碎，使涂料雾化，并黏附在被涂物表面。

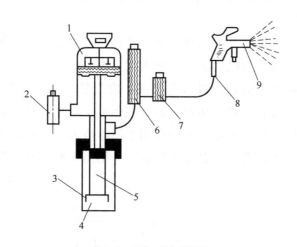

图3-4 无气喷涂的原理

1—空压机气缸 2—油分离器 3—盛漆桶 4、7、8—过滤器 5—柱塞泵 6—蓄压器 9—喷枪

2. 无气喷涂的特点

适用无气喷涂的高固体分涂料有：环氧树脂类、硝基类、醇酸树脂类、过氯乙烯树脂类、氨基醇酸树脂类、环氧沥青类涂料、乳胶涂料，以及合成树脂漆、热塑性和热固性丙烯酸树脂类涂料。

（1）涂装效率高 无气喷涂的涂装效率比刷涂高10倍以上，比空气喷涂高3倍以上，可达到400~1000m²/h。

（2）对涂料黏度适应范围广　无气喷涂可以喷涂黏度较低的普通涂料，也适应喷涂高黏度涂料，可获得较厚的漆膜，减少喷涂次数。

（3）漆膜质量好　无气喷涂避免了压缩空气中的水分、油滴、灰尘对漆膜所造成的弊病，可以确保漆膜质量。

（4）减少对环境的污染　由于不使用空气雾化，漆雾飞散少，且涂料的喷涂黏度较高，稀释剂用量减少，因而减少了对环境的污染。

（5）调节涂料喷出量和喷雾图形幅宽需更换涂料喷嘴　由于无气喷枪没有涂料喷出量和喷雾图形幅宽调节机构，只有更换涂料喷嘴才能达到调节的目的，所以在喷涂作业过程中不能调节涂料喷出量和喷雾图形幅宽。

3.2.4　静电喷涂

静电喷涂技术与电泳涂装一样，是涂装领域里的一次技术上的创新。静电涂装具有喷涂效率高、涂层均匀、污染少等特点，适用于大规模自动涂装生产线，逐渐成为在生产中应用最为普遍的涂装工艺之一，广泛应用于汽车、仪器仪表、电器、农机、家电产品、日用五金、钢制家具、门窗、电动工具、玩具及燃气机具等工业领域。近年来随着电子和微电子技术的发展，静电涂装设备（包括高压静电发生器、喷枪结构、自动控制等）在可靠性及设备结构轻型化方面有显著的进步，为静电涂装工艺的发展提供了坚实的基础。

1. 静电喷涂的原理

在喷枪（或喷盘）与被涂工件之间形成一个高压静电场，一般情况是工件接地为阳极，喷枪口为负高压电极。当电场强度足够大时，枪口附近的空气即产生电晕放电，使空气发生电离，当涂料粒子通过枪口带上电荷，成为带电粒子，在通过电晕放电区时，进一步与离子化的空气结合而再次带电，并在高压静电场的作用下，按照同性排斥、异性相吸的原理，带电的涂料粒子在静电场作用下沿着电力线方向向极性相反的被涂工件运动，放电后黏附在工件表面，形成均匀的涂层（见图3-5）。在被涂物的背面靠静电环抱现象也能涂上涂料。

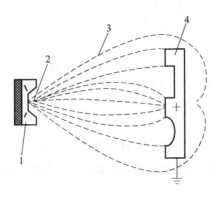

图 3-5　静电喷涂的原理

1—负极性电晕放电　2—正极性电晕放电　3—负高压电极　4—被涂工件

2. 静电喷涂的特点

（1）涂料利用率大幅度提高　一般用空气喷涂时涂料的利用率仅为30%~60%，若工件为多孔网状结构，涂料利用率更低。而采用静电涂装，涂料粒子受电场作用力被吸附于工件表面，显著减少飞散及回弹，涂料利用率比空气喷涂提高1~2倍。

（2）提高生产效率　静电涂装适于大批量生产，可实现多支喷枪同时喷涂，易于实现自动化流水作业，生产效率比空气喷涂提高1~3倍。圆盘式静电涂装效率更高。

（3）提高涂装产品质量　带电涂料粒子受电场作用在工件上放电沉积，并会依据电力线的分布产生环抱效应，通过对喷枪的配置及喷涂参数的调节，可以获得均匀、平整、光滑、丰满的涂层，达到提高装饰效果的目的。

（4）显著改善涂装作业环境　静电涂装产生的飞散漆雾少，并在喷漆室中进行，有利于环保治理及改善劳动条件。

（5）有时需补喷和表面预处理　由于静电场的尖端效应，对坑凹部分会产生电场屏蔽，该处形成的涂层较薄，故一般还要设手工补喷工位，以弥补缺陷。对塑料、木材、橡胶、玻璃等非导体工件，要经特殊表面预处理才能进行静电喷涂。

（6）静电涂装存在高压火花放电引起火灾的危险　当工件晃动或因操作失误造成极间距离过近时，会引起火花放电，因此，在静电喷漆室中设置安全灭火装置甚为重要。

（7）受环境温湿度影响较大　涂装环境温度和湿度对涂装效果影响很大，而且对所用的涂料和溶剂也都有一定的要求。

3. 静电喷涂的影响因素

（1）涂料的特性　静电喷涂的效果不仅取决于静电喷涂设备的技术性能，而且还要考虑涂料的种类是否符合静电喷涂的要求，或者两者在技术上的配套性如何。因此，对静电喷涂所使用的涂料要求如下：

1）一般溶剂型涂料。采用一般溶剂型涂料时，要考虑其装饰性、环保性和涂着效率，这就要求涂料具有以下性能：

① 涂料的电性能是静电喷涂的重要特性。涂料的电性能包括电阻值、介电常数和电偶极子。由于后两者测量有一定困难，因此一般采用电阻值来表示涂料的电性能。涂料的电性能直接影响涂料在静电喷涂中的带电性能、静电雾化性能和涂着效率。

若电阻值过大，涂料粒子不易带电，雾化性能和涂着效率差；若电阻值过小，则在静电场中易发生漏电现象，使电喷枪的放电极电压下降，甚至送不上高压电。设计时应考虑到涂料的电性能。通常在大电阻值涂料中，可加入小电阻值的极性溶剂；而在小电阻值的涂料中，可加入非极性溶剂。

② 涂料的黏度也是影响喷涂效果的一个重要因素。静电喷涂所采用涂料的黏度一般比空气喷涂所用的涂料黏度低，一般控制在15~20s（涂-4杯），使用的溶剂为高沸点、溶解性好的溶剂。因为涂料黏度低，表面张力小，则雾化效果好。而雾化好的涂料粒子在电力线方向运行时间长，溶剂挥发多，落到被涂物表面上的溶剂少，则流平性差，影响涂膜外观装饰性。所以，应选择高沸点、溶解性强的溶剂。为了减少溶剂污染，多选用加热涂料，以降低

涂料黏度，这样可以增加涂料的固体分，使涂层有较好的光泽和丰满度。此类涂料多为高固体分涂料。

③ 由于高压静电容易产生火灾，所以在采用静电喷涂法涂布易燃涂料时，应加强防火灾措施。

2）导电性涂料。由于一些涂料具有导电性，若采用一般的静电喷涂设备会因漏电而无法进行涂装。这是由于施加在静电设备上的高压电会沿输漆管路漏掉，使电压下降，甚至送不上高压电。采用静电喷涂法涂布导电涂料时，可靠的办法是将输漆管路与地绝缘隔离。

（2）静电电压　静电喷涂法所采用的电压一般为 50~100kV。当电压超过 100kV 时，电场过于集中，空气绝缘性差，容易产生火花放电。当电压低于 40kV 时，喷涂效率仅 20% 左右，此后喷涂效率随电压的升高迅速增加，在 60kV 时，可达 80% 以上，电压再升高，变化趋于饱和，即喷涂效率无明显增加。固定型静电喷涂一般选用 80~100kV 电压；手提式静电喷涂则低一些，选用 30~60kV 电压，虽然涂装效率低一点，但操作起来相对比较安全。

（3）电场强度　电场强度是静电涂装的动力，它的强弱直接影响静电涂装的效果（静电效应、涂着效率和涂膜的均匀性等）。在一定电场强度范围内，电场强度越大，其静电雾化和静电吸引的效果越好，涂着效率也就越高。反之，静电场的电场强度越小，涂料粒子的带电量也就越小，当电场强度小到一定程度时，电晕放电变弱，甚至不产生放电，静电雾化和涂着效率则变差，使之无法进行正常的喷涂作业。

在一般的空气中，均匀静电场的平均电场强度超过 10000V/cm 才会产生火花放电。而在不均匀静电场中却不需要这么高的值，只需超过 4300V/cm 就会产生火花放电。当平均电场强度低于 2000V/cm 时，电晕放电就会减弱。根据实际生产经验，平均电场强度一般在 3000~4000V/cm 时，静电喷涂的效果最佳。

（4）喷枪与工件的距离　在压力确定的情况下，电场强度主要取决于电压和极距（即被涂物和放电极之间的距离）。它与电压的大小成正比，与极距的大小成反比。当喷枪与工件间的距离过短，就会产生火花放电。如果距离太远，漆雾附着力会降低，因此静电喷涂距离直接影响漆膜的喷涂效果。一般在 90kV 电场强度下，喷涂距离以 25~30m 为宜。

（5）喷出量　若喷出量过大，有可能导致喷枪口的涂料液滴不能完全带电荷，静电效果得不到充分发挥；而若喷出量过小，就会降低生产效率。所以，为了提高生产效率，喷出量应在保证静电效应的前提下，越大越好。同时，也可以通过调节喷出量来达到所需的涂层厚度。

（6）喷漆室风速　静电喷涂室的风速不宜过大，只需及时排出溶剂蒸气，使其含量在爆炸下限以下即可。风速过大，会影响涂装效果。另外，应注意风向，不应产生与喷流交叉的层流。因为在静电喷涂时被涂物为不良导体，因此需要先进行导电处理，即先涂一层导电处理剂，使被涂物表面具有导电性，然后才可以进行静电喷涂。

（7）空气压力　在相同的管道输漆系统条件下，空气静电喷枪所需空气压力低于普通空气喷枪。空气压力过高一方面会影响涡轮发电机的正常工作，另一方面也会影响静电效果。

（8）输漆压力　与普通空气喷枪相比，静电喷枪喷涂时所需输漆压力也略低。

4. 静电喷涂要点

静电喷涂最需要特别注意的问题是安全，为此，国家专门颁布了相关安全标准。对于 PRO3500 型及其他同类空气静电喷枪，每次使用前还需要采取以下安全措施及安全检查：

（1）喷枪系统安全　喷枪系统必须安全接地，枪身对地电阻小于 $1M\Omega$。

（2）人体安全　操作者及所有进入作业区的人员必须穿导电鞋，操作者不允许戴绝缘手套，人体对地电阻小于 $1M\Omega$。

（3）工件状态　地链小车或导轨可接地，与工件呈点接触或线接触，工件对地电阻小于 $2M\Omega$，否则直接影响静电效果，甚至使漆雾回抱于操作者。

（4）作业区安全　作业区内所有可燃液体必须放在安全接地的容器中，所有导电体应接地。

（5）操作保证　所有操作者必须经过培训，可以安全使用静电喷涂系统，且掌握卸压技术。

3.3　特种涂料涂装

轨道交通车辆涂装所需的涂料产品主要有常规涂料和特种涂料。常规涂装所用的涂料产品是众所周知的，如底漆、腻子、中涂、面漆等。特种涂料主要有阻尼涂料、防火涂料、绝缘涂料等。

3.3.1　阻尼涂料

阻尼涂料也称为减振降噪涂料，是一类由特定功能高分子材料和填料构成的可有效抑制振动和噪声的特种功能涂料。此类涂料利用高聚物的黏弹性，通过分子链段运动产生的内摩擦将部分外场作用（如机械振动、声振动）产生的能量转化为热能耗散掉（即发生所谓力学损耗），从而达到减振降噪的目的。

水性阻尼涂料以水性乳液为基质，水为分散介质，并添加一种或几种填料及助剂制备而成。与阻尼垫片相比，水性阻尼涂料可直接喷涂在设备或设施的表面，具有施工方便、黏接强度高等优点。与溶剂型阻尼涂料相比，水性阻尼涂料具有绿色、环保、施工安全等优点。

轨道客车制造行业真正提出阻尼涂料的概念还是在 20 世纪 90 年代，在这之前客车车体采用的是溶剂型沥青材料，主要有热喷沥青、溶剂型环氧沥青等，并且当时的基本出发点还是以防腐保护作为主要功能。随着技术的不断创新和进步，具有阻尼降噪、阻燃、防腐为一体的水溶型乳化沥青材料和水性丙烯酸类阻尼降噪涂料产品相继被研发生产出来。

1. 阻尼涂料的工作机理

阻尼涂料的工作机理是：在交变应力的作用下，高分子材料因其特有的黏弹性使其形变滞后于应力的变化，部分的功（机械能）以热或其他形式消耗掉，通过产生力学损耗起到阻尼作用。

优良的阻尼材料应满足以下三个条件：

1）在阻尼材料使用温度和频率范围内，损耗因子的峰值比较高。

2）损耗因子的峰值要宽，以保证阻尼材料在较大温度范围内有较高的阻尼性能，降低其对温度和频率的敏感性。

3）具有多功能性，即除具有宽温、宽频、高阻尼峰值外，还应具有吸声、吸波、隔热、阻燃和环保等功能。

2. 阻尼涂料的施工

对于水性阻尼涂料来说，当涂料的各种配比确定时，涂料的施工方法对涂料的性能产生极大的影响。一般来说，水性阻尼涂料的施工工艺流程为静置（水）→搅拌→调泵（防护）→喷涂→干燥。

（1）静置　由于水性阻尼涂料的储存环境与施工环境存在一定的差异，因此要对水性阻尼涂料的料温进行控制。当然，水性阻尼涂料的储存环境要符合涂料的要求，避免因冷冻而使涂料失效。

（2）搅拌　搅拌在阻尼涂料施工过程中是必不可少的环节。因为在施工之前，涂料长时间的存储，造成涂料中密度较大的填料、纤维下沉，涂料各组分分散不均匀，若直接使用高压无气喷涂机进行喷涂，早期喷出的涂料黏度较大，纤维、填料含量较多，容易造成堵枪、喷涂不均匀等现象，后期喷出的涂料黏度较小，纤维、填料含量较少，容易出现流挂等现象，使喷涂的工件涂膜不均匀，直接影响阻尼涂料的表观效果，降低涂料的阻尼性能。

为了便于水性阻尼涂料施工，生产厂家一般会将水性阻尼涂料的黏度调节适当或略微偏大。当水性阻尼涂料较稠时，需要添加水进行稀释。

（3）调泵　在水性阻尼涂料施工过程中，调泵的目的是调整泵的压力，适当的泵压能保证良好的涂膜效果，并且能提高涂料的阻尼性能。以汉高阻尼涂料为例，使用固瑞克高压无气喷涂机喷涂时，压送比为 65：1，压力为 0.55MPa，此时能够使阻尼涂料顺利地喷涂，形成的涂膜厚度均匀。当泵的压力较小时，喷出的漆雾扇面较小，喷涂到基材表面的力度较小，附着力不大，同时无法定型；当泵的压力较大时，虽然喷涂的漆雾扇面良好，但涂料喷涂到基材表面的力度较大，使原有喷涂在表面上的涂料，以环形向四周排压，从而形成层层波浪、参差不齐的现象。

（4）喷涂　当泵的压力、压送比一定时，喷涂距离的大小对阻尼涂料的表观效果、阻尼效果有一定的影响。当喷涂距离较小时，涂料打在基材表面上的力度较大，会使周围刚刚喷涂上的涂料向四周排挤，产生的效果与压力大时产生的效果相同。当喷涂距离较大时，涂料打在基材上的涂料压力较小，涂料在基材表面的附着力不牢，可能产生流挂，形成厚度不均的现象，甚至会发生脱落。

（5）干燥　水性阻尼涂料的干燥过程一般是在自然条件（温度 20℃左右）下，干燥 24~48h。若干燥温度过低，树脂的高分子链相对运动困难，涂膜得不到很好的流平，溶剂挥发慢，因此需延长干燥时间，生产周期变长，降低了生产效率；若干燥温度高，溶剂、水分挥发快，树脂的高分子链运动受阻，填料、纤维未达到最佳位置，形成的"空缺点"较多，发生局部的应力集中，使涂膜干燥后的力学性能下降，严重时还会发生涂膜裂纹等现象，从而影响阻尼效果。

3.3.2　防火涂料

防火涂料是施用于可燃性基材表面，用以改变材料表面燃烧特性，阻滞火灾迅速蔓延，或施用于建筑构件上，用以提高构件的耐火极限，推迟结构破坏的特种涂料。按照防火机理的不同，防火涂料可分为膨胀型防火涂料和非膨胀型防火涂料两类。由于地铁车辆的轻量化、美观要求和生产周期的限制，目前地铁车辆上所使用的防火涂料均为膨胀型防火涂料。

1. 水性膨胀型防火涂料的防火机理

水性膨胀型防火涂料是以水作为分散介质的防火涂料，其成膜物以有机高分子树脂为主，通常情况下乳液型更多，待填料加入之后，如碳源、阻燃剂及发泡剂等，防火体系即可形成，一旦有火灾出现，会有致密且均匀的一层海绵状或蜂窝状碳质泡沫层形成，有利于钢构件耐火极限的提升。在火焰高温作用下，水性膨胀型防火涂料涂层会逐渐分解出降低可燃气体及空气中含氧浓度的惰性气体，能够减缓燃烧或使其自熄。与火遭遇后，涂层膨胀发泡，会有隔热覆盖层形成，发泡层可将氧气隔绝，同时在1000℃左右的高温下，其与钢基材的黏接性较强，隔热性能良好，热导率不高，可一定程度上延缓热量传递至被保护基材的速度，从而使火焰及高温无法直接影响钢构件，防火隔热效果十分突出。

2. 防火涂料的施工

轨道交通车辆底架防火涂料的施工工艺流程为表面处理→喷涂环氧底漆→打磨清洁→屏蔽→喷涂防火涂料中涂→干燥→喷涂防火涂料面漆→干燥→收尾。

（1）表面处理　对施工区域进行喷砂处理。

（2）喷涂环氧底漆　对已喷砂区域喷涂环氧底漆（含水性环氧底漆）。

（3）打磨清洁　用P80砂纸手工将环氧底漆表面充分打磨，除去底漆层表面的灰尘、漆雾和其他污染物，并使用高压风吹干净。

（4）屏蔽　用50mm宽的纸胶和牛皮纸缠绕或包裹屏蔽施工区内的安装座、安装支架、接地块等不需涂防火涂料的部位，屏蔽应密封严实、粘贴牢固，不应有漏屏蔽现象。

（5）喷涂防火涂料中涂　根据设计文件要求喷涂防火涂料。

1）溶剂型防火涂料中涂喷涂。取出防火涂料，并使用搅拌器搅拌3～4min。使用高压无气喷枪进行第一道喷涂，喷涂时进气压力调节在0.5～0.65MPa，喷嘴距样件表面400～500mm，并使喷嘴与样件表面垂直，喷枪移动速度为0.3～0.4m/s，喷涂6～8遍，使湿膜厚度达到1000μm。

在通风条件良好（0.5～0.8m/s）的环境下自干2～3h，在50～65℃下烘干3～4h，或者在室温下干燥24h。

使用P80砂纸手工对第一道防火涂料表面进行打磨，除去表面的灰尘、漆雾和其他污染物，并使用高压风吹干净。按照防火涂料第一道喷涂的方法进行第二道喷涂，使湿膜厚度

达到 $1000\mu m$。

在通风条件良好（$0.5\sim0.8m/s$）的环境下自干 $2\sim3h$，在 $50\sim65℃$ 下烘干 $3\sim4h$ 后在室温下自干 $24h$。

2）水性防火涂料中涂喷涂。取出水性防火涂料，并使用搅拌器搅拌 $4\sim6min$。使用高压无气喷枪或空气喷枪进行第一道喷涂，喷涂时进气压力调节在 $0.5\sim0.65MPa$，喷嘴距样件表面 $400\sim500mm$，并使喷嘴与样件表面垂直，喷枪移动速度为 $0.3\sim0.4m/s$，喷涂 $4\sim6$ 遍，使湿膜厚度达到 $1000\mu m$。

自干 $0.5h$，在 $50\sim65℃$ 下烘干 $3\sim4h$，或者在室温下干燥 $24h$。使用 P80 砂纸手工对第一道防火涂料表面进行打磨，除去表面的灰尘、漆雾和其他污染物，并使用高压风吹干净。按照防火涂料第一道喷涂的方法进行第二道喷涂，使湿膜厚度达到 $1000\mu m$。自干 $0.5h$，在 $50\sim65℃$ 下烘干 $3\sim4h$ 后在室温下自干 $24h$。

（6）喷涂防火涂料面漆 根据图样确定防火涂料面漆（含水性面漆）品种，检查并确认各物料在保质期内。面漆主剂用搅拌器先搅拌 $3\sim5min$，按面漆 TDS（溶解固体总量）的配比要求调配面漆及其固化剂，喷涂防火涂料面漆。

3.3.3 绝缘涂料

绝缘涂料是指在基材上能够形成保护膜，使其不导电，保证其能安全使用的一种功能涂料。目前常见的高分子绝缘涂料有聚酰亚胺绝缘涂料、聚氨酯绝缘涂料、环氧树脂绝缘涂料等。

受电弓是城轨车辆从接触网取得电能的电气设备，是确保城轨车辆安全行车的核心部件。城轨车辆受电弓用接触网电压设计为 DC 1500V，电流为 800A。传统的受电弓及车顶底座部位使用的防护漆只注重了防腐性能设计，没有考虑电气绝缘性能，因此需要在车体安装受电弓区域增加绝缘涂料。

常见轨道交通车辆绝缘涂料涂装的工艺流程为表面处理→屏蔽→刷涂前处理剂→刷涂底涂→刮（刷）涂中涂→刷涂面涂→收尾。

3.4 环保型涂料涂装

21 世纪以来，全球经济发展出现新的态势，环保理念已经渗透到经济生活的各个方面。为适应时代的发展，企业的发展模式已经从大规模、高污染向高技术附加值、低排放转变，涂料行业的发展也应顺应时代的发展而拓展到环境友好型涂料。

常见的环保型涂料有水性涂料、粉末涂料、高固体分涂料、功能光催化涂料、多孔吸附性功能涂料和陶瓷涂料等。

3.4.1 水性涂料

水性涂料是指以水作为主要溶剂或分散介质的一种环保型涂料，主要包括水溶性涂料、水分散性涂料及水性稀释性涂料。在涂料的实际应用过程中，水性涂料一般按照成膜物质的成分、树脂的固化类型及其应用领域进行分类。按照成膜树脂分类，可分为水性环氧树脂、水性醇酸树脂、水性丙烯酸树脂和水性聚氨酯等。

水性涂料的稀释剂为水，与溶剂型涂料相比，两者的施工工艺存在着很大的差异。由于水的自身表面张力较大、润湿性较差而导致水性漆易出现流挂、缩孔现象，且水的蒸发热较高，相同条件下水的挥发需要更长时间，故水性涂料的施工对环境的要求比溶剂型涂料更苛刻。

3.4.2 粉末涂料

粉末涂料是用固体组分调制出的一种低 VOC 含量的涂料。用熔融混合的方式制作基体，将固相的颜料以及其他与涂料不相容的组分均匀分散在基体中，最后将混合好的固相做粉碎处理。涂膜的时候将粉碎的粉末首先喷到基板上，再通过烘烤，使其熔融而实现膜的均匀分布，从而达到涂膜的目的。常见的粉末涂料有两种类型，一种是热固性粉末涂料，另一种是热塑性粉末涂料。

粉末涂装生产线的主要工艺流程为上件→前处理→烘干→喷粉→固化烘烤→冷却→下件。由于具体工艺存在差异，相关子工艺流程也有所不同。

粉末涂装生产线设备配置主要分为 5 大模块，即前处理系统、烘干系统、喷粉系统、固化烘烤系统、废气与废水处理系统。

3.5 自动化涂装

轨道交通的产品存在结构复杂、批量小、种类多、颜色多的特点，因此目前轨道交通行业基本采取人工喷涂，包括大型的主机厂也是如此。但近年来随着技术的发展，自动化喷砂、自动化喷涂、自动化打磨等技术正逐步成熟。

3.5.1 自动化喷砂

自动喷砂机器人以其长时间持续工作、精确度高、喷砂质量稳定、抗恶劣环境的优点，深受涂装行业的青睐，在金属表面预处理工艺中占重要地位。

自动喷砂机器人由喷砂房室体、丸料回收系统、通风除尘系统、机器手臂喷砂系统及 PLC 电气控制系统组成。机器手臂由 8 轴构成，可以非常灵活地对铝合金车体表面进行喷砂处理。图 3-6 所示为荷兰 BLASTMAN 喷砂清理机器人有限公司生产的自动喷砂机器人。

常见的轨道交通车辆自动化喷砂工艺流程为作业准备→车体防护清洁→一位侧喷砂→一位端喷砂→二位侧喷砂→二位端喷砂→车顶喷砂→局部喷砂找补→整车吹风除尘→质量确认。

图 3-6　自动喷砂机器人

3.5.2　自动化喷涂

　　随着对环境保护和安全健康的日益重视，安全生产已成为社会的共识，要做到在安全环保的基础上进一步提高产品质量和生产效率，就要对喷涂工艺的优化加大投入和研究，对涂装喷头运行装置进行更合理化的设计，这样才能大幅减少操作工人的数量，节省涂料用量，提高涂饰表面的质量稳定性，提升产品的生产效率。同时，由于喷涂室内不需要操作人员，也避免了传统喷涂存在的安全隐患及人工的不可控性。因此，喷涂工业化生产变得更加安全环保、高效便捷，为涂装生产技术的改造提供了关键技术，加快涂装产业的现代化进程。

　　工件通过轨道运送到喷漆室内，停放在喷涂工位上。在喷漆室安装有沿喷漆室长度方向的移动导轨，喷涂机器人布置在移动导轨滑板上，喷涂机器人在移动导轨滑板上可沿着工件长度做往复运动，机器人能够在工件全长方向上进行喷漆作业。喷涂系统主要由喷涂机器人、机器人移动装置、工作站总控系统、涂料输送及清洗系统、工件位置检测及启动装置等构成。

3.5.3　自动化打磨

　　众所周知，轨道交通车辆涂装工艺主要是为了提高铝合金车体的表面质量和外观装饰性。由新车车身生产涂装工艺流程可知，生产过程中存在多道打磨工序，包括腻子打磨，以及每喷涂一次油漆后的打磨。现有的打磨多采取落后的手工磨抛作业方式，打磨作业费时费力，而且人工打磨也难以保证整车打磨质量的一致性。此外，长时间、高强度的作业环境严重危害技术人员的健康安全。因此，研究机器人打磨具有十分重要的经济和社会意义。

　　机器人自动打磨系统主要由中央控制单元、工艺柜、检测单元、机器人本体、打磨头、砂纸更换平台、粉尘收集单元等组成。打磨系统运行流程如图 3-7 所示。

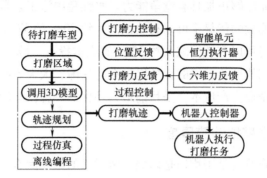

图 3-7　打磨系统运行流程

3.6　涂装厂房工艺布局

　　涂装车间设计是工厂设计的一个重要组成部分，也是一项综合设计任务。它要求全面贯彻国家有关的方针政策，力求按照科学性、经济性的原则，做到"先进、可靠、经济、节能、环保"，实现涂装作业的"清洁生产、优质、高产、低成本、无公害或少公害"。

　　涂装车间工艺设计是车间整体设计中极其重要的设计环节。随着科学技术的进步、社会的发展，对产品的涂层性能质量要求不断提高，使涂装工艺趋向复杂，以及为适应大批量涂装作业流水线的生产，尤其是现代化大型涂装车间，必须采用高效的涂装工艺和高度机械化、自动化的搬运输送设备，致使车间设计是一项既复杂而又繁重的任务。而一般涂装车间耗用大量能源（如电、水、蒸汽、压缩空气、燃油、燃气等），是用能大户。涂装作业生产中排出大量的废水、废气、废渣等污染物，又是排污大户。涂装作业中使用大量易燃易爆的涂料和有机溶剂，使火灾危险性大大增加。这些都增加了涂装车间设计工作的复杂性。所以，涂装车间设计中除了采用优良的涂料、先进的涂装工艺、涂装设备和搬运输送设备外，还必须做好防火防爆、职业安全卫生、节能减排、环境保护等设施的设计工作。

3.7　涂装前沿技术

3.7.1　汽车涂装水性免中涂工艺

　　汽车涂装行业中，水性免中涂工艺是最近几年研发的一种具有一定环保性的涂装工艺，相较于以往的汽车涂装工艺，水性免中涂工艺不但可以确保良好的涂装质量，而且不再设置中涂工序，一定程度上降低了涂料本身的实际使用量，减少了汽车涂装过程中能量的实际耗损及运行成本，降低了各种相关有害物质的排放量。不再设置中涂工序的作用在于增大了汽车涂装车间能够实际运用的面积，节省了其中一些相关设备资金的实际投入，降低了汽车中涂过程中的能源耗损，不但使资源能够获得更为合理的应用，也缩减了汽车生产加工过程中实际成本的投入，使企业能够更加具有竞争能力。水性免中涂工艺是一种节约能源、降低耗损的全新工艺，其较为明显的优势是可以有效减少大约70%的VOC排放量，降低大约30%的二氧化碳排放量，同时可以有效缩减大约30%的成本投入，减少20%左右的实际运行费用。利用水性免中涂工艺能够给环境的保护提供有力保障，大大节约汽车生产加工过程中能源的耗损，并有效控制企业生产成本，是目前最为环保的一种汽车涂装加工工艺。

3.7.2 数字孪生技术模拟漆膜厚度

在涂装过程中，漆膜厚度是否均匀是影响涂装质量的重要因素。到目前为止，在导入新车型时必须进行大量测试，以确保完美的喷涂效果。德国杜尔集团现已成功地以虚拟方式计算膜厚，并将该模块集成到现有的喷涂机器人编程软件中。借助新开发的模拟软件，汽车制造商可以减少现场测试的次数。DXQ3D.onsite软件可随新的工艺模拟模块一起提供，如图3-8所示。

图3-8　DXQ3D.onsite软件

全新的DXQ3D.onsite模块可以虚拟计算任意点需要喷涂的油漆量。该软件紧密结合实际情况使用理想化的虚拟喷涂模式来进行模拟，喷幅可以在不同高度和宽度上动态缩放。用户可以"调整"这两个参数，来预估和可视化不同的喷幅宽度和流量百分比对膜厚分布的总体影响。

为了预先在计算机上模拟实际情况，软件模块以电子数据的形式创建了所有关键独立组件的数字孪生。首次模拟时，该工具会自动将上传的文件格式转换为车身的3D数模格式。这将保留所有必要的附加数据，同时删除与喷涂操作无关的数据。这样做的好处是可以减少所需的存储空间以及计算时间，因此该程序也可以直接在生产线喷房的便携式计算机上使用。在最后一次将所有相关数据合并之后，将生成沿可离线编程的机器人运行路径行进的虚拟喷幅。它可以累加膜厚，并通过3D特征图加以显示。这可以帮助设计人员直接查看不同的优化解决方案，并加以考虑，以在生产之前进行改进。

3.7.3 无过喷技术

现在，几乎每个工业领域需要喷涂的工件的数量和多样性都在不断增长。为了能够比以前更高效地喷涂这些不同的组件，杜尔集团开发了一种全新喷涂技术，可用于大面积或简单图案喷涂，在无须屏蔽的基础上确保边界清晰，不会产生油漆过喷，如图 3-9 所示。这款创新型 EcoPaintJet 喷涂设备在 2020 年荣获德国创新奖，因方便集成，可用于一般工业。此外，涂料公司 Adler 已开发出适用于这种新喷涂技术的油漆。

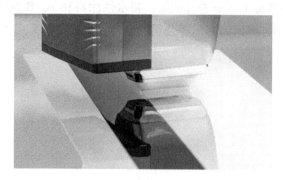

图 3-9　无过喷技术

3.7.4　高铁白车身腻子自动打磨工艺

中车青岛四方机车车辆股份有限公司为了解决高铁白车身腻子人工打磨质量不稳定、效率低以及工作环境恶劣的现状，通过引入机器人打磨、恒力控制技术对腻子打磨过程进行优化，并设计正交试验，以表面平整度和粗糙度作为输出指标，考察磨削过程的具体参数。结果表明：通过选择合适的砂纸目数、磨削力以及进给速度，能够提高腻子打磨的质量。在此基础上，最终以车身整体平整度作为实验输出指标，优化打磨路径、次数及打磨方式，可以得到具有良好平整度的高铁白车身表面。

3.7.5　腻子自动喷涂工艺

目前国内外对动车腻子的涂装大多是原始的人工刮涂，生产效率低、人体伤害大、环境污染严重、质量难以保证，努力开展腻子自动化涂装是国内外动车组制造业的必然趋势，也是提高我国动车组涂装车间水平的必经之路。

国内某高校结合国内外动车组涂装车间现状和动车车体特点及性能指标要求，通过对相关涂装作业和路径规划的研究，提出基于达索集团的 CATIA 系列平台，利用 CAA 进行离线编程二次开发的作业方法，在 CATIA 界面实现了动车车体表面的路径规划和喷枪路径点自动生成，并形成自动化涂装作业所需的坐标文档。

3.7.6　3C1B 涂装工艺

3C1B 技术是指 3 个涂层（Coat）1 次烘烤（Bake），即通过改变涂料性能、膜厚和设备参数等，中涂、色漆、清漆 3 个涂层工程集约后仅一次烘烤成膜，与传统工艺相比，取消了中涂烘干和打磨工序。

近期国家对环境治理的决心十分明确，北京、上海、广州和深圳开始执行新的环保法规，控制 VOC 的排放量。为适应新法规的要求，很多车企开始停线改造。3C1B 涂装技术已成为国内现有汽车生产厂旧线改造的主流技术方案。华晨汽车、长安马自达和安徽奇瑞部分工厂已经成熟应用该项技术，福特公司也将老线改为高固体分 3C1B 工艺。对于国内新建设的生产线，也在此技术基础上不断进行创新，将水性涂料和 3C1B 技术相结合，衍生出水性 3C1B 技术。目前，通用、丰田、本田等公司的全球涂装战略都采用了水性 3C1B 技术。

第 4 章

涂装设备

☺ 学习目标:
1. 了解涂装过程中各种设备的基础知识。
2. 了解涂装过程涉及的信息化知识。

4.1 前处理设备

轨道交通行业常见的前处理设备包括抛丸及喷丸清理设备、整车喷砂预处理成套设备等。

4.1.1 抛丸机

1. 抛丸机的工作原理

抛丸机主要由钢板输送辊道、抛丸室、丸料循环系统、丸料清扫系统和除尘系统组成,如图 4-1 所示。

抛丸机的入口处有两套检测装置,分别用来检测钢板的宽度和厚度,宽度用来确定开启抛头的数量,厚度用来控制丸料清扫系统内预刮板及大小辊刷的高度。抛丸机入口、出口处有多道橡胶幕帘以防止丸料飞溅。钢板通过入口通道后进入抛丸室,在这里钢板被抛丸,以去除钢板表面的氧化皮。然后钢板进入丸料清理室,在这里带有螺旋输送器的预刮板从钢板的上表面去除大部分的丸料,随后钢板经过辊道上方的大小辊刷、辊道下方的小辊刷及吹扫装置,除去黏附在钢板表面的丸料和粉尘。所有抛丸后的丸料被清理到底部收集槽内,通过螺旋输送器进入斗提坑,然后由斗提机将丸料和氧化皮等输送到重力风洗系统,氧化皮和粉碎的丸料将被分离,净化后的丸料返回到丸料料仓内,供抛头循环使用。

2. 抛丸机的系统组成

抛丸机由输送辊道、抛丸准备室、抛丸室、丸料循环系统、除尘系统、抛丸托架、气控系统、电控系统、上抛丸器检修手动滑车和下抛丸器升降检修车等组成,见表 4-1。

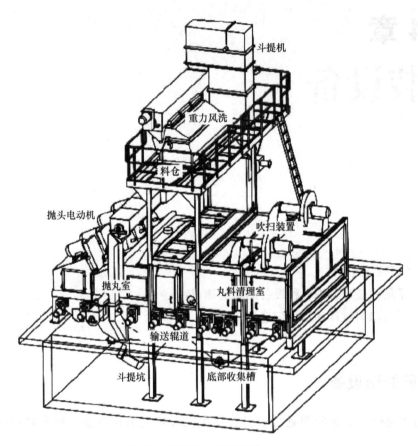

图 4-1　常见抛丸机的结构

表 4-1　抛丸机的系统组成

序号	设备名称	数量/套	主要技术规格
1	输送辊道	3	抛丸室 1 套，上下料各 1 套
2	抛丸准备室	2	每套含 2 个长为 15m 的吹砂管
3	抛丸室	1	16 台 15kW 施力克直联抛丸器
4	丸料循环系统	1	
5	除尘系统	1	2 台除尘器，每台除尘器含 15 个过滤筒
6	抛丸托架	1	Mn13 钢板焊接制造
7	气控系统	1	
8	电控系统	1	整台设备自动/手动控制，PLC 自动控制，变频调速
9	上抛丸器检修手动滑车	2	承重 1t
10	下抛丸器升降检修车	1	

3. 抛丸机的操作规定

（1）操作前检查及准备

1）检查、清理设备附近残留的钢丸。

2）检查、清理及确认作业区内无影响设备安全运行的人或物。

3）设备运行前，提醒设备地坑、检修平台及设备附近人员撤离现场或做好安全防护。

4）关闭抛丸清理室工件进入口大门、外侧卷帘门及清理间出入门。

（2）操作注意事项

1）设备砂料输送系统及抛丸器开启顺序为顶部横向输砂系统→提升系统→横螺旋→纵螺旋→各抛丸器，关闭顺序为提升系统→各抛丸器→纵螺旋→横螺旋→顶部横向输砂系统。开启及关闭时必须严格按该顺序实施，抛丸作业时不得关闭砂料输送系统中的任一环节。

2）设备运行时，非紧急情况不得开启抛丸清理室工件进入口大门、外侧卷帘门及清理间出入门。

3）非紧急情况下，严禁通过按急停按钮方式停机。

（3）停机规定

1）抛丸作业完成后，待砂料输送系统运行 1~3min 后，按顺序关闭砂料输送系统。

2）每班作业完成后，待反吹系统工作 10min 后，方可关闭控制系统的电源。

3）每班次下班前必须填写交接班记录、设备日常运转点检表等，按照日常维护保养规定进行保养，严格执行班后"六不走"规定。

4.1.2 喷砂设备

喷砂设备由喷除锈系统、钢丸（砂）回收系统和全室除尘系统等部分组成。来自压缩机的压缩空气，经压缩空气进气阀进入气液分离器，一路进入空气过滤器到防护头盔供人工呼吸用，另一路经总阀后再分两路：一路经三通阀进入丸缸压丸，另一路经气阀进入喷丸管路将铁丸推进喷嘴喷出。

操作时，喷丸工人应穿好防护服，戴好头盔进入喷砂车间；先将铁丸装进丸缸，然后打开压缩空气进气阀开始供呼吸气，然后打开进气总阀，再打开三通阀，使压缩空气进入丸缸，丸缸上部弹簧阀受到压力后自动关闭，待丸缸压力达到平衡后，打开气阀，再打开丸阀，此时即可喷丸除锈。

工作完毕后，关闭丸阀，再关闭进气总阀和气阀，再将三通阀与丸缸排气管接通，把丸缸内压缩空气放出，使缸内压力与外界大气压平衡，最后关闭压缩空气进气阀。操作工人脱掉防护服，清理工作现场。

4.2 涂装室体

4.2.1 喷漆室

涂装行业作为表面处理行业的重要组成部分，涉及行业广泛，而喷漆室在整个涂装作业过程的地位十分重要。目前,常见喷漆室按照漆雾治理方式有干式和湿式两大类。喷漆室发展历程如图 4-2 所示。

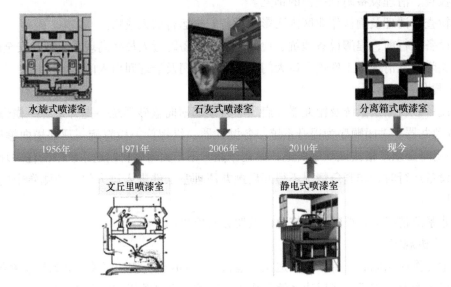

水旋式喷漆室　　石灰式喷漆室　　分离箱式喷漆室

1956年　　1971年　　2006年　　2010年　　现今

文丘里喷漆室　　静电式喷漆室

图 4-2　喷漆室发展历程

1. 喷烘一体喷漆房（干式）

以中车株洲电力机车有限公司新建配件喷漆房为例,整套设备主要由房体、钢平台、温湿度处理系统、送排风系统、漆雾处理系统、照明系统和控制系统等部分组成。

（1）**房体**　房体主要由骨架、壁板、电动门、安全门和地板格栅组成。房体的强度、刚度、稳定性、密封性、保温、防火、隔声性能达到国家或行业相关标准要求。喷烘房的控制室（包含控制系统）布置在喷烘房侧面,独立于房体外,以避免将设备振动传递给控制室。

（2）**钢平台**

1）房体顶部搭设钢平台,温湿度处理系统、送排风系统布置在钢平台上,地面与钢平台之间需要安装爬梯,高度在 2m 以上的爬梯需要安装护笼,且护笼需刷黄黑相间的安全色。

2）平台材质及结构设计应能满足设备载荷需求。平台四周均应设置防护栏杆,防护护栏下设置高度 110mm 踢脚板,平台应设置上下通行检修梯,防护栏及梯台设计均应满足 AQ/T 7009—2013《机械制造企业安全生产标准化规范》的要求。

3）平台设置有雨棚,与原有雨棚相连,具备防雨及排水功能,以确保内部的机组能长时间稳定运行。

4）平台有整体防锈及处理设施。

（3）**温湿度处理系统**　温湿度处理系统包含热交换系统、表冷器、加湿器等。

（4）**送排风系统**　送排风系统由送风机、送风管道、防火阀、排风机、排风管道等构成。喷烘房采用上送下吸的送排风方式，整室层流送风，室内空载风速为 0.38~0.67m/s。送风需均匀，避免出现涡流和死角现象。喷漆时室内呈微负压。

（5）漆雾处理系统

1）喷烘房采用折流、沉降和吸附的漆雾处理方式。

2）废气处理采用活性炭吸附装置。活性炭吸附装置在布置时应考虑使用过程中能方便、快捷地更换活性炭。

3）经处理后的废气应满足 GB 16297—1996《大气污染物综合排放标准》和当地规定的排放标准，在适当的位置应设置辅助设施以方便检测排出的废气，其数目及位置设置应符合 GB/T 16157—1996《固定污染源排气中颗粒物测定与气态污染物采样方法》的要求。

（6）照明系统

1）在喷烘房内设置上、下两排照明装置，灯组安装在墙板内。照明灯组灯管选用 LED 高效光源，镇流器配备喷烘房专用耐温电子镇流器，灯组外罩玻璃密封，保证光照度不小于 600lx。

2）照明系统设计符合 GB 14444—2006《涂装作业安全规程 喷漆室安全技术规定》及 GB 50058—2014《爆炸危险环境电力装置设计规范》的要求。

（7）控制系统

1）喷烘房采用液晶触摸屏+PLC 组成的控制系统。控制系统具有控制、参数设定、检测及显示有关参数、故障报警（包括电源断相、电压过高或过低、排风机故障、送风机故障、燃烧机故障、温度故障）等功能。当设备出现故障时，系统自动检测故障，并关掉有故障的设备，在故障状态不允许开机。

2）控制系统可对喷烘房温度分别进行监测和自动控制，其技术指标如下：测温精度为 ±0.5℃，控温精度为±5℃。

2. 干式纸盒喷房

随着科学技术的不断发展，干式纸盒喷房产生了，如图 4-3 所示。它采用可回收环保纸制成的纸质漆雾收集盒，且收集盒有多种形式，包含 V 形漆雾过滤纸、多层网格纸、迷宫纸箱等。通过离心除尘原理收集漆雾，避免了湿式过滤循环方式所需的水泵、刮渣设备和循环水箱的投入，减少了人员、化学药剂和设备运行的日常消耗。空调循环风可以重复利用，具有节约能耗、环保及大幅度降低运维成本的优点。其纸箱式干式漆雾分离系统可进行柔性集成及二级过滤任意组合，用于现有生产线改造极具优势。另外，纸箱本身很轻，处理成本也比其他方式更低。

3. 水旋式喷漆室

水旋式喷漆室的水旋式漆雾治理技术最大的特点是使用具有针对性的疏水漆雾絮凝剂。通过对实际工况中所喷油漆所产生漆雾的成分、粒径及结构等进行检测分析，进而有针对性地筛选出疏水漆雾絮凝剂，将其添加到循环水中，达到消除漆雾的黏性进而将漆雾絮凝成团清除打捞的目的。

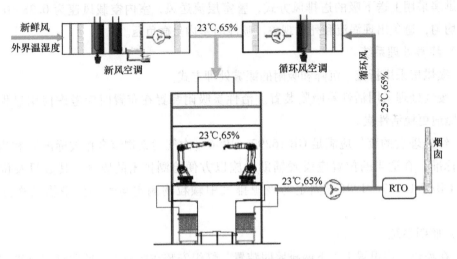

图 4-3　干式纸盒喷房示意图

水旋式喷漆室主要由喷漆室室体、送排风系统和漆雾处理系统等组成，如图 4-4 所示。水旋式喷漆室采用上送下排的通风方式，送风轴流风机将进气过滤后经均流板送入喷漆室，在送排风系统的合理气流组织作用下，为操作工人提供均匀的新鲜空气，改善劳动条件。而喷漆作业时产生的漆雾被吸入水旋器，在水旋器中与含有漆雾改性剂的循环水碰撞混合，形成漆渣，利用滤袋将其打捞清除，达到捕捉漆雾、减少环境污染的目的，适用于中小型工件喷漆作业的小型喷漆间的漆雾捕捉。

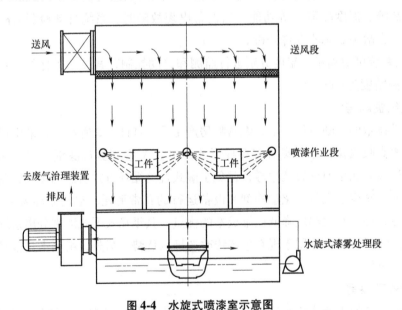

图 4-4　水旋式喷漆室示意图

4.2.2　烘干室

烘干室是涂装生产线的关键设备，其室内温度是否均匀直接关系到车身表面漆膜的质量。烘干室又是涂装生产线的主要耗能设备，不必要的能量损耗必将导致生产成本的提高，因此在设计过程中必须秉承节能减排降耗的理念，从而满足烘干室节能、清洁、环保的要求。

烘干室主要由烘道室体、内部风管、室体和内风管模段、烘道底座和维修通道、间接加热箱和外部管道等结构组成，如图 4-5 所示。

图 4-5　烘干室

4.3 喷涂设备

4.3.1 空气喷枪

喷枪按照雾化涂料的方式分为外混式和内混式两大类，两者都是借助压缩空气的急骤膨胀与扩散作用，使涂料雾化，形成喷雾图形，但由于雾化方式不同，其用途也不相同，使用最广的是外混式。空气喷枪的雾化方式与特点见表 4-2。

表 4-2　空气喷枪的雾化方式与特点

雾化方式	枪头构造简图	特点
内混式		① 涂料与空气在空气帽内侧混合，然后从空气帽中心孔喷出、扩散、雾化 ② 适宜雾化高黏度、厚膜型涂料，也适宜黏接剂、密封剂、彩色水泥（砂浆）涂料
外混式		① 涂料与空气在空气帽和涂料喷嘴外侧混合 ② 适宜雾化流动性能良好、容易雾化、黏度不高的各种涂料，从底漆到高装饰性面漆，包括金属闪光漆、桔纹漆等美术漆都适宜这种雾化方式

外混式喷枪使用最广，喷枪由枪头、调节机构、枪体三部分组成，其整体构造如图4-6所示。

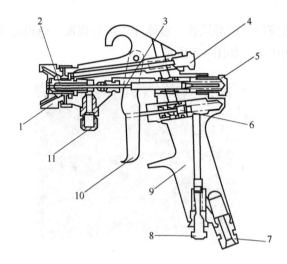

图4-6 外混式喷枪的整体构造

1—空气帽 2—涂料喷嘴 3—针阀 4—喷雾图形调节旋钮 5—涂料喷出量调节旋钮
6—空气阀 7—空气管接头 8—空气量调节装置 9—枪身 10—扳机 11—涂料管接头

枪头由空气帽、涂料喷嘴组成，其作用是将涂料雾化，并以圆形或椭圆形的喷雾图形喷涂至被涂物表面。调节机构是调节涂料喷出量、压缩空气流量和喷雾图形的装置。枪体上装有扳机和各种防止涂料和空气泄漏的密封件，并制成便于手握的形状。

4.3.2 高压无气喷枪

高压无气喷涂设备主要由动力源、高压喷枪、高压泵、蓄压过滤器、输漆管道等组成。

1. 动力源

涂料加压用的高压泵有压缩空气、油压和电源三种动力源。一般多采用压缩空气作为动力源，用压缩空气作动力操作比较简便、安全。以油压作动力的油压高压泵与以电源作动力的电动高压泵比气动高压泵开发得晚。压缩空气动力源装置包括空气压缩机（或储气罐）、压缩空气输送管、阀门和油分离器等；油压动力源装置包括油压泵、过滤器和油槽等；电动力装置包括电源线路及其相关控制装置。

2. 高压喷枪

高压喷枪品种多样，选择高压喷枪时要以喷涂工作压力为依据，一般高压喷枪都是随购买的设备而配置的。高压喷枪由枪体、涂料喷嘴、过滤器（网）、顶针、扳机、密封垫、连接部件等构成。高压喷枪与空气喷枪不同，只有涂料通道，没有压缩空气通道。高压喷枪由于涂料通道要承受高压，要求具有优异的耐高压的密封性，不泄漏高压涂料。枪体要求轻巧。扳机启闭应灵敏，与高压软管连接处转动要灵活，操作要方便。

3. 高压泵

按照动力源区分,高压无气喷涂用的高压泵可分为气动和液压两种。

(1) 气动高压泵 气动高压泵使用最广泛,这种高压泵以压缩空气为动力,使用的压缩空气压力一般为 0.4~0.6MPa,最高可达 0.7MPa,通过减压阀调节压缩空气压力来控制涂料压力。按照高压泵的设计,涂料压力可达压缩空气输入压力的几十倍,涂料压力与压缩空气输入压力之比称为压力比,决定压力比的主要依据是柱塞面积与加压活塞面积的比值。出厂的高压泵都注明了压力比,但在实际喷涂作业时,涂料喷出压力不一定符合出厂注明的压力比,这是因为涂料喷出压力还受其他因素的影响。准确的涂料喷出压力,应该根据高压泵的特性曲线确定。涂料喷出压力受涂料喷出量的影响,涂料喷出量增加,涂料喷出压力随之降低。

气动高压泵最大的优点是安全,在有易燃有机溶剂蒸气的场合使用,无任何危险;设备结构不复杂,操作容易掌握。其缺点是动力消耗大、噪声大。

(2) 液压高压泵 液压高压泵以油压作动力,通常使用的液压为 5MPa,最高液压可达 7MPa。借助减压阀控制油压来调整涂料喷出压力。准确的涂料喷出压力,应根据高压泵的特性曲线。为区别于气动高压泵,在表示泵的技术性能时不称压力比,称最高喷出压力。

油压高压泵的油压供给方式分为两种,一种是独立的油压源,可同时向几个油压高压泵供给油压;另一种是一个单独的电动油压源与高压泵组成移动式的油压高压泵。前者适宜用于喷涂场所固定且大批量的喷涂作业场合,后者适宜用于喷涂场所不固定的喷涂作业场合。油压高压泵的特点是动力利用率高,比气动高压泵约高 5 倍;噪声比气动高压泵低;使用也很安全,维护也不困难。这种高压泵的缺点是需要专用的油压源,油压源所用的油有可能混入涂料中,影响漆膜质量。油压源与压缩空气相比成本较低,因油压源驱动的高压泵容量大,可同时驱动几台高压泵。

4. 蓄压过滤器

通常蓄压与过滤机构组合成一个装置,所以称之为蓄压过滤器。

(1) 构造 蓄压过滤器由蓄压器筒体、过滤网、过滤网架、放泄阀、出漆阀等组成。从高压泵输入的高压涂料,从底部的进漆口进入筒体内部,经过滤网过滤后由出漆阀排出,再经高压软管输送至喷枪进行喷涂。

(2) 作用 蓄压过滤器的作用是使涂料压力稳定。高压泵的柱塞做上下往复运动至上下转换点时,往复运动处于瞬间中止状态,涂料输出也会随着瞬时中止,致使涂料压力不稳定。蓄压过滤器的作用就是避免柱塞往复运动至转换点时,涂料压力不受影响而保持稳定。它的另一个作用是过滤涂料中的杂质,避免喷嘴堵塞。

5. 输漆管道

输漆管道是高压泵与喷枪之间的涂料通道,它必须耐高压和耐涂料的侵蚀,耐压强度一般要求达到 12~25MPa,甚至要求高达 35MPa,而且还应具有消除静电的特性。

输漆管道管壁的构造分为三层,最里一层一般采用尼龙管坯,中间层为不锈钢丝或化学纤维编织网，最外层为尼龙、聚氨酯或聚乙烯被覆层，同时还必须编入接地导线，供喷涂作业时接地用。

4.3.3 静电喷枪

静电喷枪按照油漆类型可分为普通油漆静电喷枪、高导电油漆静电喷枪、水性漆静电喷枪。静电喷枪依其涂料雾化形式的不同可分为多种形式的静电喷枪，如空气静电喷枪、无气静电喷枪、空气辅助式无气静电喷枪、旋杯静电喷枪及圆盘静电喷枪等，其操作方式有手提式和固定式。

常见的空气静电喷枪主要由高压静电发生器、静电喷枪、供漆系统、传递装置等组成，如图4-7所示。

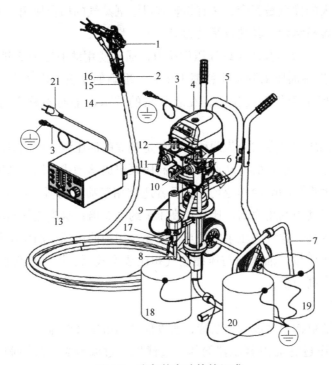

图4-7 空气静电喷枪的组成

1—喷枪 2—喷枪电缆 3—接地电缆 4—气泵 5—滑动台 6—气压调节器+空气过滤器 7—抽吸系统
8—回流软管 9—高压过滤器 10—压缩空气连接 11—截止阀 12—气压调节器 13—控制单元
14—保护软管 15—风管 16—软管 17—回流阀 18—回流罐 19—涂料罐 20—冲洗剂罐 21—供电电缆

4.4 自动化涂装设备

4.4.1 喷涂机器人

在早期，汽车车身的涂装往往都是依靠人们的手工作业，长时间置身于环境恶劣的涂装现场，使得劳动者的健康受到很大威胁。为了解决这一问题，自动化涂装在很多场合逐步替代了手工涂装。自动化涂装设备包括自动喷涂机、喷涂机器人等。工业机器人的种类很多，喷涂机器人就是其中一种，国际上主要的喷涂机器人厂商包括：DURR、KUKA、FANUC、KAWASAKI、ABB 和 YASKAWA 等。

喷漆机器人主要由执行系统（包括雾化器、手部、腕部、臂部、机身、行走机构等）、驱动系统（驱动元件和传动机构）、检测装置、控制系统、防爆系统等组成。

杜尔集团的第三代无轨 7 轴喷涂机器人 EcoRP E043i，如图 4-8 所示。通过直接集成接入机器人运动的 7 轴，可以获得更高的灵活性和更大的工作空间，这使得机器人可以轻松深入很难够到的车身位置，其主要参数见表 4-3。

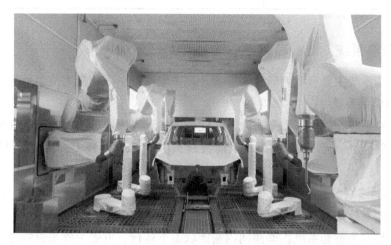

图 4-8　杜尔集团的第三代无轨 7 轴喷涂机器人 EcoRP E043i

表 4-3　EcoRP E043i 机器人的主要参数

序号	位置	参数
1	轴 1—机器人转动	工作范围：EcoRP E±90°；最高速度：80°/s
2	轴 2—垂直臂摆动	工作范围：EcoRP E-45°/+110°；最高速度：80°/s
3	轴 21—（第 7 根轴）垂直转动	工作范围：±95°；最高速度：80°/s
4	轴 3—水平臂摆动	工作范围：-66°/+80°；最高速度：80°/s
5	轴 4—手轴	工作范围：各±720°，合计最大±540°；最高速度：540°/s
6	轴 5—手轴	工作范围：各±720°，合计最大 ±540°；最高速度：540°/s
7	轴 6—手轴	工作范围：各± 720°，合计最大 ±540°；最高速度：540°/s
8	TCP（工具中心点）速度最大值	2m/s
9	TCP 加速度最大值	8m/s^2

（续）

序号	位置	参数
10	重复定位精度	±0.15mm
11	空载重量（不含应用组件）	约 980kg
12	臂长	臂 1：1250mm；臂 2：1726mm
13	工作区域（手轴法兰）	高：5580mm；宽：6540mm
14	轴 1 和轴 2 负载	每轴 30kg
15	防爆	ATEX 2、3 类，FM1 类 1 区

4.4.2 输调漆系统

涂装输调漆系统主要有线侧输调漆系统、集中输调漆系统和快速换色系统 3 种。

1. 线侧输调漆系统

线侧输边漆系统是通过压力泵将涂料从线侧的输漆罐中通过密闭管路送到喷漆室内多个操作工位。其特点为一套系统配有一个油漆罐，由于其位于线侧，因此加料及清洗较为不便。

2. 集中输调漆系统

集中输调漆系统是通过压力泵将涂料从调漆间输漆罐中通过密闭管路送往喷漆线内多个操作工位。其特点为整套系统在调漆间内密闭状态下运行，可避免外来脏物进入涂料内部而影响质量，而且集中分布有利于加料和清洗。

集中输调漆系统按循环方式可分为主管循环方式、两线循环方式和三线循环方式。其中，主管循环方式是输漆管路通过施工工位后直接回到输气罐内，工位采用盲端供漆方式，通常应用于不易沉淀的材料，如清漆、清洗溶剂等；两线循环方式是输漆管路通过施工工位后，通过工位回流管路汇集，再通过回漆管路回到输漆罐内，通常用于中涂和色漆；三线循环方式是输漆管路通过施工工位后，一方面通过工位回流管路汇集成回漆管路回到输漆罐内，另一方面输漆管路本身也回到输漆罐内。但由于成本较高，管路剪切力大，现在这种系统已经逐步淘汰。

3. 快速换色系统

快速换色系统又称为杜尔走珠系统，属于成熟的模块化技术，常见的构成模组有预搅拌站、搅拌器集成桶盖、清洗桶、过滤模组、双隔膜泵、走珠发射站、走珠接收站和分配站等，如图 4-9 所示。

走珠系统顾名思义，即通过珠球来回走动来实现油漆的输送功能。系统一般配置 3 颗珠球，第 1 颗珠球用来分隔空气和溶剂，第 2 颗珠球用来分隔溶剂和油漆，第 3 颗珠球用来推送油漆。一般为了润滑第 1 颗走珠，往往会在其前面充一段溶剂。走珠间的溶剂除了润滑珠球外，还起到再次清洗管路的作用。

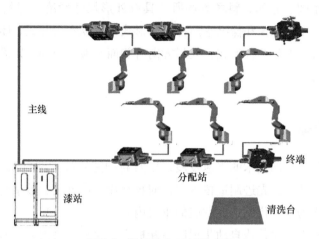

图 4-9　快速换色系统示意图

主线

分配站

漆站

终端

清洗台

4.5　辅助设备

4.5.1　公铁两用牵引车

公路、铁路两用牵引车（简称公铁两用牵引车）是既可在铁路上行驶作业也可在公路上行驶作业的特种车，适用于机客车主机厂、车辆段、港口等的轨道线路、移车台上的牵引调车作业，该牵引车长度小、轴距短、转弯半径小，作业机动、灵活，铁路公路作业转换在平交道口即可方便进行，可牵引机车、客车等轨道交通车辆。

4.5.2　移车台

在机车生产或检修作业中，移车台是一种常用的大型移送设备，主要用于轨道交通车辆在厂房内不同轨道间的移送作业。移车台可分为有轨移车台和无轨移车台，主要由台车、传动装置及运行轨道等组成。移台车具有运行平稳、对轨准确、快速运行、慢速对轨等特点。

4.5.3　升降台

升降台是一种升降稳定性好、适用范围广的物料举升设备，可以满足不同作业高度的升降需求。升降台的种类有固定式液压升降台（单叉、双叉）、固定式升降装卸台、剪叉式高空作业台、自行式液压升降台、牵引式升降车、搬运式升降车和脚踏平台搬运车等。轨道交通车辆的涂装场所用到的升降台主要有：用于喷漆房内的三维升降车；用于准备台位的固定式升降台；用于高处作业的移动式升降车；用于物体转运的电动平车。

4.5.4　起重机

起重机广泛应用于机械制造、冶金、石油、石化、港口、铁路、民航、电站、造纸、建材和电子等行业的车间、仓库、料场等场所,具有外形尺寸紧凑、建筑净空高度低、自重轻、轮压小等优点。设有地面和操纵室两种操作形式,操纵室有开式、闭式两种,可根据实际情况分为左面、右面安装两种形式,入门方向有侧面及端面两种,以满足用户在各种不同需要的情况下进行选择。

4.6 信息化设备

随着信息技术和互联网技术的飞速发展,以及新型感知技术和自动化技术的广泛应用,制造业正发生着巨大转变,先进制造技术正在向自动化、信息化、数字化和智能化的方向发展,智能制造已经成为下一代制造业发展的重要内容。

目前在汽车涂装中,涂装线自动化程度不断提高,大型车身涂装线零件输送、存储全自动化基本普及,喷涂自动化由外板机器人喷涂向内外板全机器人喷涂拓展。涂胶自动化由底板 PVC 胶机器人喷涂向全车机器人喷胶拓展,主流车身涂装线的工位自动化率达到 85% 以上。在信息技术应用方面,射频自动识别技术(Radio Frequency Identification,RFID)等零件身份识别技术,制造执行系统(MES)等管理系统逐步推广,为涂装工厂的自动化、数字化和智能化发展奠定了良好的基础。

4.6.1 制造执行系统

美国先进制造研究机构 AMR 将 MES 定义为:一介于企业计划管理系统和底层工业控制之间的针对车间生产的管理信息系统,它为操作人员、管理人员提供计划跟踪、执行和所有资源(人、物料、客户需求、设备等)实时的状态。图 4-10 所示为某汽车企业涂装车间 MES 的架构。

中车株洲电力机车有限公司以 MES 为现场生产执行核心,通过 MES 与 ERP(企业资源计划)、WMS(仓库管理系统)、PLM(产品生命周期管理)、QMS(质量管理体系)等系统共享数据,横向扩展各管理功能,覆盖所有相关业务,纵向集成各系统数据,打破数据壁垒,实现数据的无缝传递,并通过数据透视业务,服务于各管理层和执行层,以数据支撑管理要求。根据业务特点的不同,将 MES 分为基础数据模块、工艺数据模块、计划调度模块、生产执行模块、物料管理模块、质量管理模块、设备管理模块、异常管理模块、统计分析模块和系统集成模块 10 个功能模块。

4.6.2 中央控制室

中央控制室的出现,不仅实现了对设备的监视及控制,而且远程的集中开、关设备可以有效、快捷地查询设备出现的故障,并及时排除;也可获得生产、设备方面的信息,为生产、设备管理提供依据;其可以收集现场生产、设备的各种信息数据,供车间管理人员及技术人员进行参考,还可以通过此系统了解生产的组织及产品质量;而且可以远程调整工艺参数,快捷地诊断设备,极大地提高生产及工作效率。

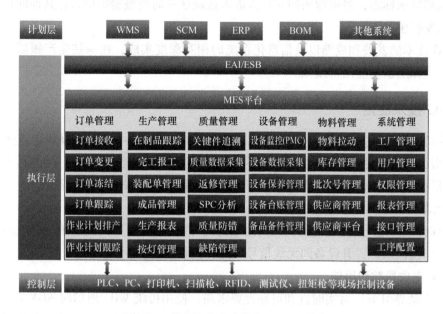

图 4-10　某汽车企业涂装车间 MES 的架构

SCM—供应链管理　BOM—物料清单　EAI—企业应用集成　ESB—企业服务总线　SPC—统计过程控制

4.6.3　智能安防系统

随着科技的发展与进步和信息技术的腾飞，智能安防技术已迈入了一个全新的领域，其与计算机之间的界限正在逐步消失。物联网技术的普及应用，使得安防系统从过去简单的安全防护系统向全方位的立体防护综合化体系演变。

1. 机器学习、大数据分析和人工智能的应用

通过 AI 训练，不断提高机器对特定场景的识别和感知能力，并能在复杂的现实场景中捕获人们所需要的特定数据；同时通过大量的数据采集和分析，对某些特定的事件进行预测。

2. 智能安防在智能涂装车间的应用

（1）现场安全防护不到位报警　传统方法是通过监控视频人工发现是否有这样的人员（如未戴安全帽、涂装人员未正确着装等）进入现场，由于现场摄像头数量多，即使被监控摄像头捕捉到，监控人员仍有可能遗漏这一细节。借助 AI 技术，当摄像头捕获到上述类似人员，会立即报警告知监控人员有违规人员入场，甚至可联动其他系统禁止该类人员的相关操作。

（2）过道安全监控　车间有些过道仅允许车辆过去，人是不允许通过的。通过机器学习，软件能够分析摄像头捕获的图片，判断经过过道的移动物体是人还是车辆，如果是人则报警提醒，但是如果车辆内有人却不会触发此类报警。

（3）特殊区域人与物的识别　某些设备在运转时是不允许人员靠近的，一般会在外围设置隔离区和警示标志，当摄像头捕获到人进入这块区域时则报警提醒，但其他的物体或动物则不会触发报警。

随着 AI 技术的发展和成熟以及信息化系统的相互深度集成，在涂装生产领域，智能安防还有更多更深层次的应用待发掘。

4.6.4 5G 技术应用

随着移动互联网的发展，越来越多的设备接入到移动网络中，新的服务和应用层出不穷，4G 网络已无法满足日益增长的移动数据流量，第 5 代移动通信（5G）技术具有高数据传输率、低网络延迟特性，能提供足够的带宽满足互联网、物联网的应用需求。

1. 取代车间无线 AP（接入点）设备

用低延时的 5G 信号替换传统的 WiFi 信号，5G 信号可覆盖更大的区域，有效减少无线信号区间的切换次数，提升设备间无线信号发送和接收的流畅性和及时性。

2. AGV 定位导航和通信

AGV（自动导引车）对实时性和可靠性要求高，使用传统 WiFi 通信时 AGV 在 AP 间切换可能掉线，引起 AGV 互锁，系统停摆。利用 5G 技术的低延时，实现千平米范围内无切换，千平米范围内多台 AGV 并发，利用边缘计算快速实现 AGV 行走路线规划和任务分配。

3. 车体定位

对于车体进入室内或车体进入转运车后的到位信号控制，利用 5G 可快速实现车体的精准定位。

4. 车体三维建模和表面状态检测

利用 5G 网络超高的上行带宽，高速地将车体表面扫描结果传输到边缘服务器，再借助 5G 边缘计算技术，提高扫描后数据的处理速度，加快车体三维建模及车体表面状态数据计算效率。

5. 智能安全识别

通过 5G+云技术，实现视频监控节点的灵活无线接入；利用 5G 网络的高上行带宽支持高清视频、更精细视觉识别的应用；通过云协同支撑海量数据存储、视频 AI 分析，对于视频中不安全因素进行报警提醒，甚至可联动其他系统采取必要的措施保证人员和产线的安全。

4.6.5 车体识别系统

涂装车间车体自动识别系统（Automatic Vehicle Identification System，AVI）的主要功能是为车间内的喷涂机器人和机运设备提供车身颜色和车型的基础数据，使它们能够自动完成识别；辅助车间对生产过程进行管理，将车体信息实时传递至上位机的 AVI 监控系统中，根据现场生产随时了解和调整生产计划。

第5章
涂料与涂装质量控制

了解涂料与涂装质量检测要求。

涂装质量控制是由涂料和涂膜的质量控制、涂装施工的质量控制和涂装管理的质量控制三部分构成的。因此，涂料质量检测及涂装质量检测是涂装质量控制中的重要组成部分。

5.1 涂料质量检测

一般涂料的性能在产品出厂即已确定，但在生产、储存（或储存期过长）、运输过程中，由于各种原因，涂料性能可能会发生某些变化，或者施工中对涂料性能有某些要求等，需要对涂料的一些性能进行测定。涂料质量检测的内容主要包括涂料状态检测和涂料施工性能检测两个方面。

5.1.1 涂料状态检测

涂料状态检测项点及方法见表5-1。

表5-1 涂料状态检测项点及方法

序号	项点	检测方法
1	涂料储存状态	通过目测法观察涂料有无结皮、颜料上浮等现象
2	涂料储存稳定性	在自然环境条件下或人工加速条件下储存一定时间后，检查其涂料的物理及化学性能的变化情况
3	涂料透明度	通过目测法将试样与标准液比较，确定其透明度等级
4	涂料颜色	通过目视法
5	涂料黏度	流出法、落球法、气泡法、设定剪切速率法等

（续）

序号	项点	检测方法
6	厚漆、腻子稠度	一般采用压流法
7	涂料比重（密度）	采用比重瓶检测涂料比重（密度）
8	涂料细度	采用刮板细度计来检测涂料细度
9	不挥发物含量（固体含量）	以质量法测定

5.1.2 涂料施工性能检测

1. 涂料黏度的测定

黏度是液体内部阻碍其相对流动的特性。液体在外力作用下，该液体分子间相互作用而产生阻碍其分子之间运动的能力，这种特性称为黏度，又称为绝对黏度或动力黏度。

对涂料的生产来说，控制黏度是控制涂料质量的重要指标；对施工单位来说，了解涂料的黏度，就能控制施工时涂膜的厚度。无论涂料的生产单位还是施工单位，都要将黏度控制在一个合适的范围内。

生产现场涂料检查一般使用流出杯法，流出杯是在实验室、生产车间和施工场所最容易获得的涂料黏度测量仪器。由于流量杯容积大，流出孔粗短，因此操作、清洗均较方便，而且可以用于不透明的色漆。流出杯黏度计所测定的黏度为运动黏度，即一定量的试样在一定温度下从规定直径的孔流出的时间，以 s 为单位表示。这是最常用的涂料黏度测定方法。因为其可以在很多场合方便地使用，因此在世界各地都得到广泛的应用。

黏度测定的方法很多，通常是在规定的温度下测量定量的涂料从仪器孔流出所需的时间，以 s 为单位表示。常用的黏度计有两种：一种是涂-1 黏度计，主要用于测定黏度较大的硝基漆；另一种是涂-4 黏度计，主要用于测定大多数涂料产品的黏度。

2. 涂料遮盖力的测定

涂料的遮盖力是指均匀地涂刷在物件表面上，能遮没物面原来底色的最小用漆量，以 g/m^2 为单位，详细测定标准见国家标准 GB/T 1726—1979《涂料遮盖力测定法》。此标准规定了刷涂法和喷涂法两种涂装方法。刷涂法是采用按照标准规定黏度的涂料，用漆刷将漆料均匀地刷涂在黑白格玻璃上，在散射光下或在规定的光源设备内，至刚好看不见黑白格为止，用减量法求得黑白格板面积的涂料用漆量，计算出涂料的遮盖力。喷涂法是用喷枪将适当黏度的涂料喷涂在黑白格玻璃板上，至目测看不到黑色的颜色，待漆膜干燥后，剥下称其质量，计算出涂料的遮盖力。

3. 涂料湿膜厚度的测定

在涂装工程中，涂膜厚度是控制涂装质量的重要手段之一。以测量干膜厚度来确保工程涂装质量的方法叫作膜厚管理。如何合理地控制适当的膜厚，与涂装过程中出现的各种因素有关，如施工方式、施工时的不挥发分、底材的表面处理及吸附能力，以及稀释剂的挥发速率等。

为有效控制涂膜的厚度，必须对涂装过程中的湿膜厚度进行测定，每道湿膜必须达到一定的厚度在干燥成膜后，才能得到符合要求的干膜。

测定湿膜厚度对确保涂装工作的保质保量完成十分重要。湿膜厚度的测定必须在涂漆之后立即进行，以免由于溶剂的挥发而使涂膜收缩。

常用的测定湿膜厚度的仪器为湿膜厚度规。各种涂料施工后，立即将湿膜厚度规稳定垂直地放在平整的湿膜涂层表面，将湿膜厚度规从湿膜中移出，即可测得湿膜涂层的厚度。湿膜厚度应是在被湿膜浸润的那个最短的齿及邻近那个没有被浸到的齿之间。以同样方式在不同的位置再测取两次，以得到一定范围内的代表性结果。涂装作业人员可利用湿膜厚度规边检测、边施工，随时调整湿膜厚度。在施工中，湿膜厚度的检测频次可以是任意的。喷涂大而平整的表面且操作熟练时，检测频次可少些。在被涂物面结构复杂、操作不熟练的情况下，检测频数可多些。

大多情况下，湿膜厚度的测定只是保证干膜膜厚的辅助手段，对无机富锌涂料和一些快挥发性的涂料，干、湿膜比例变化很大，仅用湿膜厚度估算干膜厚度，可能会带来错误的结果，评价总厚度还是应以干膜厚度为准。

4. 涂料流平性的测定

涂料的流平性又称为展平性或匀饰性等，是衡量涂料装饰性能的一项重要指标。

测定涂料流平性的常用方法是，将涂料调配至施工黏度后，涂刷在已有底漆的样板上，使之平滑均匀，然后在涂膜中部用刷子纵向抹一刷痕，观察多久后刷痕消失，涂膜又恢复平滑表面。一般不超过 10min 为良好；10~15min 为合格；经过 15min 尚未均匀为不合格。

对流平性的评价与涂料的品种和黏度有极大的关系，一般黏度大的涂料流平性差。

5. 涂料流挂性能的测定

涂料的流挂性能是测定厚浆（厚涂型）涂料的最重要指标。由于在被涂物垂直表面上的涂料流动不恰当，使得漆膜产生不均匀的条纹和流痕就是流挂现象，它反映在施工时，防流挂性能就是涂料一次可涂的最大湿膜厚度。

6. 涂膜干燥时间的测定

涂膜干燥时间是指在一定条件下，一定膜厚的涂层从液态到规定的干燥状态所用的时间。涂层的干燥状态可分为表面干燥、实际干燥和完全干燥三个阶段。对于涂装施工来说，涂层的干燥时间越短越好，这样就减少了干燥过程中杂质、毛丝黏附在涂层表面的机会，同时降低了施工周期和占用较少的生产场地；但对涂料制造来说，由于受材料的限制，往往要求一定的流平时间，才能保证成膜质量。

涂料的干燥时间与涂料品种、涂层厚度、温度、湿度等有关，并且即使是同一品种，所用的溶剂及稀释剂不同其干燥时间也不相同。挥发型漆干燥较快，而通过"氧化"与"缩聚"干燥成膜的转化型漆则干燥较慢，有的需要加热烘烤才能干燥成膜。正确测试膜层的干燥时间有利于涂装施工的管理及质量的提高，这里只介绍最常用的两种方法供参考。

（1）指触法　以手指轻触漆膜表面，如感到有些发黏，但无漆粘在手指上即为表面干燥。

（2）压棉球法　在漆膜表面上放置一个脱脂棉球，在棉球上再轻轻放置干燥试验器，同时开启秒表，经 30s，将干燥试验器和棉球拿掉，放置 5min，观察漆膜上无棉球的痕迹及失光现象，或漆膜上留有 1~2 根棉丝，用棉球能轻轻弹掉，均为漆膜实际干燥。

5.2 涂装质量检测

涂装质量检测的主要任务是检查涂膜性能，涂膜性能测试部分主要从两方面作介绍：第一部分是烤漆后漆膜表面的外观检测；第二部分是烤漆后漆膜的物理化学性能的测试。

5.2.1 外观检测

涂料成膜后由于各种原因（环境、油漆、作业手法、设备等），漆膜表面会出现一些杂质、毛丝、划伤、擦花等外观不良现象，这些外观不良现象在不同的等级面上有不同的规格要求，只有不良程度在规格允许的范围之内才算是良品。

1. 表面及缺陷等级定义

中车株洲电力机车有限公司在标准 QTX E2-001-2018《轨道交通装备产品涂装检验规程》中根据显眼程度，将轨道交通装备产品外观分为 A、B、C、D 四个区（见图 5-1），不同区域允收的缺陷等级要求有所不同。

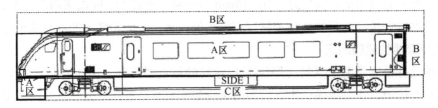

图 5-1　涂膜分区示意图

（1）A 区　目视可见表面，对车辆外观有明显影响，如：从站台能明显看到的车体外墙表面，车体头罩，车内客室、司机室正常站立位或座位能看到的表面。

（2）B 区　目视可见表面，对车辆外观影响较小，如：从站台不能明显看到的车顶、车辆外墙端部、车内顶板等。

（3）C 区　目视可见表面，对车辆外观影响小，如：转向架、底架下部外露面等可见区域。

（4）D 区　组装后不可见表面，如：机械室设备安装后非可视面、司机室装修后非可视面。

2. 涂膜不良模式及定义

1）油污：黏附在零件表面上的外来油脂。

2）毛边：有划伤力，在边沿或孔上呈突起状。

3）脏污：外来物所致的变色或吸附在表面上的异物。

4）变形：局部形状产生变异。

5）间隙：两个或多个结合面之间的缝隙。

6）流挂：因油漆喷涂过多致油漆流动形成。

7）溢漆：油漆喷到不需要烤漆的表面。

8）毛丝：空气中的纤维或油漆刷的毛落入油漆中。

9）薄漆：漆膜厚度不足。

10）裂纹：漆膜表面裂开的细缝。

11）硬度：漆膜硬化不够，硬度测试不合格。

5.2.2 性能检测

涂料成膜后的性能好坏是涂料产品质量的最终表现，在涂料产品质量检测中占有重要位置。为得到正确的检测结果，在检测时必须对涂膜的制备方法做出严格的规定。不同涂料产品和不同检测项目，对其制备涂膜的要求是不同的，因此在涂料产品的质量标准中，都规定了测定项目的涂膜制备方法，作为质量检验工作的标准条件之一。为比较不同涂料产品的质量好坏，对涂膜一般性能的测试都必须在相同的条件下进行，因此对涂膜的制备也做了统一的规定。

涂层性能受到涂料品种、涂装施工等因素的影响。从涂料本身来说，其技术性能就是一个内在的矛盾统一体，某些性能是相互矛盾、相互影响和相互消长的。例如：成膜物质分子间的内聚力和涂层与被涂物表面的附着力之间就是相互矛盾的。一般来说，成膜物质分子间的内聚力越大，涂层的机械强度、耐化学腐蚀性等性能就越好，使用寿命就越长；但是涂层对被涂物表面的附着力也越差。又如：涂料的硬度与韧性也是一对矛盾统一体，硬度高的韧性就差，韧性好的硬度就低，这是由涂料本身所决定的。因此，在选择涂料品种时，应着重考虑其涂层性能的主要方面，但也要适当兼顾其他方面。

1. 涂层厚度

涂层厚度是涂装施工需要控制的一项重要指标，涂层厚度控制得是否合理将直接影响到涂层的其他性能，尤其是力学性能。因此，涂膜性能测定必须在规定的厚度范围之内进行。涂层厚度测试可以随时检查涂装施工质量是否符合要求，一旦发现问题可以及时补救，从而避免由于涂层厚度不够而达不到防护要求的现象发生。所以，厚度是一个必须首先加以测定的项目。

干膜膜厚主要是通过干膜测试法测得的，常用的是磁性测厚仪法和切片法。现场测试膜厚一般使用磁性测厚仪进行测试。

这里介绍一下磁性测厚仪法。磁性测厚仪法的测试精度为 $2\mu m$，其仪器的工作原理是测定磁铁与涂层或者磁铁与底材之间的磁引力，也可以测定通过涂层和底材的磁通量，而磁引力或磁通量的大小是随着漆膜的非磁性层在磁体和底材之间的厚度变化而变化的，可根据其变化量确定漆膜的厚度。

2. 涂层硬度

硬度是表示涂层机械强度的重要性能之一，其物理意义可理解为涂层被另一种更硬的物体穿入时所表现的阻力。

涂层硬度的测试可采用铅笔硬度测试法、压痕硬度测定法和摆杆硬度测定法，目前常用的是铅笔硬度测试法。

所谓铅笔硬度测试法，是采用一套已知硬度的绘图铅笔芯来进行漆膜硬度的测定，漆膜硬度可由能够穿透漆膜而到达底材的铅笔硬度等级来表示。按照测试要求，采用中华牌高级绘图铅笔，其硬度等级为 6H、5H、4H、3H、2H、H、F、HB、B、2B、3B、4B、5B 和 6B，其中以 6H 为最硬，6B 为最软，由 6H~6B 硬度递减，两相邻笔芯之间的硬度等级差视为一个硬度单位。

3. 附着力

附着力是指涂层与被涂物表面之间或者涂层与涂层之间相互结合的能力。良好的附着力对被涂产品的防护效果是至关重要的，一种涂料产品的其他性能无论多么优异，但是，如果它与被涂物表面的结合力太差致使产品在使用或运输过程中过早脱落，也就起不到防护作用了。只有不断增强涂层与底材及涂层之间的附着力，才能使被涂装物在严酷的腐蚀环境中延长保护和装饰的效果和寿命。

涂层附着力的好坏主要取决于两个因素：一是涂层与被涂物表面的结合力；二是涂料施工质量，尤其是表面处理的质量。其中，表面处理的目的是尽可能地消除涂层与被涂物体表面结合的障碍，使得涂层能与被涂物表面直接接触。此外，还可以提供较粗糙的表面，加强涂层与被涂物表面的机械结合力。因此，表面处理的质量与涂层附着力息息相关。

常用测试附着力的方法有划格法、划叉法等。涂层的划格或划叉试验通常只对试板进行。当涂层厚度不大于 250μm 时进行划格或划叉试验；当涂层厚度大于 250μm 时进行划叉试验。

（1）划格试验　按 GB/T 9286—2021《色漆和清漆 划格试验》的规定进行。当涂层厚度不大于 60μm 时，硬质底材（如金属和塑料）的切割间距为 1mm，软质底材（如木材和灰泥）的切割间距为 2mm；涂层厚度为 61~120μm 时，切割间距为 2mm；涂层厚度为 121~250μm 时，切割间距为 3mm。在对多层涂膜试板进行试验时应注明出现损坏的涂膜或界面的位置。

（2）划叉试验　按 GB/T 31586.2—2015 的规定进行。使用单刃切割工具进行切割，根据 GB/T 31586.2—2015 附录 A 的规定进行评级。在对多层涂膜试板进行试验时应注明出现损坏的涂膜或界面的位置。

4. 涂层光泽度

涂层光泽度是涂层表面把投射在其表面的光线向一个方向反射出去的能力，反射率越高，则光泽度越高。涂层光泽度是评价涂层外观质量的一个重要性能指标。涂层光泽度不仅与所用涂料有关，而且还与涂料的施工质量有关，施工得当的涂层表面比较光滑，对光的反射能力就强，而有流挂、针孔、橘纹及黏附有杂质的比较粗糙的表面对光线的反射率就较低。

对涂层光泽度的测定通常采用光泽计来进行，其结果以从涂层表面来的正反射光量与在同一条件下从标准表面来的正反射光之比的百分数表示。所以，涂层光泽度一般是指与标准板光泽度的相对比较值。根据光泽计光源的入射角不同，可以将其分为固定角光泽计（如45°、60°）、多角度光泽计（如0°、20°、45°，60°）和变角光泽计（20°~85°之间均可测定）。对于高光泽度涂层（60°光泽度高于70%），宜采用入射角为20°的光泽计，对于低光泽度涂层（60°光泽度低于30%），宜采用入射角为85°的光泽计，这样可使测试结果更加精确。

5. 颜色及色差

涂膜颜色的测量或比对应按 GB/T 9761—2008《色漆和清漆 色漆的目视比色》的规定，在天然散射光线或标准灯箱下进行目视检验；另外，可按 GB/T 3810.16—2016《陶瓷砖试验方法 第16部分：小色差的测定》的规定使用仪器进行测量，测量时使用45°/0°或0°/45°色差测量仪、D65光源、10°视场。

6. 耐蚀性

腐蚀主要包括由天然介质和工业介质引起的腐蚀。天然介质包括空气、水、土壤等，它引起的锈蚀是普遍存在的；工业介质是在工业生产过程中产生的，例如酸、碱、盐以及各种有机物等，它们引起的腐蚀较为严重。涂层起着保护被涂物不受腐蚀的作用，耐蚀性是评价涂层防腐性能的关键指标。涂层的耐蚀性主要由涂料的结构组成决定，同时与涂层厚度、配套体系、施工质量有很大关系。

评价涂层耐蚀性的方法主要有：

1）实物观察法：将涂料涂在被涂物整体或局部表面上，在实际使用过程中长期观察涂层的破坏过程和被涂物腐蚀情况，以确定涂料的耐蚀性。此方法牵涉面大、时间长，较难实现。

2）挂片模拟试验：将涂料制成样板代替实物模拟试验。此方法比较客观，但试验周期太长。

3）实验室模拟加速法：包括盐雾试验、耐溶剂试验等，都是目前通常测试的项目。此方法试验周期短、效率高，但只能得到相对的、有局限性的结论，它只对相同类型的涂料产品具有可比性。

7. 其他性能

除上面提及的几种常见的测试项目外，还有许多不太常见的测试项目，例如老化试验、湿热测试、耐水测试以及冲击强度测试等，具体测试过程这里不过多讲述。

第2篇

专业技能知识

第6章

机车车体涂装工艺

Chapter

6

☺ 学习目标:
1. 学会分析机车车体涂装工艺图样。
2. 掌握机车车体涂装技术规范要求。
3. 掌握机车车体涂装工艺流程。
4. 了解机车车体涂装常见质量问题及处理措施。
5. 了解常见机车、工程车和动车组车体涂装工艺。

近年来,随着机车车辆的迅速发展,对机车车辆美化装饰的要求也逐渐提高,涂装对铁路机车车辆产品质量的提高起着不可低估的重要作用,还可以赋予机车车辆美丽的外观和所需要的特殊功能,因而机车车辆行业日益重视涂装。本章将从设计图样分析、涂装技术规范、涂装工艺流程、常见质量问题及处理措施等方面介绍机车车体的涂装工艺。

6.1 设计图样分析

设计图样是涂装工艺要求的来源,因此设计图样分析是整个涂装过程的第一步,也是至关重要的一个步骤。设计图样是设计人员根据项目要求,在技术方面进行各种资料的搜集后加以分析研究,并以国家规范及行业标准为技术依据做出的技术设计。由于设计图样是制造单位进行施工的依据,涂装工艺人员必须正确理解图样,才能使施工结果与设计方案实现完美的结合,从而达到最优的整体效果。现场操作人员在施工过程中要把设计的理念和工艺要求变为现实,目的是力求取得最佳的施工效果和最好的经济效益。因此,读懂设计图样对涂装工艺人员和现场操作人员尤为重要。

机车车体涂装过程常见的设计图样有车体油漆图、车辆标识图(油漆)、车体密封胶及阻尼浆图、防寒钉安装图(部分车体)等。以 HXD1 型电力机车为例,其车体油漆图如图 6-1 所示(见插页),车辆标识图(油漆)如图 6-2 所示(见插页)。

6.1.1　车体油漆图

车体油漆图主要由图样主体部分（含各部分剖视图）、技术要求和着色表 3 个部分组成。

1. 图样主体部分

图样主体部分利用不同图案进行填充，其中每个图案有相应的色彩要求。分析图样主体部分要求如下：

（1）外墙和底架分析　首先观看外墙和底架等部位，了解外墙和底架涂装要求，尤其是外墙颜色。

1）颜色种类。颜色种类的多少、分色线的位置与复杂程度直接决定涂装周期和涂装工艺的复杂程度。分析图样后需要知道整个外墙面漆的最优施工顺序和分色线是否需要制作色带模板。

2）涂层体系。每个填充区域都关联了不同的数字，数字对应设计 BOM 中的具体物料。

（2）司机室和机械间分析　司机室和机械间常用剖视图标识，通过图样了解司机室和机械间的涂层要求。

（3）剖视图分析　剖视图往往代表该部分有特殊要求，a 代表不做油漆，一般指不锈钢件，如螺栓、接地座等区域；b 代表该区域只做底漆；c 代表该区域需做面漆；d 代表该区域不做油漆但要做防腐处理，如刷防锈油。

2. 技术要求

技术要求是设计人员提出的重要项点，图样分析阶段需要重点关注。例如：HXD1 型电力机车车体油漆图的技术要求如下：

1）油漆要求按照 0207A00318《大功率交流传动电力机车（HXD1）深度国产化涂装技术规范》表 3 序 1。

2）所有的螺栓、螺纹面和接地点在底漆喷涂前应屏蔽，顶盖安装座上的孔内壁及所有螺纹孔内壁不涂漆。

3）管路连接孔周围区域应该保护好并且不做隔音材料涂层。

4）所有安装面只做底漆。

5）首列车涂装应在设计人员指导下进行。

6）前窗玻璃、头灯玻璃与车体粘接面只喷底漆，不能有其他中涂漆、腻子、面漆等杂质，底漆表面保持光滑洁净。

7）所有部件安装完好后不能外露底漆。

3. 着色表

着色表主要分为符号、颜色、色卡号、光泽度和着色范围 5 个部分内容。HXD1 型电力机车的着色表见表 6-1。

表 6-1　HXD1 型电力机车的着色表

符号	颜色	色卡号	光泽度（%）	着色范围
	哑光影灰色	RAL 7022	50±10	底架的底部、端部部件、变压器梁、主梁、横梁及焊接在其上的部件等；攀爬装置、登车梯、踏板、缓冲器；固定在底架上的部件，如风缸、天线安装座等；沙箱、变压器（车外部分）
	影灰色	RAL 7022	≥80	车体外表面（图示位置）、排障器
	窗灰色	RAL 7040	≥80	车体外表面（图示位置）
	窗灰色	RAL 7040	—	车顶走行部分
	硅灰色	RAL 7032	50±10	内部：车体肋板、金属面板、隔墙及焊接在其上的部件；机械间墙面、顶面、地板、走廊门（机械间侧）
	哑光冰蓝色	RAL 2409005	50±10	司机室内墙面、顶面、后墙、侧墙、前窗、入口门及走廊门（司机室侧）
	交通黄	RAL 1023	≥80	排障器（图示位置）
	乌黑色	RAL 9005	≥80	排障器（图示位置）
	幽蓝色	RAL 250430	≥80	车体外表面（图示位置）
	清漆	—	≥80	车钩
—				a. 不涂漆部位，包括顶盖安装座上的孔内壁、所有螺纹孔内壁、玻璃、橡胶、电镀件、不锈钢件、陶瓷等，干燥内部区域的铝制线槽，内部干燥、没有和钢铁接触的铝制支架和机架，所有的螺栓和螺纹结构及所有安装接地装置的区域（不锈钢安装轨除外）
				b. 只涂底漆部位，包括所有的顶盖安装导轨面，所有的横向减振器安装支架，螺纹连接及安装件支撑面
—				d. 不涂漆但需做防腐处理的部位

6.1.2 标识总图

标识总图主要由图样主体、技术要求和标识表 3 个部分组成。图样主体部分包含每个标识的位置和相对尺寸。技术要求部分主要是对标识涂打过程的补充说明以及特殊位置说明。标识表由标识序号和标识图组成。标识总图仅体现各个标识的位置和数量信息，标识颜色信息需要参考各标识的标识油漆图。

6.1.3 图样分析注意事项

图样分析过程除关注设计图样本身外还需重点注意的事项有：涂层结构和外表颜色是否合理；涂层质量参数是否合理；是否有装配图来确定刮涂腻子部位；图案分色线与部件是否有干涉；车体两个侧面图案是否对称；物料定额是否合理。

1. 涂层结构和外表颜色是否合理

机车车体前端下部、尾端下部应尽量使用深色油漆。该部位附件较多，打磨难度大，所以无法进行腻子刮涂。没有刮腻子和打磨的部位若做成浅色，底材的任何细微缺陷将非常明显。如图 6-3 所示，某机车项目原设计要求为冰灰色，试制后改为煤灰色。

图 6-3 某电力机车尾端下部结构

2. 涂层质量参数是否合理

根据光泽度和厚度的测量要求，仪器与被测量表面完全接触时才能测得可靠的数据。当被测量表面采用的是防滑漆时，表面是不光滑的，仪器不能与被测量面完全贴合。此时的测量数据是没有意义的，不应提出参数要求。因此，分析车体油漆图时需要结合涂层体系、车体实际结构进行分析。

3. 是否有装配图来确定刮涂腻子部位

由于图样并未规定哪些区域需要涂刮腻子，因此图样分析过程需结合以往经验和其他设计图样进行分析。以机车司机室为例，应根据司机室最后效果图、装配图或者总图进行分析，否则无法确定哪些部位是装配后被遮盖的部位，而被遮盖的部位是不需要涂刮腻子的。

4. 图案分色线与部件是否有干涉

车体油漆图上的分色线经常与车体部件发生干涉或者在某些零配件上出现分色线。因此，分析图样时需重点关注分色线的位置。以某机车项目为例，车体油漆图上没有雨刮器座，但实物有雨刮器座，如果按车体油漆图来工，分色线从雨刮器座上通过，不仅不美观且给施工带来难度，如图6-4所示。

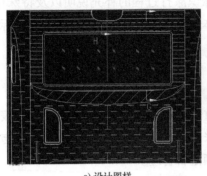

a) 设计图样　　　　　　　　　b) 车体实物

图6-4　某机车项目设计图样与实物对比

5. 车体两个侧面图案是否对称

分析图样时需关注车体两个侧面图案是否对称，是否有两个侧面的油漆图和标识图。如果车体不对称，应该绘制出完整的左右两个面的图，否则无法施工。以某工程车项目为例，车体左右两侧不对称，但车体油漆图上只有一侧图样，如图6-5所示。

6. 物料定额是否合理

分析物料定额时需要根据车体油漆图上待涂装面积进行计算，或根据以往经验分析设计定额是否合理。设计定额常见问题有定

图6-5　某工程车项目实物

额过多、定额过少、配比错误、缺少某一颜色油漆、稀释剂定额错误等。结合图样分析定额是否正确不仅要理论计算还需与经验相结合，十分考验涂装工的理论水平与实操经验。

6.2　涂装技术规范

以某电力机车项目为例，涂装技术规范主要由涂装范围、涂装标准、涂装体系、施工要求、质量和检查、供货和服务、包装、包装标志、储存和运输、涂层结构及要求等部分组成。

6.2.1　涂装范围

技术规范规定该项目表面涂层系统的要求，同时明确该技术规范只适用于该项目。外购件的涂层体系也应符合本技术规范要求，其喷涂质量由供应商负责。

6.2.2 涂装标准

该涂装项目应遵守的标准见表6-2。

表6-2 涂装项目应遵守的标准

标准号	名称
GB/T 1727—2021	漆膜一般制备法
GB/T 3186—2006	色漆、清漆和色漆与清漆用原材料取样
GB/T 8923.1—2011	涂覆涂料前钢材表面处理 表面清洁度的目视评定 第1部分：未涂覆过的钢材表面和全面清除原有涂层后的钢材
GB/T 9286—2021	色漆和清漆 划格试验
GB/T 9278—2008	涂料试样状态调节和试验的温湿度
GB/T 9750—1998	涂料产品包装标志
GB/T 9754—2007	色漆和清漆 不含金属颜料的色漆漆膜的20°、60°、85°镜面光泽的测定
GB/T 11186—1989	漆膜颜色的测量方法
GB/T 13491—1992	涂料产品包装通则
GB/T 13452.2—2008	色漆和清漆 漆膜厚度的测定
HG/T 2458—1993	涂料产品检验、运输和贮存通则
TB/T 2260—2001	铁路机车车辆用防锈底漆
TB/T 2393—2001	铁路机车车辆用面漆
TB/T 2756—1996	铁路客车零部件粉末涂装技术条件（已作废）
TB/T 2879.1—1998	铁路机车车辆 涂料及涂装 第1部分：涂料供货技术条件
TB/T 2879.2—1998	铁路机车车辆 涂料及涂装 第2部分：涂料检验方法
TB/T 2879.3—1998	铁路机车车辆 涂料及涂装 第3部分：金属和非金属材料表面处理技术条件
TB/T 2879.5—1998	铁路机车车辆 涂料及涂装 第5部分：客车和牵引动力车的防护和涂装技术条件
TB/T 2879.6—1998	铁路机车车辆 涂料及涂装 第6部分：涂装质量检查和验收规程
Q/TX 63-105	轨道车辆用阻尼涂料

6.2.3 涂装体系

该项目涂装体系的构成成分见表6-3。

表6-3 项目涂装体系的构成成分

序号	成分	描述	颜色	执行标准
1	底漆	双组分环氧类	RAL 3012（米红色）	TB/T 2260—2001
	固化剂（用于底漆）	—	无色	—
	稀释剂（用于底漆）	—	无色	—

（续）

序号	成分	描述	颜色	执行标准
2	中涂漆	双组分聚氨酯类	RAL 9001（奶白色）	TB/T 2393—2001
	固化剂（用于中涂漆）	—	无色	—
	稀释剂（用于中涂漆）	—	无色	—
3	面漆	双组分聚氨酯类	按图样或规范要求	TB/T 2393—2001
	固化剂（用于面漆）	—	无色	—
	稀释剂（用于面漆）	—	无色	—
4	腻子	双组分	浅灰（黄或浅绿）色	TB/T 2393—2001
	固化剂（用于腻子）	—	—	—
	稀释剂（用于腻子）	—	—	—
5	粉末涂料	—	按图样或规范要求	TB/T 2756—1996
6	隔音材料	—	浅米色	Q/TX 63-105

6.2.4 施工要求

1. 施工人员要求

进行表面喷涂工作的人员必须是经过培训且合格的员工。

2. 施工环境要求

喷漆车间必须保持干净、整洁和远离空气污染物。喷涂车间要远离其他工作空间来避免直接的污染（如打磨和焊接操作），在整个喷涂车间应避免使用硅基材料，车间应该保证充足的空气流通，应按照涂料供应商的技术数据表来调整施工过程中的气候条件。

涂装场所环境应符合 TB/T 2879.5 的各项规定。

3. 表面预处理

涂装前采用喷砂或其他适当的方法清除锈迹、油污、油脂、盐渍、污物、脱模剂和杂质，以便于下一步准备工作的进行。所有需喷漆的物件边缘要清理毛刺，焊接件应清除氧化皮、焊渣、焊接溅滴。表面的准备应符合 TB/T 2879.3 的规定，准备等级达到 GB/T 8923 中的 Sa 2½ 级。表面处理后的钢材表面应在 4h 内完成第一层涂装。在涂覆下一层涂料前，对上一层涂料的表面应清除油脂、凝水和焊接溅滴。

4. 涂装方式

涂装方式可按下列方法之一进行：空气枪喷涂；高压无气喷涂设备喷涂；静电喷涂；小的零部件可采用浸渍法；局部修补可采用刷涂法。

油漆标记可采用移印法或漏印法，用相应配套的油漆进行涂装。涂装标记位置应正确，标记端正，字迹、分色清晰。

5. 零部件的涂装

1）零部件的底漆应在机械加工前进行涂装。

2）对于螺栓连接、铆接及焊接转配后涂不到的表面，应在装配前涂装底漆。

3）对于组装后不便于进行刷涂的零部件表面，在组装前应按完整涂装体系进行涂装。

4）封焊连接时，防护涂料应在各个零部件焊接以后涂刷。

5）对于闭合空心件、敞口空心件和管道（不包括空气制动机的通风管和电缆管）的涂装，如果不是封焊结构，内侧应涂刷防护涂料，接缝用规定的密封材料密封。

6）如果零部件在出厂时已涂装，而且涂层完好无损，色彩及光泽度达到要求，可保持制造厂的涂装。如果表面出现破损，应进行补涂，并注意涂层的配套性。

7）面漆涂层的色彩必须符合本车型图样或技术文件要求，图样及技术文件未作规定的部件，如需涂装，应与周围色调相同。

8）零部件油漆体系应与机车其他部位达到同等使用期。

6. 其他要求

1）不喷漆表面和螺纹结构要保证清洁，涂装前应将这些表面屏蔽起来。

2）所有暴露在潮湿环境的螺柱连接结构（不锈钢材质除外），无论在外部还是内部，必须要有完整的涂层结构。

3）对于车内铝制的和不锈钢制的螺纹状的部件表面（在不可见区域），如果它们仅是用来连接相同材料的部件，可以不喷漆。

4）粘接部件表面的溶剂型涂层体系需要经过粘接试验认证来保证兼容性。

5）允许打磨（清理焊缝），但必须保证干膜厚度不低于指定的最小值。如有必要，可重新喷涂底漆。

6）防滑涂料的喷涂以不露底为基本要求，喷涂时应尽量保证其表面防滑性，表面干摩擦系数不小于 0.5。

7）如果涂层在施工过程中受到损伤，应按规定的涂装工艺进行修整或补涂，并注意涂层的配套性。如果涂层损伤较重，特别是伤及底材表面，应按照 TB/T 2879.3 的规定重新进行全部涂装作业。

6.2.5 质量和检查

机车油漆需符合 TB/T 2879.1 的要求，按 TB/T 2879.2 要求的方法进行检验。车体涂层的检查应按照试验计划来执行和记录。质量检验人员可随时对涂装工作的表面处理、涂装作业、干燥状况等按 TB/T 2879.6 的规定进行质量检验和监督。

1. 质量体系

供货商应通过 ISO 9001 质量管理体系认证。供货商按要求设立质量经理，质量经理保证在整个生产过程中的产品符合质量要求。质量经理能够在早期阶段识别缺陷并保证进行及时有效的校正。

2. 试验

供货商应提供权威的试验验证。任何变化由供货商和用户共同决策。试验的目的是为了保证按照样板执行；在应用过程中对质量优劣得出结论；对施工质量得出结论。供货商对每一批和每组成分需做系列试验。如果在其他内容中没有定义，试验可以在没有用户参加的情况下进行。

3. 检验规则

涂料产品的检验按 HG/T 2458 的规定进行。每批产品出厂时均应按规范要求对涂料产品进行常规检验，型式检验应每年进行一次。取样按 GB/T 3186 的规定进行，检验合格后方可入库和使用。

当供需双方对检验结果有争议时，应委托国家铁路产品质量监督检验中心或供需双方商定的国家质量监督机构进行仲裁。

4. 被涂设备漆膜检测

漆膜厚度按 GB/T 13452.2 的规定进行测定，采用抽样法进行检查，保证 80% 以上的测试点满足要求（取点个数不少于 20 点）。在选择测量仪器及进行测量时，必须考虑到表面粗糙度及物体形状等因素对测量结果的影响。

漆膜附着力用划格器检测，按 GB/T 9286 的规定执行。

光泽度用便携式光泽仪检测，按照 GB/T 9754 的规定进行，使用 60°镜面光泽值。

涂层表面状况和颜色的测定应在被涂设备干燥 96h 后进行。在漫射的自然光线下检查涂膜缺陷，涂层表面要求漆膜均匀、丰满、平整、光滑，无起泡、流挂、明显划痕等缺陷。颜色测量按 GB/T 11186 的要求进行。

5. 样板试验

试验样板应按 GB/T 1727 的有关规定进行制备，试验的环境条件按 GB/T 9278 的规定进行，另有规定的按其规定执行。双组分涂料的涂膜性能应在干燥 7d 后进行测定。

底漆试验项目按 TB/T 2260 的规定执行。面漆、中涂漆、腻子试验项目按 TB/T 2393 的规定执行。其中，外用面漆应达到 TB/T 2393 中 Ⅱ 类的技术要求；内用面漆、中涂漆、应达到 TB/T 2393 中 Ⅰ 类的技术要求。

6.2.6 供货和服务

供货的范围包含规范要求的涂装体系构成成分。

涂料的供应商应保证所有的涂料材料在涂料系统中是配套、兼容的。供应商应该保证产品的质量，在批量生产前提供样板及必需的检测报告。检验报告应包括：试验方法、试验地点及试验设备；涂料的详细说明；涂料的涂装方法；有关试验方法的详细说明；用户对试验方法等方面提出的特殊要求；试验结果；试验日期；试验人员。

供应商应提供详细的施工指导说明书（或建议书）。供应商从开始就应该指导和检查准备工作，并在整个喷涂过程中对操作工人提供专业的施工指导，在每个部件的首件上进行指导和检查，直到整个涂装工艺过程的完成。

6.2.7 包装、包装标志、储存和运输

涂料产品的包装应符合 GB/T 13491—1992 的规定。

涂料产品的包装标志应符合 GB/T 9750—1998 的规定。

涂料产品的储存和运输应符合 HG/T 2458—1993 的规定。

自生产之日起，溶剂型涂料有效储存期为 1 年，水性涂料为半年，双组分腻子为半年。

6.2.8 涂层结构及要求

涂层结构部分主要对整车的涂层体系、色卡号、涂料名称、光泽度和干膜厚度做详细说明，涂层结构及要求部分需结合设计图样进行分析。

6.3 涂装工艺流程

常见机车车体涂装工艺流程为：喷砂→喷涂底漆→打胶→喷涂司机室阻尼涂料→喷涂车体底架面漆→粘贴防寒钉→腻子找补→车外喷涂 2 道腻子（车内刮涂 2 道腻子）→打磨→喷涂中涂漆→喷涂机械间面漆→喷涂司机室面漆→中涂漆打磨→喷涂外墙面漆（含色带）→喷涂标识→交检。下面主要介绍喷砂、喷涂底漆、喷涂司机室阻尼涂料、腻子涂刮、中涂漆喷涂、面漆喷涂和标识喷涂等工序。

6.3.1 喷砂

1. 通用要求

（1）人员　操作人员和检查人员应持有人力资源部门颁发的上岗证、特种作业证和职业技能等级证才能上岗。喷砂操作人员穿好喷砂防护服、戴好防护口罩及防护手套，进入喷砂房则戴好喷砂防护帽。检查人员和返修人员所穿工作服、所戴手套、所用器具应干净、干燥、无油、无胶、无水，不应污染产品。

（2）主要设备、工具　喷砂房及相应工装和辅助工具。

（3）主要材料　刚玉砂、S170 钢丸、G40 钢砂。

（4）场地　喷砂应在专用的喷砂房内进行。作业场地应干净、干燥、无杂物、光照度不低于 300lx，符合 Q/TX 69-039 的相关规定。

2. 工艺流程

（1）检查工件　检查车体车内地板，确保车内无杂物才能作业。否则，应拒绝作业，并通知上道工序返工清理杂物。检查底架、车体、顶盖及其他零部件是否有变形，若有异常情况应及时向工艺品质人员反映并予以处理。

（2）屏蔽　按照图样和工艺要求，用专用塑料屏蔽堵头、螺钉或胶带把图样中不需喷漆的部位（如机车车钩、所有内外螺孔、接地螺母座、悬挂件、螺纹、铭牌等）屏蔽好。具体屏蔽方法是：机车车钩用 3 层布包扎好，确保钢砂不能进入车钩内；城轨车体、底架上悬挂件用黄色塑料胶带屏蔽，要求胶带应横绕工件 3 周以上并压紧，悬挂件紧固螺栓应屏蔽结实严密，防止喷砂时损毁表面的镀层；接地装置用专用堵头、胶带屏蔽防护，特别注意各种孔要封闭严实，以防砂粒进入后无法清理出来。屏蔽完成后，清理现场及底架运输车上留下的辅助材料和工具，放在指定的位置，以免喷砂时被损坏。

（3）除胶　用铲刀铲除工件表面所有的纸质标签，注意铲掉的标签不要丢在喷砂房内。

（4）检查　检查工件是否屏蔽到位，是否符合图样要求，车内或底架运输车上是否遗留辅助材料，检查喷砂房设备是否正常运转。

（5）喷砂操作　喷砂操作应依据 TB/T 2879.3 的规定进行，喷砂操作人员穿好喷砂防护服，戴好防护口罩、防护手套及喷砂防护帽等防护用品，所有操作人员到位并准备就绪后，喷砂操作人员关闭喷砂房主门和侧门，启动喷砂设备并确认空气压力为 0.5~0.65MPa，空转 10min 后，手持喷嘴，用遥控器开动喷砂枪，试喷检查喷砂效果是否正常，然后对工件按照图样进行喷砂，喷枪距离工件为 150~400mm（喷底架厚板时，用近距离；喷除底架以外的薄板时，用远距离），喷枪与工件的夹角为 45°~75°，喷枪匀速运行，移动速度应在 0.2~0.5m/s，对工件所有未屏蔽的表面沿同一个方向均匀地喷砂，对死角及复杂部位应从各个方向喷砂，确保所有应喷表面全部喷到位。

（6）清砂　喷砂完毕后，即刻用铁铲把车内和车顶堆积的磨料铲掉，再用高压风（0.55~0.65MPa）把各部位（包括假台车或小平车）从上至下、从前往后把砂吹干净，重点是凹槽、拐角、夹缝等复杂面易积砂部位，确保去掉砂粒、浮灰等异物，不留死角。车内易积砂、无法吹干净的地方，应用吸尘器吸干净。最后清除掉机车车体车钩包扎布上的砂粒与灰尘，再拆掉包扎布。对车钩内部用高压风（0.55~0.65MPa）吹干净，检查并确保车钩内无砂。让设备空转至地板上的砂料全部回收到砂罐内后关闭设备，把喷砂房内过滤地板上的杂物清除干净。铝合金产品喷砂完成后应在 24h 之内完成底漆喷涂，碳钢产品喷砂完成后应在 4h 之内完成底漆喷涂。超过时间要求未喷涂底漆的需重新喷砂，并在工序流程单上注明。

（7）打磨　对未喷砂到位的部位，用砂纸或砂布手工打磨处理，使表面粗糙度符合技术要求。

3. 检查

检查喷砂质量，要求工件表面粗糙度均匀，不应留有杂物、油渍以及反光面等缺陷，用粗糙度标准样板进行目视对比检测或采用粗糙度仪检测。铝合金产品表面粗糙度应在 50~120μm；碳钢产品表面粗糙度为 12.5~50μm，除锈等级达到 GB/T 8923.1—2011 中的 Sa2½级，即钢材表面无可见的油脂、污垢、氧化皮、铁锈和油漆涂层等附着物，任何残留的痕迹应仅是点状或条纹状的轻微色斑。否则应对不合格部位进行补喷，除了喷砂质量的检查外，还应检查主要焊缝的质量。检查合格后质检人员应在工序流程单上签字确认。

6.3.2 底漆喷涂

1. 底漆前处理

（1）去油　底漆喷涂前，用刷子蘸清洗剂刷洗工件局部油污厚重的部位。机车车体用高压无气喷枪（进气压力为 0.4~0.6MPa）调成雾化状态，先清洗上半部分，再清洗下半部分。城轨车体只需对局部脏污进行清洗去油。清洗完毕后，用高压风（0.4~0.6MPa）吹干净各凹槽内的积液。待清洗剂干燥 5min（夏）~10min（冬）后，才可进行后续的喷涂。

（2）屏蔽 按照各项目设计图样要求，用螺栓、纸胶带和牛皮纸等材料屏蔽不需要喷漆的部位，如悬挂件、螺纹螺孔、接地装置、加工面等。用泡沫条或牛皮纸屏蔽底架边梁的C形槽，喷砂时用于保护螺纹的螺栓不应去掉。机车车体的内、外螺纹应用专用堵头等进行屏蔽。

2. 检查

按要求对喷漆表面进行检查，检查合格后可开工。

3. 调配底漆

根据图样确定油漆型号，检查各物料是否在保质期内。底漆主剂用搅拌机先搅拌 3～5min，底漆主剂与固化剂的比例按供货厂家的要求，按实际用量，根据少量多次的原则，用电子秤称取主剂与固化剂倒入干净的配漆桶内，兑入适量的底漆稀释剂，用搅拌机搅拌 3～5min，然后用涂-4 杯按照 GB/T 1723—1993 的相关规定测量黏度，施工黏度为 25～30s（炎热季节取下限，寒冷季节取上限），静置 15～20min。从配漆到喷完漆的总时间不应超过 4h。调漆完成后在工序流程单上记录油漆材料批号、有效期等信息，以备查询。

4. 环境确认

开启喷漆房，注意观察喷漆房的温度和湿度等环境参数并记录在工序流程单上，当温度在 10～40℃，湿度在 20%～80%时为合适的喷涂条件，相对湿度低于 20%或高于 80%时停止施工，并将信息报工艺质量人员。

5. 预涂底漆

对车辆不易喷到的死角部位，先用干净的油漆刷预刷一遍，或用 SATA HRS 喷枪预喷一遍。刷涂前先将毛刷浸入涂料至刷毛长 4/5 位置，提起毛刷在涂料罐内侧轻按一下或刮一下，然后迅速在涂敷面上刷涂。刷涂过程中，毛刷与涂敷面保持 45°～60°，全面均匀地刷涂，刷涂时要求动作轻快、准确且尽量避免刷花。每刷涂一块应与上一块重叠 1/3 的刷涂宽度。

6. 喷底漆

用喷嘴直径为 0.45～0.65mm，喷幅宽度为 35mm 的高压无气喷枪（进气压力为 0.4～0.6MPa）进行喷涂，喷漆前应先把压缩空气中的油水放干净，直到喷出的油漆均匀、细腻才可上车喷涂。喷涂时，喷嘴与物面应尽量保持垂直，喷涂雾面的搭接宽度在喷涂过程中应保持一致。喷雾图样的搭接幅度为 1/4～1/3。喷枪的移动轨迹与工件表面保持平行，喷枪移动的速度应保持一致，速度应为 0.3～0.7m/s，喷涂距离应在 300～400mm。交叉喷涂两道，中间闪干 10min（夏）～20（冬）min。机车车体喷涂顺序为先喷车顶，再喷车外墙和车内墙，最后喷车内地板。喷车内地板时要先揭掉车内地板上的牛皮纸，一边后退一边喷涂车内地板，地板应一次喷完。机车车体外墙在喷下半部分的第一道前应先把飘落在下半部分的漆雾颗粒用干净布手套擦干净。喷完一道后，闪干 10min（夏）～20（冬）min，再喷涂第二道。最后揭下冲击座和司机室入口门下的脚踏孔和吊车孔上的牛皮纸和胶带，喷上一两道底漆。要求涂层表面均匀、不露底、丰满，无流挂、起泡、针孔等漆膜缺陷，干膜厚度达到图样要求（底漆厚度控制在 60～100μm）。喷完漆后设置喷烘房为流平送排风状态至少 15min 后，才能关机及关闭喷烘房的大门，防止废气浓度过高。

7. 干燥

在涂装场所自然干燥时间应不少于 18h。因生产需要，可在送排风状态下流平 10～20min 后，在 55～62℃ 条件下烘烤 1.5h（夏）～3h（冬）（在 55℃ 以前的升温时间不计算在内），冷却后用砂纸打磨至不粘砂纸后，才可开始下道工序。

8. 补涂底漆

将喷涂后漏喷或露底的部位进行底漆补涂。对于机车车体，在经过车体二次调平、修整后，应对破损处的底漆进行补涂。底漆补涂前，应把焊接烧坏、烧起泡的旧漆膜及焊接黑膜彻底清理干净。要求补涂一两道，确保不露底。

9. 底漆收尾

（1）清渣　用铲刀清除各表面上的漆渣，并用高压风（0.4～0.6MPa）吹干净。

（2）找补 1　按照要求调配同种底漆，用 SATA HRS 喷枪和刷子配以镜子对死角部位检查并找补，确保每一个死角部位都喷涂上底漆并达到规定的厚度。

（3）找补 2　机车架车后，应找补假台车处的底漆。找补前应在地面上铺上牛皮纸，并把该处用 P80 砂纸打磨好，打磨后用清洁剂清洗干净。找补完后，清理地面。

10. 检查

（1）外观检查　目测涂层是否均匀一致，有无露底、漏喷、流挂、粗粒、针孔、起泡等疵病。

（2）厚度检查　按 GB/T 13452.2 的相关规定用测厚仪测量涂层干膜厚度，车外和车内分别均点测量 20 个点。漆膜厚度应符合技术要求。

（3）附着力检查　用 2mm 的划格器检查附着力，附着力应等于或优于 GB/T 9286 规定的 1 级。划格前应先检查刀刃是否锋利且处于良好状态。车内附着力至少检查 3 处：车内两墙面各任 1 处，司机室内任 1 处。车外至少检查 3 处：司机室与侧墙连接处任 1 处，车头任 1 处，侧墙任 1 处。底架任意检查 3 处。检查完后补刷同种油漆。检查不合格的部位应用记号笔标示并通知返工。

6.3.3 喷涂司机室阻尼涂料

1. 清理

把待喷涂表面的杂物清理干净，并用高压风（0.4～0.6MPa）吹干净灰尘。

2. 屏蔽

按设计图样的要求把阻尼涂料喷涂区域所有不需喷涂的部位根据工件尺寸大小用纸胶带和牛皮纸进行屏蔽，防止阻尼涂料直接黏附或堵塞，影响后续工序作业。例如：机车车体司机室内所有的安装部件面、密封件安装面、安装后外露面、入口门、走廊门、入口门门坎、所有的管线孔周围 20mm 区域、司机室入口门边和脚踏孔踏板等部位；城轨车辆车体及底架所有的悬挂件、螺纹螺孔、底架表面所有通孔、C形槽等部位。

3. 检查

根据设计图样确定阻尼涂料品种，物料应在保质期内，作业现场应无辅料等杂物。

4. 头道喷涂

用喷嘴口径为4~6mm的高黏度喷涂机，调整物料供应压力为0.2~0.4MPa，调整物料雾化压力为0.4~0.6MPa，确保气压适中、雾化良好。若阻尼涂料变稠，不应加水，应用搅拌工具把阻尼涂料搅稀。喷涂时，保持喷嘴与物面距离为400~500mm，交叉喷涂一两道阻尼涂料。对于机车车体，应先喷涂司机室顶部和墙面阻尼涂料，再喷涂司机室地面阻尼涂料。在喷涂过程中如发现开裂、鼓泡等现象，可用铲刀进行修补后继续进行喷涂。

5. 干燥

阻尼涂料在55~62℃条件下烘烤1h（夏）~2h（冬）（55℃以前的升温时间不计算在内）。烘烤至阻尼涂料表面颜色由白色变为浅灰色，用手触摸不粘手时即视为指触干。

6. 二道喷涂

第一道阻尼涂料指触干后，再交叉喷涂一两道阻尼涂料。

7. 检查

阻尼涂料的厚度应在喷涂完毕后立即进行湿膜测量。用有刻度的直尺插入涂层，沿着涂层在直尺上做一标记再抽出，其读数为湿膜厚度。湿膜厚度应达到图样要求。例如：设计图样要求干膜厚度为4~6mm，则湿度厚度应达到为5~7mm。均匀测量五个点并记录读数。

8. 清理

第二道阻尼涂料喷涂完毕后，应及时揭掉屏蔽物，并清理干净。

9. 干燥

阻尼涂料在室温（20~26℃）下自干24h或在55~62℃条件下烘烤2h（夏）~4h（冬）（55℃以前的升温时间不计算在内）。

10. 收尾

待阻尼涂料干燥后，把厚度没有达到要求、阻尼涂料喷涂不平整的部位，用阻尼涂料配合铲子进行修补。按设计图样的要求将不需喷涂阻尼涂料部位表面上的阻尼涂料用铲刀铲干净，并选用P120砂纸以手工打磨或打磨机打磨的方式打磨平整，保证各搭接面的清晰美观。

6.3.4 腻子涂刮

1. 腻子找补

根据车体外墙缺陷的大小和特征，采用相应的刮刀进行找补，找补时应用刮刀将腻子在缺陷处挤压两次，使腻子与基体表面充分接触以保证一定的附着力。当发现腻子卷边、胶化时（腻子刮涂时出现大量颗粒然后结块，此时腻子附着力变差）应停止使用，并及时更换腻子。

机车车内找补时要根据表面状况，分别使用刮刀将腻子在缺陷处挤压两次，使腻子与凹陷基体充分接触，保证附着力。机车司机室、机械室和各门的可见表面应补刮腻子。当发现腻子卷边、胶化时（此时腻子附着力变差），应及时更换腻子。

2. 干燥

在腻子刮涂台位 18℃ 以上的条件下，自干 4h 以上。若气候条件不能满足要求，则应开启加热装置，提高室内的温度。因生产需要，可在室温下存放 30min 以后，在 55~62℃ 条件下烘烤 0.5h（在 55℃ 以前的升温时间不计算在内），冷却后用砂纸打磨至不粘砂纸后，才可开始下道工序。

3. 车外腻子刮涂

机车车体外墙摊灰用 150mm 橡皮刮刀，要求腻子满摊，来回反复摊涂两次，摊得厚而均匀。摊灰区域高度比收灰刮刀高 100mm，摊灰与收灰的有效净空距离不超过 2m。收灰方向与摊灰方向相反。外墙收灰根据不同的车型选用不同规格的刮刀，圆弧和小面积则根据其大小，分别采用不同型号的橡皮刮刀。入口门外表面用 450mm 钢皮刮刀满刮。侧墙收灰沿水平方向，来回反复两次，每刮 1.5m 就应把刮刀上的腻子回收到灰盆内一次，减少腻子的掉落、浪费。每刮一刀的腻子搭口处用 150mm 钢皮刮刀收干净。横刮腻子的主要用途是填平凹陷，找出基准面，因此收灰的角度要小，范围为 30°~40°。刮涂时应把后视镜或摄像头安装孔处的屏蔽胶带找出并作标识。

4. 整车腻子打磨

使用打磨机时，应先把打磨机按在墙板上再起动，一旦起动就要马上移动，使打磨机移动速度为 0.1~0.3m/s，打磨机移动方向应水平和垂直交叉进行。打磨机磨面应与工件表面始终保持平行，防止出现凹痕和圈印。打磨机磨不到的部位应手工打磨。打磨时避免因将底漆层磨破而露出基体金属，如不慎磨破应进行底漆补刷。

机车车体外墙使用粘 P120 砂纸打磨机，打磨车体整个外表面，要求车外表面腻子平整、无圈印，拐角处过渡自然。机车侧墙筋线处以手工方式用砂纸（折直）沿筋线打磨，要求筋线平直、分明、无缺口。要求腻子表面平整，磨平搭口，磨毛表面，除去粗粒及其他异物，不应存在漏磨（允许无磨痕最大范围小于 50mm×50mm）的情况。

6.3.5 中涂漆喷涂

1. 屏蔽

喷涂中涂漆前，把底架下部、脚踏板孔、吊车孔、冲击座、车钩用牛皮纸和胶带屏蔽并压紧。

2. 补底漆

因打磨而露出金属基体，应用空气喷枪补喷与原来相同的底漆。用涂-4 杯按照 GB/T 1723—1993 的相关规定测量黏度，施工黏度为 20~22s。要求无漏涂，漆膜均匀盖底。当面积较小时，也可以采用刷涂方法。底漆找补完后闪干15min可开始下一道工序。

3. 调配中涂漆

根据图样确定中涂漆品种，检查确认各物料在保质期内。主剂与固化剂的比例按供货厂家的要求，用电子秤分别称取主剂与固化剂并倒入干净的配漆桶内，兑入适量配套稀释剂，用搅拌器搅拌3~5min，然后用涂-4杯按照GB/T 1723—1993的相关规定测量黏度，施工黏度为20~25s（炎热季节取下限，寒冷季节取上限）。用100~120目的过滤网过滤，静置15~20min，使搅拌时带入涂料中的空气冒出。静置过程中油漆桶要用盖子盖好，防止油漆中落入灰尘颗粒。从配漆到喷完漆的总时间不应超过4h。调漆完成后在工序流程单上记录油漆材料批号、有效期等信息，以备查询。

4. 预涂及其他准备工作

对于机车车辆，对扶手杆内侧、车尾等不易喷到漆的部位用油漆刷预刷中涂漆，并在各车型图样中规定的区域内手工均匀撒放石英砂防滑颗粒。注意安装面要加以屏蔽。

5. 喷中涂漆

用喷嘴直径为0.45~0.65mm，喷幅宽度为35mm的高压无气喷枪（进气压力为0.4~0.6MPa）进行喷涂，喷漆前应先把压缩空气中的油水放干净，直到喷出的油漆均匀、细腻才可上车喷涂。喷涂时，喷嘴与物面应尽量保持垂直，喷涂雾面的搭接宽度在喷涂过程中应保持一致。喷雾图样的搭接幅度为1/4~1/3。喷枪的移动轨迹与工件表面保持平行，喷枪移动的速度应保持一致，速度应为0.3~0.7m/s，喷涂距离应在300~400mm。交叉喷涂两道，中间闪干10min（夏）~20min（冬）。要求涂层表面应均匀，无漏喷、流挂、粗糙、起皱、气泡、针孔、凹陷、开裂等现象，涂层的干膜厚度符合图样技术要求（中涂漆厚度控制在60~100μm）。喷完漆后设置喷烘房为流平送排风状态至少15min后，才能关机及关闭喷烘房的大门，防止废气浓度过高。

6.3.6　面漆喷涂

1. 屏蔽

用砂纸试打磨待喷涂油漆区域，不粘砂纸后，可进行屏蔽。根据设计图样情况，用胶带和牛皮纸屏蔽不需要喷涂的部位。对于机车车体来说，主要部位包括底架下部、车钩、车顶、侧窗、司机室窗等孔洞。屏蔽前应按照项目设计图样要求，在各色带定位工装的辅助下，用卷尺或钢尺进行划线、定位。屏蔽后检查屏蔽物，若有松动或掉落，应及时补好。

2. 打磨

用粘P240砂纸气动打磨机打磨待喷漆表面至光滑、平整、细腻，打磨完后表面无圈印、桔皮、划痕、凹印、开裂、起泡、针孔，边角过渡自然。打磨机磨不到的部位及圆弧处用手工打磨。打磨侧墙区域和司机室入口门前应用指示炭粉全部涂黑，借助炭粉检查打磨过程中发现的表面缺陷。需进行炭粉涂黑的项目应参照各项目工序卡执行。对打磨过程中发现的表面缺陷，用干净的吸尘布擦拭干净后，用快干腻子找补，直到补平为止。快干腻子的使用（如配比、可使用时间、干燥时间等）应符合产品说明书的相关要求。

3. 清灰

打磨完毕后先用压缩空气（0.4~0.6MPa）吹净粉尘，再用干净吸尘布或海绵抹干净（清灰工序应在打磨全部完后同时进行，防止清理完后的表面又被粉尘黏附）。

4. 调配面漆

根据图样确定油漆型号，检查确认各物料在保质期内。面漆主剂用搅拌机先搅拌3~5min。面漆与固化剂的比例按供货厂家的要求，按实际用量，根据少量多次的原则，用秤称取主剂与固化剂倒入干净的配漆桶内，兑入适量面漆稀释剂，用搅拌机搅拌3~5min，然后用涂-4杯按照GB/T 1723—1993的相关规定测量黏度，施工黏度为16~22s（炎热季节取下限，寒冷季节取上限）。用100~120目的过滤网过滤，静置15~20min。从配漆到喷完漆的总时间不应超过4h。

5. 喷面漆

用混气喷枪，采用"湿碰湿"喷涂工艺一次成膜（中间闪干10~15min）。喷涂采用从上到下的原则。大面积喷涂时可分段喷涂，每一段行程80~130cm，在每一个行程结束时枪机仍应保持触发状态并使喷枪作弧形喷涂，使行程末尾的漆膜渐薄且边缘不齐；每一段应从上往下喷，避免形成台阶和粗糙。要求涂层表面均匀、不露底、丰满，无流挂、起泡、针孔、凹陷、明显颗粒及桔皮等缺陷，保证面漆干膜厚度、光泽度和色差等指标符合图样技术要求。喷完漆后设置喷烘房为流平送排风状态至少15min后，才能关机及关闭喷烘房的大门，防止废气浓度过高。

6. 干燥

在喷烘房内18℃以上的条件下，自然干燥18h以上。如生产需要，可在送排风状态下流平15~20min后，在55~62℃条件下烘烤1.5h（夏）~3h（冬）（55℃以前的升温时间不计算在内）。烘烤完毕，开启全部送排风机组（不开启燃气机），使车体冷却至室温。

6.3.7 标识喷涂

检查作业环境、设备是否符合要求。将镂膜平整展开，用胶带粘贴切缝位置。根据标识总图，在车体镂膜粘贴区域表面均匀涂抹滑石粉。将标识镂膜平整粘贴在机车表面，按照切缝撕掉需喷涂油漆部分镂膜。用胶带和牛皮纸对镂膜以外区域进行屏蔽。打磨需喷涂镂膜油漆区域。用压缩空气（0.4~0.6MPa）吹净粉尘，再用干净海绵抹干净需喷信号白色油漆区域。按照设计图样要求调配相应颜色的色漆，色漆与固化剂的调配比例为5∶2，施工黏度为16~22s。用吸灰布把需喷涂区域清理干净，喷涂标识色漆。镂膜油漆表干（0.5~1.5h，夏季取下限，冬季取上限）后及时拆除镂膜。在送排风状态下流平15~30min后，在55~62℃条件下烘烤2~3h（55℃以前的升温时间不计算在内），或自然条件下干燥18h。对分色线渗漆处用白棉布沾稀释剂清理。若标识处留有残胶，应在喷完标识油漆18h后，用稀释剂擦洗干净。

6.4 常见质量问题及处理措施

机车涂装过程常见质量问题及处理措施见表6-4。

表6-4 机车涂装过程常见质量问题及处理措施

序号	现场照片	问题描述	处理措施
1		新的聚酯腻子表干太快，脆性大，内部的溶剂来不及挥发，致使腻子开裂	① 通过配方调整优化腻子表干速度 ② 整车打砂重新涂装
2		喷砂不到位，除油不净，底漆脱落，脱落面可见污迹	① 加强打砂质量检查和清洗检查 ② 铲除底漆并重新打磨、清洗脱落区域，补喷底漆
3		边角部位打磨机打磨不到，没有手工打磨，中涂漆没有打磨痕迹，致使面漆脱落	铲除脱落面漆，重新打磨中涂漆至无光后进行面漆修补
4		底漆不成膜，有松散的漆雾颗粒，鞋子踩踏后凹槽处没有压紧的部位容易遇水生锈	打磨锈蚀部位并重新补刷底漆
5		车内焊缝没有涂密封胶，淋雨后流出锈水	清理锈蚀部位，重新补打密封胶

（续）

序号	现场照片	问题描述	处理措施
6		喷涂时没有按工艺文件的要求分段喷涂，而是图方便分层喷涂所致。当分层喷涂时，喷上半层时的漆雾飘落在下半层上形成了表面颗粒	① 分段喷涂，每一段都从上到下喷涂，上面飘落的漆雾能及时溶入下面的湿漆膜内 ② 两人同时喷涂，一个人喷上半层，另一个人喷下半层，两人相距 1~2m
7		设计缺陷和露天存放导致车内严重积水	① 通过工艺口排水 ② 优化车体设计，避免积水 ③ 禁止裸车体露天存放，必须存放时应采取防护措施
8		因为吸潮而导致油漆起泡。某机车项目油漆起泡，而且油漆可以大块大块地被撕下	① 后续避免油漆车露天外存，禁止油漆表面贴纸屏蔽或整车罩篷布。油漆车需存放在干燥、通风的环境中 ② 进行油漆修补

6.5 机车车体涂装自动化探索

目前机车车体涂装受车体结构限制，自动化喷砂、车内底漆喷涂、司机室面漆喷涂、底架面漆喷涂的覆盖率较低，自动化车外面漆喷涂、机械间面漆喷涂覆盖率较高，因此目前国内电力机车涂装领域自动化程度极低。

6.6 HXD1 型机车车体涂装案例分析

2006 年 12 月底，新型大功率交流传动电力机车系列命名为"和谐型"，DJ4 型电力机车更名为 HXD1 型，其中"HX"是"和谐"的汉语拼音首字母缩写，"D"代表电力机车，"1"代表中车株洲电力机车有限公司的生产厂商代号。

6.6.1 涂层结构介绍

HXD1 型机车车体外观由原 DJ4 型电力机车的"宝石蓝+窗灰色+影灰+石墨灰"改为

"幽蓝+窗灰+影灰"，如图6-6所示，涂层结构及要求见表6-5。

a) DJ4型机车的外观　　　　　　　　　　b) HXD1型机车的外观

图6-6　DJ4 型和 HXD1 型机车外观对比

表6-5　HXD1 型电力机车涂层结构及要求

序号	部件	涂层	色卡号	名称	光泽度（%）	干膜厚度/μm	备注
1	侧墙、侧梁、端墙	底漆	RAL 3012	米红色环氧底漆	—	60~200	按图样要求
		中涂漆	RAL 9001	奶白色丙烯酸聚氨酯中涂漆			
		面漆	RAL 2504030	幽蓝色丙烯酸聚氨酯漆	≥80（20°）	≥40	
			RAL 7040	窗灰色丙烯酸聚氨酯漆			
			RAL 7022	影灰色丙烯酸聚氨酯漆			
2	没有封焊的空心件	底漆保护	RAL 3012	米红色环氧底漆	—	20~60	
3	车钩缓冲器	底漆	RAL 3012	米红色环氧底漆	—	60~200	
		面漆	RAL 7022	哑光影灰色弹性丙烯酸聚氨酯漆	50±10（60°）	≥100	
4	车体肋板/底架，仅安装座，组焊之前	底漆	RAL 3012	米红色环氧底漆		20~60	
5	外部：底架的底部、端部部件、变压器梁、主梁及焊接在其上的部件等	底漆	RAL 3012	米红色环氧底漆	—	60~200	
		面漆	RAL 7022	哑光影灰色弹性丙烯酸聚氨酯漆	50±10（60°）	≥100	
6	内部：车体筋板、面板、地板、隔墙及焊接在其上的部件等	底漆	RAL 3012	米红色环氧底漆	—	60~200	
		面漆	RAL 7032	哑光硅灰色丙烯酸聚氨酯漆	50±10（60°）	≥40	
7	排障器	底漆	RAL 3012	米红色环氧底漆	—	60~200	
		中涂漆	RAL 9001	奶白色丙烯酸聚氨酯中涂漆			

（续）

序号	部件	涂层	色卡号	名称	光泽度（%）	干膜厚度/μm	备注
7	排障器	面漆	RAL 7022	影灰色丙烯酸聚氨酯漆	≥80（20°）	≥40	
			RAL 9005	乌黑色丙烯酸聚氨酯漆			
			RAL 1023	交通黄丙烯酸聚氨酯漆			
8	攀爬装置、登车梯、踏板	底漆	RAL 3012	米红色环氧底漆	—	60~200	或镀锌
		面漆	RAL 7022	哑光影灰色弹性丙烯酸聚氨酯漆	50±10（60°）	≥100	
9	入口门不锈钢扶手	不涂漆					
10	入口门外表面	底漆	RAL 3012	米红色环氧底漆	—	60~200	
		面漆	RAL 2504030	幽蓝色丙烯酸聚氨酯漆	≥80（20°）	≥40	
11	侧墙百叶窗	底漆	RAL 3012	米红色环氧底漆	—	60~200	
		面漆	RAL 7040	窗灰色丙烯酸聚氨酯漆	≥80（20°）	≥40	
12	车钩	清漆	—	丙烯酸聚氨酯清漆	≥80（20°）	≥40	

6.6.2 涂装工艺流程

HXD1 型电力机车车体涂装工艺流程为：喷砂前车体除油屏蔽→车体喷砂→底漆前屏蔽→车体喷涂底漆→车外焊缝涂胶→底架面漆喷涂→车内阻尼涂料喷涂→车体外墙腻子刮涂及打磨→车体中涂漆喷涂→顶盖面漆喷涂→车外大板面漆喷涂→车外各油漆色带划线定位及屏蔽→各色带油漆喷涂→车体涂装收尾→车体油漆外部标识涂装→车体涂装交检，如图 6-7 所示。

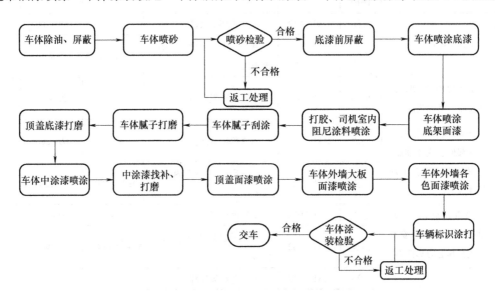

图 6-7 HXD1 型电力机车车体涂装工艺流程

注：该流程图仅涵括了涂装制造过程中重要的检验工序，而实际生产流程中每一道工序均需进行自检和专检，以保证生产过程中的每一步工序均处于严格的监控中，真正做到从源头上、在过程中控制产品质量。

6.6.3 涂装工序常见问题

车体涂装过程各工序常见问题见表6-6。

表6-6　车体涂装过程各工序常见问题

序号	工序	常见问题
1	喷砂	金属屑未吹干净；用白棉布擦拭车体外表面有油印；遮蔽物脱落，遮蔽物翘边或粘覆不良，螺孔未用相应大小的螺栓遮蔽；漏喷；清砂、吸砂有遗漏；未检出车体外表面存在未喷砂和清砂不干净等情况
2	底漆喷涂	未检出不合格的油漆材料；车体凹槽内有大量砂粒未吹除干净，车体外表面有明显砂粒，除油不到位；屏蔽物脱落，屏蔽物翘边或粘覆不良，螺栓被取掉；喷漆房有杂物；油漆调配不均匀；油漆中气泡未排出；漆膜不均匀，出现漏喷、颗粒、流挂等现象，干膜厚度不符合要求；打磨粘砂纸，底漆未完全干
3	打胶和阻尼涂料喷涂	未检出不合格的胶材料；未检出不合格的阻尼浆材料；注胶不丰满，与车体表面粘接不牢固，车体被氧化腐蚀；屏蔽物不牢，有翘边或粘覆不良状况；阻尼浆搅拌不均匀，影响阻尼浆喷涂效果及施工；阻尼浆喷涂厚度不满足要求，存在开裂、鼓泡等现象；阻尼浆出现大面积流坠
4	腻子涂刮与打磨	打磨不到位，吹灰不干净；未检出不合格的原子灰与腻子材料；原子灰与固化剂混合不均匀；侧墙焊缝和凹陷存在漏补现象；打磨粘砂纸，腻子未实干；腻子与固化剂未在规定时间使用，影响腻子的作用；外墙存在腻子漏刮现象
5	中涂漆喷涂	未检出车体外表面存在凹坑和未磨透等情况；未检出不合格的油漆材料；屏蔽物存在翘边或粘覆不良状态；车体外表面的所有螺孔未用相应大小的螺栓屏蔽；车体外表面吹灰不干净；车内或喷漆房有杂物；油漆调配不均匀；油漆中气泡未排出；漆膜不均匀，出现漏喷、流挂、针孔现象
6	面漆喷涂	面漆调配不均匀；面漆中气泡未排出，施工时进入空气；漆膜不均匀，出现漏喷、颗粒、流挂、针孔等现象，漆膜厚度不符合要求；打磨粘砂纸，面漆未完全干；定位尺寸不正确；定位线条不平直；屏蔽胶带的粘贴边界线不一致；胶带未贴紧；打磨不到位，存在漏磨或未磨透等现象；吹灰、抹灰不干净，存在遗漏
7	标识喷涂	未检出不合格的设计图样；未检出不合格的外部标识物料；标识位置不符合要求；标识贴合不牢固；屏蔽不到位；灰没有清除干净；未按工艺要求将油漆与固化剂进行配比；未按要求加入稀释剂；搅拌不均匀；静置时间不充分，油漆中气泡未排出；出现露底、针孔、毛刺、流挂等现象；油漆未完全干；表面有其他杂物；毛刺、分色线处没有清理干净

6.7 ZER3/ZER4 型工程车车体涂装案例分析

ZER3/ZER4 型蓄电池电力工程车是中车株洲电力机车有限公司生产的两种常见工程车，如图 6-8 所示，主要用于在城市轨道环境下牵引平车、铁轨处理车、线路清洗车等各种特殊用途车辆，既可通过受电弓受流，也可由蓄电池供电。此工程车采用整体承载结构，重量轻，噪声低，无污染。

a) ZER3型工程车外观 　　　　　　　　　　b) ZER4型工程车外观

图 6-8　ZER3/ZER4 型工程车外观

ZER4 型蓄电池电力工程车的涂层结构及要求见表 6-7，两种车型涂装异同点见表 6-8。

表 6-7　ZER4 型蓄电池电力工程车的涂层结构及要求

序号	部件	涂层	名称	光泽度（%）	干膜厚度/μm
1	司机室外部及车体的顶部、顶盖、侧墙、侧梁、侧墙百叶窗、腰带等	底漆	米红色环氧底漆	—	≥60
		中涂漆	黄色丙烯酸聚氨酯中涂漆	—	
		面漆	信号黄丙烯酸聚氨酯漆	≥80（20°）	≥40
			石墨黑丙烯酸聚氨酯漆/防滑涂料	≥80（20°）	
			靛青色丙烯酸聚氨酯面漆	≥80（20°）	
2	侧窗窗框（外）	底漆	米红色环氧底漆	—	≥60
		中涂漆	黄色丙烯酸聚氨酯中涂漆	—	
		面漆	石墨黑丙烯酸聚氨酯漆	≥80（20°）	≥40
3	攀爬装置、踏板	底漆	米红色环氧底漆	—	≥60
		面漆	石墨黑丙烯酸聚氨酯漆	≥80（20°）	≥40
4	没有封焊空心件	底漆	米红色环氧底漆	—	20~60
5	车钩缓冲装置附属部件	底漆	米红色环氧底漆	—	≥60
		面漆	哑光石墨黑弹性丙烯酸聚氨酯漆	50±10（60°）	≥100

（续）

序号	部件	涂层	名称	光泽度（%）	干膜厚度/μm
6	组焊之前：车体肋板/底架、安装座	底漆	米红色环氧底漆	—	20~60
7	外部：底架的底部、端部部件、变压器梁、主梁、横梁，以及焊接在其上的部件等	底漆	米红色环氧底漆	—	≥60
		面漆	哑光石墨黑弹性丙烯酸聚氨酯漆	50±10（60°）	≥100
8	内部：车体肋板、金属面板、地板、隔墙，以及焊接在其上的部件等	底漆	米红色环氧底漆	—	≥60
		面漆	哑光硅灰色丙烯酸聚氨酯漆	50±10（60°）	≥40
9	车钩	清漆	丙烯酸聚氨酯清漆	≥80（20°）	≥40

表 6-8　ZER3/ZER4 型蓄电池电力工程车涂装异同点

序号	平台	涂层颜色	涂层颜色差异
1	ZER4	石墨黑防滑涂料：顶盖行走部分 哑光硅灰色：车体内部；车体肋板、金属面板、地板、隔墙，以及焊接在其上的部件等 石墨黑：车体外表面图示位置；攀爬装置、登车梯和踏板等 哑光石墨黑：车钩缓冲器；底架的底部、端部部件、变压器梁、主梁、横梁，以及焊接在其上的部件等；构架、牵引装置、轴箱、一二系悬挂、附属部件、制动器等；固定在构架上的相关附件；车轴、传动装置及钢管；车下设备及设备安装座（非支撑面部分）等 哑光浅灰色：司机室内墙面、顶面、后墙、后墙柜、侧墙、前窗、入口门及走廊门（司机室侧），以及安装在墙面上的部件；内部非外露钢管；司机操作台面板、台下柜、仪表座等；侧窗窗框 清漆：车钩 只涂底漆部位：所有的顶盖安装导轨面，所有的减振器安装支架；螺纹连接及安装件支撑面；车体肋板、底架；仅安装座；组焊之前 不涂漆部位：玻璃、橡胶、电镀件、不锈钢件、陶瓷等；干燥内部区域的铝制线槽；内部干燥没有和钢铁接触的铝制支架和机架；所有的螺栓和螺纹结构及所有安装接地装置的区域（不锈钢安装轨除外）	外墙大板：瓜黄、信号黄 色带：与该城市地铁线路一致
2	ZER3	只涂底漆部位：顶盖安装导轨面 不涂漆部位：玻璃、橡胶、电镀件、不锈钢件等；干燥内部区域的铝制线槽；内部干燥没有和钢铁接触的铝制支架和机架；所有的螺栓和螺纹结构及所有安装接地装置的区域；顶盖安装导轨面 清漆：车钩	腰带：与该城市地铁线路一致 司机室顶端及机械间外表面：瓜黄色防滑漆 车体大板和扶栏：瓜黄色、信号黄

（续）

序号	平台	涂层颜色	涂层颜色差异
2	ZER3	哑光石墨黑：车钩缓冲器；底架的底部、端部部件、变压器梁、主梁、横梁，以及焊接在其上的部件等；构架、牵引装置、轴箱、一二系悬挂、附属部件、制动器等；固定在构架上的相关附件；车轴、传动装置及钢管；车下设备及设备安装座（非支撑面部分）等；司机室墙面、顶面、入口门和走廊门司机室侧、后墙柜，以及安装在墙面上的部件；内部非外露钢管 哑光浅灰色：司机室内墙面、顶面、入口门和走廊门（司机室侧）、后墙柜，以及安装在墙面上的部件；内部非外露钢管；侧窗窗框 哑光硅灰色：车体肋板、金属面板、隔墙，以及焊接在其上的部件；机械间墙面、顶面、地板、走廊门（机械间侧），机械间与司机室的内部非外露钢管，以及机械间内部所有设备及其安装骨架；车下屏柜内侧 石墨黑防滑涂层：走道板部分 荧光黄：底架脚踏板上表面 石墨黑：车体底架外表面（图示位置）	腰带：与该城市地铁线路一致 司机室顶端及机械间外表面：瓜黄色防滑漆 车体大板和扶栏：瓜黄色、信号黄

6.8 FXD1 型动车组动力车车体涂装案例分析

为进一步提升川藏地区客运能力，解决同一列车在拉林电气化铁路线和拉日非电气化铁路线混合运营的问题，中国国家铁路集团有限公司提出了"复兴号"高原型双源制动力集中动车组（以下简称高原双源动集动力车）的研制要求，项目由集团统一组织协调，具体由中车株洲电力机车有限公司牵头完成整列车及电力动力车的研制工作，由中车大连机车车辆有限公司负责内燃动力车的研制工作，由中车南京浦镇车辆有限公司负责拖车的研制工作。

依托 CR200J 型动车组（鼓形）的技术平台，两端的动力车由 1 台 CO-CO 动力车和 1 台内燃动力车组成，中间客车采用青藏 25T 型客车，并进行高原适应性优化调整。具体编组方案：电力动力车+6 节二等座车+1 节二等座车/餐车+1 节一等座车+内燃动力车，其中 8 辆拖车编组总定员 701 人。

6.8.1 涂层结构介绍

高原双源动集动力车外观效果如图 6-9 所示。底漆采用黄色环氧聚苯胺防腐底漆，面漆共 5 种颜色，采用面漆+清漆体系。

6.8.2 涂装工艺流程

高原双源动集动力车的涂装工艺流程为：喷砂前屏蔽→车体喷砂→底漆前屏蔽→车体底漆喷涂→焊缝涂胶→司机室防寒钉粘接→车内阻尼涂料喷涂→车体、车内外墙腻子刮涂及打

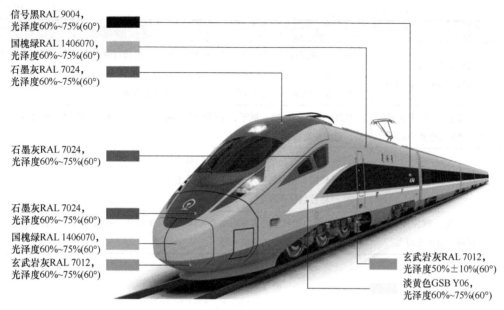

信号黑RAL 9004，
光泽度60%~75%(60°)

国槐绿RAL 1406070，
光泽度60%~75%(60°)

石墨灰RAL 7024，
光泽度60%~75%(60°)

石墨灰RAL 7024，
光泽度60%~75%(60°)

石墨灰RAL 7024，
光泽度60%~75%(60°)

国槐绿RAL 1406070，
光泽度60%~75%(60°)

玄武岩灰RAL 7012，
光泽度60%~75%(60°)

玄武岩灰RAL 7012，
光泽度50%±10%(60°)

淡黄色GSB Y06，
光泽度60%~75%(60°)

图6-9 高原双源动力集动力车外观效果

磨→车体中涂漆喷涂→车内（机械间、司机室）面漆喷涂→车外大板半哑光国槐绿聚氨酯高耐候面漆及清漆喷涂→车外各油漆色带划线定位及屏蔽→半哑光淡黄色聚氨酯高耐候漆+清漆、半哑光玄武石灰聚氨酯高耐候漆+清漆喷涂→屏蔽→半哑光信号黑聚氨酯高耐候漆+清漆、半哑光石墨灰聚氨酯高耐候漆+清漆喷涂→车体涂装收尾→车体油漆外部标识涂装→车体涂装交检。

6.8.3 工艺难点及工艺保证措施

车体涂装过程工艺难点及工艺保证措施见表6-9。

表6-9 车体涂装过程工艺难点及工艺保证措施

序号	工艺难点	工艺保证措施
1	外墙表面平面度控制	① 严格控制上道工序来车质量，重点关注焊接后车体侧墙平面度质量 ② 打砂过程严格控制工艺，确保打砂后车体侧墙平面度满足设计要求 ③ 重点管控填泥工序作业过程，确保外墙平面度
2	色带尺寸控制	① 项目开工前做好合适的色带模板 ② 项目开工时与设计在现场确认施工要求并对班组进行作业指导
3	油漆色差、光泽度控制	① 项目开工前联系供应商进行样板试验，根据试验结果调配出合适的油漆 ② 作业时要求供应商进行油漆调配以及喷涂指导
4	防寒钉粘接	司机室防寒钉粘接前与设计在现场确定防寒钉粘接位置，现场把关，以保证防寒钉粘接作业结果符合设计要求
5	排障器涂层附着力	① 加强外协制作过程管控 ② 车体喷砂过程，对该处正面底漆可以一起打砂后重新喷涂底漆

（续）

序号	工艺难点	工艺保证措施
6	司机室气密性技术要求较高，打胶密封遗漏	① 重点管控打胶工序，对司机室标注的所有相关段焊缝进行打胶处理，确保打胶质量和无遗漏 ② 做好开工前的工艺培训和施工过程中的作业指导
7	司机室入口门下区域厚度控制在不超过 500μm	对该区域薄刮（喷）腻子，干燥打磨后测量厚度，与周边的稍厚区域边界专门修整，形成长坡自然过渡
8	涂装重量控制	① 涂装施工过程严格按物料清单领料 ② 严格按工艺参数要求施工，减少返工 ③ 严格控制腻子厚度
9	螺纹孔、型腔等在转运过程中防雨水浸入	对机械间、司机室内容易雨水浸入的螺纹及螺纹孔、孔洞采用黄色胶带等进行有效的封堵屏蔽防护，防止雨水浸入

第7章

城轨车体涂装工艺

☺ **学习目标：**

1. 学会分析城轨车体涂装工艺图样。
2. 掌握城轨车体涂装技术规范要求。
3. 掌握城轨车体涂装工艺流程。
4. 了解城轨车体涂装常见质量问题及处理措施。
5. 了解城轨车体常见涂装工艺。

7.1 设计图样分析

城轨车体涂装过程常见的设计图样有车体油漆图、底架油漆图和防寒钉布置图等。常见车体油漆图如图 7-1 所示（见插页），底架油漆图如图 7-2 所示（见插页），防寒钉布置图如图 7-3 所示（见插页）。

7.1.1 车体油漆图

车体油漆图主要由图样主体部分（含各部分剖视图）、技术要求和着色表 3 个部分组成。

1. 图样主体部分

图样主体部分利用不同图案进行填充，其中每个图案有相应的色彩要求。分析图样主体部分要求如下：

（1）外墙分析　分析图样首先观看侧墙、端部、顶盖等部位，了解外墙涂装要求，尤其是外墙颜色和色带。

1）颜色种类。颜色种类的多少、分色线的位置与复杂程度直接决定涂装周期和涂装工艺的复杂程度。分析图样后需要知道整个外墙面漆的最优施工顺序和分色线是否需要制作色带模板。

2）涂层体系。每个填充区域都关联了不同的数字，数字对应设计 BOM 中的具体物料。

（2）车内分析　城轨车体车内一般做底漆，少数车内有阻尼涂料，需通过剖视图了解车内涂层要求。

（3）剖视图分析　剖视图往往代表该部分有特殊要求，a 代表不做油漆，一般指不锈钢件，如螺栓、接地座等区域；b 代表该区域只做底漆；c 代表该区域需做面漆；d 代表该区域不做油漆但要做防腐处理，如刷防锈油。

2. 技术要求

技术要求是设计人员提出的重要项点，图样分析阶段需要重点关注。以某城轨项目油漆图为例，技术要求如下：

1）螺栓孔、已做氧化处理的铝合金配件、电镀处理的接线配件、接地装置、铭牌等不喷油漆，喷砂前屏蔽保护。

2）屏柜安装座及空调柜上部柜子安装座上直径为 7mm 的接地线安装孔共 35 处，孔周围直径 20mm 范围内不涂漆。

3）不喷漆表面去除油污、灰尘、焊接烟尘等杂物，安装面只做底漆，外露面需补面漆。

4）首节车在设计人员的指导下执行。

5）防滑涂层需确保石英砂颗粒无明显堆积，每 30mm×30mm 面积内石英砂颗粒不少于 10 颗。

3. 着色表

着色表主要分为符号、色卡号、厚度和着色范围 4 部分内容，以某城轨项目为例，着色表见表 7-1。

表 7-1　某城轨项目着色表

符号	色卡号	厚度	着色范围
	RAL 3012	厚度≥60μm	涂装面积约 210m²
	RAL 9003	底漆涂层厚度≥60μm；中涂层厚度≥60μm；面漆涂层厚度≥40μm	涂装面积约 112m²
	RAL 9005	底漆涂层厚度≥60μm；中涂层厚度≥60μm；面漆涂层厚度≥40μm	涂装面积约 21m²
	RAL 7037	底漆涂层厚度≥60μm；中涂层厚度≥60μm；精制石英砂；面漆涂层厚度≥40μm	涂装面积约 12.5m²

7.1.2　底架油漆图

底架油漆图主要由图样主体部分（含各部分剖视图）、技术要求和着色表 3 个部分组成。

1. 图样主体部分

图样主体部分利用不同图案进行填充，其中每个图案有相应的色彩要求。分析图样主体部分要求如下：

（1）主图分析　底架涂层体系较为简单，每个填充区域都关联了不同的数字，数字对应设计 BOM 中的具体物料，再结合右下角着色表内容分析，基本就能确定整个底架的涂层结构和涂装要求。

（2）剖视图分析　剖视图往往代表该部分有特殊要求，a 代表不做油漆，一般指不锈钢件，如螺栓、接地座等区域；b 代表该区域只做底漆；c 代表该区域需做面漆；d 代表该区域不做油漆但要做防腐处理，如刷防锈油。

2. 技术要求

技术要求是设计人员提出的重要项点，图样分析阶段需要重点关注。以某城轨项目底架油漆图为例，技术要求如下：

1）各种接地块、接地装置、铭牌、安装螺纹口、C 形槽内侧不喷漆并保留本色，在涂装之前需屏蔽。

2）安装面只涂底漆。底架端梁排水管焊接区域在底架涂装前进行屏蔽，在车体涂装阶段补涂相应的底漆、面漆。

3）防火涂料涂层不能外露，如去除屏蔽胶带后可见防火涂料涂层，应采用面漆涂层补涂以将防火涂层完全覆盖。

4）首节车试制在设计人员指导下进行。

3. 着色表

着色表主要分为符号、色卡号、厚度和着色范围 4 部分内容，以某城轨项目底架为例，着色表见表 7-2。

表 7-2　某城轨项目底架着色表

符号	色卡号	厚度	着色范围
	—	表面不做处理，如果需要，表面在做底漆之前进行屏蔽	—
	RAL 3012	$(30\pm10)\mu m$	涂装面积约 $6m^2$
	RAL 7031	底漆涂层厚度 $\geq 60\mu m$；面漆涂层厚度 $\geq 100\mu m$	涂装面积约 $31m^2$
	RAL 7031	底漆涂层厚度 $\geq 60\mu m$；防火涂料的干膜厚度为 $(2.0\pm0.2)mm$；面漆涂层厚度为 $60\sim80\mu m$	涂装面积约 $60m^2$

7.1.3 防寒钉布置图

防寒钉布置图主要由图样主体部分（含各部分剖视图）和技术要求两部分组成。

1. 图样主体部分

图样主体部分标注了防寒钉具体布置位置以及防寒钉的间距尺寸要求，剖视图是对细节部位和主视图无法展示位置的补充说明。防寒钉布置图较简单，分析图样过程重点关注防寒钉数量和位置，确保无遗漏。

2. 技术要求

技术要求是设计人员提出的重要项点，图样分析阶段需要重点关注。以某城轨项目防寒钉布置图为例，技术要求如下：

1）在喷阻尼浆前安装防寒钉。

2）所有尺寸允许有±5mm 的调整。

3）防寒钉可根据现场实际情况布置，适当做避让。

4）空调平台段圆弧两侧的防寒钉位于 C 形槽位置，如截面图所示，位置按照主视图尺寸布置。

7.2 涂装技术规范

以某城轨项目为例，涂装技术规范主要由概述、表面处理技术要求、质量管理等部分组成。

7.2.1 概述

技术规范规定该项目表面涂层系统的要求，同时明确该技术规范只适用于该项目。外购件的涂层体系也应符合该技术规范要求，其喷涂质量由供应商负责。

1. 涂装标准

该涂装项目应遵守的标准见表 7-3。

表 7-3　涂装项目应遵守的标准

标准号	标准名称
GB/T 1735—2009	《色漆和清漆耐热性的测定》
GB/T 1766—2008	《色漆和清漆 涂层老化的评级方法》
GB/T 1771—2007	《色漆和清漆 耐中性盐雾性能的测定》
GB/T 4956—2003	《磁性基体上非磁性覆盖层 覆盖层厚度测量 磁性法》
GB/T 4957—2003	《非磁性基体上非导体覆盖层 覆盖层厚度测量 涡流法》
GB/T 5209—1985	《色漆和清漆耐水性的测定 浸水法》
GB/T 5210—2006	《色漆和清漆 拉开法 附着力试验》
GB/T 6742—2007	《色漆和清漆 弯曲试验（圆柱轴）》
GB/T 9274—1988	《色漆和清漆 耐液体介质的测定》
GB/T 9761—2008	《色漆和清漆 色漆的目视比色》
GB/T 9286—2021	《色漆和清漆 划格试验》
GB/T 9754—2007	《色漆和清漆 不含金属颜料的色漆漆膜的20°、60°和85°镜面光泽的测定》

（续）

标准号	标准名称
GB/T 11186.2—1989	《漆膜颜色的测量方法 第二部分：颜色测量》
GB/T 11186.3—1989	《涂膜颜色的测量方法 第三部分：色差计算》
GB/T 14522—2008	《机械工业产品用塑料、涂料、橡胶材料人工气候老化试验方法 荧光紫外灯》
ISO 6270-2-2017	《色漆和清漆 耐湿性的测定 第2部分：冷凝（在装有热水的储柜中）》
ISO 16276-2-2007	《防护涂料系统对钢结构的腐蚀防护 涂层粘附/粘聚（断裂应力）的评定和验收标准 第2部分；划格测试和X切割测试》
TB/T 3139—2021	《机车车辆非金属材料及室内空气有害物质限量》
Q/TX D2-002—2015	《轨道车辆用水性阻尼涂料》
Q/TX D2-003—2018	《轨道交通车辆用填泥》
Q/TX D2-004—2018	《轨道交通车辆用中涂漆》
Q/TX D2-001—2018	《机车车辆用面漆》
Q/TX 69-039	《轨道交通装备产品涂装工艺守则》
Q/TX 63-101—2007	《机车、动车用防锈底漆》
Q/TX Q2-002.1—2015	《零部件及原材料挥发性有机物和醛酮类物质限值及测定方法 第1部分：限值》
Q/TX Q2-003—2015	《轨道交通产品禁用物质》
ASTM D 5402-2019	《用溶剂摩擦法评定有机涂层的耐溶剂性的标准操作规程》
EN 45545-2-2020	《铁路设施 铁路车辆的防火 第2部分：材料和部件的防火性能要求》
UIC 842-5-1975	《客车和牵引动力车的防护和涂装技术条件》

2. 气候及环境条件

该项目气候及环境条件如下：海拔2100m；环境温度-10~42℃；相对湿度65%~95%；最大风速22.7m/s；紫外线等级5级。

整车及部件涂装能完全适应昆明地区的环境气候，且能耐强风、高温、高湿、振动、噪声、腐蚀及清洁剂污染，能防腐蚀、防虫害（尤其是白蚁和啮齿类动物）、防水、防霉、防灰尘、防火、防雷击、防冰雹、防雾霾、耐紫外线等，车辆外表面应便于清洁。

7.2.2 表面处理技术要求

1. 基本要求

涂料成分和涂层结构按照表7-4中的描述执行。每一层的干膜厚度和表面的涂层结构按照油漆样板要求执行。涂层的几何图案按照设计图样上的色彩形状和光泽水平要求执行。焊接材料在焊接后涂漆。在涂漆之前安装接地装置的区域需要屏蔽。使用螺纹连接的零部件在安装表面只做底漆或不涂漆。安装完成后在看得见的底漆表面涂面漆。粘接面只做底漆，粘接表面（侧墙窗户）部件的溶剂型涂层体系需经过粘接试验认证来保证兼容性。

表 7-4　涂料成分和涂层结构

序号	部件	成分	涂料成分及涂层	颜色	干膜厚度/μm
1	车体	底漆	双组分米红色环氧底漆	RAL 3012	≥60
		腻子	不饱和聚酯腻子	/	单层腻子厚度≤0.5mm
		中涂漆	双组分纯白色丙烯酸聚氨酯中涂漆	RAL 9010	≥60
		面漆	双组分丙烯酸聚氨酯面漆	按图样	≥40
2	底架设备等	底漆	双组分米红色环氧底漆	RAL 3012	≥60
		弹性面漆	双组分哑光聚氨酯弹性面漆	按图样	≥100
3	司机室及客室内装	底漆	双组分米红色环氧底漆	RAL 3012	≥60
		面漆	双组分哑光聚氨酯面漆	按图样	≥40

2. 油漆供货要求

油漆供货的范围包含规范要求的油漆组成成分，底漆应至少满足 Q/TX 63-101—2007 的要求，腻子应满足 Q/TX D2-003—2018 的要求，中涂漆应满足 Q/TX D2-004—2018 的要求，面漆应满足 Q/TX D2-001—2018 的要求，其他材料成分及性能应满足相关规范和标准的要求，水性阻尼涂料应符合 Q/TX D2-002—2015 的要求。

3. 主要技术参数

外表面喷漆完成后的车辆表面外观应达到国际先进水平的要求，涂层在使用过程中不应出现开裂、脱落、黄斑、变色、粉化等情况。该项目油漆必须能适应车辆所在地区的所有气候条件，而且质保年限必须满足一个车辆大修期，油漆供应商或部件产品供应商必须对期间出现的涂装问题及时进行解决。

车辆外表面的常规维护定时进行。列车开进冲洗车间，使用非腐蚀性的清洗剂。清洁工人使用的清洗剂的 pH 值在 5~9。涂装外表的处理应在寿命期限内承受机械清洗。

车体外表面配套涂层体系的技术要求见表 7-5。

表 7-5　车体外表面配套涂层体系的技术要求

序号	试验项点	标准号	技术要求
1	漆膜颜色和外观	GB/T 9761—2008	符合颜色要求，色调均匀一致，无颗粒、针孔、气泡、皱纹
2	弯曲性能（圆柱轴）	GB/T 6742—2007	≤50mm
3	划格试验（涂层厚度≤250μm）	GB/T 9286—2021	≤1 级
4	X-切割试验（涂层厚度>250μm）	ISO 16276-2-2007	≤1 级
5	拉开法附着力	GB/T 5210—2006	≥4MPa
6	光泽度（20°）	GB/T 9754—2007	见美工技术规范要求
7	耐水性（40℃±1℃），24h	GB/T 5209—1985	外观基本无变化（涂膜无起泡，不开裂，无脱落）

(续)

序号	试验项点		标准号	技术要求
8	耐液体介质（24h）	H_2SO_4，（10%）	GB/T 9274—1988	外观基本无变化（涂膜无起泡，不开裂，无脱落）
		NaOH（10%）		
9	耐溶剂性（丁酮往复擦拭 50 次）		ASTM D5402 2019	擦拭完后立即与邻近区域的漆膜外观和硬度进行比较，应无明显变化
10	耐热性（150℃±2℃），1h		GB/T 1735—2009	漆膜无明显变化（涂膜无起泡，不开裂，无脱落）
11	耐高低温循环交变试验（60 周期）		Q/TX D2-001	涂膜无起泡，不开裂，无脱落；X-切割试验≤1 级；拉开法附着力≥4MPa；刀片撬动附着力无明显降低
12	耐盐雾性（NSS①）（1000h）		GB/T 1771—2007	板面无起泡、不生锈；划痕处涂膜损坏或锈蚀宽度≤2mm（单向）；X-切割试验≤1 级；刀片撬动附着力无明显降低
13	耐老化性（1000h）		GB/T 14522—2008	≤2 级（GB/T 1766—2008）
14	耐冷凝水（500h）		ISO 6270-2-2017	涂膜无起泡，不开裂，无脱落；X-切割试验≤1 级；拉开法附着力≥4MPa；刀片撬动附着力无明显降低
15	防火性能		EN 45545-2-2020	R1，HL2；R7，HL2

① NSS：中性盐雾试验。

4. 施工工艺要求

进行表面涂装的工作人员必须是经过训练且合格的员工。

涂装车间必须保持干净、干燥、整洁并远离空气污染物。涂装车间要远离其他工作空间来避免直接的污染（如打磨和焊接操作）。在整个涂装车间，应避免使用硅基材料，车间应该保证充足的空气流通，油漆涂层的配套、工艺应按照制造商推荐的要求进行。

整车及部件涂装均应满足 Q/TX 69-039、UIC 842-5 的要求。

7.2.3 质量管理

1. 首件检查

部件的涂层体系检查应包含在首件检查内容中，主要包括文件审查、实物质量审查。具体文件审查和实物质量审查的主要内容及要求见部件采购技术规范。

2. 例行试验

例行试验的目的：保证按照样板执行；在应用过程对质量得出结论；对施工质量得出结论。

表 7-6 规定了部件涂层体系例行试验检查的范围，属于破坏性试验的可在随车样件上实施，其他涂层材料按相关标准执行。

表 7-6　例行试验检查的范围

序号	项点	试验标准	特征值	证书
1	光泽度	GB/T 9754—2007	按相应部件要求	
2	划格试验或 X-切割试验	GB/T 9286—2021（漆膜厚度≤250μm）	≤1 级	检测记录报告
		ISO 16276-2-2007（漆膜厚度>250μm）		
3	色差	GB/T 11186.2—1989、GB/T 11186.3—1989	按相应部件要求	
4	漆膜厚度	GB/T 4956—2003		
		GB/T 4957—2003		

7.3　涂装工艺流程

常见城轨车体涂装工艺流程为：喷砂前屏蔽→车体喷砂→喷涂底漆前屏蔽→车体底漆喷涂→清理→车内喷涂阻尼涂料前屏蔽→喷涂第一道阻尼涂料→喷涂第二道阻尼涂料→清理→车内焊缝打胶→车内防寒钉粘贴→车体腻子找补→找补腻子干燥→屏蔽→外墙刮涂第一道腻子→干燥→外墙刮涂第二道腻子→干燥→外墙刮涂第三道腻子→干燥→外墙刮涂第四道腻子→干燥→腻子打磨→车体顶盖底漆打磨→喷中涂漆前屏蔽、吹灰→喷中涂漆→干燥→中涂漆质量检查→中涂漆腻子找补→腻子打磨→中涂漆找补→顶盖面漆喷涂→车体大板面漆喷涂→车体各色带划线定位及屏蔽→车体各色带油漆喷涂→车体涂装收尾→车体涂装交检→车体外部标识喷涂（车辆编组连挂后）。

常见城轨底架涂装工艺流程为：喷砂前屏蔽→喷砂→吹灰清理→喷涂底漆前屏蔽→喷涂底漆→焊缝打胶→面漆前打磨、吹灰→喷涂面漆→喷涂水性防火涂料前屏蔽→喷涂第一道水性防火涂料→干燥→喷涂第二道水性防火涂料→干燥→收尾、交检。

7.3.1　喷砂

城轨车体和底架喷砂采用棕刚玉，详细要求见"6.3.1　喷砂"。

7.3.2　底漆喷涂

用喷嘴直径为 0.45~0.65mm，喷幅宽度为 35mm 的高压无气喷枪（进气压力为 0.4~0.6MPa）进行喷涂，喷漆前应先把压缩空气中的油水放干净，直到喷出的油漆均匀、细腻才可上车喷涂。喷涂时，喷嘴与物面应尽量保持垂直，喷涂雾面的搭接宽度在喷涂过程中应保持一致。喷雾图样的搭接幅度为 1/4~1/3。喷枪的移动轨迹与工件表面保持平行，喷枪移动的速度应保持一致，速度应为 0.3~0.7m/s，喷涂距离应在 300~400mm。交叉喷涂两道，中间闪干 10min（夏）~20（冬）min。城轨车辆底架喷涂顺序为先喷上半部再喷下半部；城轨车体喷涂顺序为先喷车顶，再喷车外墙和车内墙，最后喷车内地板。喷车内地板时先揭掉车内地板上的牛皮纸，一边后退一边喷车内地板，地板一次喷完。要求涂层表面均匀、不露底、丰满，无流挂、起泡、针孔等漆膜缺陷，干膜厚度达到图样要求（底漆厚度控制在

60~100μm）。喷完漆后设置喷烘房为流平送排风状态至少 15min 后，才能关机及关闭喷烘房的大门，防止废气浓度过高。

7.3.3 防寒钉粘贴

1. 清洁

把车内表面的杂物清理干净，并用高压风（0.4~0.6MPa）吹干净灰尘。用异丙醇清洁需要粘贴防寒钉的部位，擦拭干净表面油渍和污物。异丙醇挥发 10min 后方可粘贴防寒钉。

2. 粘贴

按图样要求在车内端墙、侧墙及顶盖部位粘贴上防寒钉，并且每粘贴一个防寒钉后，用两大拇指成对角压实防寒钉底座双面胶。

3. 压紧

用防寒钉压紧器对端墙、侧墙部位的防寒钉进行二次压紧，确保防寒钉粘接牢固。

4. 打胶

车内顶盖部位的防寒钉底座四周缝隙，用注胶枪打辅助粘接胶，然后用油画笔将辅助粘接胶挤入缝隙，涂抹均匀，将周边清理美观。

5. 检查

检查端墙、侧墙防寒钉底座是否存在未压紧、开胶现象；检查车内顶部防寒钉是否存在漏涂辅助粘接胶的现象；检查墙面和地板是否存在掉落的残胶。如有以上异常，及时处理。

6. 收尾

清理废弃物，按分类要求丢入垃圾箱，整理并收拾作业工具。

7.3.4 腻子刮涂及打磨

1. 腻子找补

车体外墙根据缺陷的大小和特征，采用相应的刮刀进行找补，找补时应用刮刀将腻子在缺陷处挤压两次，使腻子与基体表面充分接触以保证附着力。当发现腻子卷边、胶化时（腻子刮涂时出现大量颗粒然后结块，此时腻子附着力变差）应停止使用，并及时更换腻子。

城轨车体两端端墙焊缝或特殊要求部位用万能原子灰进行填平。

2. 车外腻子刮涂

城轨车体外墙腻子刮涂时首先将已调配好的腻子从腻子桶中取出，倾倒在灰板上，用 150mm 刮刀从灰板上铲起腻子，用力快速拍在待刮涂的车体墙板上。然后，用 450mm 或 600mm 刮刀横摊腻子，来回反复摊涂两次，摊腻子过程手要用力，腻子要摊均匀。横向刮涂时，刮刀与墙板成 30°~40°，从一端开始，双手用力均匀推刮刀到另一端，行走过程中要匀速，中途不应迟缓或停顿。每一板搭口端刮刀应稍微倾斜，但在起刀和结束时刮刀应保持垂直。

3. 整车腻子打磨

对于城轨车体外墙，使用粘 P80 砂纸打磨机打磨车体整个外表面，要求车外表面腻子平整、无圈印，拐角处过渡自然。机车侧墙筋线处用砂纸（折直）沿筋线手工打磨，要求筋线平直、分明、无缺口。要求腻子表面平整，磨平搭口，磨毛表面，除去粗粒及其他异物，不应存在漏磨（允许无磨痕最大范围小于50mm×50mm）的情况。

城轨车体顶盖底漆需用粘P120砂纸打磨机打磨，要求打磨后平整、光滑、无圈印，拐角处过渡自然。

7.3.5 中涂漆喷涂

用喷嘴直径为0.45~0.65mm，喷幅宽度为35mm的高压无气喷枪（进气压力为0.4~0.6MPa）进行喷涂，喷漆前应先把压缩空气中的油水放干净，直到喷出的油漆均匀、细腻才可上车喷涂。喷涂时，喷嘴与物面应尽量保持垂直，喷涂雾面的搭接宽度在喷涂过程中应保持一致。喷雾图样的搭接幅度为1/3~1/4。喷枪的移动轨迹与工件表面保持平行，喷枪移动的速度应保持一致，速度应为0.3~0.7m/s，喷枪距离应在300~400mm。交叉喷涂两道，中间闪干10min（夏）~20min（冬）。要求涂层表面应均匀，无漏喷、流挂、粗糙、起皱、气泡、针孔、凹陷、开裂等现象，涂层的干膜厚度符合图样技术要求（中涂漆厚度控制在60~100μm）。喷完漆后设置喷烘房为流平送排风状态至少15min后，才能关机及关闭喷烘房的大门，防止废气浓度过高。

7.3.6 面漆喷涂

城轨车体和底架面漆喷涂要求见"6.3.6 面漆喷涂"。

7.4 常见质量问题及处理措施

城轨涂装过程常见质量问题及处理措施见表7-7。

表7-7 城轨涂装过程常见质量问题及处理措施

序号	现场照片	问题描述	处理措施
1		① 收尾后进行返工时未将底架端部的接地块屏蔽，而被白色面漆污染 ② 接地块被油漆污染后，没有使用脱漆剂脱漆处理而是使用砂纸打磨，导致问题发生	使用脱漆剂处理
2		使用胶带粘贴后并未压实、粘贴牢固，导致喷砂过程中将胶带吹开而损坏腔体内的防寒棉	① 将已破坏的防寒棉塞进腔体 ② 后续将胶带粘贴牢固，喷砂过程中若吹开需要再次粘贴胶带屏蔽

（续）

序号	现场照片	问题描述	处理措施
3		① 此车在中涂漆找补工序后并未将螺孔内所堵的屏蔽纸修整出形状，导致完全被快干腻子堵住 ② 在交车收尾时，未仔细查看，未做到自检和互检	① 使用刀片、铲刀清除孔内腻子 ② 将孔内攻螺纹，以便清除螺纹上残留的腻子
4		车体右侧第二块外墙板蓝色腰带两端尺寸不一致，相差 20mm	重新返工色带面漆
5		底架涂装收尾不到位，底架阻尼浆边沿全部翘起未修整，边梁下边沿凹槽多处泡沫条未处理	对阻尼浆修边处理
6		色带返工时，屏蔽不到位，致使局部地板出现明显蓝色漆雾	打磨污染区域，重新滚刷底漆
7		侧墙防寒钉与图样不符，缺少两列防寒钉	重新补打防寒钉
8		外墙腻子刮涂时腻子收得过多，导致顶盖雨檐边腻子堆积	将此处腻子铲除，打磨后补面漆，后续需关注边角处腻子刮涂

（续）

序号	现场照片	问题描述	处理措施
9		螺杆黑胶被白色面漆污染	使用砂纸和刀片将胶团周围漆雾去除
10		顶盖空调通风口内侧面漆未盖底	打磨后补面漆

7.5 城轨车体涂装自动化探索

2020 年中车株洲电力机车有限公司开展涂装布局优化及智能化改造项目，改造后工艺流程为：车体称重→喷砂准备→自动喷砂→底漆准备→底漆自动（手动）喷涂→底漆烘烤→防寒钉粘接→阻尼涂料喷涂→腻子自动喷涂→腻子干燥→腻子自动打磨→中涂漆准备→中涂漆自动喷涂→中涂漆烘烤→面漆准备→面漆自动打磨→面漆自动（手动）喷涂→面漆烘烤→色带面漆准备→面漆自动打磨→色带面漆自动（手动）喷涂→色带面漆烘烤→标识喷涂→交付与检收。

厂房采用抽屉式台位生产方式，工件在上一工序完成后从台位内运出，经有轨移车台转运至另一台位进行下一道工序。

1. 自动喷砂

本项目采用全自动喷砂技术，结合产品特征进行自动化喷砂模拟，标准车体喷砂覆盖率可达 95%。

2. 自动喷涂

本项目采用全自动油漆喷涂技术，结合产品特征，对喷涂机器人进行专业化配置，标准车体自动化喷涂覆盖率可达 95%。

3. 自动腻子喷涂

本项目采用全自动环保型腻子喷涂工艺。车体进入台位后，首先由三维检测装置扫描车体外表面，建立三维模型，确定车体外观平整度情况，经由计算单元根据车体平整度情况核定腻子喷涂厚度，建立喷涂参数，并将喷涂程序传递给机器人控制单元，指挥机器人进行喷涂作业。喷涂结束后，三维检测装置再次扫描车体，检查喷涂质量，对不合格区域进行补充喷涂，实现全自动环保型腻子喷涂。

4. 自动打磨

本项目采用全自动腻子及油漆打磨工艺。车体进入打磨房后，通过波浪状校正系统（视觉拍照+三维检测+厚度检测），检测车体外墙平整度，查找最高点和最低点，通过计算单元建立三维模型，确认各点打磨量，并将数据传输给打磨机器人，打磨机器人装配打磨头，通过恒力法兰与机器人手臂进行连接，确保打磨力度一致。机器人根据计算中心传输的数据，结合三维模型情况进行打磨作业。打磨结束后，再次进行检测，局部进行补充打磨，确保整车平整度。

5. 自动检测

本项目采用全自动涂层检测系统，主要由往复机、测厚仪、光泽度仪、色差仪、服务器和后台软件等组成。通过在往复机上加装测厚仪、光泽度仪、色差仪等检测仪器，按车型模型规划测量轨迹，逐个区域进行数据检测，检测数据通过网络导入服务器后台软件，自动判定产品质量，形成质量报告。检测仪器与控制系统直接连接，通过检测仪器读取数据传输至控制系统，系统收集数据后迅速处理，实现数据实时传输、自动判断、超标提示等功能。

6. 全自动中央输调漆系统

本项目采用全自动中央输调漆系统。利用压力泵将涂料从双层输调漆罐通过双层密封套管送到涂装车间喷漆房各个操作工位，不仅能够保证以适当的压力和流量输送涂料，还能对涂料的温度、黏度等特性进行控制，避免了外来污染进入涂料而影响涂膜质量，同时减少车间内涂料运输，改善现场作业环境。

通过全自动喷砂技术、全自动油漆喷涂技术、全自动环保型腻子喷涂技术、全自动腻子及油漆打磨技术、全自动涂层检测技术、全自动中央输调漆技术等关键技术的应用，结合现阶段国内外主流涂装工艺技术的应用现状，将厂房建设成全流程智能绿色表面处理及精饰厂房。

7.6 A/B 型地铁车体涂装案例分析

7.6.1 南宁地铁某项目头罩返工

1. 案例描述

南宁地铁某项目 TC001 和 TC002 车体，在总成车间粘贴头罩时，粘接胶局部开裂、脱落，严重影响头罩粘接强度，导致两节车头罩出现割胶并重新打胶返工。

2. 原因分析

（1）直接原因　由于 TC001 车体头罩粘接面在喷涂中涂、面漆时屏蔽防护不到位，以致被漆雾污染；而在车辆油漆交检时未彻底打磨掉面漆层，直接进行二次刷涂的底漆附着力差，导致底漆层脱落，造成头罩粘接胶层开裂、脱落。

（2）间接原因

1）由于面漆的防污性能提升，导致二次刷涂底漆的附着力不足，引起胶层开裂。

2）工艺人员宣贯力度不够，针对头罩粘接面工艺变更未发布工艺文件进行规范或在班前会进行宣贯。

3）操作人员未严格按照工艺要求执行，在面漆喷涂时未将粘接面屏蔽防护到位，以致被漆雾污染，需要返工处理。

3. 方案优化

1）在班前会进行班组全员宣贯，要求头罩粘接面在中涂、面漆喷涂过程中进行屏蔽。

2）头罩粘接面若局部被漆雾污染，需重新彻底打磨干净漆雾后，再补涂底漆。

3）工艺人员、检查人员加强对头罩粘接面、剥离粘接面涂装质量的工艺纪律检查，对未按要求实施的，追责到人。

4. 方案验证

1）喷涂中涂、面漆时，对头罩粘接面进行屏蔽，工艺可行。

2）粘接面漆雾污染打磨干净后，重新补底漆，满足粘接要求。

3）持续对粘接面屏蔽工艺的实施情况进行工艺纪律检查，未发现违规作业。

5. 后续改进措施

1）重大工艺变更时，工艺人员应及时下发工艺文件进行规范，或在班前会进行宣贯，并组织检查人员、班组作业人员进行现场培训。

2）持续对新工艺的执行情况进行工艺纪律检查，并追责到人。

6. 总结与思考

1）现场操作人员的工艺、质量意识薄弱，对粘接要求不了解，需加强粘接知识培训。

2）班组长和检查人员未严格按照"三检"工作要求进行产品检验，三检工作未落到实处，在以后需对"三检"工作落实情况进行检查。

7.6.2 宁波地铁某项目绝缘漆外流

1. 案例描述

宁波地铁某项目 Mp-012 车体绝缘漆从内部向外流出，并黏附在端墙油漆表面呈"流挂"状态，或从上表面缝隙处鼓出。

2. 原因分析

（1）直接原因

1）在实施过程中，作业人员未使用搅拌器搅拌，绝缘漆分为 A、B 双组分反应固化聚氨酯材料，A、B 组分混合不充分导致绝缘漆局部未干。

2）随气温上升，未干绝缘漆受热膨胀，绝缘漆内部压力增大，向外部流出。

（2）间接原因

1）质量意识不强，违规作业。

2）没有合适的专用检查仪器，只能目测或指触方式检查，难以检查到绝缘漆未干问题。

3. 方案优化

1）切割小孔排查出绝缘漆底部未干的所有区域。

2）清除掉未干的绝缘漆，然后使用打磨机打磨至见金属底材，然后对打磨部位补涂绝缘漆，补涂的绝缘漆厚度与原有绝缘漆厚度一致，以确保整体平整。

4. 后续改进措施

1）召开班组全员质量会，现场宣贯该质量问题产生的原因，增强员工自我质量控制意识，防止再次违规作业。

2）优化绝缘漆作业指导书，对作业人员进行培训，提升员工操作技能。

3）加强现场检查力度，每周对绝缘漆施工过程进行工艺纪律专项检查，发现违规作业，从重考核。

5. 总结与思考

1）作业人员违规作业监控力度不足，需要加强监督与检查。

2）班组自我质量控制意识有待加强。

7.6.3 深圳地铁某项目防寒钉大面积脱落

1. 案例描述

根据城轨售后服务信息反馈《关于深圳地铁某项目车厢顶部防寒钉大面积脱落的专题信息反馈》，售后服务人员现场发现1104车存在两处防寒钉、防寒棉脱落，另有6处显露出脱落迹象。

2. 原因分析

（1）直接原因　经现场调查发现，防寒钉脱落的原因一方面可能是部分防寒钉没有打胶加固，无法支撑防寒棉，出现脱落；另一方面可能是防寒钉粘接数量不足以支撑防寒棉，出现脱落。

（2）间接原因

1）操作人员质量意识不强，违规作业。

2）车顶防寒钉粘接后，喷涂了阻尼浆，阻尼浆覆盖了整个防寒钉，导致无法及时检查出防寒钉是否打胶。

3）设计不合理，车顶防寒钉数量不足，承载过重引起脱落。

3. 整改措施

1）公司质量保证部门召开专题会议，统一制定返工方案，并对所有车辆进行普查整改。

2）现场宣贯需喷阻尼浆车顶的防寒钉粘接要求，加强后续质量控制。

3）规范需喷阻尼浆车顶的防寒钉检查方法，并列入专检项点，在车体交检时进行专项检查，避免不满足要求车辆流入下道工序。

4. 总结与思考

1）设计人员需要系统性地思考细节问题，防止出现防寒钉数量不足或干涉装配等质量问题。

2）涂装工艺人员需要不断从各种质量问题中汲取教训，积累经验，提高识别质量风险的能力，以便在新项目工艺审查或现场工艺指导中，遇到类似问题可以正确解决，避免质量问题的重复发生。

3）涂装工艺人员需要对防寒钉粘接质量进行梳理，分类总结，让操作人员了解涂装质量对下道工序的影响程度，让检查人员全面掌握防寒钉粘接质量的检查方法及要求，防止不合格件失控流向下道工序。

7.6.4 上海某城轨车辆抗扭杆安装座脱落

1. 案例描述

2018年上海某项目0166车TC1一架左侧抗侧滚扭杆的安装座脱落，针对此问题进行检查发现，安装螺栓全部脱落，而且拉杆组件完全处于卡死状态，无法活动，一个安装孔损坏。

后续对公司内其他项目抗扭杆安装座普查发现，所有安装面按照一贯经验只做底漆（所有安装面漆只做底漆），但屏蔽大小不规范，且部分边沿有面漆。

2. 原因分析

（1）抗扭杆安装座脱落原因分析　主要是由于安装面不平整，安装间隙过大，以及部分安装螺栓没有涂抹螺纹紧固胶，导致抗扭杆安装座脱落。

（2）安装面不平整，安装间隙过大原因分析

1）安装面涂装不规范，底漆面小于抗扭杆安装面，边缘有面漆、防火漆及密封胶干涉。

2）安装面部位焊缝干涉。

（3）安装面涂装不规范原因分析

1）直接原因：在喷涂面漆、防火漆前屏蔽不到位。

2）间接原因：设计图样对抗扭杆安装座没有明确要求，也没有明确屏蔽范围，导致底漆面大小不一，与抗扭杆安装座干涉。在此之前，未收到任何针对抗扭杆安装面涂装不规范与安装座干涉的反馈，也没有出现类似质量问题，以致之前所有车辆均按以往涂装方式执行。

3. 整改措施

1）针对此次抗扭杆安装座脱落问题，企业召开专题会议，统一制定返工方案，对所有车辆进行普查整改。

2）组织召开现场会，按照抗扭杆安装要求，对正在组装的车辆进行整改。

3）要求城轨系统研发部提供抗扭杆安装座屏蔽接口，由工业设计分公司下发明确屏蔽标准，对已完成车辆进行普查整改，新制车辆按照设计标准要求执行。

4）对底架委外供应商进行专项质量检查，宣贯抗扭杆安装座涂装要求，加强后续质量控制。

5）将抗扭杆安装座涂装质量列入专检项点，在底架交检时进行专项检查，以及在车体

面漆交检时进行专项复检，避免不满足要求车辆流入下道工序。

4. 总结与思考

1）工艺人员识别质量风险的能力和经验严重不足，在没有标准要求和下道工序反馈的情况下，对于存在质量隐患的风险源未能识别出，仅依靠以往的经验、习惯指导现场作业，容易造成潜在的质量风险。

2）设计部门对细节问题的思考不全面，油漆图中很多细节点的要求不明确，技术要求笼统，未能对细节点进行标注，如安装面屏蔽尺寸要求、密封胶的涂打要求，很容易造成各工序间的接口不一致，互相干涉，以致出现质量问题。

3）工艺人员需要不断地从各种质量问题中汲取教训，积累经验，提高识别质量风险的能力，以便在新项目工艺审查或现场工艺指导中，遇到类似问题可以正确解决，避免质量问题的发生。

4）后续涂装工艺需要联合城轨工艺人员，对城轨车辆安装面（车钩安装面、抗扭杆安装面、枕梁安装面）、安装座（接地安装座）、电连接面（接地点）、机械连接（螺孔、铆螺母）等的涂装要求进行梳理，分类总结，让涂装工艺人员及操作人员明白涂装质量对下道工序质量的影响，加强安装面的涂装质量意识，以及在没有图样明确要求的情况下，作为现场施工指南，避免因接口问题导致下道工序出现质量问题。

7.7 防寒钉粘接工艺优化

1. 研究背景

目前，中车株洲电力机车有限公司大部分车辆（城轨车辆、动车组及部分机车项目）车内通过粘贴防寒钉来固定防寒棉，防寒钉的粘接工艺为粘贴防寒钉，主要利用防寒钉本身带有的双面胶将其粘贴于车体表面，并打胶强化固定，即在粘贴好的防寒钉四周打胶强化固定，防止后期在转运、装配等过程中脱落。

现有防寒钉粘接工艺主要存在的问题是劳动强度大。城轨车辆及动车组车辆车内防寒钉有1000多个，防寒钉粘贴后打胶耗时长（3人8h/节），劳动强度大，严重影响生产效率和员工健康作业。辅助粘接用胶量大，成本高。现生产车辆的防寒钉粘接固定胶用量为8~10支，每支胶成本280元（含税），即每节车材料成本为1960~2240元（除其他辅助材料）。

2. 研究方案及目标

（1）研究方案　影响防寒钉粘接的主要因素有以下3点：

1）防寒钉用双面胶带的粘接能力。防寒钉的主要作用是用于固定和悬挂防寒棉，其粘接的牢固可靠性直接影响防寒棉的质量。如果防寒钉粘接力不够，防寒钉脱落会导致防寒棉松脱。防寒钉粘接力主要指剪切力和拉伸力，顶部防寒钉粘接依靠的是防寒钉的拉伸力，而侧墙防寒钉粘接依靠的是防寒钉的剪切力。因此，影响防寒钉粘接的主要因素是双面胶带的剪切力和拉伸力。

2）胶粘剂粘接性能的影响。防寒钉粘接所用胶粘剂主要起二次固定作用，使防寒钉粘接更加牢固，不掉落，不影响后续防寒棉的安装。影响胶粘剂粘接性能的主要因素有胶粘剂的施工性能、胶粘剂的湿热老化后的粘接强度等。

3）施工影响。防寒钉粘接的牢固性除了受自身所带双面胶带粘接力的影响外，还受防寒钉施工的影响，例如未严格按照工艺要求执行，表面清洁、处理不到位，防寒钉粘接后容易掉落。

（2）防寒钉粘接工艺优化方案　通过对防寒钉粘接工艺优化研究，制定防寒钉粘贴工艺优化可行性方案，通过相关粘接性能检测，选取合适的粘接胶带和胶粘剂。

1）在不影响粘接性能及不影响后续作业的前提条件下，优化防寒钉自粘接性能，即增强防寒钉自带双面胶粘接能力，取消二次固定胶，直接利用防寒钉自带双面胶进行粘接，以满足工艺要求。

2）从成本、质量、施工性能、粘接强度等综合性能评估，选择性价比更高的胶粘剂，降低材料成本。

（3）研究目标

1）降低员工劳动强度，提高生产效率。防寒钉粘接工序效率从 4 人 4h/节缩短至 4 人 2h/节，防寒钉粘接效率提高 50%。

2）降低成本。按照城轨车辆平均用胶量（10 支/节），通过优化防寒钉粘接工艺，取消侧墙用胶，即可直接节约成本 1040 元/节。

3）选取性价比更高的胶粘剂，降低材料成本，降低成本目标为 650 元/节。

3. 研究结果

从防寒钉粘接效率、质量、成本等方面综合考虑，最终通过各部门讨论评审，确定防寒钉粘接工艺优化方案。

1）优化防寒钉的粘接性能，对防寒钉用双面胶带的粘接性能进行优化，车体侧墙及端墙直接粘贴优化后的防寒钉。

2）由于考虑到顶部防寒钉的特殊性，顶部采用"粘接优化后防寒钉+辅助胶"的混合固定方式。

3）从成本、质量、施工性能等方面综合考虑，对顶部防寒钉用辅助胶进行优化，选用性价比高的胶粘剂代替目前所使用的胶粘剂。

第8章

部件涂装工艺

Chapter 8

☺ 学习目标：
1. 掌握构架、轮轴、顶盖、部件涂装工艺流程。
2. 了解构架、轮轴、顶盖、部件涂装常见质量问题及处理措施。
3. 了解基于流水线的构架涂装案例。
4. 了解轮轴自动涂装线案例。

8.1 构架涂装

转向架作为机车车辆的走行部，构架、摇枕、轮对等核心零部件的生产制造工艺主要包括加工、焊接、涂装、装配等工序。涂装作为转向架生产中的一个重要环节，主要为了实现转向架的防腐，并使其具备一定的装饰性。

近几年，国内城市轨道交通建设飞速发展，长春、唐山、青岛、株洲、大连等地的各大主机厂都紧抓发展机遇，在轨道交通方面展开了激烈角逐。随着产品选择空间的日益广阔，用户对转向架产品涂装的防腐、防锈性能提出了更高的要求。机车车辆的主机厂在注重产品内在质量可靠性的同时，也越来越多地追求产品的外观质量，如涂装质量等。

8.1.1 工艺流程

常见构架涂装工艺流程为：抛丸→上线→清洗→底漆预涂→一次屏蔽→底漆喷涂→底漆烘烤→二次屏蔽→密封胶涂装→腻子找补→打磨→面漆喷涂→面漆烘烤→交检收尾→下线，如图8-1所示。

8.1.2 设计图样分析

构架油漆图主要由图样主体部分（含各部分剖视图）和技术要求两部分组成，如图8-2所示（见插页）。

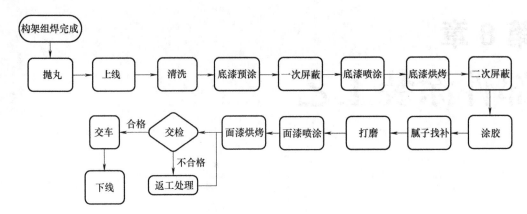

图 8-1　构架涂装工艺流程

1. 图样主体部分

图样主体部分一般用空白表示，代表该区域需要进行面漆涂装，颜色阴影填充部位代表该区域只做底漆。剖视图往往代表该部分有特殊要求，a 代表不做油漆，如玻璃、橡胶、陶瓷、不锈钢及电镀件表面，以及内、外螺纹等配合表面；b 代表该区域不做面漆，但要求预涂底漆的部位，如安装件的支撑表面；c 代表该区域要求做面漆，应按相关工艺要求进行底漆、面漆等处理；d 代表该区域不做油漆但要做防腐处理，如刷防锈油。

2. 技术要求

技术要求是设计人员提出的重要项点，图样分析阶段需要重点关注。以某城轨项目构架油漆图为例，技术要求如下：

1）内外螺纹不涂油漆。

2）油漆参数和油漆质量按照 WB00000017G40《转向架油漆技术规范》执行。

3）构架油漆前必须进行喷丸处理，喷丸时注意保护各安装孔、安装面。

4）标 * 处底漆厚度为 $40 \sim 60 \mu m$。

8.1.3　构架涂装技术规范

1. 配套涂层体系

转向架和车体底架下表面配套涂层体系的技术要求见表 8-1。车下部件涂层也需满足表 8-1 中规定的要求。

表 8-1　转向架和车体底架下表面配套涂层体系的技术要求

序号	试验项点	标准号	技术要求
1	漆膜颜色和外观	GB/T 9761—2008	颜色符合设计或合同要求，色调均匀一致，无颗粒、针孔、气泡、皱纹
2	弯曲性能（圆柱轴）	GB/T 6742—2007	≤10mm
3	划格试验（涂层厚度≤250μm）	GB/T 9286—2021	≤1 级

（续）

序号	试验项点		标准号	技术要求
4	X-切割试验（涂层厚度>250μm）		ISO 16276-2-2007	≤1级
5	拉开法附着力		GB/T 5210—2006	≥5MPa
6	光泽度（60°）		GB/T 9754—2007	见美工技术规范要求
7	耐水性（40℃±1℃），24h		GB/T 5209—1985	外观基本无变化（涂膜无起泡，不开裂，无脱落）
8	耐液体介质（24h）	H₂SO₄（10%）	GB/T 9274—1988	外观基本无变化（涂膜无起泡，不开裂，无脱落）
		NaOH（10%）		
9	耐溶剂性（丁酮往复擦拭50次）		ASTM D5402 2019	漆膜无露底、无溶解，拭布上不应黏附过多颜料粒子
10	耐热性（150℃±2℃），1h		GB/T 1735—2009	漆膜无明显变化（涂膜无起泡，不开裂，无脱落）
11	耐高低温循环交变试验（60周期）		Q/TX D2-001	涂膜无起泡，不开裂，无脱落；X-切割试验≤1级；拉开法附着力≥5MPa；刀片撬动附着力无明显降低
12	耐盐雾性（NSS）（1000h）		GB/T 1771—2007	板面无起泡、不生锈；划痕处涂膜损坏或锈蚀宽度≤2mm（单向）；X-切割试验≤1级；刀片撬动附着力无明显降低
13	耐老化性（1000h）		GB/T 14522—2008	≤2级（GB/T 1766—2008）
14	耐冷凝水（500h）		ISO 6270-2-2017	涂膜无起泡，不开裂，无脱落；X-切割试验≤1级；拉开法附着力≥5MPa；刀片撬动附着力无明显降低

2. 喷涂步骤及要求

（1）遮盖　遮盖非油漆表面、内外螺纹、所有橡胶部件、螺栓连接和需要加装部件的区域。

（2）喷涂前的表面要求　所有需油漆的表面应干燥、无锈、无尘、无油脂。钢结构应按 ISO 12944-4-2017 的规定喷砂或打磨并进行预处理，表面质量达到 Sa2½级，清除干净的钢结构应在 4h 内完成喷涂。铝合金结构应进行适当的表面处理，处理后的铝合金结构表面粗糙度应大于 $Ra6.3$ 且小于 $Ra25$，清除干净的铝合金结构应在 24h 内完成喷涂。

（3）喷涂要求　构架喷涂要求如图 8-3 所示，组装后对没有面漆的部位进行补漆，对与大气相通的孔，在不能进行面漆的情况下用蜡化合物覆盖。

3. 支撑面底漆尺寸

由螺纹及螺母固定的支撑面且图样未标注底漆尺寸的可参照表 8-2 执行。

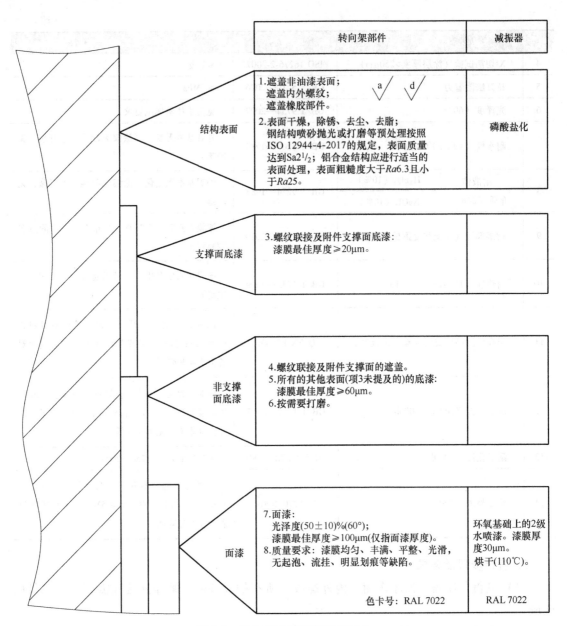

图 8-3　某 B 型地铁构架喷涂要求

表 8-2　螺纹及螺母固定的支撑面底漆尺寸

螺纹或孔的尺寸范围/mm	底漆尺寸/mm	螺纹或孔的尺寸范围/mm	底漆尺寸/mm
M8~ϕ10	ϕ20	M16~ϕ20	ϕ33
M10~ϕ12	ϕ24	M20~ϕ24	ϕ39
M12~ϕ14	ϕ27	M24~ϕ30	ϕ48
M14~ϕ16	ϕ31	M30~ϕ36	ϕ61

8.1.4 工艺技术要求

1. 抛丸

将构架上各螺纹孔用相应规格的聚氨酯螺塞进行屏蔽（注意：屏蔽前应检查屏蔽螺纹孔上有无金属屑、油污等异物，若有异物应用高压风或白棉布将其清理干净后再进行屏蔽，防止金属屑、油污等异物污染构架螺纹孔），将构架精加工面用相应的工装进行屏蔽。具体要求是屏蔽准确且牢固，防止抛丸过程中屏蔽工装脱落。

2. 清洗

1）将构架沿长度方向对称吊运至平车抛丸支架上，构架纵向中心线与平车中心线偏移量应不大于100mm，放置平稳，无晃动。

2）打开清洗间推拉门，将平车推至清洗间中间位置，并将平车及抛丸支架进行固定，关闭清洗间推拉门，以备清洗。

3）开启清洗间通风系统，完全关闭清洗间推拉门。刷洗构架表面的重油污、粉笔印痕及探伤痕迹等，然后用高压无气喷枪喷专用清洗剂冲洗构架，按从上至下、从里到外的顺序进行清洗，使构架表面目视无油污。

4）将屏蔽件拆卸下来，放置于屏蔽工位，以备再次使用。清洗干净后用高压风将构架表面及凹陷部位吹干，开启清洗间推拉门。

3. 上线

1）将升降平台下降至升降平台辊道与地面平齐位置，再将横移机构移动至上件工位，换上相应车型合适的吊具。

2）升高升降平台至抛丸辊道与升降平台辊道等高位置，将构架吊挂至吊具上，将升降平台下降至升降平台辊道与地面平齐位置，构架上盖板平面距离地面不高于1.5m，构架最低点距离地面不低于0.3m。各吊点吊绳应等长，将构架放车至下一工位。

3）待构架输送至下一工位后，上升升降平台至抛丸辊道与升降平台辊道等高位置，将抛丸支架退回至上一工序。

4. 底漆预涂

1）检查构架是否停车在设定的位置；检查喷漆房的照明、通风等是否开启及运行是否正常，室门是否关闭；检查防坠落机构是否拨到位。作业过程中应将防坠落板拨到构架下面，确认安全后再进行作业。

2）用干净的毛刷蘸取专用清洗剂刷洗构架与抛丸支架接触面，将油污清理干净。

3）用高压风将构架表面清洗剂吹干。

4）调配相应车型设计要求的底漆，用毛刷蘸取底漆刷涂或用弯管喷枪喷涂构架上不易喷涂到的死角部位。

5）预涂完成后，将构架防坠落板拨至与构架运行轨道平行方向，防止防坠落板与构架运行干涉。

5. 一次屏蔽

1）检查构架是否停车在设定的位置，防坠落机构是否拨到位。作业过程中应将防坠落板拨到构架下面，确认安全后再进行作业。

2）按照相应车型的设计要求，将构架上的安装面（即构架油漆图上标注"a""b""d"的部位）用耐聚氨酯稀料的不干胶、屏蔽纸等进行屏蔽，将螺纹孔用皱纹纸胶带进行屏蔽。

3）屏蔽完成后，将防坠落板拨至与构架运行轨道平行方向。

6. 底漆喷涂

1）检查构架是否停车在设定的位置；检查喷漆房的照明、通风等是否开启及运行是否正常，室门是否关闭；检查防坠落机构是否拨到位。作业过程中应将防坠落板拨到构架下面，确认安全后再进行作业。

2）调配底漆：根据图样确定油漆型号，检查各物料是否在保质期内。底漆主剂用搅拌机先搅拌 3~5min，底漆主剂与固化剂的比例按供货厂家的要求，按实际用量，根据少量多次的原则，用电子秤称取主剂与固化剂倒入干净的配漆桶内，兑入适量的底漆稀释剂，用搅拌机搅拌 3~5min，施工黏度为 25~30s（炎热季节取下限，寒冷季节取上限），静置 15~20min。从配漆到喷完漆的总时间不应超过 4h。

3）用静电喷枪喷涂调制好的底漆，先里后外，先难后易，依次进行。喷完一遍后，闪干 15~20min，再喷涂第二道，以保证漆膜厚度。底漆干膜厚度符合相应车型的涂装工序卡要求，漆膜需完整、不流挂。

4）底漆喷涂后，将构架防坠落板拨至与构架运行轨道平行方向，防止防坠落板与构架运行干涉。

7. 二次屏蔽

1）检查构架是否停车在设定的位置，防坠落机构是否拨到位。作业过程中应将防坠落板拨到构架下面，确认后再进行作业。

2）待构架冷却至室温，按照设计要求对构架安装面进行二次屏蔽（图样中标"b"的位置），以防止后续面漆喷涂时构架安装面被面漆污染。

3）参照 GB/T 13452.2，用测厚仪测量构架表面底漆厚度，构架各部位任意均点测量 6 个点；用 2mm 划格器检查底漆附着力，附着力应达到 0 级或 1 级（GB/T 9286），检查完后补刷同种油漆。

4）根据具体车型的涂装工序卡要求，将需要进行密封处理的部位涂打密封胶，防止板材发生间隙腐蚀。涂打密封胶前需要对待涂胶表面底漆进行打磨、去污处理。密封胶涂打要求是平整、光滑、美观和密封完全。

5）将构架防坠落板拨至与构架运行轨道平行方向，防止防坠落板与构架运行干涉。

8. 打磨

1）检查构架是否停车在设定的位置；检查喷漆房的照明、通风等是否开启及运行是否正常，室门是否关闭；检查防坠落机构是否拨到位。作业过程中应将防坠落板拨到构架下面，确认安全后再进行作业。

2）用 φ150 打磨机装 120 目砂纸进行整体打磨，对于打磨机打磨不到的部位，用 P120 砂纸手工打磨。打磨后用高压风吹尽表面的灰尘。要求腻子打磨至平滑（手摸无明显刮手感觉），过渡自然，打磨完全，整个构架没有明显的砂纸磨痕，表面平整干净。

3）构架腻子打磨后用高压风吹尽表面的灰尘，要求表面平整干净，无灰尘、颗粒等。打磨露底的，需补涂同种底漆，闪干 15min。

4）将构架防坠落板拨至与构架运行轨道平行方向，防止防坠落板与构架运行干涉。

9. 构架面漆喷涂

1）检查构架是否停车在设定的位置；检查喷漆房的照明、通风等是否开启及运行是否正常，室门是否关闭；检查防坠落机构是否拨到位。作业过程中应将防坠落板拨到构架下面，确认安全后再进行作业。

2）用高压风将待喷油漆表面的灰尘清理干净，检查屏蔽物是否脱落，若脱落应按图样要求及时进行再次屏蔽。

3）调配面漆：根据图样确定油漆品种，检查并确认各物料在保质期内。面漆主剂先用搅拌器搅拌 3~5min。混合前必须用电子秤对各组分的重量进行确认，不允许按习惯和经验桶对桶进行配比。面漆主剂与固化剂的比例按供货厂家的要求，用电子秤分别称取主剂与固化剂倒入干净的配漆桶内，兑入适量面漆稀释剂，用搅拌器搅拌 3~5min，用 100~120 目的过滤网过滤，静置 15~20min，使搅拌时带入涂料中的空气冒出。静置过程中油漆桶要用盖子盖好，防止油漆中落入灰尘颗粒。从配漆到喷完漆的总时间不应超过 4h。

4）预涂面漆：用干净的毛刷蘸取面漆刷涂或用弯管喷枪喷涂构架上不易喷涂到的死角部位。

5）用静电喷枪喷涂调制好的面漆，先里后外，先难后易，依次进行。喷完一遍后，闪干 10~15min，再喷涂下一道。要求漆膜均匀、丰满，面漆干膜厚度符合相应车型的涂装工序卡要求，无漏喷、流挂、起泡等缺陷。

6）面漆喷涂完成后，将构架防坠落板拨至与构架运行轨道平行方向，防止防坠落板与构架运行干涉。

7）将构架吊转至烘烤工位，构架面漆烘烤温度为 70~80℃，烘烤按照节拍控制时间执行（50min 以上），使漆膜实干。

10. 构架交检

1）检查构架是否停车在设定的位置；检查喷漆房的照明、通风等是否开启及运行是否正常，室门是否关闭；检查防坠落机构是否拨到位。作业过程中应将防坠落板拨到构架下面，确认安全后再进行作业。

2）检查构架表面有无露底、漏涂、流挂、粗粒、针孔、起泡、漆瘤等明显质量缺陷，若有质量缺陷需要先进行返工。

3）用漆膜测厚仪测量涂层干膜厚度，每个构架各部位任意均点测量 4 个点，应符合相应车型设计要求。用光泽度仪测量涂层的光泽度，每个构架各部位任意均点测量 4 个点，应符合相应车型设计要求。用色差仪测量涂层的色差，每个构架各部位任意均点测量 4 个点，应符合相应车型设计文件要求。

4）作业人员需要佩戴干净的手套，将构架表面所有屏蔽纸拆除干净，并放置在规定的废弃桶内。

5）检查构架安装面底漆是否平整、均匀一致，确保无面漆污染，若有质量缺陷需要先进行返工。

6）涂抹防锈油。将各螺纹孔、安装面等（相应车型的构架油漆图上标"d"的区域）涂抹防锈油或其他设计要求物料，同一部位需要涂抹两遍，以增加防锈油膜厚度和避免漏涂。要求防锈油涂抹完全，匀称美观，无漏涂。

7）涂打标识。按照各构架的设计要求涂打标识，涂打要求是清晰、无歪斜、无漏喷。

8）若构架需在厂房外存放，应将构架上螺纹孔、安装面等所有裸露非不锈钢金属面涂抹防锈油进行防护，螺纹孔应用聚氨酯螺塞进行封堵。

8.2 轮轴涂装

8.2.1 工艺流程

常见轮轴涂装工艺流程为：启动中控→加装轴套→涂防锈剂（动车车轴）→AGV送料→上线→屏蔽→清洁→扫描→底漆喷涂→流平→烘烤→强冷→面漆喷涂→流平→烘烤→强冷→拆屏蔽→刷防锈油（车轮）→检验→贴二维码→下线→AGV转运→拆除轴套。

8.2.2 设计图样分析

车轴油漆图主要由图样主体部分和技术要求两个部分组成，如图8-4所示。图样主体部分一般用粗线代表该区域需进行面漆涂装，其余部分只做底漆。技术要求一般对车轴底漆、面漆的颜色、厚度和附着力，面漆的光泽度和色差进行规定。

8.2.3 工艺技术要求

轮轴涂装工艺流程中相应工序工艺技术要求如下：

启动中控：启动中控系统，输送链按8min一个节拍推进。

开工条件确认：根据中控系统的指令确定需要上线的车轴，确认车轴的长度，在缓存区给长度短于2200mm的车轴加装配套的轴套，防止短车轴坠落。确认车轮轮缘的直径，若直径大于1055mm，则不应上线生产。

涂防锈剂：在缓存区给动车车轴的齿轮座涂防锈剂。要求用海绵蘸少许防锈剂，对车轴的齿轮座均匀涂抹，不应越界。海绵蘸防锈剂时应注意，不应让防锈剂滴落在地面上，不应让防锈剂在工件上流淌。不慎蘸多了防锈剂时应轻轻拧掉多余的部分，让海绵保持湿润即可。

AGV送料：AGV送料至桁架下。在AGV运行时，严禁作业人员进入桁架区域。也可以用叉车把工件叉至桁架下。使用叉车时，应注意观察前后左右情况，把托盘准确放入托架的定位卡里。

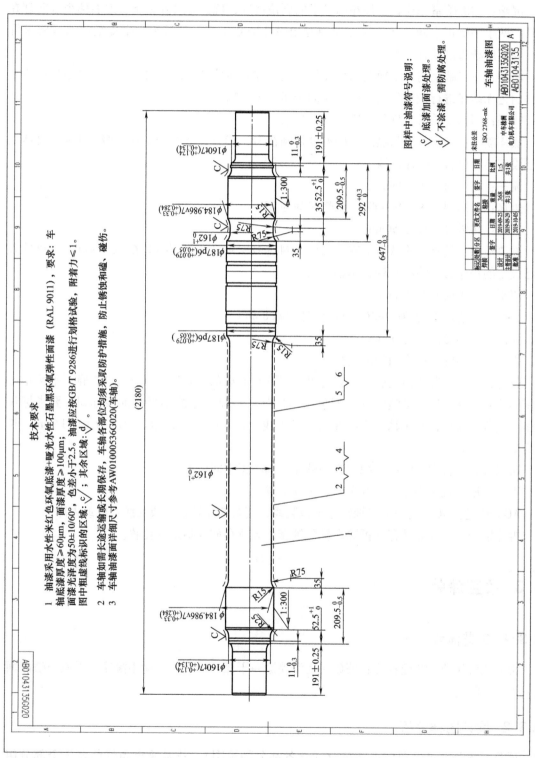

图 8-4　某 B 型地铁车轴油漆图

上线：桁架机械手分别抓取车轮、车轴上线。

屏蔽：在屏蔽室先检查工件在吊具上的到位情况，确认工件在上下、左右两个方向都在吊具的两个凹槽正中间，然后才可使用专用磁性屏蔽工装、胶带纸、牛皮纸按图样要求屏蔽。要求屏蔽边沿整齐一致。

清洁：在屏蔽室内用干净的白色无纺布把工件表面擦拭一遍，去掉浮尘，并用另一块干净的白色无纺布进行检查确认，确保表面干净、无异物。

扫描：用扫码枪对工件的二维码进行扫描。

底漆喷涂：检查并确认喷漆室的温度控制在18~30℃，湿度控制在30%~80%。机器人按已设定的程序自动喷涂底漆。

流平：流平时间为40min。

烘烤：烘烤温度为60~90℃，烘烤时间为88min。

强冷：在强冷室风冷56min。

面漆喷涂：检查并确认喷漆室的温度控制在18~30℃，湿度控制在30%~80%。机器人按已设定的程序自动喷涂车轮、车轴面漆。

流平：流平时间为40min。

烘烤：烘烤温度为60~90℃，烘烤时间为88min。

强冷：在强冷室风冷56min。

拆屏蔽：拆除工件表面的屏蔽物。

收尾：清理屏蔽边沿毛刺，修整过界油漆及其他局部小缺陷。在车轮E2静不平衡钢印标识的垂直曲面处用自动喷漆罐（颜色按图样要求）喷一道静不平衡油漆标识，要求标识清晰、规范、端正，与车轴中心线在同一条直线上，不应歪斜，标识宽度为10~15mm，长度为25~30mm。

贴二维码：打印二维码，把二维码贴在车轴的正中间位置。

下线：桁架机械手分别抓取车轮、车轴下线。

AGV转运：AGV把动车车轴转运至包装线，其余产品转运至成品缓存区或入库。

拆除轴套：在成品缓存区拆除车轴的轴套，规范存放在指定的位置。

8.3 顶盖涂装

8.3.1 工艺流程

常见顶盖涂装工艺流程为：喷砂→底漆喷涂→干燥→涂胶→喷涂中涂漆→干燥→喷涂面漆→干燥→收尾。

8.3.2 设计图样分析

顶盖油漆图主要由图样主体部分（含各部分剖视图）、技术要求和着色表3个部分组成，如图8-5所示。

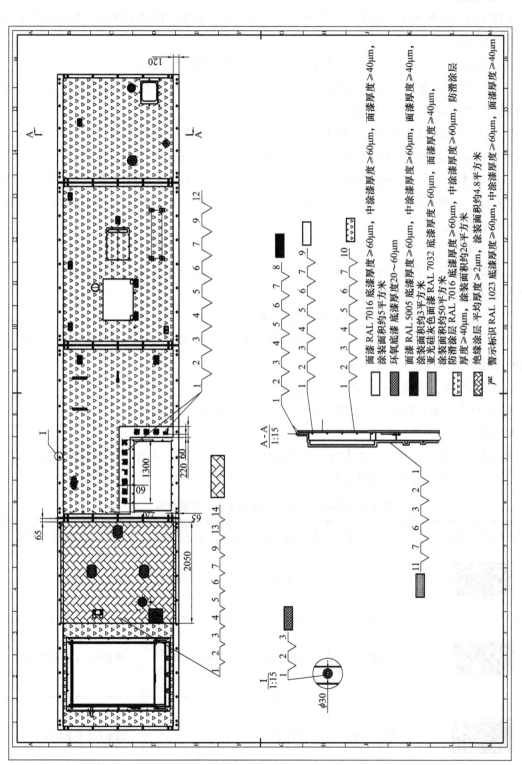

图 8-5　顶盖油漆图

1. 图样主体部分

图样主体部分利用不同图案进行填充,其中每个图案有相应的色彩要求。分析图样主体部分要求如下:

(1)顶部分析 分析图样首先观看车顶部位,了解顶部涂装要求。

1)颜色种类的多少、分色线的位置与复杂程度直接决定涂装周期和涂装工艺的复杂程度。分析图样后需知道整个顶盖面漆的最优施工顺序。

2)每个填充区域都关联了不同的数字,数字对应设计 BOM 中的具体物料。

(2)内侧油漆分析 内侧油漆通常和车体机械间油漆一致,常用剖视图标识。

(3)剖视图分析 剖视图往往代表该部分有特殊要求,a 代表不做油漆,一般指不锈钢件,如螺栓、接地座等区域;b 代表该区域只做底漆;d 代表该区域不做油漆但要做防腐处理,如刷防锈油。

2. 技术要求

技术要求是设计人员提出的重要项点,图样分析阶段需要重点关注。以 HXD1C 型电力机车顶盖油漆图为例,技术要求如下:

1)油漆颜色标准采用 RAL 漆膜颜色标准样卡。

2)基材准备、喷涂及质量要求按照 JA00000214J24《大功率交流传动 7200kW 六轴货运电力机车涂料技术规范》执行。

3)所有螺纹孔必须先行屏蔽,不得有任何涂层。

4)所有安装面只做底漆,首列车试制在设计人员指导下进行。

3. 着色表

着色表包括符号、颜色、色卡号、光泽度和着色范围 5 部分内容。以 HXD1C 型电力机车顶盖油漆图为例,其着色表见表 8-3。

表 8-3 HXD1C 型电力机车顶盖油漆图着色表

符号	颜色	色卡号	光泽度(%)	着色范围
	硅灰色	RAL 7032	50±10(60°)	顶盖内表面
	石墨灰	RAL 7024	≥80(20°)	顶盖外表(图示位置)
	石墨灰防滑漆	RAL 7024	—	顶盖外表面走行部分

（续）

符号	颜色	色卡号	光泽度（％）	着色范围
—				a：不涂漆部位，包括玻璃、橡胶、电镀件、陶瓷、不可见的不锈钢件等，干燥内部区域的铝制线槽，内部干燥、没有和钢铁接触的铝制支架和机架，所有的螺纹面及所有安装接地装置的区域（不锈钢安装轨除外）
				b：只涂底漆部位，包括所有的顶盖安装导轨面，所有的横向减振器安装支架，螺纹连接及安装件支撑面
—				d：不涂漆但需做防腐处理的部位

8.3.3 工艺技术要求

1. 底漆喷涂

用喷嘴直径为 0.45~0.65mm，喷幅宽度为 35mm 的高压无气喷枪（进气压力为 0.4~0.6MPa）进行喷涂，喷漆前应先把压缩空气中的油水放干净，直到喷出的油漆均匀、细腻才可上车喷涂。喷涂时，喷嘴与物面应尽量保持垂直，喷涂雾面的搭接宽度在喷涂过程中应保持一致。喷雾图样的搭接幅度为 1/4~1/3。喷枪的移动轨迹与工件表面保持平行，喷枪移动的速度应保持一致，速度应为 0.3~0.7m/s，喷涂距离应在 300~400mm。交叉喷涂两道，中间闪干 10min（夏）~20（冬）min。要求涂层表面均匀、不露底、丰满，无流挂、起泡、针孔等漆膜缺陷，干膜厚度达到图样要求（底漆厚度控制在 60~100μm）。喷完漆后设置喷烘房为流平送排风状态至少 15min 后，才能关机及关闭喷烘房的大门，防止废气浓度过高。

2. 面漆喷涂

用混气喷枪，采用"湿碰湿"喷涂工艺一次成膜（中间闪干 10~15min）。喷涂采用从上到下的原则。大面积喷涂时可分段喷涂，每一段行程 80~130cm，在每一个行程结束时枪机仍应保持触发状态并使喷枪作弧形喷涂，使行程末尾的漆膜渐薄且边缘不齐；每一段应从上往下喷，避免形成台阶和粗糙。要求涂层表面均匀、不露底、丰满，无流挂、起泡、针孔、凹陷、明显颗粒及桔皮等缺陷，保证面漆干膜厚度、光泽度和色差等指标符合图样技术要求。喷完漆后设置喷烘房为流平送排风状态至少 15min 后，才能关机及关闭喷烘房的大门，防止废气浓度过高。

喷涂顶盖上平面中间区域时，应将三维车升至高于顶盖上平面 300mm 处，并将水平踏板伸出，站在三维车上垂直向下进行喷涂作业。

8.4 其他部件涂装

除构架、轮轴和顶盖外，其他部件涂装包含组装配件、座椅配件、风缸等，该类部件涂装较为简单，见表8-4。

表8-4 其他部件涂装要求

序号	部件名称	常见图样	涂装要求
1	组装配件	见图8-6	① 底漆+面漆，底漆厚度≥60μm，面漆厚度≥100μm ② 阴影部分只做底漆
2	座椅配件	见图8-7	① 底漆+面漆，底漆厚度≥60μm，面漆厚度≥40μm ② 有一面只做底漆
3	风缸	见图8-8	底漆+面漆，底漆厚度≥60μm，面漆厚度≥40μm（或100μm）

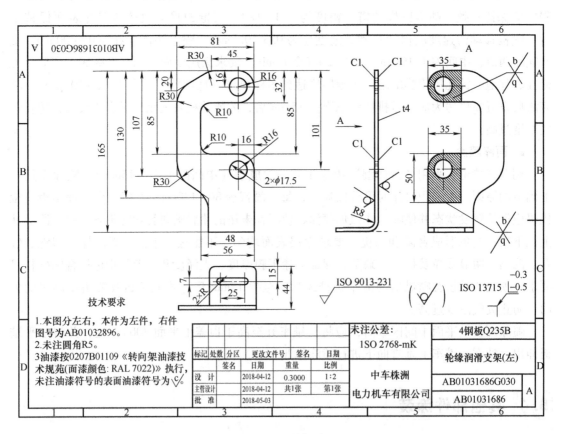

图8-6 组装配件

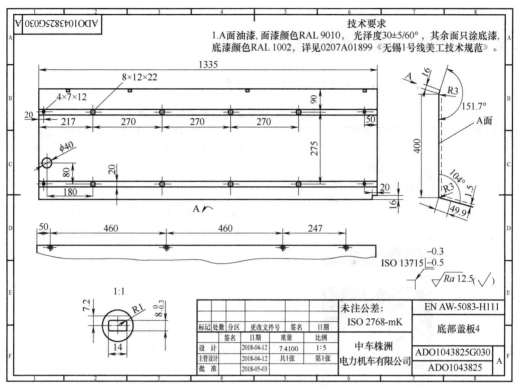

图 8-7 座椅配件

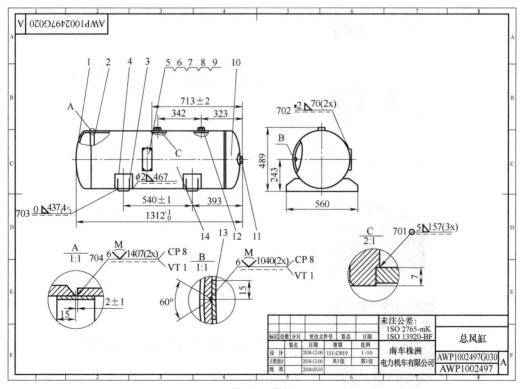

图 8-8 风缸

8.5 常见质量问题及处理措施

部件涂装过程常见质量问题及处理措施见表 8-5。

表 8-5 部件涂装过程常见质量问题及处理措施

序号	现场照片	问题描述	处理措施
1		构架底漆有多处漏涂	重新补刷底漆
2		顶盖打砂质量均不合格，多处探伤白色显影剂未清除干净	立即返工重新打砂
3		返修构架多处喷砂不到位，表面残留底漆	立即返工重新喷砂
4		顶盖小门灰色面漆上污染了异色漆	立即去顶盖间清除异色漆
5		轮对迟缓标识涂打不规范	返工处理

（续）

序号	现场照片	问题描述	处理措施
6		只涂装底漆部位未屏蔽，操作者未按图样要求操作	打磨面漆区域，重新滚刷底漆
7		构架内侧一处厚重油污未清洗干净，底漆无附着力	立即清除脱落的底漆层，重新清洗，补涂底漆
8		轮轴底面漆厚度均不合格	打磨面漆区域，重新滚刷面漆
9		顶盖内面硅灰面漆流挂流坠严重	打磨面漆区域，重新滚刷面漆
10		构架面漆颜色涂装错误	打磨后重新喷涂面漆
11		顶盖防滑漆污染顶盖边缘，通风窗收尾质量不合格	重新收尾，修理边缘分色线

8.6 基于流水线的构架涂装案例分析

8.6.1 节拍优化（一）

中车株洲电力机车有限公司构架涂装流水线节拍优化，原设计节拍70min，2017年公司相关单位完成构架涂装流水线节拍从70min优化为60min的专项工作。

针对油漆喷涂、油漆烘烤以及构架交检等瓶颈工位的作业特点，结合构架涂装目前运行状况，围绕构架涂装节拍优化为60min的改善目标，从工艺路线优化、设备烘烤参数调整以及工位人员、设备配置情况等方面进行优化。

1. 底漆喷涂

原有底漆喷涂工序分为底漆点喷和底漆喷涂两个工位，两个工位作业时间分别为17.2min和86.8min，两个工位作业总时间为17.2min + 86.8min = 104min，平均时间为52min，该时间小于目标节拍时间（60min），故可在底漆点喷工位进行底漆喷涂，从而实现底漆喷涂工序各工位作业时间的合理分配。

2. 面漆喷涂

面漆喷涂工序只有一个单独的工位，而且前后工位分别是打磨和油漆烘烤，作业具有独立性，故不能对面漆喷涂工位作业工序进行调整。为满足60min节拍要求，需要在该工位补充1人和1套静电喷涂机，补充1人后该工位作业时间为70min/2 = 35min，油漆喷涂作业后可在该工位自流平60min - 35min = 25min。

3. 油漆烘烤

鉴于构架涂装流水线烘房烘烤温度设计为60～80℃（可调），目前烘烤温度设置为70℃，故可将油漆烘烤温度调整至80℃以实现该工序节拍优化。然而对于面漆烘烤而言，由于其后工位（构架交检）的工序同为瓶颈工序，进入该工位后油漆必须完全干燥才能进行后续作业。为进一步保证面漆烘烤效果和产品质量，后续需要对面漆烘烤台位进行如下改造：

（1）第一阶段 在面漆喷涂工位增加1套风幕机。构架在进行流动时，构架烘烤室门会自动打开，此时面漆烘烤室热风因风压往外扩散，不仅造成烘房热量的损失，而且影响油漆喷涂工序作业环境，故此增加1套风幕机，以阻断热风的扩散。

（2）第二阶段 对面漆烘房送风口进行改造。鉴于目前构架工件距热风口高度为300mm，而热风口与面漆烘烤工位地面基本持平，可通过对热风口位置进行改造，将热风口提升至一定高度（200mm），使热风直接吹送至构架工件表面，增加工件高温烘烤时间，以保证工件表面油漆烘烤质量。

4. 构架交检

该工位的作业主要包括标识涂打、屏蔽拆除、局部补漆、构架交检以及构架外存前螺塞屏蔽等。鉴于构架下件后需移至成品存放区进行临时存放，且六轴机车构架外存前螺塞屏蔽时间较长（约为45min），故可将构架交检工位部分螺塞屏蔽作业移转至成品存放区完成，以保证节拍时间优化要求。

经过上述措施对构架涂装流水线瓶颈工序进行优化改善后，构架节拍从70min优化为60min。

8.6.2　节拍优化（二）

1. 研究背景

2018年中车株洲电力机车有限公司全年生产任务为机车车体595台、机车顶盖2440件、构架5449架、配件10万多件、城轨车体1159节和城轨底架1412节。由于实际产能有限，机车顶盖和大部分城轨底架需委外生产。为了合理配置生产资源，缓解委外总成本压力，决定将机车顶盖和其他部分配件转构架涂装流水线进行生产，然而目前构架的产能约为6720架，无法满足机车顶盖和构架总生产任务的要求。因此，涂装事业部组织开展构架涂装流水线产能优化研究，以实现构架涂装流水线节拍从60min降低至50min，构架涂装日产能由21架提升至25架（三班制），年产能由6720架提升到8000架。

2. 现状分析

目前构架涂装流水线生产节拍瓶颈工序主要是底漆和面漆烘烤工序，若按50min节拍生产，构架底漆和面漆在约80℃条件下烘烤50min后，漆膜无法完全实干，并且存在干燥不均匀的现象，导致二次屏蔽、腻子刮涂和面漆下线等工序无法在节拍内完成作业。根据构架涂装生产工艺流程，构架清洗工序在抛丸工序后，但实际工艺布局是清洗工位设在抛丸上件前，抛丸上、下件方式为"抽屉式"作业，工件完成清洗后，需通过起重机、运送平车及横移机构将工件绕过抛丸机进行涂装流水线上件，不仅工艺流程烦琐，而且清洗室离构架焊接工位较近，存在交叉作业和视角盲区，有较大的安全隐患。因此，本次研究活动主要是围绕油漆材料优化、烘烤设备改造和工艺布局优化等方面进行相关研究。

3. 研究过程

（1）构架底漆和面漆材料优化　对底漆和面漆原材料成分进行了局部的优化调整，并通过实验室试验对比分析和构架流水线现场施工工艺验证，优选出符合50min节拍要求的底漆和面漆。

（2）构架底漆和面漆烘烤设备改造　为了提升构架烘烤受热的均匀度，新增送风道两节、送风口6套；所有送风口加以改造，并加装风量调节阀，共计12个。改造后热风循环向门口延长，保证端部温度与室内相同。设备改造后，通过调整风量调节阀，保证室内温度均匀。

（3）工艺布局优化　抛丸上、下件作业方式由"抽屉式"改为"通过式"。取消"运送平车、横移机构"转运工序。拆除原清洗室，改造屏蔽、预涂室，将"清洗"与"屏蔽、预涂"合并为一个工位。具体工艺流程变更如下：

1）原工艺流程：抛丸→清洗→运送平车、横移机构转运→上件→清理、预涂→一次屏蔽→喷底漆、点喷→烘烤→冷却、二次屏蔽→腻子找补→自然干燥→打磨→喷面漆→烘烤→返修、拆屏蔽、交检→下件。

2）调整后的工艺流程：抛丸→上件→清洗、预涂→一次屏蔽→喷底漆、点喷→烘烤→冷却、二次屏蔽→腻子找补→自然干燥→打磨→喷面漆→烘烤→返修、拆屏蔽、交检→下件。

4. 推广结果

通过构架涂装流水线的产能优化，不仅大幅提升了构架涂装流水线的生产效率，2018年可节约生产成本约569.08万元，并且有效改善了现场作业环境和生产安全。具体情况如下：

1）通过材料优化、设备改造，使得构架涂装流水线生产节拍由60min降为50min，每日生产由21架提升至25架（三班制），年产能由6720架提升到8000架。构架涂装流水线的产能提升，可实现构架涂装流水线的产品多样化生产，机车顶盖委外完全回收。2018年机车顶盖按2440件计算，根据项目管理中心按50%核算的要求，可节约委外成本约415.96万元（不含税）。同时减少了一套顶盖工装的制作，可节约工装制作成本约20万元（不含税）。

2）对于构架涂装流水线生产用的风、电、气，平均每架可节约能源成本约120.17元，2018年按构架5449架、机车顶盖2440件计算，预计全年可降低能源成本约94.8万元（不含税）。

3）由于构架涂装线生产效率的大幅提升，对构架涂装标准工时进行了调整。通过核算2018年构架涂装流水线人工成本，标准工时调整后可节约人工成本约38.32万（不含税）。

4）通过优化构架涂装流水线工艺布局，消除了原清洗区的构架吊转视角盲区和交叉作业安全隐患，有效改善了现场作业环境及生产安全。

8.7　轮轴自动涂装线案例分析

8.7.1　轮轴水性静电涂装自动化流水线介绍

轮轴水性静电涂装自动化流水线主要由上下件机器人装置、积放链输送系统、各相关室体（屏蔽室、喷漆室、流平室、烘干室、强冷室、打磨室）、交检（拆屏蔽）台位、恒温恒湿空调送风系统、自动喷涂机器人、输调漆系统、有机废气处理系统、涂装废水处理系统、自动化控制与信息系统以及辅助设备等按照工艺顺序连接构成，能自动完成城轨车轮、车轴以及机车车轴、空心轴的涂装作业。

该流水线的工艺流程为：上线→屏蔽→机器人高压静电自动喷底漆→流平（40min）→底漆烘干（60℃，88min）→强制冷却（56min）→打磨、吹灰→机器人高压静电自动喷面漆→流平（40min）→面漆烘干（60℃，88min）→强制冷却→去屏蔽、检验→下线。

该流水线设计纲领见表 8-6，自 2016 年开始建设，于 2018 年底开始试生产并投入使用。

表 8-6　轮轴水性静电涂装自动化流水线设计纲领

产品	产量/件	节拍/(min/挂)
机车车轮	10600	
城轨车轮	6400	
机车车轴	5300	16
城轨车轴	3200	
空心轴	1512	

8.7.2 节拍优化

1. 背景介绍

轮轴水性静电涂装自动化流水线受水性聚氨酯面漆涂料的技术限制（容易出现流挂、起泡、针孔等缺陷），一次喷涂厚度不能超过 60μm（干膜），无法达到产品设计要求［面漆厚度 100μm（干膜）以上］，因此需要在产线循环喷涂两次面漆。为此，在工艺设计时，在面漆喷完后的输送链上设计了岔道，使一次面漆喷完后的产品第二次进入面漆喷漆室进行第二次面漆喷漆，因此产线节拍时间为 16min。

由于面漆需在产线喷涂两次，产能受到极大制约，同时造成人力资源和能源的巨大浪费。为提升产能，实现精益生产，需用一种厚涂型水性面漆取代水性聚氨酯面漆，在保证面漆厚度的情况下减少面漆喷涂次数，使产线节拍从 16min 优化到 8min。

2. 项目实施

（1）人工喷涂大板和试件确定可行性　通过人工喷涂的方法在大板和废车轴上试用了厚涂型水性环氧面漆。喷枪压力比为 28：1，喷嘴口径为 0.33mm，面漆黏度为 152s。试验结果表明，厚涂型水性环氧面漆在 8min 之内一次性可以喷涂 100μm（干膜）以上，而且附着力都达到 1 级，能满足 8min 的生产节拍，具备上线机器人自动喷涂的可行性。

（2）线边供漆机器人喷涂试验选定工艺参数　试验采用喷涂聚氨酯面漆时用的 1.5mm 的喷嘴，涂料黏度为 95s，漆泵压力比为 3：1。喷涂时发现用喷嘴出漆不流畅，工件桔皮较严重，于是将涂料黏度调整至 90s，此时发现容易出现流挂现象。分析后认为可能是喷嘴口径较小所致，于是再将黏度调整到 95s，换用 1.8mm 的喷嘴。结果在 8min 之内机器人喷涂车轴 6 遍，湿膜厚度达到 225μm，而且没有流挂现象，外观质量良好。烘干后第二天测量，干膜厚度为 110.4μm，而且附着力达到 1 级，产品合格。试验结果表明，采用环氧面漆线边供漆机器人喷涂，使用新配方清洗溶剂达到了既定的目标，可以实现 8min 的生产节拍。

（3）通过管道集中供漆机器人喷涂试验验证确保全面推广　2019 年 10 月在原材料全部准备就绪后，进行集中供漆喷涂试验。涂料黏度为 95s，漆泵压力比为 3：1，选用 1.8mm

的喷嘴,在 8min 之内机器人喷涂车轴 6 遍,湿膜厚度达到 232μm,没有流挂现象,外观质量良好。烘干后第二天测量,干膜厚度为 119.6μm,附着力达到 1 级。面漆一次喷涂后产品可以直接下线,成功实现了 8min 的生产节拍,8min 生产节拍可全面推广应用。

3. 项目成果

轮轴水性涂装自动化流水线通过精益生产建设,把产线节拍优化到了 8min,生产能力由原来每班(按每班实际 7h 工作时间计算)生产 26 挂产品(20 根车轴,12 个车轮),提高到每班生产 52 挂产品(36 根车轴,32 个车轮),生产效率大幅提升。

技能专家谈案例

☺ **学习目标：**

1. 熟悉涂装过程常见问题。
2. 学会分析涂装过程常见问题产生的原因。
3. 掌握涂装过程常见问题的处理方法。

9.1 涂装过程案例分析

涂料及涂膜的病态或缺陷是在涂料设计、生产制造、运输、储存、涂装全过程中质量环节出现问题的综合体现。下面主要介绍的是涂装过程出现的病态。

案例一：流挂

（1）问题描述　涂料施涂在垂直面上时，由于其抗流挂性差或施涂不当、漆膜过厚等原因则使湿漆膜向下移动，形成各种形状的下边缘较厚的不均匀涂层。

（2）原因分析

1）涂料配方不合适，溶剂挥发缓慢，涂料黏度过低，颜填料中含有密度较大的颜料（如硫酸钡、红丹等），色漆分散不良，研磨不均匀等。

2）在涂装过程中，一次涂装得过厚，漆液由于重力的作用向下流淌。

3）施工方式不当。刷涂时，漆刷蘸漆过多又未涂装均匀，刷毛太软漆液稠，涂不开，或刷毛短漆液稀；喷涂施工时，喷枪的喷嘴口径过大，气压太小，距离物面太近，喷枪移动速率过慢，有重叠喷涂现象等；浸涂时，涂料黏度过大而使涂层产生流挂，有沟槽零件易于存漆也会溢流，甚至在涂件下端形成泪状流挂而不易干透。

4）涂件表面凹凸不平，几何形状复杂。在边缘棱角处、合页连接处，由于涂装后没有及时将这些不明显部位上的残余漆液收刷干净，造成余漆流到漆面上形成泪状流挂。

5）涂装前处理不好，物面含有油或水，涂料对被涂物面的附着力不佳，在旧涂层上直接涂布新漆等，都会造成流挂。

6）涂装场所气温过低，涂料实干较慢，或在不通风的涂装环境中施工，周围空气中溶剂蒸气含量高，溶剂无法挥发。对烘烤型涂料使用过高温度烘烤时，涂料黏度下降引起流挂。

（3）处理方法

1）充分考虑涂料的防流挂特性，采用挥发速率适中的溶剂，提高涂料黏度，延长研磨过程。可在涂料配方中加入防流挂助剂，有多种颜填料或助剂可供选择，如有机膨润土、蓖麻油衍生物、聚酰胺蜡、聚乙烯蜡系列和改性脲系列等，加入量一般为配方总量的1%～2%。

2）涂装涂料前，应检测涂料的防流挂性能，即能形成的最高湿膜厚度。对于一般性能涂料，其湿膜厚度不应过高。出现流挂现象时，在流痕未干时，可用刷子或手指轻轻地将痕道抹平；如果流挂已经干燥，可用小刀将流痕轻轻铲平，或用砂纸将痕道打磨平整再进行涂装。

3）涂装时对操作人员的技能应进行严格考核，对喷涂的各种参数，如压力、喷枪距离、角度、行进速率、喷嘴口径等按说明书或本书中的涂装技巧。刷漆时一次不能蘸漆过多，要在桶壁上靠一下刷子。漆液稀时刷毛要软，漆液稠时刷毛要短，刷涂厚度均匀适中。喷涂时喷枪应距物面 20～30cm，不能过近，应与物面平行移动。在喷涂高固体分涂料时，应采用较高的压力。油性漆或烘干漆不能过度重叠喷涂。

4）对凸凹物面进行涂装时，在漆流未干时，可选择刷毛长、软硬适中的漆刷，用漆刷将多余的漆液刷去，防止涂料的积存。

5）做好各种基材的前处理工作，防止油水的附着，提高涂层的附着力。对于旧漆膜可先打磨，将涂层打毛后，涂装新漆。

6）适当换气，保持通风，气温应在10℃以上。温度低时，可适当采用快挥发溶剂，提高固化剂用量。对烘干漆可采用"湿碰湿"的涂装方法。

案例二：粗粒、起粒、表面粗糙

（1）问题描述　漆膜干燥后，其整个或局部表面分布着不规则形状的凸起颗粒。

（2）原因分析

1）涂料生产时，颜填料研磨不细，未达到规定的细度；在涂料储存过程中产生凝胶，且未经过滤处理；涂料结皮经摇动碎裂成碎片，混入涂料中；涂料变质（基料析出、返粗、颜料凝聚等）。

2）涂装前，采用的稀释剂与涂料不匹配。

3）涂漆场所不清洁或在风沙天气施工，有烟尘、碎屑、沙粒落在未干燥的涂膜表面；刷涂施工时，漆刷上的颗粒或砂子留在漆膜上；喷枪不清洁，用喷过油性漆的喷枪喷双组分涂料（如环氧等），溶剂将漆皮咬起形成残渣混入涂料中。

4）喷涂时，喷枪与被涂物的距离过远，使漆雾落在物面上之前涂料中的溶剂已经挥发，造成漆液失去了流动性而形成颗粒。当喷漆时喷嘴口径小、压力大，也会造成粗颗粒喷出。

（3）处理方法

1）在涂料生产过程中，严格控制材料的颗粒度，尽量选择细度小的颜填料。在生产过程中，当细度合格后，才能停止研磨，防止在储存过程中的弊病；还应过滤去除漆皮、碎屑、凝胶等杂质。

2）采用与涂料相溶性好的稀释剂，防止树脂等不溶析出。稀释剂用量一般不超过5%。对析出的涂料，可添加有良好溶解性的酯类溶剂进行挽救。

3）保持施工环境的清洁，避免在大风气候下进行施工。施工前要打扫场地，擦拭干净工件。涂装工具（如喷枪、漆刷、辊筒）在涂装前和涂装完成后都要用适当的稀释剂清洗干净，防止混入杂物。

4）喷涂时，调整适当的喷嘴口径和压力，喷距不要超过30cm，涂料需过滤。在更换涂料品种前，应对喷枪和管道及装涂料容器进行清洗。

5）漆膜出现颗粒以后，一般应等漆膜彻底干透后，用细砂纸仔细将颗粒打平、磨滑并擦净灰尘、再在表面涂装一遍涂料。如果是硝基面漆，可用棉纱团蘸取稀释的硝基涂料擦涂几次，再用砂蜡、光蜡抛光处理。

案例三：针孔

（1）问题描述 在漆膜中存在着一种类似用针刺成的细孔的病态。它是由于湿漆膜中混入的空气气泡和产生的其他气泡破裂，且在漆膜干燥（固化）前不能流平而造成的，也会由于底材处理或施涂不当而造成。

（2）原因分析

1）涂料配方和生产方面的原因。清漆的精制不良，溶剂的选择和混合比例不当，颜填料的分散不良，在涂料生产中夹带有空气气泡和水汽。

2）储存温度过低，使涂料各组分的互溶性变差，涂料黏度上升或局部析出，易引起颗粒或针孔弊病（特别是沥青涂料）。

3）长时间激烈搅拌，在涂料中混入空气，生成无数气泡。

4）施工环境湿度过高，喷涂设备油分离器失灵，空气未过滤，喷涂时水分随空气管喷出，引起漆膜表面的针孔甚至气泡。喷涂时压力过高，距离过远，破坏了湿漆膜的溶剂平衡。刷漆时用力过大，或辊涂时转速太快等，使产生的气泡无法逸出。

5）涂漆后在溶剂挥发到初期成膜阶段，由于溶剂挥发过快，或在较高气温下施工，特别是受高温烧烤，漆膜本身来不及补足空档，形成一系列小穴（即针孔）。

6）被涂物表面处理不当，在有油污的表面上涂漆。木材含水率高，腻子和底漆未干透。涂膜一次涂装得过厚，溶剂无法及时挥发被包裹在涂层中，经一段时间后挥发逸出时形成针孔。

（3）处理方法

1）在生产过程中防止空气和水分的混入。采用合适的分散和混合工艺，生产设备装盖，调节设备的转速，生产批量的大小要和设备的大小相互匹配等。

2）在适宜的温度下储存，防止析出、结皮、凝胶等弊病的产生。在使用前需经过过滤，除去杂质和碎屑。

3）涂料要混合均匀，但不要长时间剧烈搅拌，在搅拌后要待气泡基本消失后再进行涂装。双组分涂料要有一定的活化期，一般在混合后 15min 再涂装。

4）不要在湿度过大时施工，一般相对湿度不大于 85%。保证施工机具没有污渍，能够可靠使用。喷涂时，油分离器可以正常使用且压力不能过高，压缩空气需经过滤，保证无油。刷涂时，漆刷不能蘸涂料过多，要纵横涂刷，有气泡时需用刷子来回赶几下，挤出气泡。辊涂时也需要来回辊动，且速率不能过快，以便将混入的气泡赶出。

5）确保涂料中的溶剂平衡挥发。在较高温度下施工时，可加入挥发速率较慢的溶剂，如用高沸点芳烃溶剂 S100、S150、S180 代替二甲苯，加入溶剂石脑油、环己酮、乙二醇醚类等，降低溶剂的急剧挥发。烘干型漆黏度要适中，涂漆后在室温下静置 15min，烘烤时先以低温预热，按规定的控制温度和时间执行，让溶剂能正常挥发。

6）底材处理后要无油且无尘，确保达到一定的表面处理等级。腻子层要刮光滑，涂层控制在一定厚度，特别是对于容易积存涂料的部位。涂装操作要具有一定的时间间隔，在底层涂料实干后，再进行下一道涂料的施工。

7）对于已经形成针孔的漆膜表面，可补涂配套涂料。对于沥青漆的针孔，可用喷灯微温漆膜表面。对于表面不平整的状况，可磨平后再涂漆。

案例四：气泡、起泡

（1）问题描述　涂层因局部失去附着力而离开基底（底材或其下涂层）鼓起，使漆膜呈现似圆形的凸起变形。泡内含液体、蒸气、其他气体或结晶物。

（2）原因分析　气泡和针孔产生的原因基本相同，只是气泡处于涂层内，而针孔在表面开口而已。

1）在没有干透的基层上涂漆，当漆膜干燥后，内部的溶剂或水分受热膨胀而使漆膜鼓起，形成气泡。

2）金属底层处理时，凹坑处积聚的潮气未除尽，因局部锈蚀而鼓泡。或未除净的锈蚀、氧化皮等与涂料中某些物质或从涂膜微观通道内渗入的水、气体、腐蚀介质反应，生成气体。特别是潮湿的木质器件，涂上漆后遇热蒸发冲击漆膜，尤其在加热烘烤中易起气泡。含有 -NCO 的聚氨酯涂料与空气中的湿气反应产生二氧化碳气体等。

3）涂料在搅拌和涂装过程中混入气泡，未能在干燥前逸出。

4）在强烈的日光下或高温下涂装，涂层厚度过大，表面的涂料经曝晒干燥，热量传入内层涂料后，涂层中的溶剂迅速挥发，造成了漆膜起泡。

5）在多孔表面涂装时，没有将孔眼填实，而在干燥过程中，孔眼中的空气受热膨胀后鼓成气泡。

6）烘烤型涂料急剧加热，涂膜也很容易起泡。

（3）处理方法

1）涂装操作要具有一定的时间间隔，在底层涂料实干后，再进行下一道涂料的施工。

2）防止在潮湿气候下施工。底材处理后要无油且无尘，确保达到一定的表面处理等级，特别要排除表面的凹陷和孔洞中的水分。

3）按处理"针孔"的方法，要避免在搅拌和施工过程中产生气泡，可加入一定的消泡剂，并注意施工技巧。一般涂料的表面张力越低、漆雾粒子越细、涂料黏度越低就越不易产生气泡。

4）工件涂装时和涂装后，不应放在日光或高温下；并应根据涂料的使用环境，合理地选择涂料品种；避免用带汗的手接触工件；选用挥发速率较慢的稀释剂品种。

5）在多孔的表面上，先涂一层稀薄的涂料，使封闭的空气及时逸出。墙面涂装应选用透气性好的乳胶漆或其他建筑涂料，木材加涂虫胶漆封闭，腻子层要刮光滑，涂层控制在一定厚度，特别是对于容易积存涂料的部位。

6）烘烤型涂料在涂漆后应在室温下静置 15min，烘烤时先以低温预热，按规定的控制温度和时间执行，让溶剂能正常挥发。

7）漆膜如有气泡，应视弊病情况而决定是局部修补还是铲除后重新涂装。

案例五：咬底

（1）问题描述　在干漆膜上施涂其同种或不同种涂料时，在涂层施涂或干燥期间使其下的干漆膜发生软化、隆起或从底材上脱离的现象。

（2）原因分析

1）涂层的配套性能不好，底漆和面漆不配套。在极性较弱溶剂制成的涂料上层施涂含强极性溶剂的涂料，如在醇酸或油脂漆上层加涂硝基漆，含松香的树脂成膜后加涂大漆，在油脂漆上涂装醇酸涂料，在醇酸或油脂漆上加涂氯化橡胶涂料、聚氨酯涂料等，强溶剂对漆膜的渗透和溶胀使下层涂膜咬起。

2）涂层未干透就涂装下道涂料，如过氯乙烯磁漆或清漆未干透就加涂第二道涂料。

3）在涂装面漆或下一道漆时，采用过强的稀释剂，将底层涂料溶胀。

4）涂装时涂得过厚。

（3）处理方法

1）严格按照涂料说明书和相关配套原则进行涂装。一般同类涂料可以相互配套，不同种类涂料配套采用下硬上软的原则，如底漆采用强溶剂涂料（环氧、聚氨酯等），面漆用溶解力弱的涂料（氯化橡胶、醇酸、酚醛等）。在松香树脂漆膜上加涂大漆是不合适的，若要漆涂，必须先经打磨处理，刷涂过渡层，干燥后用干净抹布清除表面粗糙颗粒，用砂纸打磨后，再涂装大漆。

2）涂料要干透，应按照最佳涂装间隔执行，必须达到最短涂装间隔。在冬季施工时，可适当延长涂装间隔，保证底层涂料的实干。对特殊品种的涂料，可采用"湿碰湿"的涂装工艺，在涂装完的第一层未干时随即加涂一层，可提高涂层的附着力。

3）涂料涂装时选用的稀释剂不能超过总涂料量的 5%，品种在涂装过程中也要固定，不能在底层用弱极性稀释剂，上层涂料采用强极性溶剂，如丙酮、酯类和高沸点芳烃溶剂等。

4）为防止咬起，第一道应涂装较薄，待彻底干燥后再涂装第二道涂料，不能一次涂装过厚，使内部溶剂无法挥发，延长了干燥时间。

5）发生"咬底"弊病的涂料，不能再起到保护和装饰作用，应铲去咬底部位的涂层，补涂并改进配套涂料。对底漆未干透的情况，待底漆干透后再涂装面漆。

案例六：露底、不盖底

（1）问题描述　涂于底面（不论已涂漆与否）上的色漆，干燥后仍透露出底面颜色的现象。

（2）原因分析

1）涂料中颜料含量过低或颜料遮盖力太差，或使用透明性颜料。

2）涂料搅拌混合不均匀，沉淀未搅起。

3）涂料黏度过稀，或加入过量稀释剂。

4）底材处理时未达到要求，主要体现在清漆在木器涂装中露底，出现白木。

5）涂装时漆膜过薄，在刷底漆、面漆颜色不同的色漆时，面漆只涂装了一遍，并有漏涂现象等。喷涂过薄或喷枪移动速率不匀，来回喷涂的间隔较大而使漆液不能均匀分布，出现露底。

（3）处理方法

1）选用遮盖力强的涂料，增加涂料中颜填料的用量，使用遮盖力强的颜料，例如选用钛白作为白色颜料，而氧化锌和硫酸钡等虽为白色但遮盖力较差。

2）涂料应充分搅拌均匀，特别是颜填料在储存过程中容易沉底，应把桶底的硬结也搅拌起来使之进入涂料。

3）适当控制涂料的黏度，不要加入过量稀释剂，要求其加入量不超过涂料总量的5%。

4）对木器底材，可用少许较浓的虫胶漆作为底层，再涂装涂料。

5）仔细涂布，注意防止漏涂现象，喷涂时喷枪移动速率要均匀，每一喷涂幅度的边缘应当在前面已经喷好的幅度边缘上重复1/3，且搭接宽度应保持一致。

6）对轻微露底者，可用毛笔或漆刷蘸取该涂料补匀；若普遍出现星星点点的露底时，可用细砂纸将该漆膜打毛，除去灰尘后，重新涂装；对不能盖住底色的，可再涂装一道面漆。

案例七：桔皮

（1）问题描述　漆膜呈现桔皮状外观的表面病态。喷涂施工（尤其是喷涂底材为平面）时，易出现此病态。

（2）原因分析

1）涂料本身流平性差，黏度过大。

2）涂料的溶剂和稀释剂挥发过快，施工温度过高或过低，过度通风等。

3）喷涂施工方式不当，如喷涂距离太远、压力不足、喷嘴口径过小、喷枪运行速率过快等。

4）被涂物的温度高，或过早地进入高温烘箱内烘干。

5）被涂物表面不光滑，影响涂料的流平或对涂料的吸收。

（3）处理方法

1）采用低固体分涂料、相对分子质量低的树脂，以及低的颜填料含量。在涂料生产和应用过程中，加入适量流平剂。

2）避免在温度过高的环境下施工。选用合适的溶剂或添加部分挥发较慢的高沸点有机溶剂，如芳烃溶剂 S100、S150、S180 代替二甲苯，加入石脑油、环己酮、乙二醇醚类等，降低溶剂的急剧挥发。减小喷漆室内的风速。

3）按照喷涂施工技巧正确施工，选择合适的喷枪，控制空气压力，保证涂料充分雾化。同时控制漆膜厚度，保证足够的干燥时间和流平。

4）对于烘干型涂料，黏度要适中，涂漆后在室温下静置 15min，烘烤时先以低温预热，按规定的控制温度和时间执行，让溶剂能正常挥发。被涂物的温度应冷却到 50℃ 以下，涂料温度和喷漆室气温应维持在 20℃ 左右。

5）底材要经过严格的处理。在喷砂除锈的情况下，底材有一定的粗糙度，但不宜过大。对吸收性强的底材应先刷一道底漆，使其平整光滑。

6）对出现桔皮的涂层，需用细砂纸将痕迹磨平，去除尘屑，再喷涂或涂装一道面漆。

案例八：发白、白化或变白

（1）问题描述　在有光涂料干燥过程中，漆膜上有时呈现出乳白色的现象。这是由于空气中的水汽在湿漆膜表面凝露或涂料中的一种或多种固态组分析出引起的。

（2）原因分析

1）施工时的温度和湿度不合适。例如，在低温和潮湿的环境中施工，此时低于露点温度，被涂物表面出现结露现象。湿度过大或结露后，空气中的水分凝结并渗入涂层而产生乳化，表面变为不透明，待水分最后蒸发，空隙被空气取代成为一层有孔无光的涂膜。

2）涂料生产过程中的溶剂和颜填料含水或施工过程中稀释剂含水。稀释剂沸点低、挥发快，导致涂膜表面温度急剧下降，从而引起湿气凝结。

3）喷涂施工中，净化装置的油分离器失效，水分混入。

4）被涂物底材没有干燥好。冬季在薄板件上施工，漆膜易发白。

5）溶剂和稀释剂的配合比例不恰当，当部分溶剂迅速挥发后，剩余的溶剂对树脂的溶解能力不足，造成树脂在涂层中析出而变白。

6）虫胶漆液与较热物品接触也会变白。

（3）处理方法

1）相对湿度应低于 80%，环境温度应高于露点温度 3℃ 以上，方可施工。在阴雨季节和冬季施工时，应选用专用型涂料。施工时应选择湿度小的天气，如需急用，可将涂料经低温预热后涂装，或在被涂物件周围用红外灯加热，待环境温度上升后再涂装。

2）严格防止涂料生产中水分的混入。

3）喷涂设备中的凝聚水分必须彻底清除干净，检查油分离器的可靠性。

4）被涂底材表面要干燥，最好保证其温度高于环境温度。

5）严格控制树脂和溶剂体系及稀释剂的配合比例，防止聚合物在涂装过程中析出。合理选择溶剂和稀释剂。

6）当虫胶漆液发白时，可用棉团蘸虫胶漆液或乙醇擦涂于发白之处，即可复原。

7）若漆膜已出现发白现象，可用升温的方法缓缓加热被涂物，也可在漆膜上喷一层薄薄的防潮剂，或两种方法结合使用。对于严重发白而无法挽救的漆膜，可用细砂纸轻轻打磨后，除去尘屑，在适合的环境中重新涂装。

案例九：光泽不良

（1）问题描述　漆膜的光泽因受施工或气候影响而降低的现象称为光泽不良或失光。

（2）原因分析

1）涂料生产配方和工艺有问题，如油脂和树脂含量不足或聚合度不好，颜填料和溶剂量过多，树脂的相互混溶性差，涂料的细度不够，有尘屑混入等。

2）被涂物面处理不当，表面过于粗糙，留有油污、水分或蜡质等。木质表面底漆封闭性不好，面漆的树脂会渗入到木材的细孔，漆膜暗淡无光。新的水泥墙面呈碱性，与油性涂料发生皂化而失光。

3）涂料没有充分搅拌，树脂等沉在下部，涂装时上半桶颜料少、漆料多，涂后有光；下半桶颜料多、漆料少，涂后无光。加入的稀释剂过量，冲淡了有光漆的作用。

4）在寒冷、湿度大的条件下施工，使水汽凝结膜面，涂料失光。施工场所不清洁，灰尘太多或在干燥过程中遇到风、雨、煤烟等，漆膜也容易出现半光或无光。特别是桐油涂膜，如遇风雨，漆膜无光。

5）面漆漆膜过薄、涂装面不平整等引起。

6）底漆或腻子层未干透就涂装面漆，面漆未干透就抛光，也会造成失光。

7）烘干型油漆选用溶剂不当，尤其是采用挥发快的溶剂或过早放入烘烤设备中去，烘干时温度过高，或烘干换气不充分等，都会造成光泽度降低。

（3）处理方法

1）涂料中的树脂基料需要占一定比例，否则不仅无光泽而且防腐保护性能也不好。采用两种或两种以上树脂拼用的涂料，树脂间要有良好的相溶性。涂料生产中防止水分和灰尘的混入。涂料一定要达到较好的细度，研磨得越细，涂料的光泽度越高，一般汽车漆的细度要求在 $20\mu m$ 以下。

2）加强涂层表面的光滑处理，面漆下要加涂底漆或腻子层。木器或水泥墙面要涂装相应的封闭底层，防止涂料渗入孔隙。

3）涂料在施工前要充分搅拌均匀并加以过滤，同时稀释剂不能加入过多（一般在涂料用量的5%以下），否则影响光泽。

4）避免在阴冷潮湿的环境中涂装，防止水分混入涂膜。在冬季施工场地，必须防止冷风袭击或选择合适的施工场地，加入适量的催干剂，排除施工环境中的煤烟等有害气体。

5）涂层应有一定的厚度才能显现光泽。虫胶漆和硝基漆必须在平整光滑的底层上经过多次涂装，才有光亮。涂装时应有一定的顺序，喷涂或刷涂需均匀且厚薄一致，否则会出现光泽不匀的现象。

6）涂装过程需有一定的时间间隔，底漆和腻子层应干透再涂装面漆，面漆应干透后，才能抛光打蜡。

7）烘干室内不能急剧加热，换气要适当，严格控制烘干温度。

8）若漆膜失光，应在涂膜干燥后重新涂装。

9.2 涂装后案例分析

案例一：漆膜变色

（1）问题描述　漆膜的颜色因气候环境的影响而偏离其初始颜色的现象，包括褪色、变深、变黄、变白和漂白等。

（2）原因分析

1）产生变色、褪色、变黄等现象的最主要的原因是涂膜长期受环境因素的作用，例如涂膜长期处于日光和紫外线的强烈曝晒下，或受到酸雨、海洋大气环境、工业大气环境、高温多湿、低温干燥、剧烈温变等不同的使用环境条件的作用。

2）涂料中的树脂等在环境因素作用下发生化学物理变化。

3）涂料中的颜填料大多数不耐光或不耐热。

4）涂料中加入的催干剂、结皮剂等助剂过量，也容易变黄。

5）白色、浅色或清漆的漆膜烘烤过久或受热温度控制不匀，也会造成漆膜变黄。

（3）处理方法

1）漆膜一定要干透，经过两个星期以上的保养时间，才能放置于腐蚀环境中。对于易变色物件，尽量防止过度曝晒和接触腐蚀介质环境。

2）防止变色最重要的措施是选择耐候性良好的涂料作为面漆。

3）选用耐候性优良的颜填料，受环境作用易变色的颜填料尽量少用或不用。为了提高颜料的耐候性，可选用经表面处理的特殊品种。

4）涂料中加入的催干剂、防结皮剂等助剂的用量需严格控制。

5）白漆或清漆需经过一定的晾干时间，可先放入烘箱中。

6）对只轻微变色但未出现粉化、锈蚀、裂纹等现象的涂膜，可以在其上面再涂装一层面漆，或继续使用。若已严重变色且出现粉化等其他弊病，需将漆膜除去或打磨，再重新涂装。

案例二：失光、粉化

（1）问题描述　漆膜受到气候环境等的影响而出现表面光泽降低的现象称为失光。在严重失光后，表面由于其中一种或多种漆基的降解以及颜料的分解而呈现出疏松、附着细粉的现象，称为粉化。

（2）原因分析

1）涂膜长期处于日光和紫外线的强烈曝晒下，受到日光、暴雨、霜露、冰雪、气温剧变等长期侵蚀。

2）未选择耐候性优良的涂料品种，将耐候性较差的涂料用于户外，如油性漆、醇酸涂料等。双酚A型环氧涂料做底漆，防腐性能和附着力极佳，但用作面漆，在短时间内会出现失光、粉化现象。涂料中的颜料选择不当，未加入合适品种的助剂等。

3）涂膜未干透时受到强烈的日晒等侵蚀。

4）涂料在生产中未达到一定的细度。

5）在施工中，面漆的黏度过底或涂膜厚度不够。

（3）处理方法

1）被涂物尽量避免处于长期日晒雨淋的户外环境中，避免受到工业大气等的腐蚀侵害。在户外使用的物件，需选用耐候性优良的涂料品种。

2）选择耐候性优异的涂料品种。

3）漆膜具有一定的涂装间隔，在涂装完毕后，涂膜应有足够的保养时间，一般为两个星期以上。在此期间，应避免受到雨、雾、霜、露的侵蚀，防止其他腐蚀介质的浸入。

4）涂料研磨得越充分、颗粒越小、细度越好，涂膜的光泽度越高，越不易粉化。

5）漆液的黏度要适中，漆膜要达到防腐所需的干膜厚度。一般在室内使用的涂装两道面漆，在室外使用的需用三道外防腐面漆。

6）对出现失光而未粉化的涂层，在轻微表面打磨除尘后，可涂装新的外防腐面漆。若已出现粉化的情况，需用刷子等工具将粉层除去，直到露出硬漆膜的漆层，将表面打磨平整，除去尘屑后重新涂装面漆。

案例三：开裂

（1）问题描述　漆膜在使用过程中出现不连续的外观变化，通常是由漆膜老化引起的。

（2）原因分析

1）漆膜长期处于日晒、雨淋和温度剧变的使用环境中，受气候和氧化影响，漆膜失去弹性而开裂。

2）底面涂料不配套，如在长油度醇酸底漆上涂刷漆膜较硬的面漆，造成两层膜膨胀率不一致，易开裂。

3）底漆涂装得过厚，未等干透就涂装面漆。面漆过厚，或在旧漆膜上修补层数过多的厚层，都易开裂。

4）涂装使用前没有均匀搅拌，上层含基料多，而下层含颜料多，如只取用下层部分，就容易出现裂纹。

5）涂料选择不当，未选用耐候性优良的涂料作为面漆。涂料的力学性能不好，柔软性不佳，在涂膜承受温度剧变或压缩外力时，容易开裂。

6）涂膜内部存在针孔、漏涂以及气泡等缺陷，使漆膜承受应力，特别是在急冷过程、漆膜疲劳过程等有应力存在的情况下，容易发生漆膜开裂。

7）丙烯酸、过氯乙烯、氯化橡胶等涂料中加入过多增塑剂，因增塑剂发生迁移致使漆膜变脆。

8）对底材处理不严格，如含有的松脂未经清除和处理的木质器件，在日光曝晒下松脂会溶化渗出，造成局部龟裂；在塑料、橡胶等表面光滑的底材上涂装过厚的底漆，因附着力不好，也容易出现裂纹。

（3）处理方法

1）防止涂膜长期处于严酷的腐蚀环境中，避免在高温、低温场合，或急剧温变的场合使用。漆膜一定要干透，经过至少两个星期的保养时间，再移至腐蚀环境中使用，特别是在修补场合，新涂层早期暴露在严寒中容易出现裂纹。

2）增强涂层之间的配套性，底漆层和面涂层的膨胀性能应相接近。配套应采用"底硬面软"的原则，在容易开裂的场合加入片状或纤维填料。

3）涂膜一次涂装不能过厚（厚膜涂料可保证一定的机械强度的除外），按工艺要求严格控制底漆和面漆的厚度。涂装应有一定的涂装间隔，底漆要干透，然后再涂面漆。

4）涂料使用前应搅拌均匀并加以过滤，对双组分涂料，除加入适量的固化剂并搅拌均匀外，还要有一定的活化期和使用期限。

5）选用耐候性良好的涂料作为外用面漆，特别是处于长期日晒雨淋环境中的物体。

6）避免涂料中针孔、气泡等缺陷的产生。

7）选用内增塑和外增塑良好、粘接强度高的树脂。涂料中所用的增塑剂的品种和用量要严格筛选和控制，防止加入过多引起增塑剂迁移而导致漆膜变脆。

8）加强底材的处理。涂底漆前底材表面不仅要除油、防锈、除污，还应有一定的粗糙度，必要时可用细砂纸轻微打磨。木器处理时，需将松脂铲除，再用乙醇擦拭干净，松脂部位涂虫胶清漆封闭后再涂装。

9）漆膜开裂的防治应针对上述原因加以纠正。如漆膜已轻度起皱，可用水砂纸磨平后重涂。对于肉眼可见的裂纹，涂膜已失去保护功能，应全部铲除失效漆膜，重新涂装。

案例四：剥落

（1）问题描述 一道或多道涂层脱离其下涂层，或者涂层完全脱离底材的现象称为剥落，也称为脱落或脱皮。

（2）原因分析

1）涂装前表面处理不佳，被涂物底材上有蜡、油污、水、锈蚀、氧化皮等残存。被涂底材过于光滑，如在塑料、橡胶上涂装。在水泥类墙面或木材表面未经打磨就嵌刮腻子或涂漆等。

2）底漆和面漆不配套，造成面漆可从底漆上整张揭起，此类现象在硝基、过氯乙烯、乙烯类等涂料中较多出现。

3）涂料附着力不佳，存在层间附着力不良等弊病。在涂装时，加入了过量的稀释剂，或涂料内含的松香或颜填料过量。

4）底漆过于光滑、干得太透、太坚硬或有较高光泽，在长期使用的旧漆膜上涂装面漆等，容易造成面漆的剥离。

5）烘烤时，温度过高或时间过长。

6）漆膜在高湿、化学大气、严酷腐蚀介质浸泡等条件下长期使用，涂膜易产生剥落。

（3）处理方法

1）涂装前要进行严格的表面预处理，去除底材上污物的同时保持一定的粗糙度。

2）增强底漆和面漆的配套性，在施工工艺中采用"过渡层"施工法或"湿碰湿"工艺。

3）选择附着力强的涂料，特别是在严酷腐蚀环境中使用的底漆。

4）底漆过于光滑时，要经打毛处理，或涂装"过渡层"。涂装要有一定的时间间隔，按照最佳涂装间隔执行。检查旧漆膜是否存在弊病，并要除去尘屑等污物，打毛并除尘后，选择合适的面漆。

5）严格遵守工艺规定的干燥条件，防止过度烘干。

6）防止在严酷的腐蚀环境中使用性能不佳的涂料，要按照使用环境的需要，选用不同的配套涂料。

7）如漆膜整张脱皮，应铲去该漆膜，重新涂漆。对局部出现弊病的涂膜，酌情修补后，再统一涂面漆。

案例五：起泡、锈蚀

（1）问题描述　漆膜下面的钢铁表面局部或整体产生红色或黄色的氧化铁层的现象。它常伴随有漆膜的起泡、开裂、剥落。

（2）原因分析

1）涂漆前，被涂物未进行良好的表面处理，残留的铁锈、氧化皮等未彻底清除，日久锈蚀蔓延。

2）表面处理后，未及时涂漆，被涂物在空气中重新生锈，特别是在阴雨潮湿天气条件下施工。

3）涂层在涂装时存在表面缺陷，如出现针孔、气泡、漏涂等弊病，而未加防治。

4）漆膜未达到防腐所需要的总干膜厚度。漆膜过薄，水分和腐蚀介质容易透过涂膜到达金属，导致其生锈。

5）漆膜在使用过程中遭外力被碰破，或旧漆膜即将破坏，而未及时涂装新漆膜。

6）在使用外加电流进行保护时，保护电位过高、船舶等停泊水域内有杂散电流、用电时供电线路不正确、焊接等造成的电腐蚀。

7）被涂物长期处于严酷的腐蚀环境中。

（3）处理方法

1）底材要经过良好的表面处理，包括除油、除锈、磷化、钝化等。其中，除锈要达到Sa2½级以上的标准，有可能要进行磷化处理。

2）表面处理后，要及时涂装防锈底漆，如富锌底漆等。若采用高压水除锈方式或在阴雨天施工等，要涂装专用的带湿、带锈底漆。

3）防治在涂料施工中出现的气泡、针孔等弊病，同时检查漆膜是否有漏涂现象，可用漏电检测仪进行验收，特别注意边角、焊缝处的涂装，确保涂层的完整性。

4）按照施工要求，涂层需要达到一定的干膜厚度，并按配套原则进行涂装。

5）漆膜在涂装后，要经过两个星期的保养时期，在此期间应避免处于腐蚀环境中。涂膜要防止机械损伤，在刮破涂膜后，要及时修补，防止以此为腐蚀源而蔓延。旧漆膜要经常检查，防止失效。

6）防止电腐蚀。如对水上船舶焊接时，必须杜绝单线供电；将保护电位降低，选用阴极保护涂料；采用防止杂散电流等的措施。

7）尽量避免涂膜长期处于严酷的腐蚀环境中，或使用相应的防腐蚀涂料，并处于保护年限内。

8）当出现局部锈点时，要及时清理并修补；当出现大面积锈蚀时，应除去涂层，将锈蚀打磨干净，重新涂装。

9.3 其他案例分析

案例一：有机溶剂型哑光涂膜光泽度的施工分析

（1）问题描述　有机溶剂型哑光涂料（以下简称哑光涂料）进行涂装施工过程常见问题为光泽度不达标。

（2）原因分析　从哑光涂料的消光原理可知，常用的哑光涂料主要是利用分布在涂膜表面上的消光剂颗粒，形成粗糙的表面而进行消光的。因此在涂装施工中，能否确保一定数目的消光剂颗粒分布在涂膜表面，是哑光涂料涂装施工中的关键，而一次性干燥的涂膜厚度（湿膜厚度），又直接影响消光剂的浮面特性。因此，哑光涂膜的光泽度对一次性干燥的涂膜厚度（湿膜厚度）和稀释剂添加量特别敏感。此外，涂膜表面的平整度和表干前的粉尘沉降，这些因素会对亮光涂膜光泽度产生影响，同样也会对哑光涂膜表面光泽度产生影响。

1）湿膜厚度对光泽度的影响。使用哑光石墨黑丙烯酸改性聚氨酯面漆（双组分）［色号为 RAL 9005，其光泽度为 50%（60°）］和 PQ-2 型喷枪，喷涂道数不同而制得不同厚度的湿膜试验板，待完全干燥后，再测得干涂膜厚度和涂膜光泽度试验数值进行对比分析。

通过光泽度数值对比分析得出：随着喷漆道数的增多，湿膜厚度增大，哑光涂膜的光泽度数值明显增高，且增幅逐渐趋于稳定。对这一试验现象，可以这样解释：对同一哑光涂料而言，施工时涂层的湿膜厚度越薄，消光剂颗粒就越容易分布在涂膜表面；相反，涂层的湿膜厚度越厚，消光剂颗粒就越容易沉淀于涂层的底部，其作用相对降低，光泽度数值也就增高。

2）稀释剂添加比例对光泽度的影响。使用哑光石墨黑丙烯酸改性聚氨酯面漆（双组分）［色号为 RAL 9005，其光泽度为 50%（60°）］和 PQ-2 型喷枪，通过改变稀释剂添加比例而制得不同厚度的湿膜试验板，待完全干燥后，再测得稀释剂添加比例对涂膜厚度和光泽度的影响试验数值进行对比分析。

通过光泽度数值对比分析得出：随着稀释剂添加比例的增加，在其他施工参数不变的情况下，哑光涂膜的光泽度数值明显降低。对这一试验现象，可以这样解释：有机溶剂型哑光涂料中的颜料外表被成膜树脂包裹，类似于胶囊悬浮于涂料中。若稀释剂添加比例过高，对颜料的外裹层起到破坏作用，进而使颜料裸露在外。因此，稀释剂添加比例对光泽度的影响表现在两个方面：一方面，因为改变了漆液固体分含量而影响到涂膜厚度；另一方面，漆液中的颜料和经蜡表面处理的消光剂破胶束而出，从而影响了涂膜粗糙度，进而影响了光泽度。

3）操作人员技能的影响。操作人员技能对涂膜表面光泽度的影响，主要表现在以下几个方面：喷漆方法和顺序是否正确，以减少或避免漆雾对漆膜表面的影响；喷枪喷嘴与喷涂面的距离是否合理；运枪速度是否均匀；喷枪各参数的调整是否合理，如出漆量、气压和喷幅的大小，都会对漆膜表面平整度造成影响。

4）其他因素的影响。施工环境的清洁度会影响涂膜表面的光泽。施工环境的清洁度较差，涂膜在表干前，因粉尘沉降而使涂膜表面的光泽度降低。

基材表面的粗糙度也会影响涂膜表面的光泽度，而且因涂膜底、面漆涂层总厚度与基材表面的粗糙度的比值减少而越趋显现。该类现象一般在喷丸工件的表面较常见。

此外，对双组分哑光涂料而言，施工时固化剂添加比例是否准确，对哑光涂膜光泽度影响也很大。因为这种情况属于严重违禁行为，所以在此不予讨论。

（3）处理方法　哑光涂料涂膜的主要性能之一就是涂膜的光泽度，其光泽度的大小不但与哑光涂料的配方和制造工艺有关，而且还决定于涂装施工：同一种哑光涂料随着一次性干燥的涂膜厚度（湿膜厚度）的变化和稀释剂添加比例的改变，可以涂装得到哑光涂膜，还可得到低于设计光泽度的涂膜，甚至可得到高于设计光泽度的涂膜。因此，对哑光涂料的施工应严格按照涂料供应商或涂装工艺的要求，控制一次性干燥的涂膜厚度（湿膜厚度）和稀释剂添加比例，且注意以下两点：

1）应预先告知涂料供应商施工所要求的哑光涂膜厚度值，以便其确定哑光涂料的配方，特别是消光剂的添加比例。

2）因湿膜厚度与哑光涂膜光泽度关系极为密切，喷涂时同一工件的水平表面和垂直表面会因允许最大湿膜厚度的差异，光泽度会有差别，但若严格按涂装工艺操作，一般光泽度误差范围可控制在±10%以内。

案例二：机车漆膜起泡原因分析及处理

（1）问题描述　起泡是机车漆膜的一种常见缺陷，轻度的导致涂层鼓泡影响美观，严重的可能导致大面积涂层脱落引起底材钢板锈蚀。漆膜起泡是涂层因局部失去附着力而离开基底（底材或其下涂层）鼓起，使漆膜呈现似圆形的突起变形。泡内可含液体、蒸汽、其他气体或结晶物。电力机车涂装过程中常发生的起泡有两种：一是水汽气泡，其表面形状较光滑，外形较规则，多呈圆滑空心鼓泡；二是溶剂气泡，其与水汽气泡外观形态基本相似，顶端稍尖。

（2）原因分析

1）漆膜吸水膨胀。漆膜在浸水或凝露、高湿度环境下，会吸水膨胀使体积增大，当产生的应力大于附着力时，则产生起泡。

2）气体起泡。由于气体聚积而产生起泡，如涂装前钢板浸于酸性介质中，氢离子通过毛细孔缺陷处，在阴极产生氢气。

3）残留溶剂起泡。溶剂挥发不完全，残留溶剂会使漆膜变软，使底涂层溶胀。同时溶剂对水有一定的敏感性，残留溶剂能增加漆膜对水分子的吸收，使涂料中潮气转移，导致涂料黏结不牢，耐水能力下降，从而引起附着力降低，涂层起泡。

4）渗透压引起起泡。漆膜是一种半透膜，水可以透过，一些溶质则不易通过，因此产生渗透压。在金属与漆膜界面的可溶性物质，如工业大气（含 SO_2）所形成的硫酸盐，磷化处理时未洗干净的残留盐，漆膜打磨后洗涤时残留的盐，某些水溶性太高的颜料，甚至漆膜底材留下的皮脂分泌物均可引起渗透压，使漆膜起泡。

5）电渗透作用。电渗透是指水或类似液体在电位梯度的影响下产生移动，移动方向取决于漆膜电荷的正或负，若漆膜电荷为负（大多数漆膜电荷为负），则液体迁移至阴极，否则液体迁移至阳极。水迁移透过漆膜的毛细孔而使漆膜起泡。

由起泡机理和起泡的具体现象分析总结可知，机车漆膜起泡的主要原因有以下两方面：

1）材料方面。选择的涂装材料不配套，即底漆、腻子、中涂漆和面漆之间不能很好地配套。油漆或者腻子在调配时混合不均匀，致使内部反应不完全，残留的溶剂导致漆膜起泡。

2）工艺方面。施工工艺不合理，如底材处理不彻底、上道工序未完全干燥就进入下道工序、喷涂后急剧烘烤等。

（3）处理方法

1）选择适当的涂料。根据现在机车的涂装要求，底漆选择云母环氧聚氨酯底漆；腻子选择改性不饱和聚酯腻子，该腻子挥发性溶剂含量低，干燥时间短，环境适应性强，易于刮涂和打磨；中涂漆选择聚氨酯中涂漆，该漆附着力强，能很好地封闭腻子针孔，又能与面漆配合，增加面漆的丰满度和光泽度；面漆选择高固体分的丙烯酸聚氨酯面漆，它具有高光泽度、高丰满度等特点。

2）车体进入涂装车间后，首先进行整车喷砂，利用高压风带动钢砂对车体进行喷砂处理，彻底除去车体表面的锈蚀和残留焊渣。在喷涂底漆前，用清洗剂对整车进行清洗，彻底除去油渍、水分等残余污物，保证底漆的附着力。

3）上道工序喷涂完成后，要充分干燥，方可进入下道工序。当用砂纸打磨涂层时，若不粘砂纸则可确定涂层已干燥。

4）调配油漆时，要严格按照油漆的使用说明书及工艺要求，调整好原漆、固化剂和稀释剂的比例（如需加入催干剂，要根据现场环境条件需要调整催干剂比例），搅拌均匀后用涂-4 杯测定黏度，黏度要求 20~30s（炎热季节取下限，寒冷季节取上限），调配完成后，静置 15~20min 再进行喷涂。从配漆到喷涂完毕总时间不应超过 4h。

5）喷涂完成后，如果需要进行烘烤，需在常温条件下挥发 10~15min，待漆膜中大部分溶剂挥发后再进行烘烤，以避免急剧烘烤导致的漆膜起泡。

总之，进行油漆作业时，要严格按照工艺文件的工艺要求规范操作，按工艺文件标准严格检查，尽可能地降低漆膜起泡的可能性。

对于底涂和中涂后的起泡，要及时修补，避免影响面漆的喷涂质量。对面涂的起泡，因漆膜质量标准较高，必须有一定的经验和技术，是涂层修补的关键和难点。修补应根据起泡的直径、密度及在车身上的部位，确定修补的范围；应尽可能是起泡的整个部件，或以两部件的接缝、部件的转角及折线为被修补的分界线。修补方法如下：

1）起泡的清除。发现起泡后，先铲掉隆起的起泡层（若底层尚未干燥，也应一并将潮湿未干的底层铲除干净），并在泡坑周围形成坡口，用砂纸打磨泡坑，用高压风吹净打磨留下的粉尘后再用擦灰布擦拭。

2）底漆修补。用刷子在需要修补部位刷涂配套底漆。

3）刮涂腻子。待底漆干燥后，刮涂原子灰或其他自干型腻子。根据腻子性能和泡坑深浅，确定一次刮涂的厚度和刮涂道数，但要注意一次刮涂不应超过 5mm。每道腻子间都要进行打磨（如面积较小，可手工打磨）。打磨后，用高压风吹干净，再用擦灰布擦拭。

4）喷涂中途漆。用牛皮纸屏蔽起泡部位周围不需要补漆的表面，喷涂工艺要求的中涂漆（如无工艺要求的中涂漆，可采用与要求的油漆性质相近、与面漆配套性能良好的中途漆代替），待漆膜干燥后进入下道工序。如有砂眼，则用细度较高的快干腻子刮平。

5）喷涂面漆。待中途漆干燥后，用牛皮纸屏蔽周围不需要补漆的表面，打磨后擦净尘埃、手印等污物。采用原涂层所使用的同一厂家、同一型号、同一批号的面漆，最好是使用原涂装时的面漆进行补漆。面漆的喷涂道数依漆而定，现使用的聚氨酯漆一般喷涂两道即可。喷涂后进行打磨、抛光处理即可。

案例三：受电弓用聚氨酯绝缘涂层常见质量问题

（1）问题描述　防电弧涂层为双组分聚氨酯型绝缘涂层，由清洁活化剂、底涂剂、中间层和面漆组成。其中，清洁活化剂和底涂剂都是为了增加聚氨酯中间层对基材的附着力，中间层为主体绝缘层，面漆则可以提高产品外观质量及抗紫外线老化等，绝缘涂层的结构如图 9-1 所示。其常见质量问题为破损或鼓包。

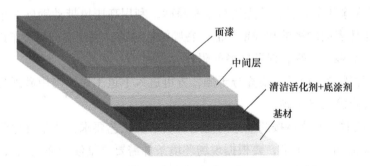

图 9-1　绝缘涂层的结构

（2）原因分析

1）环境条件对施工质量的影响。对于双组分聚氨酯体系，环境条件对施工质量的影响非常大，特别是在南方高温高湿环境下，容易引起中间层鼓泡脱粘，如图 9-2 所示。

聚氨酯体系固化剂为异氰酸酯封端，在高温高湿环境下，异氰酸酯与空气中的水分发生反应，会产生 CO_2，湿度越大，产生的 CO_2 就越多，温度越高，释放的速度也越快。虽然中间层体系中含有吸收 CO_2 的成分，但如果 CO_2 释放的速度大于体系吸收的速度，CO_2 就会以气体的形式在中间层聚集，形成气泡。

经过分析及验证，当环境温度大于 35℃ 或湿度大于 75% 时，施工就极易出现气泡和鼓泡，而温度低、湿度小的环境则可以减少气泡和鼓包情况的发生。其中最佳施工温度为 15～25℃，最佳湿度不超过 50%。

2）施工带进的水分（如汗滴等）及底涂剂涂刷工艺对施工质量的影响。在施工过程中因人为因素引入的水分，也同样会导致产品的鼓包，比如施工过程中水滴落入施工区域，或者施工人员的汗液不慎落入施工区域，都会引起产品的鼓包（见图 9-3），所以应尽量避免此种情况的发生。

图 9-2　温、湿度过高引起中间层表面有气泡和鼓包

图 9-3　施工时水滴/汗滴造成的气泡和鼓包

底涂剂作为一种粘接助剂，是高活性的异氰酸酯，含有大量的异氰酸根，其固化机理是与空气中的水汽反应而交联固化，固化时会产生大量 CO_2。如果底涂剂涂刷不均匀，有堆积现象，在中间层施工前，堆积处的底涂剂会产生大量 CO_2 造成中间层鼓包。

（3）处理方法　防电弧涂层是聚氨酯体系，在固化过程中对水汽比较敏感，所以对施工环境和施工过程要进行严格控制。通过科学的施工方案和施工人员的严谨操作，可以保证产品性能及外观要求，如图 9-4 所示。

图 9-4　按照工艺要求完成施工的效果图

该聚氨酯体系的防电弧涂层的施工要点如下：

1）粘接施工前，记录环境温、湿度（温度<35℃，湿度<75%），在温、湿度许可的范围内施工；确认施工区域表面干净（无油污，无水分）。

2）活化剂和底涂剂刷涂后都要保证充分干燥，尤其是底涂剂，要确保无堆积。

3）中间层的混合一定要均匀，搅拌时避免带进空气，以减少中间层气泡；施工时间控制在适用期以内；施工期间禁止水分带入（包括汗滴）。

案例四：城轨车辆侧墙涂装焊缝痕迹缺陷

（1）问题描述　上海16号线项目业主在监造例会上提出，已组装完成的车辆侧墙油漆显现焊缝痕迹，影响美观，经工艺、质量人员对已完成涂装的车体进行普查发现，在制项目中车体焊接采用熔焊工艺制作的上海16号线、长沙2号线侧墙涂装后均存在此现象。

（2）原因分析　涂装材料是指涂装生产过程中使用的化工材料及辅料，其质量配套性是获得优质涂层的基本条件。在选用涂装材料时，要从涂膜性能、作业性能和经济效果等方面综合考虑。

1）侧墙。涂装后出现焊缝痕迹现象的主要是上海16号线和长沙2号线两个项目的车体侧墙，这两个项目采用的是熔焊工艺（其他项目均采用搅拌摩擦焊技术），侧墙焊缝凹陷深度约为2mm（采用搅拌摩擦焊技术的焊缝凹陷深度仅约为0.5mm），由于焊缝过深，容易造成涂装后车体面漆上显现焊缝痕迹。

2）腻子。外墙涂刮采用了三种型号的腻子，这三种腻子都是双组分的环氧改性聚酯腻子，其具有附着力大、耐水、耐热、收缩性小、耐久性好、机械强度大、干燥速度快等特点，但是其性能又略有差别。

填充焊缝主要是找补，使用的是ST-2913，后面四道腻子使用的ST-2911和ST-2912主要是将整车侧墙堆平，但都很难有针对性地对焊缝进行堆平。

3）面漆。上海16号线和长沙2号线两个项目使用的是丙烯酸聚氨酯高光泽面漆，高光泽面漆对内部涂层不平整缺陷的显现性很强，光线照射下，如同镜面一般的反光面能将微小的缺陷都很明显地显现出来。

4）设备。腻子涂刮使用的工具为钢制刮刀，采用弹簧钢板制作，具有较强的韧性和耐磨性。在对工具进行检查中发现，由于生产扩能，一些涂装工具、设备等没有能够及时补充更新，再加上保管、使用不当等因素，有一部分刮刀由于使用时间过长，已经出现了磨损、变形等现象，进而影响了涂刮的质量。

5）环境。腻子层一般情况下不允许直接进行烘烤，所以腻子层的干燥一般为自然干燥。自干受现场温度环境影响较大，气温会随季节和早晚时段而变化，温度越低干燥时间越长。中涂漆、面漆作业在封闭的喷房中进行，喷涂后的干燥以60℃烘烤为主，由于烘烤温度较高，涂层的收缩较大，焊缝痕迹在烘烤后更易显现出来。

6）工艺。经过对工艺进行分析，发现焊缝找补后的干燥时间为2h，满刮四道的干燥时间为4h，考虑到腻子的收缩性，干燥时间越长越有利于每一道腻子的收缩，适当增加腻子的干燥时间能有效减少焊缝痕迹在中涂漆、面漆烘烤后的出现，特别是增加找补腻子的干燥时间对减少焊缝痕迹有着重要的作用。

（3）处理方法　根据涂装五要素分析了造成焊缝痕迹的多方面原因，从加强管理入手，有针对性地制定了三种方案对涂装焊缝痕迹缺陷进行改进和弥补：

方案一：中涂漆后找补车体焊缝部位。

方案二：焊缝部位增加一道高光面漆。

方案三：ST-2913找补后干燥时间延长1~2h。

历经两个月，共30节上海16号线和长沙2号线项目车辆，通过对三种方案不断进行现场验证，取得了满意的效果。

1）中涂漆后找补车体焊缝部位。优点：侧墙焊缝位置固定明确，可以直接针对焊缝部位进行腻子找补作业。缺点：腻子涂层焊缝收缩缺陷不易发现，需要对整车侧墙所有焊缝部位进行找补。涂装中涂漆后腻子找补难度加大，找补腻子材料增加。

2）焊缝部位增加一道高光面漆。优点：通过高光面漆显现焊缝痕迹，可以直接进行腻子找补作业，无须将所有焊缝进行找补，腻子找补相对操作方便。缺点：打乱车体正常涂装作业顺序，增加一道面漆喷涂，车体涂装周期增加；增加面漆材料及工序相应辅料。

3）使用ST-2913找补后干燥时间延长1~2h。优点：车体涂装工艺按照原方案正常进行，无须打乱车体涂装正常作业顺序，车体涂装周期基本保持不变；可对季节和早晚温差变化进行有针对性的干燥时间调节。缺点：车体涂装周期增加1~2h。

通过对比三种工艺试验方案，方案三从源头解决了问题，减少了材料的浪费，避免了作业顺序的打乱，为最优工艺试验方案。车体侧墙涂装焊缝痕迹缺陷现象得到了有效的解决，上海16号线和长沙2号线项目车体涂装Q20一次性交检合格率由原来的不到50%提高到现在的98%以上。

经过近两个半月的专项工艺质量攻关活动，得出以下结论：通过加强现场工艺质量控制和管理，采用将ST-2913找补干燥时间由原来2h更改为3~4h的方案，对上海16号线和长沙2号线项目的腻子涂刮工艺进行优化，让填充焊缝腻子充分干燥收缩，避免焊缝痕迹，使这两个项目车辆Q20一次性交检合格率达到98%以上，圆满解决了上海16号线和长沙2号线项目车体侧墙涂装焊缝痕迹显现问题，两个项目的车体涂装生产得以正常进行。

案例五：局部修补涂装常见质量问题

（1）问题描述　局部修补涂装和整车涂装不同，它除了要求修补的漆膜本身具有良好的质量外，还要求与原漆面外观、光泽、颜色基本一致，而且过渡自然，基本看不出修补的痕迹，因此要求施工人员具有丰富的经验和很高的操作技能水平。

目前，轨道交通车辆局部修补涂装主要面临两个问题：

1）色差明显。修补部位的漆膜颜色与原漆面颜色存在明显差异。

2）接口处有痕迹。修补部位漆膜与原漆面的搭接部位过渡不自然，有色差、台阶、粗糙、失光现象，金属漆还存在色晕（接口处颜色发黑）问题。

（2）原因分析

1）轨道交通车辆面漆喷涂采用静电喷枪，而局部修补涂装因为受生产条件限制主要采用空气喷枪，新车和修补涂装使用的油漆相同。因此，产生色差的主要原因是两种喷枪的压力、喷距、流量、雾化效果不同而造成的。

2）对接口部位的处理目前主要采用抛光的方法，然而轨道交通车辆面漆没有清漆，抛光后油漆颜色出现变化，导致修补痕迹更加明显。

（3）处理方法　对于轨道交通车辆局部修补涂装所面临的两个主要技术问题，汽车局部修补涂装提供了较好的解决方案，但两者在材料、工艺、质量要求上又有所不同。我们必须结合轨道交通车辆涂装的实际情况，消化和创新汽车局部修补涂装技术，才能解决目前的问题，完善其局部修补涂装工艺。

1）色差的控制。根据轨道交通车辆涂装施工的实际情况，整车喷涂与局部修补存在的工具上的差别在短期内无法更改，根据"准确的调漆和恰当的喷涂共同决定了漆膜的颜色"，要控制好色差问题可以从如下两点入手：通过修补样板试验（空气喷枪喷原厂漆），找到使外观差别最小的喷嘴口径、压力、距离、湿膜厚度等工艺参数。如果始终无法得到满意的效果，可协同涂料供货商配制配套的修补涂料，要求空气喷枪使用该涂料，在较宽的工艺参数范围内，能得到与原漆接近的外观效果。

2）接口痕迹的处理。如前所述，色差是绝对的。要使修补漆与原漆间事实存在的色差减少到肉眼几乎看不到，对轨道交通车辆局部修补涂装来说，需要做好以下几点：引进汽车飞驳口技术，派有经验的喷漆师傅出去接受专业的培训，学习并掌握该项技术。配备该项工艺所需要的材料，如砂纸、研磨膏、抛光膏、快干型腻子、接口水等材料。协同涂料供货商解决素色漆抛光后变色的问题。

第3篇

试 题

第10章
基础知识类试题

Chapter 10

☺ **学习目标:**

1. 通过试题练习,掌握涂装工基础知识。

2. 通过试题练习,熟悉轨道交通车辆涂装工艺。

3. 通过试题练习,提升涂装工理论水平。

10.1 初级工试题

一、选择题

1. 按油料性能分类,亚麻油是属于 ( )。

A. 干性油　　　　　　B. 半干性油

C. 不干性油　　　　　D. 溶剂油

2. 加速油漆干燥(即缩短油漆干燥时间)的辅助材料是 ( )。

A. 固化剂　　　　　　B. 催化剂

C. 催干剂　　　　　　D. 促进剂

3. 松香、虫胶属于 ( )。

A. 天然树脂　　　　　B. 合成树脂

C. 矿物质　　　　　　D. 植物

4. 三原色由红、蓝、( ) 色组成。

A. 黑　　　　　　　　B. 绿

C. 黄　　　　　　　　D. 白

5. 铝粉颜料是属于 ( )。

A. 天然颜料　　　　　B. 人造颜料

C. 金属颜料　　　　　D. 合成颜料

6. 下列关于无机物的描述正确的是 ( )。

A. 不含钠、氢、氧的化合物是无机物

B. 苯是无机物

C. 乙醇是无机物

D. 不含碳元素的纯净物是无机物

7. 配制湖绿色油漆是以白色+黄色+( )。

A. 红色　　　　　　　B. 黄色

C. 蓝色　　　　　　　D. 紫色

8. 氧化煤油、200 号溶剂汽油属于 ( )。

A. 酯类　　　　　　　B. 醇类

C. 烃类　　　　　　　D. 酸类

9. 型号为 T-2 的辅助材料是 ( )。

A. 固化剂　　　　　　B. 水

C. 洗涤剂　　　　　　D. 脱漆剂

10. 能溶解溶质的物质称为 ( )。

A. 溶剂　　　　　　　B. 催干剂

C. 添加剂　　　　　　D. 固化剂

11. 醇酸树脂漆类的稀释剂由 200 号溶剂汽油和（　　）组成。

A. 甲苯　　　　　　　B. 二甲苯

C. 硝基苯　　　　　　D. 苯

12. 食盐溶在水中，不能发生以下何种现象（　　）。

A. 食盐发生电离，产生 Na^+ 和 Cl^-

B. 形成食盐水溶液

C. 食盐又重新凝聚在一起，形成结晶

D. 食盐水溶液中各处 Na^+ 和 Cl^- 的含量均一

13. 木材去皮是为了（　　）。

A. 紧密　　　　　　　B. 防腐

C. 防潮　　　　　　　D. 美观

14. 涂料基本编号为（　　）。

A. 30~39　　　　　　B. 50~59

C. 10~19　　　　　　D. 20~29

15. 石铅粉腻子的主要填料是（　　），可使适量加水后的腻子变稠。

A. 滑石粉　　　　　　B. 石膏粉

C. 石棉粉　　　　　　D. 红丹粉

16. 醇酸磁漆的干燥性质是（　　）。

A. 烘干性　　　　　　B. 固化性

C. 自干性　　　　　　D. 物理性

17. 适用于大平面涂刮的工具是（　　）。

A. 牛角刮刀　　　　　B. 钢制刮刀

C. 木制刮刀　　　　　D. 橡皮刮刀

18. 空气喷涂是一种（　　）的方法。

A. 应用很少　　　　　B. 应用最广泛

C. 不适宜应用　　　　D. 高利用率

19. 空气喷涂最适宜使用（　　）。

A. 高黏度油漆　　　　B. 低黏度油漆

C. 双组分油漆　　　　D. 多组分油漆

20. 底层与面层之间是（　　）。

A. 表层　　　　　　　B. 腻子层

C. 中间层　　　　　　D. 车间底漆

21. 常用的自然干燥油漆是（　　）。

A. 双组分聚氨酯漆　　B. 粉末涂料

C. 酚醛漆类　　　　　D. 有机硅烘干漆

22. 体质颜料老粉（又叫作大白粉）的主要成分是（　　）。

A. 氧化铅　　　　　　B. 硫酸钙

C. 氧化锌　　　　　　D. 碳酸钙

23. 酚醛清漆的型号是（　　）。

A. F01-1　　　　　　B. Y01-1

C. C01-1　　　　　　D. H01-2

24. 腻子一般涂刮在（　　）上。

A. 底漆面　　　　　　B. 面漆层

C. 中间层　　　　　　D. 预涂漆层

25. 油性漆最适宜（　　）法。

A. 涂刷　　　　　　　B. 电泳

C. 静电喷涂　　　　　D. 刮涂

26. 使用涂-4 黏度杯测量黏度时，要求在（　　）为适宜。

A. 30℃　　　　　　　B. 5℃

C. 10℃　　　　　　　D. 22℃

27. 醇酸腻子的型号是（　　）。

A. C07-5　　　　　　B. G07-5

C. F07-5　　　　　　D. N03-2

28. 塑料制品退火的目的是（　　）。

A. 除去静电

B. 消除塑料制品的内应力

C. 增加涂膜附着力

D. 增加表面粗糙度

29. 对铁路客车、机车外顶腐蚀最严重的气体是（　　）。

A. 二氧化碳　　　　　B. 一氧化碳

C. 二氧化硫　　　　　D. 二氧化氮

30. 含碳量在 2% 以下的铁合金称为（　　）。

A. 铁　　　　　　　　B. 钢

C. 铜合金　　　　　　D. 铝

31. 一般化学除锈液含有氯化钠 4%~5%，硫脲 0.3%~0.5%，（　　）18%~20%。

A. 硫酸　　　　　　　B. 碳酸

C. 水　　　　　　　　D. 盐酸

32. 涂刷一般清漆和色漆应选用（　　）。

A. 板刷　　　　　　　B. 软毛刷

C. 特制刷　　　　　　D. 毛笔

33. 涂刷油漆膜过厚会造成漆膜（　　）。

A. 失光　　　　　　　B. 开裂

C. 起皱　　　　　　　D. 不沾

34. 醇酸漆层上加刷硝基漆时，极易产生
（　　）。

A. 泛白　　　　　　　B. 起泡

C. 发粘　　　　　　　D. 不盖底

35. 醇酸漆层上加刷硝基漆时，极易产生
（　　）。

A. 针孔　　　　　　　B. 泛黄

C. 咬底　　　　　　　D. 泛白

36. 常用醇酸漆、酚醛漆开桶后桶盖不盖严，
易产生（　　）。

A. 混浊　　　　　　　B. 结皮

C. 沉淀　　　　　　　D. 分层

37. 油漆施工后放置在高温条件下会产生
（　　）。

A. 起皱　　　　　　　B. 脱层

C. 颜色加深　　　　　D. 开裂

38. 喷漆室相对擦净室来说，室内空气呈
（　　）。

A. 正压　　　　　　　B. 微正压

C. 负压　　　　　　　D. 等压

39. 使金属产生腐蚀的内部原因是（　　）。

A. 湿度　　　　　　　B. 化学品腐蚀

C. 金属棱角腐蚀　　　D. 金属表面结露腐蚀

40. 铁路机车、客车外墙板的最后一道聚酯腻
子一般采用（　　）。

A. 干磨　　　　　　　B. 水磨

C. 不磨　　　　　　　D. 砂轮磨

41. 硬座车的车型标记是（　　）。

A. YZ　　　　　　　　B. YW

C. RZ　　　　　　　　D. RYZ

42. 为防止油漆在桶内生产时氧化结皮应加入
（　　）。

A. 防沉剂　　　　　　B. 防腐剂

C. 抗结皮剂　　　　　D. 增韧剂

43. 工件表面油漆采用淋涂或流淌的方法称为
（　　）。

A. 浸湿法　　　　　　B. 流淌法

C. 擦涂法　　　　　　D. 刷漆法

44. 油漆场房内的照明电器应（　　）。

A. 防爆　　　　　　　B. 防火

C. 防盗　　　　　　　D. 防水

45. 油漆厂内使用 200 号溶剂汽油，其最高容
许浓度为（　　）mg/m³。

A. 150　　　　　　　　B. 100

C. 3500　　　　　　　D. 1

46. 高级铁路客车上涂刮的是（　　）。

A. 酯胶腻子　　　　　B. 醇酸腻子

C. 酚醛腻子　　　　　D. 不饱和聚酯腻子

47. C04-2 中的 04 代表（　　）。

A. 成膜物　　　　　　B. 序号

C. 基本名称　　　　　D. 颜料

48. 增加漆膜柔韧性，提高漆膜附着力的物质
是（　　）。

A. 消光剂　　　　　　B. 分散剂

C. 增塑剂　　　　　　D. 固化剂

49. 企业标准是指企业部门为了保证（　　）
所制定的标准。

A. 工艺性能　　　　　B. 产品质量

C. 使用年限　　　　　D. 企业管理

50. 油漆中常用的植物油是（　　）。

A. 不干性油　　　　　B. 动物油

C. 干性油　　　　　　D. 石油

51. 醇酸磁漆中，油占树脂总量的（　　）称
为中油度。

A. 50%　　　　　　　B. 50%~60%

C. 60%以上　　　　　D. 90%以上

52. 影响漆膜质量的因素不包括（　　）。

A. 操作技术水平　　　B. 涂料包装

C. 已涂装过的底漆　　D. 温度

53. 根据油漆漆膜质量要求，选择油漆的首要
原则是（　　）。

A. 高性能油漆

B. 既满足漆膜质量要求又具有经济性

C. 施工简便

D. 无毒

54. 当前我国铁路工厂生产的25K型客车所用的防锈底漆是（　　）。

　　A. 酚醛磁化铁防锈底漆

　　B. 沥青底漆

　　C. 醇酸红丹防锈底漆

　　D. 磷酸锌环氧底漆

55. 矿物油、氧化煤油、煤油属于（　　）。

　　A. 酯类溶剂　　　　　B. 烃类溶剂

　　C. 醇类溶剂　　　　　D. 醛类溶剂

56. 按催干剂品种分类，红丹（氧化铅）属于（　　）。

　　A. 金属盐类　　　　　B. 金属氧化物

　　C. 金属颜料　　　　　D. 填料

57. CH_3CH_2-OH 是（　　）。

　　A. 乙醇　　　　　　　B. 甲醇

　　C. 丁醇　　　　　　　D. 乙烯

58. 石膏的化学名称是（　　）。

　　A. 硫酸钠　　　　　　B. 硫化钠

　　C. 硫酸钙　　　　　　D. 硝酸

59. $CaCO_3$ 是（　　）的化学分子式。

　　A. 大白粉　　　　　　B. 石棉粉

　　C. 滑石粉　　　　　　D. 重晶石粉

60. 常用铁红粉的化学分子式是（　　）。

　　A. FeS　　　　　　　B. $FeSO_4$

　　C. Fe_2O_3　　　　　　D. $FeCl_3$

61. 中性溶液的pH值是（　　）。

　　A. pH 值=7　　　　　B. pH 值<7

　　C. pH 值>7　　　　　D. pH 值=0

62. 硫酸的化学分子式是（　　）。

　　A. HCl　　　　　　　B. H_2SO_4

　　C. HNO_3　　　　　　D. H_2S

63. 烧碱的化学分子式是（　　）。

　　A. $Ca(OH)_2$　　　　B. NaOH

　　C. $Mg(OH)_2$　　　　D. $Fe(OH)_2$

64. 表示化学纯试剂的符号是（　　）。

　　A. GR　　　　　　　B. AR

　　C. LK　　　　　　　D. CP

65. 醇酸树脂用于制造（　　）。

　　A. 环氧漆类　　　　　B. 酚醛漆类

　　C. 醇酸漆类　　　　　D. 硝基漆类

66. 天然大漆的主要化学成分是（　　）。

　　A. 苯酚　　　　　　　B. 漆酚

　　C. 酚　　　　　　　　D. 醇

67. 甲苯、二甲苯溶剂属于（　　）。

　　A. 萜烯溶剂类　　　　B. 酯类

　　C. 煤焦溶剂类　　　　D. 汽油类

68. 沸点在 100～145℃ 的溶剂是（　　）溶剂。

　　A. 低沸点　　　　　　B. 中沸点

　　C. 高沸点　　　　　　D. 强

69. 溶剂加入清漆后应使其（　　）。

　　A. 有轻微混浊现象　　B. 黏度增高

　　C. 黏度降低　　　　　D. 产生沉淀

70. 酚类和甲醛或其同系物发生缩合反应生成的是（　　）。

　　A. 脲醛树脂　　　　　B. 酚醛树脂

　　C. 聚酯树脂　　　　　D. 醇酸树脂

71. 加速油漆漆膜干燥的物质是（　　）。

　　A. 增塑剂　　　　　　B. 固化剂

　　C. 干燥剂　　　　　　D. 催干剂

72. 配制虫胶清漆所用酒精的浓度是（　　）。

　　A. 85%～90%　　　　B. 75%～80%

　　C. 95%　　　　　　　D. 50%

73. 颜色的冷暖感主要是受（　　）影响。

　　A. 颜色的纯度　　　　B. 颜色的明度

　　C. 颜色的黑白度　　　D. 颜色的色相

74. 当前铁路修理客车，外墙板所用的油漆是（　　）。

　　A. 聚氨酯类　　　　　B. 过氯乙烯漆类

　　C. 丙烯酸醇酸类　　　D. 氟碳漆类

75. 铁路客车内顶板所涂刷白色醇酸磁漆的光泽度（60°角时）为（　　）。

　　A. 75%～85%　　　　　B. 90%～100%

　　C. 50%～60%　　　　　D. 20%～40%

76. 对金属锌涂装时底漆应选择（　　）。

　　A. 铁红醇酸底漆　　　B. 铁红酯胶底漆

　　C. 锌黄环氧底漆　　　D. 过氯乙烯底漆

77. 全世界每年因腐蚀而损失的钢铁高达钢铁

年产量的（　　）。

A. 0.1%~0.5%　　　B. 1%~5%

C. 20%~25%　　　D. 30%~35%

78. 国际上涂料的分类方法很多，但较为广泛采用的是按涂料的（　　）进行分类的方法。

A. 作用　　　B. 成膜物质

C. 用途　　　D. 颜色

79. 根据涂料命名原则，其颜色的命名位于名称的（　　）。

A. 前面或后面　　　B. 中间

C. 最后面　　　D. 最前面

80. 天然树脂类涂料的类别代号是（　　）。

A. Y　　　B. T

C. S　　　D. R

81. "C"代表（　　）树脂类涂料。

A. 聚酯　　　B. 硝基

C. 醇酸　　　D. 酚醛

82. "诱导时间"（"熟化时间"）是指（　　）。

A. 涂料自生产日期以来已储存的时间

B. 新施工人员的培训期

C. 涂料混合后可使用的时间

D. 涂料混合后，在使用前必须放置的时间

83. 醇酸磁漆的型号是（　　）。

A. C04-2　　　B. Y01-1

C. F03-1　　　D. Q02-1

84. 有机硅耐热漆的型号是（　　）。

A. C04-5　　　B. G07-4

C. W61-37　　　D. N03-4

85. 在油基漆中，树脂：油在（　　）以下者为短油度。

A. 1:2　　　B. 1:2.5

C. 1:3　　　D. 1:5

86. 大漆属于（　　）类涂料。

A. 合成树脂　　　B. 油基

C. 天然树脂　　　D. 硝基

87. 聚氨酯漆大多是（　　）型涂料。

A. 单组分自干　　　B. 双组分自干

C. 双组分烘干　　　D. 单组分烘干

88. 在各种涂料中，耐高温性最好的是

（　　）树脂涂料。

A. 有机硅　　　B. 聚酯

C. 硝基　　　D. 环氧

89. 建筑物内外墙的装饰，通常采用的是（　　）涂料。

A. 油脂类　　　B. 水乳性

C. 天然树脂　　　D. 醇酸

90. 对有色金属腐蚀危害最严重的气体是（　　）。

A. SO_2　　　B. H_2O

C. CO_2　　　D. H_2

91. 露天放置的钢铁设备雨后在表面上积水所产生的腐蚀称为（　　）。

A. 缝隙腐蚀　　　B. 积液腐蚀

C. 沉积物腐蚀　　　D. 氧化腐蚀

92. 能与碱起反应生成肥皂和甘油的油类叫作（　　）。

A. 皂化油　　　B. 非皂化油

C. 矿物油　　　D. 石油

93. 矿物油属于（　　）。

A. 皂化油　　　B. 油脂

C. 煤焦油　　　D. 非皂化油

94. 油脂的主要成分是（　　）。

A. 甘油　　　B. 脂肪

C. 脂肪酸盐　　　D. 机油

95. 20世纪80年代以来，国内大力推广应用的脱脂剂是（　　）。

A. 水基清洗剂　　　B. 碱液处理剂

C. 有机溶剂　　　D. 酸液处理剂

96. 氢氧化钠是一种（　　），它是化学脱脂液中的主要成分。

A. 碱性盐类　　　B. 强碱

C. 强酸　　　D. 弱酸

97. 矿物油在一定条件下与碱形成（　　）。

A. 皂化液　　　B. 乳化液

C. 胶体溶液　　　D. 透明液

98. 清理被处理工件的面漆表面时，所使用的砂粒标准粒度应该是（　　）目。

A. 220~320　　　B. 60~80

C. 120~220 D. 100~120

99. 清理被处理工件的底漆表面时，所使用的砂粒标准粒度应该是（　　）目。

　　A. 30~40　　　　　B. 60~80

　　C. 120~220　　　　D. 100~120

100. 清除被处理工件的氧化皮时，所使用的砂粒标准粒度应该是（　　）目。

　　A. 600~700　　　　B. 180~200

　　C. 320~400　　　　D. 30~40

二、判断题

1. 油漆中的主要成膜物是油料。　（　　）

2. 油漆中含有的酚醛树脂属于天然树脂。（　　）

3. 油漆中含有的油料以不干性油为主。（　　）

4. 油性漆以油料作为主要成分。（　　）

5. 色漆主要是含有着色颜料。（　　）

6. 清漆是在漆料中加入了一定量的防锈颜料。（　　）

7. 磁漆的性能比调合漆的性能好。（　　）

8. 底漆起到物面的装饰作用。（　　）

9. 油性漆就是磁漆。（　　）

10. 豆油属于干性油类。（　　）

11. 煤油基本上无腐蚀作用。（　　）

12. 着色颜料在油漆中起防锈、防腐的作用。（　　）

13. 调腻子的石膏粉就是无水硫酸钙。（　　）

14. 蓝色+中黄色=中绿色。（　　）

15. 红、黄、蓝三色常称为三原色。（　　）

16. 香蕉水可以稀释酚醛磁漆。（　　）

17. C_2H_5OH 是酒精的化学分子式。（　　）

18. 环氧酯就是环氧树脂。（　　）

19. 油漆类别代号"I"代表油脂油漆。（　　）

20. 油漆类别代号"F"代表醇酸树脂磁漆。（　　）

21. 硝基油漆的类别代号是"Y"。（　　）

22. 稀释剂必须要与油漆配套使用。（　　）

23. 任何一种稀释剂都不能通用。（　　）

24. 性质不同的清漆可以混合使用。（　　）

25. 硝基色漆可以与醇酸磁漆混合使用。（　　）

26. 油漆的材质性质不同，其涂装方法也不同。（　　）

27. 虫胶清漆的主要性能是防水性。（　　）

28. 虫胶清漆含虫胶树脂的量为30%。（　　）

29. 短油度的醇酸树脂含油量在24%~25%。（　　）

30. 预涂涂层应总是采用刷涂施工。（　　）

31. 湿漆膜与空气中的氧发生的氧化聚合反应叫作氧化干燥。（　　）

32. 不需要高温烘烤的油漆称为烤漆。（　　）

33. 油漆中加入防潮剂可加速油漆的干燥。（　　）

34. PQ-1型压缩空气喷枪属于下压式喷枪。（　　）

35. 磁漆、硝基漆都属于易燃危险油漆。（　　）

36. 发亮的物体是光源。（　　）

37. 不含有机溶剂的涂料称为粉末涂料。（　　）

38. 金属腐蚀主要有化学腐蚀和电化学腐蚀两种。（　　）

39. 中绿色醇酸磁漆的主要成分是油料和松香酯。（　　）

40. 苯类溶剂的飞散，对施工者的身体健康危害甚大。（　　）

41. 涂装工艺对涂装质量好坏影响不大。（　　）

42. 铁路机车、客车外墙板涂刮腻子是为了增加涂膜的附着力。（　　）

43. 铁路货车金属件表面涂刷的底、面漆的干膜厚度要求不低于$96\mu m$。（　　）

44. 肥皂泡上的颜色就是它本身的颜色。（　　）

45. 硝基常用的稀释剂是松香水。（　　）

46. 体质颜料起增加色漆颜色的作用。（　　）

47. 油漆调配是一项比较简单的工作。（　　）

48. 各涂层油漆的性质都可以不同。（　　）

49. 醇酸漆类使用的稀释剂是 200 号溶剂汽油。
（　　）

50. 油漆涂刷方法是由外向里、由易到难。
（　　）

51. 涂装前表面处理的好坏，决定涂装的成败。
（　　）

52. 影响涂层寿命的各种因素中，表面处理占比较大。
（　　）

53. 涂膜质量的病态大部分源于油漆质量。
（　　）

54. 磷化膜是一种防腐涂层。（　　）

55. 铁路客、货车抛（喷）丸除锈使用的是铸铁丸、钢丸等。
（　　）

56. 铁路客、货车辆的钢结构，长期处于潮湿及多水的条件下容易遭受腐蚀。
（　　）

57. 涂装底漆的目的，是增加被涂物的防腐性能及增强漆膜附着力。
（　　）

58. 底漆起着色装饰作用。（　　）

59. 对油漆施工场地的温度，没有一定的要求。
（　　）

60. 在不同的涂装物面上涂刮腻子，要使用不同尺寸、种类的刮刀。
（　　）

61. 虫胶清漆不属于天然树脂类。（　　）

62. 油漆类别代号"F"代表环氧树脂类油漆。
（　　）

63. 油漆中所用的油料以不干性油料为主。
（　　）

64. 油漆类别代号"A"代表氨基树脂类油漆。
（　　）

65. 油漆类别代号"C"代表聚酯树脂类油漆。
（　　）

66. 常用的体质颜料锌钡白就是立德粉。
（　　）

67. 颜料的颜色变化，主要是由红、蓝、黑三种主色决定的。
（　　）

68. 棕色由红、黑两种颜料配制而成。（　　）

69. 调配油漆的颜色先后顺序是由浅到深。
（　　）

70. 用颜料配制浅豆绿色，是用钛白+浅黄+铁蓝+铁黑。
（　　）

71. 常用体质颜料大白粉的化学分子式是 $CaCO_3$。
（　　）

72. 石膏粉的化学分子式是 Na_2SO_4。（　　）

73. 用醇类溶剂作为醇酸树脂磁漆的稀释剂。
（　　）

74. 醛、酮、醇类溶剂存在油漆中，对操作者危害最小。
（　　）

75. 常用脱漆剂主要分为含有二氯甲烷和苯的两种类型。
（　　）

76. 氨基烘漆需要经过烘烤才能成膜固化。
（　　）

77. 防腐性能最好的油漆是环氧树脂漆类。
（　　）

78. 涂层性能的好坏，应以涂装后检验结果为结论。
（　　）

79. 油漆干燥差一点，也未必会出现什么质量事故。
（　　）

80. 醇酸树脂磁漆也可以用固化剂加速干燥。
（　　）

81. 催干剂也可以作为固化剂使用。（　　）

82. C04-2 表示常用的醇酸树脂磁漆。（　　）

83. 聚氨酯双组分磁漆也可以用脱漆剂来稀释。
（　　）

84. 传统腻子的主要成分是石膏、清漆、干性油类、水等材料。
（　　）

85. 阻尼涂料可降低薄钢板的剧烈振动程度。
（　　）

86. 中间层涂层以湿法打磨的质量最好。
（　　）

87. 未经表面处理的金属材质表面不能涂装油漆。
（　　）

88. 客车内顶板涂刷的油漆是白半光或无光的白色醇酸磁漆。
（　　）

89. 货车外墙板涂刷的漆是黑色沥青清漆。
（　　）

90. 涂-4 黏度杯是测定油漆黏度的一种仪器。
（　　）

91. pH 值是表示溶液酸、碱性的数值。

（　　）

92. 电解液是不通电流的液体。（　　）

93. P 表示货车的基本名称。（　　）

94. RZXL 代表软座车车型。（　　）

95. YZ 代表硬座车车型。（　　）

96. RZ 代表硬卧车车型。（　　）

97. 粉末喷涂形成的涂层均匀与否和工作电压无关。（　　）

98. 涂装过程中所产生的三废是废水、废纸、废渣。（　　）

99. 用铁器敲击开启油漆桶或金属制溶剂桶时，易产生静电火花而引起火灾或爆炸。（　　）

100. 采用净化喷漆室是今后喷涂技术的发展方向。（　　）

三、填空题

1. 涂装预处理是（　　）过程中重要的一道工序，它关系到涂层的附着力、装饰性和使用寿命。

2. 表面处理有（　　）和化学处理法两大类。

3. 用不燃性有机溶剂脱脂的方法有（　　）、浸洗、蒸气和喷洗等几种。

4. 采用的化学脱脂有（　　）、喷射法和滚筒法等多种。

5. 碱性乳化脱脂有喷射法和（　　）两种方法。

6. 去除动、植物油污，使用（　　）效果较好。

7. 有色金属产品及有色金属与非金属压合的制件，通常使用（　　）脱脂最合适。

8. 当溶液中其他条件一定时，影响碱液脱脂效果的主要因素是（　　）、温度和碱液的搅拌作用。

9. 去除铝及铝合金表面的油污，通常可采用（　　）。

10. 塑料脱脂的方法和（　　）类似，可用碱性水溶液脱脂或用表面活性剂溶液及溶剂脱脂。

11. 耐溶剂较差的塑料，需用（　　）或中性洗涤剂脱脂。

12. 金属表面的锈蚀产物主要是（　　），它们能与酸起反应生成盐。

13. 金属表面的除锈方法有机械法、（　　）和电解除锈法等几种。

14. 机械除锈法通常有手工除锈、（　　）、喷丸和抛丸等几种。

15. 化学除锈法通常有（　　）、电解、电极等几种。

16. 电解除锈可分为两类，一类是将除锈的工件作为（　　），还有一类是将除锈的工件作为阴极。

17. 酸洗除锈常用的硫酸和盐酸是（　　）酸，而醋酸、酒石酸和柠檬酸是有机酸。

18. 用水稀释浓硫酸液的程序是（　　）。

19. 经热溶液处理的工件，取出后应先用（　　），再用冷水冲洗。

20. 磷化处理的目的是提高工件的（　　）和增强涂料的附着力。

21. 磷化膜与（　　）和涂料有较高的结合力，可视为金属的涂装防护层。

22. 磷化液中的促进剂有两类，一类是（　　），另一类是金属离子。

23. 镍盐是磷化反应中常用的（　　）。

24. 磷化后处理包括水洗、钝化、（　　）等过程，其中钝化最为重要。

25. 在一个槽液中（　　）进行脱脂、除锈、磷化、钝化等数道工序的方法叫作综合处理法。

26. 检验磷化膜的耐蚀性，应与（　　）结合在一起进行。

27. 常用的磷化膜耐蚀性检测方法为（　　）法。

28. 非铁材料是指铝、铜、锌、镁、镉及其合金等（　　），以及非金属的塑料、木材、纤维等。

29. 非铁材料的（　　）各异，要针对涂装目的与质量要求选择相适应的表面预处理方法。

30. 镁合金工件可采用（　　）、电化学氧化后涂装等方法进行防护和表面装饰。

31. 铜及铜合金采用（　　）、钝化、氧化处理后，可提高其耐蚀能力。

32. 钛及钛合金的（　　）可明显改善涂层的附着性。

33. 铝及铝合金的酸洗处理也称为（　　）。

34. 在金属表面进行抛光处理的方法有（　　）、化学抛光和电解抛光。

35. 铝及铝合金的化学氧化方法可分为（　　）氧化和酸性溶液氧化两大类。

36. 铝及铝合金的阳极氧化有硫酸阳极氧化、（　　）阳极氧化、草酸阳极氧化及厚层阳极氧化和瓷质阳极氧化等。

37. 有色金属工件在氧化处理后，还要进行（　　）处理，以提高氧化膜的防护性和美化外观。

38. 要控制镁合金氧化的质量，检查内容包括（　　）检查、槽液检查和氧化膜质量检查。

39. 塑料件表面化学处理的常用方法是（　　）、硫酸混合液法。

40. 涂料中所有的有机溶剂，均具有易挥发和（　　）、易爆的特性，大多数溶剂还具有毒性，故必须注意生产安全。

41. 涂料涂装的方法除刷涂、浸涂、淋涂、辊涂和喷涂等一般方法外，还有静电喷涂、高压无气喷涂、（　　）、电泳涂装等较先进的工艺方法。

42. 在选择涂装方法时，通常要考虑涂层配套的多层性，即（　　）、中间层、面层的复合涂装方法。

43. 材质不同，涂料与材质的（　　）不同。

44. 涂料的干燥方法有（　　）干燥和烘烤干燥两大类。

45. 表示（　　）干燥程度的方法有表干和实干两种。

46. 腻子刀适用于填补刮涂平面（　　），同时也适用于在腻子盘中调制搅拌腻子。

47. 牛角刮刀的规格有（　　）、38mm、50mm 和 75mm 等多种。

48. 油漆溶剂的沸点分为（　　）、中沸点、高沸点三种。

49. 常用空气喷枪的结构型式有（　　）和压

下式两类。

50. 被涂物表面应该光滑平整，并具有一定的（　　），无油污、锈蚀和缺陷。

51. 电泳有（　　）和阳极电泳两种类型。

52. 排笔刷是常用的（　　）工具之一。

53. 喷涂使用的压缩空气中的水分和油污，必须采用（　　）清除。

54. 常用的辊涂法有（　　）辊涂和自动辊涂两种。

55. 粉末涂料有（　　）和热固性两大类。

56. 涂料除了具有保护产品的作用外，还有（　　）、标识和特殊作用。

57. 油分离器应定期作（　　）处理。

58. 淋涂使用的主要设备是一个装有过滤网的（　　）。

59. 各种浸涂施工方法都要求备有（　　）。

60. 离心浸涂法适用于形状（　　）小零件的涂装。

61. 机械辊涂法的主要设备是（　　）。

62. 刷涂法常用的工具有（　　）、漆桶以及过滤器等。

63. 刮具有（　　）刮具和软刮具两种。

64. 颜料是一种细微粉末状的有（　　）的物质。

65. 涂刮腻子的目的是消除各种物体和零件表面的（　　）。

66. 涂刮腻子的方式，一般可分为（　　）、补刮和软硬交替涂刮等几种。

67. 按照被涂工件的精细程度要求，打磨一般可分为（　　）打磨和湿打磨两种。

68. 化学除锈在工厂里习惯称为（　　）。

69. 工件经表面处理后的第一道工序是涂装（　　）。

70. 常用底漆可分为保养底漆、一般底漆和（　　）底漆。

71. 工件经涂底漆、刮腻子、打磨修平后，再涂装（　　）。

72. 涂料涂装后，经过物理与化学变化而变成固态涂膜的过程称为（　　）。

73. 人造浮石根据砂粒的大小，可分为粗粒、中粒、细粒和（　　）四级。

74. 涂料制造时，虽经过设计筛选配方、选用质量优良的原材料、采取先进工艺和设备生产，但仍会因配料（　　）、配料方法不当，或配制过程中混入有害物质，以及生产工艺和实施不利等原因，而造成涂料病态。

75. 涂料开桶后，发现黏度太稠或太稀，如不是储存期造成的，则是制造中（　　）不当，溶剂加入过少或过多等原因造成的。

76. 涂膜外观未达到预期光泽，呈暗淡无光现象，称为（　　）。

77. 涂料库房应有足够的面积和容积，保持良好的环境条件，储存保管温度范围为（　　）。

78. 涂料入库和发放要本着（　　）的顺序，避免储存过期。

79. 每批新涂料入厂，保管人员都应提供样品给化验室进行（　　）验收。

80. 浅色涂料，应该是色彩单一的（　　）状，尤其是清漆，若出现混浊则是缺陷。

81. 在涂覆和干燥过程中，涂膜中产生许多小孔的现象称为（　　）。

82. 干燥后的涂膜表面，若呈现出微小的圆珠状小泡，并一经碰压即破裂，这种现象称为（　　）。

83. 涂料在喷涂时雾化不好成丝状，使涂膜成丝状膜，称为（　　）。

84. 干燥后的电泳涂膜表面，呈现厚薄不均匀的阴暗面，这种现象称为（　　）。

85. 涂料经干燥成膜后，表面外观透青，露出底材颜色，漆膜明显太薄，称为（　　）。

86. 涂膜在阳光照射下变成忽绿、忽紫的颜色，称为（　　）。

87. 为了防止涂料在储存中发生沉淀，应定期将涂料桶（　　）或倒置。

88. 复色颜料中由于颜料的密度不同，密度大的颜料（　　），轻的上浮。

89. 光滑的工件在涂装时，若没有经过（　　）处理，则会影响其涂膜的附着力。

90. 若在涂层太厚或底漆未完全干燥时涂装面漆，会造成表干里湿，就有（　　）现象。

91. 有机溶剂如甲苯、二甲苯等毒性大，被吸入人体后，将危害人的（　　）器官、神经系统和造血系统。

92. 按涂料的干燥机理分类，可分为（　　）干燥和化学性干燥两大类。

93. 工件在涂装一两天后，涂膜表面出现失光状态，甚至形成一层白霜，这种现象称为（　　）。

94. 涂装四要素是指产品涂装前的（　　）、正确选用涂料、涂装方法和涂料的干燥。

95. （　　）是涂料配套施工中的重要涂层，选择时，要求选用的底漆对产品表面有很强的附着力，与上层涂料有良好的结合力。

96. 中间层涂料是用于（　　）之间的涂料，它在涂装中具有承上启下的作用。

97. 产品涂装必须遵循底层、中间层和面层涂料间的（　　）原则。

98. 过滤是涂料（　　）过程中必不可少的工序。

99. 两层以上的多涂层涂装，涂料的调配要从（　　）开始，并按先用先调、后用后调的方法依次进行。

100. 光是一种（　　），可见光波的波长范围在400～700nm。

四、简答题

1. 什么叫油漆？

2. 什么是乳胶？

3. 什么是热塑性树脂？

4. 什么是酚醛树脂？

5. 什么是表面粗糙度？

6. 什么是附着力？

7. 什么是纤维素？

8. 什么是清漆？

9. 什么是防锈颜料？

10. 什么是原色？

11. 什么是催干剂？

12. 什么是主要成膜物？

13. 什么是次要成膜物？

14. 什么是辅助成膜物？

15. 什么是底漆？

16. 什么是面漆？

17. 什么是磁漆？

18. 什么是油性漆？

19. 什么是无溶剂油漆？

20. 什么是粉末涂料？

21. 什么是空气喷涂？

22. 什么是涂装？

23. 什么是自动喷涂？

24. 什么是浸涂？

25. 什么是施工黏度？

26. 什么是氧化聚合干燥？

27. 什么是三废？

28. 什么是醇酸树脂？

29. 什么是环氧酯？

30. 什么是聚乙烯醇树脂？

31. 什么是石油沥青？

32. 什么是硝化纤维？

33. 什么是酯类？

34. 什么是复色？

35. 什么是消光剂？

36. 什么是无苯溶剂（稀释剂）？

37. 什么是脱漆剂？

38. 什么是烤漆？

39. 什么是光固化油漆？

40. 什么是高固体分？

41. 什么是稀释比？

42. 什么是热喷涂？

43. 什么是高压无气喷涂？

44. 什么是酸洗？

45. 什么是磷化？

46. 什么是 pH 值？

47. 什么是遮盖力？

48. 什么是耐蚀性？

49. 什么是相对湿度？

50. 什么是客车基本标志？

51. 什么是消色？

52. 什么是表干？

53. 什么是流平助剂？

54. 什么是带锈底漆？

55. 什么是化学腐蚀？

56. 什么是凝聚？

57. 什么是固化剂？

58. 什么是钝化？

59. 什么是喷射处理？

60. 什么是氯化橡胶？

61. 什么是聚酯树脂？

62. 什么是聚氨酯树脂？

五、 综合题

1. 涂装生产中为何产生废水？请举例说明。

2. 涂装前表面预处理的酸洗废水有什么危害？

3. 简述手工空气喷涂的危害。

4. 简述天然大漆的成分与性能。

5. 简述聚氨酯油漆的组成与分类。

6. 油漆组成中颜料起哪些作用？

7. 油漆辅助材料的型号分为哪几部分？

8. 选择油漆时为什么要考虑配套性？

9. 简述油漆生产的一般程序。

10. 什么是油漆涂膜的混合干燥？

11. 油漆的干燥应遵守哪些原则？

12. 选择油漆时应考虑哪些因素？

13. 为什么说醇酸树脂类油漆是合成树脂漆类中唯一用量最大的油漆？

14. 常用的醇酸树脂磁漆溶剂由哪些材料配制？

15. 油漆辅助材料主要包括哪些材料？

16. 丙烯酸树脂油漆有较好的装饰性，其优越性包括哪些方面？

17. 机车、车辆工业对使用油漆有哪些要求？

18. 机车、车辆工厂常用的腻子有哪几种？

19. 简述防锈漆的作用。

20. 油漆涂刷法有哪些优缺点？

21. 机车、车辆工厂常用的涂装方法有哪几种？

22. 漆膜为什么会失光？如何处理？

23. 简述氨基烘漆施工工艺过程。

24. 简述漆刷的种类与规格。

25. 压缩空气喷枪喷嘴位置不同，有几种射流形状？

26. 金属表面除锈有哪几种方法？

27. 简述货车在厂、段修车体及车底的除漆工艺。

28. 油漆施工中常见的病态有哪几种？

29. 清漆储存中产生混浊的原因是什么？怎样处理？

30. 什么是闪点？

10.2 中级工试题

一、选择题

1. 底漆涂层质量高的是（　　）所形成的涂膜。

A. 溶剂油漆　　　　B. 阴极电泳涂料

C. 高固体分油漆　　D. 铁红醇酸底漆

2. 聚氨酯漆类形成的是（　　）涂层。

A. 一般性装饰　　　B. 耐高温性

C. 无装饰性　　　　D. 高装饰性

3. X-6 型号溶剂可稀释（　　）。

A. 硝基漆　　　　　B. 过氯乙烯漆类

C. 醇酸漆类　　　　D. 沥青类

4. 波长在（　　）nm 区域内的色光波呈现蓝色。

A. 450～492　　　　B. 492～577

C. 577～597　　　　D. 710～910

5. 两间色与其他色相混调，或三原色之间以不等量混调而成的颜色是（　　）。

A. 补色　　　　　　B. 复色

C. 接近色　　　　　D. 杂色

6. 油漆配色，选择使用的油漆必须是（　　）之间相调，才能准确。

A. 复色油漆　　　　B. 原色油漆

C. 颜料色浆　　　　D. 间色油漆

7. 配色过程中，对比配出的颜色是否准确，应当使用（　　）进行对比。

A. 不经干燥的颜色　B. 干燥后的颜色

C. 表干后的颜色　　D. 日晒后的颜色

8. 适宜大平面涂刮腻子的刮刀是（　　）。

A. 牛角刮刀　　　　B. 橡皮刮刀

C. 钢板刮刀　　　　D. 木板刮刀

9. 粉末涂装设备中，对涂装利用率影响最大的设备是（　　）。

A. 回收装置　　　　B. 供粉筒

C. 筛粉机　　　　　D. 静电喷枪

10. 电泳涂装方法中，涂装质量最好的方法是（　　）。

A. 自泳涂装法　　　B. 阳极电泳法

C. 阴极电泳法　　　D. 强制电泳

11. 油漆产生结块的主要原因是（　　）。

A. 生产配料不对

B. 搅拌时间不够

C. 桶盖不密封

D. 储存保管不当

12. 打磨腻子层取得较高质量的方法是（　　）。

A. 干法打磨　　　　B. 湿法打磨

C. 风动机械打磨　　D. 石头打磨

13. 空气喷涂法最不适宜的是（　　）的油漆。

A. 黏度小　　　　　B. 黏度高

C. 双组分　　　　　D. 黏度中等

14. 油漆施工中最普遍采用的喷涂方法是（　　）。

A. 静电喷涂法　　　B. 流化床法

C. 空气喷涂法　　　D. 混气喷涂法

15. 铁路段修理 25 型客车外墙板，经喷丸后墙板涂装的防锈底漆是（　　）。

A. 铁红醇酸防锈漆

B. 磁化铁环氧防锈漆

C. 红丹醇酸防锈漆

D. 硅酸锌防锈漆

16. 铁路货车外墙板喷涂的表面漆是（　　）。

A. 原浆型沥青漆　　B. 厚浆型醇酸漆
C. 厚浆型阻尼漆　　D. 酚醛漆

17. 铁路 25 型客车钢结构内部喷涂的重防腐漆类是（　　）。

A. 环氧树脂类　　B. 醇酸漆类
C. 氯磺化聚乙烯类　　D. 沥青类

18. 软座车的标志是（　　）。

A. YZW　　B. YZ
C. RZ　　D. CA

19. 硬卧车的标志是（　　）。

A. RZ　　B. YZ
C. YZLX　　D. YW

20. 保温车的标志是（　　）。

A. M　　B. B
C. G　　D. X

21. 长大货物车的标记是（　　）。

A. A　　B. K
C. D　　D. L

22. 铁道车辆上涂的一标志表示的是（　　）。

A. 拴马　　B. 国际联运
C. 超界　　D. 超重

23. 合理制订涂装工艺的主要依据是（　　）。

A. 选择使用的油漆性能
B. 适宜的涂装方法
C. 使用环境条件要求
D. 施工人员素质

24. 木材表面漂白常用的是（　　）。

A. 氨水　　B. 双氧水
C. 香蕉水　　D. 盐酸

25. 着色颜料的粒度为（　　）。

A. $5\sim6\mu m$　　B. $2\sim3\mu m$
C. $4\sim5\mu m$　　D. $0.1\sim1\mu m$

26. 溶剂的低沸点是（　　）。

A. $130\sim150℃$　　B. $100℃$ 以下
C. $150℃$ 以上　　D. $120℃$ 以下

27. 铁黄的主要成分是（　　）。

A. $Fe_2O_3\cdot H_2O$　　B. FeO
C. Fe_3O_4　　D. $Fe(OH)_3$

28. 白色粉料锌钡白常被称为（　　）。

A. 老粉　　B. 锌粉
C. 立德粉　　D. 大白粉

29. 油漆的保护性涂层膜厚是（　　）。

A. $80\sim100\mu m$　　B. $150\sim200\mu m$
C. $250\sim350\mu m$　　D. $10\sim20\mu m$

30. 高湿度及强辐射使油漆膜（　　）。

A. 发黏　　B. 老化破坏
C. 吸水膨胀破坏　　D. 起皱

31. 红丹的主要化学成分是（　　）。

A. PbO　　B. $PbSO_4$
C. Pb　　D. Pb_3O_4

32. 抛（喷）丸除锈机抛（喷）丸的速度为（　　）。

A. $79\sim80m/s$　　B. $180\sim200m/s$
C. $30\sim50m/s$　　D. $5\sim8m/s$

33. 清除钢铁表面的氧化皮和铁锈的丸粒硬度为（　　）。

A. $HRC20\sim30$　　B. $HRC45\sim48$
C. $HRC50\sim65$　　D. $HRC5\sim6$

34. 适合油漆涂装的金属表面除锈后粗糙度在（　　）μm 为最佳。

A. $20\sim30$　　B. $40\sim75$
C. $80\sim120$　　D. $200\sim300$

35. 对金属腐蚀最厉害的气体是（　　）。

A. 二氧化碳　　B. 硫化氢
C. 二氧化硫　　D. 氢气

36. 影响钢铁组织性能的主要化学元素是（　　）。

A. 硫　　B. 碳
C. 钙　　D. 金

37. 由胺或酰胺与醛缩聚，并经过醇类醚化制得的树脂是（　　）。

A. 酚醛树脂　　B. 脲醛树脂
C. 氨基树脂　　D. 醇酸树脂

38. 聚乙酸乙烯的醇溶液碱解制得的热塑性树脂是（　　）。

A. 乙烯树脂　　B. 聚氯乙烯树脂
C. 聚乙烯醇树脂　　D. 聚氟乙烯树脂

39. 磁化铁颜料属于（　　）。

A. 体质颜料　　　　B. 防锈颜料

C. 着色颜料　　　　D. 填充颜料

40. 漆膜泛白的主要原因是（　　）。

A. 受潮湿　　　　B. 受高温

C. 受辐射　　　　D. 底材白色

41. 油漆催干剂主要来源于（　　）。

A. 中性盐　　　　B. 酸性盐

C. 金属盐　　　　D. 有机酸

42. 油漆工业常用的是（　　）色系。

A. 4 个　　　　B. 6 个

C. 1 个　　　　D. 8 个

43. 酞菁紫属于（　　）。

A. 蓝色系　　　　B. 绿色系

C. 紫色系　　　　D. 黑色系

44. $PbCrO_4$ 是（　　）。

A. 镉黄　　　　B. 铬黄

C. 铅铬黄　　　　D. 锌铬黄

45. 钛白粉的主要成分是（　　）。

A. 二氧化硅　　　　B. 二氧化钛

C. 二氧化碳　　　　D. 二氧化硫

46. 常用炭黑的主要化学成分是（　　）。

A. 炭粉

B. 氧化铁和四氧化三铁

C. 石墨粉

D. 钙粉

47. 甲苯属于（　　）。

A. 萜烯类　　　　B. 煤焦类

C. 酯类　　　　D. 酸类

48. 降低油漆光泽的物质，常用的是（　　）。

A. 氧化铝

B. 硬脂酸铝二甲苯溶液

C. 氧化锌

D. 硅油

49. 绝缘漆耐热在 130℃ 时属于（　　）级。

A. Y　　　　B. C

C. B　　　　D. A

50. 结晶漆属于（　　）漆类。

A. 耐热　　　　B. 防腐

C. 美术　　　　D. 皱纹

51. 高固体分厚涂层的厚度控制在（　　）。

A. 100～150μm　　　　B. 250～350μm

C. 700～1000μm　　　　D. 10～15μm

52. 油漆成膜可分为（　　）阶段。

A. 3 个　　　　B. 5 个

C. 8 个　　　　D. 1 个

53. 油漆漆膜的保护机理有（　　）方面。

A. 3 个　　　　B. 6 个

C. 11 个　　　　D. 2 个

54. 海洋地区的漆膜主要是防止（　　）的破坏。

A. 海风　　　　B. 湿热

C. 水　　　　D. 盐雾

55. 电泳涂装有（　　）反应过程。

A. 2 个　　　　B. 4 个

C. 6 个　　　　D. 7 个

56. 粉末涂料的粒度在 10～74μm，其涂着率在（　　）。

A. 35%　　　　B. 60%～70%

C. 70%～90%　　　　D. 100%

57. 一般车辆所用的各色酚醛、醇酸磁漆要求出厂黏度为（　　）。

A. 30～40s　　　　B. 60～90s

C. 120～150s　　　　D. 20s

58. 防止相撞、坠落、绊倒等危险的物品或地点所用醒目色是（　　）。

A. 红色　　　　B. 橙色

C. 黄色　　　　D. 绿色

59. 表示退路、指示方向的退行色是（　　）。

A. 黑色　　　　B. 黄色

C. 白色　　　　D. 红色

60. 笔画粗细一致，起落笔均有笔触的是（　　）字体。

A. 黑体　　　　B. 正楷

C. 宋体　　　　D. 仿宋

61. 常用油性底漆的黏度在（　　）s。

A. 30～40　　　　B. 50～80

C. 25～35　　　　D. 90

62. 一般体质颜料的粒度为（　　）μm。

A. 0~100　　　　　B. 30~200

C. 18~19　　　　　D. 70~80

63. 辅助材料增塑剂的沸点在（　　）。

A. 100~120℃　　　B. 130~200℃

C. 250℃以上　　　D. 300℃以上

64. 客车常用的醇酸磁漆适宜（　　）。

A. 辊涂　　　　　　B. 喷涂

C. 刷涂　　　　　　D. 淋涂

65. 磷化膜的厚度控制在（　　）范围之内。

A. 0.05~0.1μm　　B. 0.5~1.5μm

C. 5~15μm　　　　D. 20~35μm

66. 除锈效果最好的方法是（　　）。

A. 机械法　　　　　B. 碱液法

C. 手工法　　　　　D. 化学法

67. 下列关于乙烯性质的描述错误的是（　　）。

A. 可以用作化学工业的基础产品

B. 可以从石油中大量提取

C. 无色、无味的气体

D. 实验室内无法制备

68. 车间内油漆施工，照明灯应安装（　　）灯具。

A. 防火　　　　　　B. 防爆

C. 防炸　　　　　　D. 金属

69. 黑白格用来测定油漆的（　　）。

A. 颜色　　　　　　B. 固体分

C. 遮盖力　　　　　D. 细度

70. 聚氨酯树脂的（　　）性能，优于其他树脂。

A. 附着力　　　　　B. 耐候

C. 耐磨　　　　　　D. 干燥

71. 粉末涂料涂膜中的固体分含量是（　　）。

A. 50%　　　　　　B. 70%

C. 90%　　　　　　D. 100%

72. 保护与装饰性要求较高的涂层，应采用（　　）才能达到要求。

A. 常规一道涂膜　　B. 复合涂膜

C. 多道面漆涂层　　D. 重防腐涂层

73. 车间废水呈酸性，其 pH 值（　　）7。

A. 大于　　　　　　B. 等于

C. 小于　　　　　　D. 不是

74. 根据被涂物材质分类，涂装可大致分为金属涂装和非金属涂装，下列方法中不属于以上范畴的是（　　）。

A. 木器涂装　　　　B. 黑色金属涂装

C. 船舶涂装　　　　D. 混凝土表面涂装

75. 关于涂装类型，下面分类错误的是（　　）。

A. 金属涂装、非金属涂装

B. 汽车涂装、家具涂装

C. 装饰性涂装、非装饰性涂装

D. 手工涂装、家用电器涂装

76. 下列涂装方法中属于按被涂物材质分类的是（　　）。

A. 汽车涂装　　　　B. 木工涂装

C. 装饰性涂装　　　D. 电器涂装

77. 下列涂装方法中属于按涂层的性能和用途分类的是（　　）。

A. 防腐涂装　　　　B. 建筑涂装

C. 家具涂装　　　　D. 仪表涂装

78. 不是按涂装方法分类的是（　　）。

A. 手工涂装　　　　B. 静电涂装

C. 木工涂装　　　　D. 电泳涂装

79. 底层涂装的主要作用是（　　）。

A. 美观、漂亮

B. 防锈、防腐

C. 钝化底材表面

D. 增加下一涂层的附着力

80. 选择底层涂料时应注意的是（　　）。

A. 底层涂料有较高的光泽

B. 底层涂料的装饰性要求较高

C. 底层涂料有很强的防锈、钝化作用

D. 底层涂料不需要太厚

81. 选择底层涂料时，不需要注意的是（　　）。

A. 底层涂料对金属有较强的附着力

B. 底层材料有较高的装饰性

C. 底层材料有抑制性颜料和防锈颜料

D. 底层材料的防锈作用和钝化作用很强

82. 对底涂层有害的物质是（　　）。

A. 干燥的物体表面

B. 油污、锈迹

C. 磷化膜

D. 打磨后的材质表面

83. 中间涂层不应该有的性质是（　　）。

A. 较高的耐铁锈性质

B. 不易打磨、表面硬度高

C. 较高的填补性

D. 很高的装饰性

84. 对提高面漆表面装饰性有好处的方法是（　　）。

A. 很高温度的烘干条件

B. 用很暗淡的颜色

C. 提高表面光泽

D. 很高的附着力

85. 高固体分涂料的原漆中固体分的质量分数通常为（　　）。

A. 90%～100%　　B. 70%～80%

C. 65%～70%　　D. 50%～60%

86. 高固体分涂料的一次性成膜厚度可达（　　）。

A. 30～40μm　　B. 40～50μm

C. 15～30μm　　D. 60～80μm

87. 粉末涂料分为（　　）。

A. 热固型和自干型　B. 热塑型和自干型

C. 自干型和烘干型　D. 热固型和热塑型

88. 中间涂层由于（　　），因而常被用在装饰性较高的场合中。

A. 具有承上启下的作用

B. 具有较好的附着力

C. 光泽不高

D. 价格不高

89. 中间涂层不具有的性能是（　　）。

A. 中间涂层的附着力、流平性好

B. 中间涂层有较好的防锈性能

C. 中间涂层平整、光滑、易打磨

D. 中间涂层填充性好

90. 面涂层不应具有的特性是（　　）。

A. 有较好的抗冲击性

B. 有较好的抗紫外线特性

C. 填充性和柔韧性一般

D. 装饰性较高

91. 考察电泳底漆性能的优劣，通常用（　　）试验进行实验室考察。

A. 硬度　　　　　B. 耐盐雾性

C. 膜厚　　　　　D. 泳透力

92. 喷涂、刷涂、浸涂、淋涂中，效率最低的是（　　）。

A. 喷涂　　　　　B. 浸涂

C. 淋涂　　　　　D. 刷涂

93. 腻子作为填补用涂料，不能填补的缺陷是（　　）。

A. 裂缝　　　　　B. 漏漆

C. 凹凸不平　　　D. 细孔、针眼

94. 制作腻子用的刮刀不能用的材质是（　　）。

A. 木质　　　　　B. 玻璃钢

C. 硬塑料　　　　D. 弹簧钢

95. 下列涂装方法中属于非溶剂型涂装的是（　　）。

A. 静电涂装　　　B. 高固体分涂装

C. 电泳涂装　　　D. 高压无气喷涂

96. "目"是指每一平方（　　）内的筛孔数。

A. 米　　　　　　B. 分米

C. 厘米　　　　　D. 毫米

97. 刮涂腻子的主要作用不包括（　　）。

A. 将涂层修饰得均匀、平整

B. 填补涂层中的细孔、裂缝等

C. 增加涂层的附着力

D. 填补涂层中明显的凹凸部位

98. 刮涂腻子操作的主要缺点是（　　）。

A. 腻子中颜料比例太高

B. 涂层涂装修饰太平整

C. 劳动强度大，工作效率低

D. 腻子易开裂

99. 腻子按不同使用要求可以有（　　）。

A. 填坑型　　　　B. 找平型

C. 满涂型　　　　D. 以上三种都包括

100. 下列打磨方法中适合装饰性较低的打磨操作是（　　）。

A. 干打磨　　　　B. 湿打磨

C. 机械打磨　　　D. 所有方法

二、判断题

1. 100mL 的水和 100mL 的酒精混合在一起的体积大于 200mL。（　　）

2. 分子是静止不动的。（　　）

3. 分子是组成物质的最小微粒。（　　）

4. 原子和分子一样，也在不断地运动着。（　　）

5. 物质全部是由原子构成的。（　　）

6. 原子是不能再被分割的最小微粒。（　　）

7. 原子中有质子、中子、电子，其中质子和中子构成原子核。（　　）

8. 由同一种分子组成的物质是单质。（　　）

9. 不同元素组成的纯净物称为化合物。（　　）

10. 地球上存在最多的元素是碳。（　　）

11. 氧元素的含量占地壳质量分数的 50%。（　　）

12. 氧化钙分子的分子式为 Ca_2O。（　　）

13. 二氧化碳分子中有一个碳原子和两个氧原子。（　　）

14. 质量守恒定律指的是反应前后物质的质量不发生变化。（　　）

15. 在元素周期表中，金属元素钠到非金属元素氯，原子序数递增，原子半径也递增。（　　）

16. 原子序数递增或递减并不会影响元素原子半径的任何变化。（　　）

17. 元素的化合价随着原子序数的递增而产生周期性变化。（　　）

18. 元素周期表中各周期元素的数目不全相同。（　　）

19. 元素周期表已经完全填完，没有不完全周期。（　　）

20. 元素周期表横向称族，纵向称周期。（　　）

21. 元素得电子能力越强，其非金属性就越强。（　　）

22. 同一族中元素原子序数越大，金属性越强。（　　）

23. 铝的氧化物和非氧化物表现出两性，说明铝是一种非金属。（　　）

24. 某一种元素在某物质中的质量分数可以通过物质的分子式和相对原子质量计算出来。（　　）

25. 电子因为在一个分子中数量很多，因此在计算相对分子质量时，它是一个很重要的因素。（　　）

26. 电子的运动速度很快，因此无法知道电子在一个原子的哪一部分经常出现。（　　）

27. 因为原子中电子数量很多，它们聚集时称为电子云。（　　）

28. 电子根据其离原子核的远近可以分为不同的电子层。（　　）

29. 在同一电子层中的电子具有相同的电子云。（　　）

30. 因为电子太小了，因此将电子分布在不同电子层后就无法再分了。（　　）

31. 涂装方法与涂料的涂装特点有极大的关系。（　　）

32. 电泳涂装、静电喷涂、粉末静电喷涂等方法，都容易形成自动化流水线涂装。（　　）

33. 辊涂法有手工和自动两种方法。（　　）

34. 阳极电泳涂装法比阴极电泳涂装法更先进。（　　）

35. 高压无空气喷涂法也称为高压无气喷涂法或原浆涂料喷涂法。（　　）

36. 刮涂是涂装生产中的一种常用涂装方法。（　　）

37. 使用腻子刀刮腻子时，可以在刀口两面蘸有腻子。（　　）

38. 刮涂凹坑时，应当先加腻子后刮平整。（　　）

39. 幕帘式淋涂法也称为浇涂法。（　　）

40. 高压无气喷涂中的气动式也是一种有空气

喷涂法。 （ ）

41. 在满足浸涂件涂层质量要求的情况下，放入槽内的涂料量越少、浸涂槽敞开的口径越小越好。 （ ）

42. 浸涂的主要工艺参数是涂料的黏度。 （ ）

43. 高压无气喷枪的枪嘴可分为圆形和椭圆形两种。 （ ）

44. 高压无气喷枪不适合热塑性丙烯酸树脂类涂料。 （ ）

45. 高压无气喷枪适合黏度小、固体分含量低的涂料涂装。 （ ）

46. 手提式静电喷枪的喷涂距离为 22~300mm。 （ ）

47. 淋涂不适用于双组分涂料的涂装。（ ）

48. 高压无气喷涂比普通空气喷涂的涂装效率要高 5 倍以上。 （ ）

49. 往复式空压机的结构原理与往复式水泵相似。 （ ）

50. 辊涂时涂料的黏度一般为 100s（涂-4 杯，25℃）为宜。 （ ）

51. 垂流与涂料的黏度、密度以及湿涂膜的厚度有关。 （ ）

52. 湿碰湿工艺适用于热固性涂料。 （ ）

53. 颗粒缺陷是由于涂膜表面落上灰尘及异物产生的。 （ ）

54. 在涂料中加入油料和催干剂就能防止起皱现象。 （ ）

55. 被涂物涂面漆后底层涂料被咬起产生皱纹、胀起等现象，称为起皱。 （ ）

56. 起泡主要是由于底材或底涂层含有水分造成的。 （ ）

57. 涂料表面颜色不均匀，呈现色彩不同的斑点或条纹等现象，称为发花。 （ ）

58. 涂装挥发性涂料时不易产生白化和发白现象。 （ ）

59. 只要是同一厂家同一类型涂料混合，就不会产生发花现象。 （ ）

60. 由于在涂膜形成过程中有对流现象而产生

浮色和发花。 （ ）

61. 在含有机颜料的涂层上再涂装异种颜色的涂料时容易产生渗色。 （ ）

62. 涂膜表面颜色与所使用涂料的颜色有明显色差，干燥后涂膜颜色变深或变浅，称为渗色。 （ ）

63. 烘烤过度或非对流循环干燥容易产生失光现象。 （ ）

64. 涂料中加入稀释剂太多会造成干燥不良。 （ ）

65. 涂膜未经晾干直接进入高温烘烤会产生缩孔。 （ ）

66. 陷穴与缩孔产生的原因基本相同。（ ）

67. 涂料的黏度过稀容易产生桔皮现象。 （ ）

68. 涂膜表面有虚雾状，并且严重影响其光泽的缺陷称为漆雾。 （ ）

69. 刚涂装完的涂膜的光泽、色相与标准样板有差异，或补涂的部位与原涂面的颜色不同的现象，称为变色。 （ ）

70. 被涂物表面太光滑会产生涂膜脱落现象。 （ ）

71. 裂纹的产生是由于气候的作用使涂膜发生老化造成的。 （ ）

72. 涂膜在使用过程中失去本色或颜色变浅的现象，称为色差。 （ ）

73. 电泳涂装时工作电压过高会产生针孔。 （ ）

74. 磷化膜上带有油污会导致涂膜产生针孔。 （ ）

75. 被涂物在超滤液中停留时间过长会使电泳涂膜溶解。 （ ）

76. 泳透力低会造成背离电极部分的电泳涂层过薄。 （ ）

77. 刷涂法应用范围很广。 （ ）

78. 刷涂法的缺点是劳动强度大，生产效率低。 （ ）

79. 刮涂法的缺点是涂膜质量差，打磨工作量大。 （ ）

80. 被称为具有现代技术特色的涂装方法有高压无气喷涂、电泳涂装、静电涂装和粉末涂装等。（　　）

81. 自动辊涂只能进行单面涂装。（　　）

82. 空气喷涂法的优点是涂料利用率高。（　　）

83. 电泳涂装法的优点是涂料利用率高，涂膜附着力好，适于流水线作业。（　　）

84. 涂膜的好坏，不仅取决于涂料本身的质量，还取决于施工质量的好坏。（　　）

85. 聚氨酯是聚氨基甲酸酯的简称。（　　）

86. 阴极电泳涂料呈阴离子型。（　　）

87. 阳极电泳涂装中被涂物是阴极。（　　）

88. 电泳涂装过程伴随着电解、电泳、电沉积、电渗4种电化学物理现象。（　　）

89. 粉末涂装法的优点是一次涂层可达要求厚度。（　　）

90. 浸涂法的缺点是涂层质量不高，容易产生流挂。（　　）

91. 刷涂法只适用于建筑工程。（　　）

92. 辊涂法也适用于形状复杂的工件。（　　）

93. 电泳涂装法只适用于汽车行业。（　　）

94. 涂装方法的选择与被涂物的材质有很大关系。（　　）

95. 电泳涂装法的缺点是设备复杂，投资费用高，管理要点多。（　　）

96. 粉末涂装法的优点是换色容易。（　　）

97. 涂装方法的选择与被涂物的涂膜质量无关。（　　）

98. 涂装方法应该向着自动化、无污染、高效化的方向发展。（　　）

99. 氨基树脂类涂料是合成树脂涂料中保护性好、装饰性强的一类涂料。（　　）

100. 电泳涂装、静电喷涂、粉末涂装等方法，都易形成自动化流水线涂装。（　　）

101. 刷涂要受到涂装场所及环境条件的限制。（　　）

102. 辊涂法多使用自干型涂料。（　　）

103. 电泳电源采用的是交流电源。（　　）

104. 阴极电泳涂装是目前电泳涂装的主导方向。（　　）

105. 刷涂法是一种现代化的涂装方法。（　　）

106. 高压无气喷涂，涂料的雾化不用压缩空气，而是涂料本身直接受到高压的结果。（　　）

107. 刮腻子能增强涂膜的附着力。（　　）

108. 腻子能使涂膜的柔韧性提高。（　　）

109. 被涂物涂装前的表面状况及预处理质量不会对涂膜有多大影响。（　　）

110. 常用的脱脂方法有碱液清洗法、表面活性剂清洗法、有机溶剂清洗法等。（　　）

111. 脱脂方法的选择取决于油污的性质、污染程度、被清洗物的材质及生产方式等。（　　）

112. 使用有机溶剂脱脂，工件不会发生腐蚀。（　　）

113. 碱性清洗液是将一定比例的碱或碱性盐类溶解在水中而配成的。（　　）

114. 化学除锈时，提高酸的含量和温度会加快工件的腐蚀速度。（　　）

115. 矿物油是一种可皂化的油污。（　　）

116. 油污按极性可分为极性和非极性两种。（　　）

117. 金属制品在机械加工过程中不会被油污污染。（　　）

118. 涂装操作过程中，若皮肤外露而沾上涂料，只要用溶剂擦掉就可以了。（　　）

119. 溶剂的闪点决定了涂料的危险等级。（　　）

120. 涂料施工场所必须有良好的通风、照明、防火、防爆、防毒、除尘等设备。（　　）

121. 采用静电喷涂方法，可以完全避免漆雾飞散而不会污染空气。（　　）

122. 为防止中毒，涂装作业后不得立即饮酒。（　　）

123. 因电泳涂装采用直流电源，因而不会对人体产生伤害。（　　）

124. 挥发性的可燃气体在混合气体中含量过多时就会发生爆炸。（　　）

125. 涂装车间的所有电气设备和照明装置均应防爆。（　　）

126. 一级易燃品的闪点应在 28~45℃。（　　）

127. 调合漆属于一级易燃品范围。（　　）

128. 溶剂的自燃点温度应高于闪点温度。（　　）

129. 燃烧天然气的烘干炉，其燃烧装置不用设置防爆阀门。（　　）

130. 高空涂装作业与操作者的健康状况无关。（　　）

131. 在配制硫酸溶液时，要切记先加水后加酸的顺序。（　　）

132. 涂装车间的门应向内开。（　　）

133. 涂装车间的所有金属设备均应可靠接地。（　　）

134. 涂装现场、涂料库、调漆间应备有必要的消防器材，并设置"禁火"标志。（　　）

135. 为防止中毒，必须做好个人防护。（　　）

136. 用铁器敲击开启涂料金属桶或溶剂金属桶时，易产生静电火花，会引起火灾或爆炸。（　　）

137. 采用硫酸溶液除锈，其含量在质量分数为 25% 时最好。（　　）

138. 采用碱液脱脂时，应根据不同材质调节槽液的 pH 值，以取得好的脱脂效果。（　　）

139. 从铁锈的结构看，外层较疏松，越向内越紧密。（　　）

140. 按被涂物的材质分，涂装可分为金属涂装、木器涂装和塑料涂装等。（　　）

141. 装饰性涂装可分为高级、中级和一般装饰性涂装。（　　）

142. 在各种涂装方法中，有手工涂装、电泳涂装、粉末涂装、汽车涂装等。（　　）

143. 由于底层涂料可防锈，并有钝化作用，又与被涂件表面直接接触，因此被涂件的表面状态就不是一个很重要的处理工序。（　　）

144. 若涂料原漆固含量高，则其施工固含必定高。（　　）

145. 稀释剂的干燥速度及闪干时间对面漆光泽度有一定影响。（　　）

146. 若压缩空气中含有油或水分，则涂膜容易出现缩孔或鱼眼。（　　）

147. 金属漆、珍珠漆具有随角异色效应。（　　）

148. 色彩有冷暖、轻重感，蓝、绿色属于冷色调。（　　）

149. 喷枪与被涂物应呈直角平行移动，相邻喷雾搭接 1/4~1/3。（　　）

150. 烘干室内粉尘、污物应定期及时清扫，黏附在漆面后易造成颗粒问题。（　　）

151. 涂装车间电器附近着火，应立即关闭电源；工作服着火，应就地打滚将火熄灭。（　　）

152. 面/色漆喷枪口径应控制在 1.6mm 以上。（　　）

153. 喷漆操作时应控制喷漆室内呈微正压状态。（　　）

154. 喷涂距离过近，单位时间内形成的涂膜就越厚，易产生流挂。（　　）

155. 喷枪的空气压力、涂料喷出量、喷雾图样幅度之间没有关系。（　　）

156. 前处理电泳过程中，工装未按要求安装会导致车身变形甚至报废。（　　）

157. 电泳槽液温度过高，溶剂挥发快，漆膜增厚，浮漆多，易产生颗粒，槽液老化速度加快。（　　）

158. 水砂纸的号数越大，则其粒度越细。（　　）

三、填空题

1. 我国涂料型号由三部分组成，第一部分是成膜物质，用一个（　　）字母表示。

2. 涂料型号的第二部分是涂料的基本名称，用（　　）表示。

3. 国产涂料分类中有一类严格说来并非涂料，而是涂料组成中的（　　）成膜物质，称为辅助材料类。

4. 我国标准规定，涂料分类以涂料基料中的主要成膜物质为基础，若成膜物质为混合物质，则按在涂层中起（ ）作用的一种树脂为基础。

5. 金属腐蚀的种类很多，根据腐蚀过程中的特点，可分为化学腐蚀和（ ）两大类。

6. 涂料是指涂覆于物体表面，经过物理变化或（ ）反应，形成坚韧而有弹性的保护膜的物料的总称。

7. 根据原料的来源，树脂可分为天然树脂和（ ）树脂两大类。

8. 根据受热后的变化情况，树脂可以分为热塑性树脂和（ ）树脂两大类。

9. 油脂类涂料是以植物油为主要成膜物质，加入催干剂和其他（ ）混合而成的一类涂料。

10. 在涂料的组成中，没有挥发性稀释剂的称为无溶剂漆，呈粉末状的称为（ ）。

11. 油漆干燥过程分为（ ）、实际干燥、安全干燥三个阶段。

12. 在涂料的组成中，没有颜料的透明体称为清漆，加入大量（ ）的稠厚浆体称为腻子。

13. 只要了解金属在电解液中的电极电位，即可知道该金属是活泼金属还是（ ）金属，就可以进一步了解它是否易遭受腐蚀。

14. 涂装预处理是涂料施工过程中重要的一道工序，它关系到（ ）的附着力、装饰性和使用寿命。

15. 表面处理有机械处理法和（ ）两大类。

16. 用不燃性有机溶剂脱脂的方法有擦洗、浸洗、（ ）和喷洗等几种。

17. 采用化学脱脂的有浸渍法、（ ）和滚筒法等多种。

18. 油漆型号是由一个（ ）字母和几个阿拉伯数字组成的。

19. 油漆基本名称编号：（ ）号是木器漆，52号是防腐漆。

20. 油漆基本名称编号中20~29号代表（ ）漆；油漆代号"C"代表醇酸漆类油漆。

21. 油基类油漆中树脂与油料比例为（ ）

以下为短油度，硝基类油漆代号是X，辅助材料中防潮剂的类别代号为F，辅助材料型号为T-2是脱漆剂。

22. 油漆的主要作用是（ ）、装饰、标记和伪装作用。

23. 涂刷调和漆，室温25℃，使用涂-4黏度杯，黏度应选用（ ）~35s。

24. 涂刷法工艺操作有（ ）、均油和顺油三道工序。

25. 空气喷涂法最适宜用（ ）度的油漆；传统的涂装方法是涂刷法。

26. 常用的打磨砂纸有木砂纸、（ ）和布砂纸等三种。

27. 常用的漆刷由（ ）、框子、鬃毛等制成。

28. 常用的PQ-1型喷枪是由（ ）、活门、机体、和油壶等结构组成的。

29. 油漆的漆膜性能检测项目包括（ ）、打磨性、冲击强度、附着力4种。

30. 涂装前处理包括（ ）、酸洗及磷化处理。

31. 我国生产的传统手工空气喷枪有（ ）和PQ-2型两大类。

32. 铁路客车、货车一般涂刷的防锈漆都含（ ）防锈颜料。颜料是组成油漆的次要成膜物。

33. 油漆颜色的配色方法有（ ）和减色法两种。

34. 表示油漆干燥程度的有（ ）和实干两种。

35. 油漆涂装过程中的三废是（ ）、废气、废渣。

36. 常用喷（抛）丸磨料的材质是（ ）、钢丸。

37. 油漆的（ ）、品种不同，则各自性能不同。

38. 丙烯酸树脂磁漆的类别代号是（ ），环氧树脂属于合成树脂，油性油漆包括油脂类、天然树脂类、沥青类和酚醛类。

39. CO4-2型各色醇酸树脂磁漆是（ ）

醇酸磁漆；松节油、松油等属于萜烯类溶剂。

40. 溶剂的沸点在（　　）以下为低沸点，100～145℃为中沸点，145℃以上为高沸点。

41. 颜料的种类很多，按化学成分可分为（　　）和有机颜料两大类。

42. 红、黄、蓝是基本色，用（　　）也不能调配出来，所以称为三原色。

43. 按着色颜料品种分类，（　　）、铜粉属于金属颜料。

44. 墨绿色油漆由（　　）和黑色油漆调制而成。

45. 体质颜料按性质、化学组成分为（　　）、硅酸盐类，以及镁、铝轻金属化合物。

46. 手工除锈后的清洁度划分为（　　）、S-2级、S-3级三个等级。

47. 金属磷化处理方法一般有（　　）、热磷化和喷涂磷化。

48. 虫胶（漆片）的品种有（　　）、片胶和漂白胶等三种。

49. 清漆的外观质量应当是（　　），颜色透清纯正，不应有混浊现象。

50. 为防止发生火灾和爆炸，涂装作业场所（　　）烟火。

51. 油漆涂层能有效地（　　）并减缓金属的腐蚀破坏，从而延长金属及产品的寿命。

52. 漆膜的实际干燥过程都要一定的（　　）和干燥时间。

53. 聚氨酯油漆形成的漆膜表面（　　）、美观。

54. 磷化膜厚度与磷化液的（　　）和工艺要求有很大的关系。

55. 油漆涂装车间的所有（　　）设备均应可靠接地。

56. 空气喷涂法喷涂面漆，一般（　　）距离物面200～300mm为宜。

57. 高压无气喷涂设备按压力分有超高压、（　　）和中压等三种。

58. 高压无气喷涂机，根据单位时间内喷涂的漆量而分为大型［（　　）L/min］、中型

（2～7L/min）和小型（1～2L/min）。

59. 氨基烘漆施工过程分为（　　）、施工、烘烤操作三个阶段。

60. 电泳涂装的化学过程包括（　　）、电沉积、电渗和电解4个反应过程。

61. 影响静电喷涂质量的因素有（　　）、静电电场力、输漆量和负极屏。

62. 电泳涂装过程中有电压、（　　）、湿度、pH值和电泳时间5个方面的影响因素。

63. 碘值是在（　　）g油中，所能吸收多少克碘的数值。

64. 三原色红、黄、蓝能调出橙、（　　）、绿三种基本复色。

65. 静电粉末喷涂的主要优点是（　　）、高质量、低消耗、节约能源、减少或消除环境污染和改善劳动条件。

66. 腻子的涂装方法主要是（　　）。

67. 酸洗磷化液是由（　　）、磷化液、缓蚀剂和表面活性剂、氧化剂等组成的。

68. 铁路常用敞车和棚车的基本记号是（　　）和P。

69. 铁道车辆上有一条红横线是表示（　　）车辆；铁道机车一般喷涂阻尼浆的厚度是3～5mm。

70. 铁路机车、车辆的金属配件，长期处于空气中，被空气中的（　　）、二氧化硫、硫化氢等酸性化合物腐蚀损坏。

71. 常见的红颜色和绿颜色的波长分别是红色波长（　　）nm、绿色波长492～577nm。

72. 油漆储存不当造成结皮的原因是（　　）、催干剂加入过多、储存时间过长。

73. 油漆膜表面产生起泡的原因有（　　）、木材表面水分过大、底漆与腻子未干即在阳光下曝晒。

74. 酸洗液的废酸排放对（　　）、生物危害最大。

75. 磷化处理液的废液中最有害的物质是（　　）、重金属盐类。

76. 油漆过程中，操作者出现（　　）、头昏、昏迷、疲劳等症状反应就是中毒症状。

77. 粉末涂料可分为（　　）和热塑型两种。

78. 涂料命名原则中，涂料的（　　）仍采用我国已有的习惯说法，如清漆、磁漆和罐头漆等。

79. 水性涂料是以水作分散介质的一种涂料，它包括（　　）型和水乳胶型两大类。

80. 环氧树脂类涂料最突出的性能特点是具有极强的（　　）。

81. 用于涂料的油料，根据其干燥性质特点，可分为（　　）油、半干性油及不干性油三类。

82. 与油脂类涂料相比，天然树脂类涂料（　　）性好，装饰与保护性也有很大提高，但耐久性差。

83. 硝基类涂料的突出特点是（　　），它是自干型树脂涂料的一种优良类型。

84. 磷化底漆的主要成膜物质是聚乙烯缩丁醛树脂，它对金属表面有一定的磷化作用，是极佳的防（　　）涂料之一。

85. 绝缘漆可分为漆包线漆、（　　）漆、覆盖漆和胶粘漆。

86. 机电产品的三防性能，是指防（　　）、防烟雾和防霉菌。

87. 电化学腐蚀是指金属和周围的（　　）溶液相接触时由于电流作用所产生的腐蚀现象。

88. 当空气气温降到（　　）以下时，水蒸气在金属表面凝结成露，引起对金属的腐蚀称为露点腐蚀，它比水蒸气的腐蚀要强得多。

89. 丙烯酸类涂料具有优良的（　　）性和保护性，它是一类有发展前途的新型涂料。

90. 聚氨酯涂料具有优良的（　　）、耐磨性、耐蚀性和耐油性。

91. 能与碱起皂化作用生成（　　）的油类叫作皂化油。

92. 不能与碱起皂化作用的油类叫作（　　）。

93. （　　）均属于皂化油，而矿物油和石蜡、凡士林属于非皂化油。

94. 化学脱脂又称为（　　）或碱液脱脂。

95. 能够显著地降低物质的表面张力的物质叫作（　　）。

96. 能使两种互不相溶的物质形成乳化体系的物质叫作（　　）。

97. 常用的碱性乳化剂有（　　）和表面活性物质两类。

98. 乳化液可分为（　　）和油包水型两种。

99. 将工件浸入各种酸的溶液中，借助酸的作用，将工件表面的（　　）除掉的过程叫作化学除锈。

100. 氧化铁是一种（　　），是由 FeO、Fe_2O_3 和 Fe_3O_4 等组成的。

四、简答题

1. 什么是涂-4黏度计？

2. 什么是表面活性剂？

3. 什么是电化学腐蚀？

4. 什么是酸洗磷化一步法？

5. 什么是皂化反应？

6. 什么是萜烯溶剂？

7. 什么是电解？

8. 什么是远红外？

9. 什么是电极电位？

10. 什么是催化聚合干燥？

11. 什么是湿碰湿？

12. 什么是露点腐蚀？

13. 什么是噪声？

14. 什么是涂装环境？

15. 什么是泛黄？

16. 什么是加速老化？

17. 什么是工艺守则？

18. 简述酸的通性。

19. 简述 Na_2CO_3 和 $NaHCO_3$ 化学性质的不同点。

20. 请用化学反应方程式 $CuO+H_2 \!=\!\!=\!\! Cu+H_2O$ 分析氧化还原反应中电子得失、化合价升降及氧化剂、还原剂的情况。

21. 简述苯的结构及其化学性质。

22. 简述丙三醇的俗名及工业应用。

23. 铝及其合金为什么要进行表面处理？

24. 木制品的表面预处理方法有哪些？

25. 塑料制品涂装前表面处理的目的是什么？

26. 塑料制品涂装前化学处理的目的是什么？

27. 锌及其合金为什么要进行表面处理？

28. 什么是氨基树脂？

29. 硝基漆有哪些优缺点？

30. 丙烯酸树脂涂料有哪些性能特点？

31. 环氧树脂涂料的性能特点如何？

32. 组成涂料的树脂有哪些特性？

33. 简述表面活性剂的除污原理。

34. 简述表面活性剂的用途。

35. 简述涂料的经济性。

36. 何为加色法配色？

37. 简述配色过程中辅助材料的加入原则。

38. 简述溶剂的选用原则。

39. 简述混合溶剂的优点。

40. 静电喷涂的主要设备有哪些？

41. 简述手提式静电喷枪的结构和类型。

42. 简述粉末喷涂的优点。

43. 粉末回收装置有哪些结构形式？

44. 电泳涂装设备由哪些部分组成？

45. 涂料有哪几种干燥方式？

46. 烘干室的热传递有哪几种形式？

47. 简述涂料储存一段时间后产生沉淀的原因及防治方法。

48. 涂料及溶剂易引起燃烧的原因是什么？

49. 什么是乙烯树脂？

50. 聚酯树脂漆有哪几种类型？

51. 油漆溶剂分为哪几类？

52. 为什么说环氧树脂漆类是较好的防腐油漆？

53. 油漆施工方法有哪些？

54. 简述空气喷涂法的适用范围。

55. 电泳涂装的化学过程包括哪些？

56. 什么是丙烯酸酯树脂？

57. 静电喷涂的雾化方式有几种？

58. 机械除锈方法有几种？

59. 金属腐蚀有几种类型？

60. 铁道车辆常用的厚浆型沥青防腐涂料有哪些特性？

61. 简述新造机车喷涂阻尼浆的部位。

62. 简述铁路罐车内部清理锈油的方法。

63. 铁道车辆上应有哪些主要标志？

64. 写出甲醇和丙酮的化学分子式。

65. 写出三酸（硝酸、硫酸、盐酸）及三碱（氢氧化钠、氢氧化钾、氢氧化钙）的化学分子式。

66. 写出常用颜料铁红粉、铬绿粉、钴蓝粉等的化学分子式。

67. 写出中铬黄颜料的化学分子式。

五、综合题

1. 如何处理含铬废水？

2. 怎样制订油漆施工工艺文件？

3. 简述流挂的产生的原因及防治方法。

4. 简述电泳颗粒的概念及防治方法。

5. 油脂漆分为哪几类？其适用范围如何？

6. 写出常用辅助材料大白粉（俗称老粉）、云母粉、石棉粉、滑石粉、石膏粉的化学分子式。

7. 简述淋涂法的优点。

8. 简述辊涂法的主要优点。

9. 常用的刮涂工具有哪些？

10. 简述重力式喷枪的优缺点。

11. 一般空气喷涂时枪件之间的距离如何选择？

12. 高压空气喷涂适用于哪些涂料？

13. 简述高压空气喷涂的优点。

14. 简述高压空气喷枪的组成及使用要求。

15. 涂装过程中常见的涂膜缺陷有哪些？

16. 使用过程中产生的涂膜损坏类型有哪些？

17. 电泳涂装过程中产生的涂膜缺陷有哪些？

18. 在涂装操作上应如何防止流挂产生？

19. 涂膜颗粒缺陷有哪几种？

20. 如何防止涂膜起皱？

21. 涂膜发花产生的原因有哪些？

22. 如何防止涂膜产生缩孔？

23. 涂膜粉化的产生原因及防治方法。

24. 机车外墙板涂刷绿色醇酸磁漆一道，用漆 6.5kg，各需多少白色和绿色醇酸磁漆进行调配（已知白色醇酸磁漆和绿色醇酸磁漆的比例为 4:2）？

25. 涂刷 150m² 的客车外墙板，需要多少千克绿色醇酸磁漆（已知每千克绿色醇酸磁漆能涂刷 $25m^2$）。

26. 涂刷 $150m^2$ 的货车内墙板，需要多少千克的磁化铁酚醛防锈底漆（已知每千克磁化铁酚醛防锈底漆能刷 $20m^2$）。

27. 涂刷客车内木制件 20 件，共计是 $180m^2$ 的硝基清漆，需要硝基清漆多少千克（已知每千克硝基清漆能涂刷 $22m^2$）？

28. 现有油漆 300g，固体分含量为 53.1%，涂刷面积为 $3.045m^2$，则漆膜厚度是多少微米（已知该漆的密度为 $1.107g/cm^3$）？

10.3 高级工试题

一、选择题

1. 下列关于有机物的描述正确的是（　　）。
A. 在有机体内的化合物就是有机物
B. 在动物体内的化合物就是有机物
C. 有机物通常指含碳元素的化合物，或碳氢化合物及其衍生物的总称
D. 含钾、氢和氧的化合物就是有机物

2. 下列关于无机物的描述正确的是（　　）。
A. 不含钠、氢、氧的化合物是无机物
B. 苯是无机物
C. 乙醇是无机物
D. 不含碳元素的物质是无机物

3. 下列关于有机物和无机物的描述正确的是（　　）。
A. CO、CO_2 或碳酸盐类物质既不是有机物也不是无机物
B. 有机体内的化合物是有机物
C. 有机物和有机化合物基本相同
D. 无机物和有机物有着不同的化学性质

4. 下列关于电解质的说法错误的是（　　）。
A. 食盐溶在水中时是电解质，固态时不是电解质
B. 有机物多数是非电解质
C. 电解质电离时，可以离解成自由移动的离子
D. 电解质电离时，负离子和正离子的数量相等

5. 下列关于酸、碱、盐的说法正确的是（　　）。
A. 酸、碱、盐类不都是电解质
B. 酸性物质能电离出大量 H^+
C. 盐类电离时绝对没有 H^+ 和 OH^-
D. 碱在电离时只有 OH^-，没有 H^+

6. 下列关于酸、碱、盐的说法错误的是（　　）。
A. Cl^-、NO_3^-、SO_4^{2-} 都是酸根离子
B. H_2O 电离时既有 H^+ 也有 OH^-，因此它既是酸又是碱
C. 碱在电离时，除了 OH^- 外还有金属离子
D. 盐溶液都能导电

7. 下列关于盐酸物理化学性质的说法不正确的是（　　）。
A. 盐酸是没有颜色的液体
B. 浓盐酸的白雾是浓盐酸中挥发出来的氯化氢气体与空气中的水蒸气接触形成的
C. 盐酸跟很多金属单质反应会产生氢气
D. 浓盐酸中含有质量分数在 80% 以上的氯化氢

8. 下列关于硫酸的说法中表示其物理性质的是（　　）。
A. 硫酸有很强的吸水性和脱水性
B. 浓硫酸、稀硫酸分别和铜发生化学反应，其反应产物不同
C. 浓硫酸很难挥发
D. 稀硫酸与金属单质反应也能放出氢气

9. 关于硝酸，下列哪个说法表示的是浓硝酸（　　）。
A. 硝酸与铜反应生成无色气体，在试管口变成红棕色
B. 铁、铝在硝酸中发生钝化现象
C. 浓盐酸能放出酸性白雾，硝酸也能
D. 硝酸能与有机物发生化学反应

10. 下列说法中错误的是（　　）。

A. 氢氧化钠具有很强的还原性

B. 碱性物质均能与酸发生化学反应

C. 碱性物质和一些盐会发生化学反应

D. 熟石灰具有吸收空气中 CO_2 的作用

11. 下列关于酸的描述错误的是（   ）。

A. 含氧酸与无氧酸的酸性有区别

B. 酸都能与指示剂反应表示出酸的特性

C. 酸能跟很多金属反应生成盐和 H_2

D. 酸能电离出 H^+

12. 下列关于酸、碱、盐的描述正确的是（   ）。

A. 酸、碱中和时放出 H_2

B. 盐都是自然界中酸碱中和的产物

C. 酸能与金属氧化物反应生成盐和水

D. 碱能与金属氧化物反应生成盐和水

13. 下列关于酸、碱、盐的说法不正确的是（   ）。

A. 酸溶液中没有 OH^-

B. 酸溶液中有 H^+

C. 酸、碱能发生中和反应

D. H_2O 既不是酸也不是碱

14. 下列关于盐的说法正确的是（   ）。

A. 因为 $Cu(OH)_2CO_3$ 中有（OH），因此它不是盐

B. $NaCl$ 能够溶解，但不能熔化

C. Na_2CO_3 可由 $NaHCO_3$ 通过化学反应制成

D. $CuSO_4$ 为白色晶体

15. 下列关于氧化还原反应的描述正确的是（   ）。

A. 氧化还原反应一定要有氧气参与

B. 没有氢气参与的反应不是氧化还原反应

C. O_2 与 H_2 反应生成水不是氧化还原反应

D. 有元素化合价变化的反应是氧化还原反应

16. 下列关于 $CuO+H_2$═══$Cu+H_2O$ 的化学反应方程式的描述不正确的是（   ）。

A. H_2 在此反应中是还原剂

B. CuO 在此反应中是氧化剂

C. 氧元素在此反应中为氧化剂

D. 铜元素在此反应中被还原

17. 下列关于氧化还原反应的描述正确的是（   ）。

A. 所含元素化合价降低的物质是还原剂

B. 所含元素化合价升高的物质是还原剂

C. 物质所含元素化合价降低的反应就是氧化反应

D. 物质所含元素化合价升高的反应就是还原反应

18. 下列对于 $2Na+Cl_2$═══$2NaCl$ 的化学反应的分析错误的是（   ）。

A. Na 原子失去电子，化合价升为+1

B. Na 原子在此反应中为还原剂

C. Cl 原子在反应中得到电子，为氧化剂

D. 此反应中化合价变化，电子无转移

19. 下列关于 Cl_2+H_2═══$2HCl$ 的化学反应的描述正确的是（   ）。

A. 此反应为氧化还原反应

B. HCl 可以电离为离子化合物

C. Cl 原子在此反应中独占 H 原子的电子

D. 此反应没有电子的转移

20. 食盐溶在水中，不能发生的现象是（   ）。

A. 食盐发生电离，产生 Na^+ 和 Cl^-

B. 形成食盐水溶液

C. 食盐又重新凝聚在一起，形成结晶

D. 食盐水溶液中各处 Na^+ 和 Cl^- 的含量均一

21. 下列关于溶液的描述正确的是（   ）。

A. 水和酒精混在一起互为溶质、溶剂

B. 铁在水溶液中的腐蚀速度比在空气中快

C. 在食盐水溶液中，下边含量高，上边含量低

D. 气体不能溶在水中

22. 当钢片和锌片浸入稀 H_2SO_4 中并且用导线连接形成原电池时，产生的现象是（   ）。

A. 钢片上有氢气产生

B. 锌片上有氢气产生

C. 钢片溶解

D. 不会有任何变化

23. 将一根铁杆插入池塘中，经过一段时间后

会发生的现象是（　　）。

　　A. 在水中的部分先生锈

　　B. 在空气中上部的部分先生锈

　　C. 在水面上、下的部分先生锈

　　D. 埋在池塘底部的部分先生锈

24. 为防止金属腐蚀，下列措施不合适的是（　　）。

　　A. 通过加入少量其他金属来抵抗各种腐蚀

　　B. 在金属表面覆盖保护层

　　C. 减少金属周围化学物质

　　D. 给金属通电

25. 下列描述不是关于有机物的是（　　）。

　　A. 难溶于水但易溶于汽油、酒精

　　B. 不易燃烧，受热不易分解

　　C. 不易导电，熔点低

　　D. 化学反应复杂，速度较慢

26. 有机物的化学反应复杂主要是因为（　　）。

　　A. 碳原子间以共价键结合形成较长碳链

　　B. 有机物是非电解质，不易导电

　　C. 不易溶于水，易溶于汽油、苯、酒精等

　　D. 它主要存在于有机物体内

27. 烃类化学物质具有的化学性质是（　　）。

　　A. 都是气体，不易溶于水

　　B. 可以和氯气发生取代反应

　　C. 燃烧后不只是生成 CO_2 和 H_2O，还有其他物质

　　D. 能够发生加成反应

28. 下列关于烷烃化学性质的描述不正确的是（　　）。

　　A. 性质稳定，不易和酸、碱、氧化剂发生反应

　　B. 能够燃烧，燃烧产物为 H_2O 和 CO_2

　　C. 与氯气反应只生成一氯化产物

　　D. 在加热时能够分解

29. 下列关于乙烯性质的描述错误的是（　　）。

　　A. 可以用作化学工业的基础产品

　　B. 可以从石油中大量提取

　　C. 无色、无味的气体

　　D. 试验室内无法制备

30. 下列关于烯烃类化学性质的描述正确的是（　　）。

　　A. 可以通过聚合反应生成长链的有机物

　　B. 只能被氧气氧化

　　C. 在自然界存在极少量甲烯

　　D. 加成反应能生成四溴烷烃

31. 烃类物质具有的特性是（　　）。

　　A. 只有碳、氢两种物质组成的有机物

　　B. 只有碳、氢两种物质组成的直链有机物

　　C. 能发生氧化反应的有机物

　　D. 能与氯气发生取代反应的直链有机物

32. 下列描述中正确的是（　　）。

　　A. 有的炔烃与烯烃类有相同的碳、氢原子数

　　B. 乙炔可以用作水果催熟剂

　　C. 乙烯又称为电石气

　　D. 炔烃中有三键，键能是烷烃的三倍

33. 下列关于乙炔的描述正确的是（　　）。

　　A. 乙炔燃烧时放出大量的热是因为有三键的缘故

　　B. 乙炔也能与溴发生加成反应

　　C. 聚氯乙烯不可以通过乙炔来制备

　　D. 乙炔的工业生产主要是通过石油和天然气

34. 橡胶有很好的弹性和电绝缘性的原因是（　　）。

　　A. 橡胶是有机物

　　B. 橡胶里面有碳和氢

　　C. 橡胶里面有两个双键

　　D. 聚异戊二烯硫化后形成的网状结构赋予了它这些特性

35. 苯结构的独特性是指（　　）。

　　A. 碳、氢元素的数目一样多

　　B. 有特殊气味的液体

　　C. 苯分子中碳原子间的键既不是单键也不是双键

　　D. 苯分子中既有单键又有双键

36. 下列关于苯性质的描述错误的是（　　）。

A. 苯结构复杂，不能与氢气发生加成反应

B. 苯能和硫酸发生磺化反应

C. 苯也能与卤素发生取代反应

D. 苯燃烧时有大量的黑烟

37. 下列关于卤代烃的描述正确的是（　　）。

A. 卤代烃的密度随着原子数目增加而减少

B. 卤代烃能发生磺化反应

C. 卤代烃发生消去反应生成 CO_2

D. 卤代烃发生取代反应的产物是乙醛

38. 下列关于乙醇的描述正确的是（　　）。

A. 俗名酒精，主要用作饮用酒

B. 不能和金属反应

C. 和氢卤酸的反应产物为卤代烃

D. 酒精不能作为生成乙烯的材料

39. 下列关于醇类性质的说法错误的是（　　）。

A. 醇类是指链烃基结合着羟基的化合物

B. Φ-OH 属于醇类

C. 乙二醇可以作为涤纶的生产原料

D. 丙三醇可用于制药

40. 下列描述中不是苯酚化学性质的是（　　）。

A. 苯酚有毒，并对皮肤有害

B. 苯酚能与卤素发生化学反应生成取代产物

C. 苯酚具有一定的碱性

D. 苯酚可以和 NaOH 发生化学反应

41. 下列关于常用酚醛树脂的描述正确的是（　　）。

A. 是乙醛和苯酚发生反应的产物

B. 是甲醛与苯酚发生缩聚反应的产物

C. 反应后的副产物有 CO_2

D. 易燃烧，易导电

42. 下列描述中是乙酸化学性质的是（　　）。

A. 不能和醇类发生化学反应

B. 可以与碱发生化学反应但不能电离

C. 酸性要比磷酸弱比碳酸强

D. 可以制造香精

43. 下列关于酯类的描述错误的是（　　）。

A. 是羧酸与醇类发生化学反应的产物

B. 在自然界中比较少见

C. 酯化反应有逆反应（即水解）

D. 酯的命名是酸在前醇在后

44. 铝、铁等金属在浓硫酸中没有明显的腐蚀现象是因为（　　）。

A. 浓硫酸的酸性不强

B. 浓硫酸有较强的氧化性

C. 这些金属不活泼

D. 它们发生了钝化反应

45. 氢氧化铝既能与酸进行反应，也能同碱进行反应，这是因为（　　）。

A. 这种物质非常活泼

B. 这种物质是自然界中的唯一特殊物质

C. 这种现象不可能发生

D. 这种物质既有酸性又有碱性

46. 由碳、氢、氧组成的物质一般是（　　）。

A. 有机物

B. 无机物

C. 碳酸类物质

D. 不在自然界中存在

47. 甲烷的结构非常稳定，这是因为（　　）。

A. 它不与其他无机物发生化学反应

B. 可以与氯气发生化学反应

C. 不能分解

D. 不容易燃烧

48. 乙炔中有一个三键，所以（　　）。

A. 它的键能高于单键三倍

B. 它比乙烷活泼三倍

C. 它的键能不是单键的三倍

D. 它燃烧时不容易完全反应

49. 关于苯的化学性质下列说法正确的是（　　）。

A. 苯是无色、无味的气体

B. 苯有强烈的刺激性气味

C. 苯在工业上应用很少

D. 苯中有三个三键

50. 关于乙醇的化学性质下列说法错误的是（　　）。

A. 它能够溶于水

B. 它能与金属反应

C. 它能经过反应生成乙烯

D. 它不能与氧气反应

51. 下列关于有机物的说法正确的是（　　）。

A. 电木是由自然植物经过化学反应制成的

B. 合成纤维都是由有机物经过化学反应制成的

C. 橡胶不能进行人工合成

D. 水果香味完全是从水果中提炼出来的

52. 采用火焰法处理塑料表面，其温度应控制在（　　）内。

A. 100~200℃　　　　B. 200~300℃

C. 500~800℃　　　　D. 1000~2000℃

53. 采用草酸漂白木制品表面，草酸的质量分数应控制在（　　）。

A. 1%　　　　　　　B. 2%

C. 3%　　　　　　　D. 5%

54. 在木材表面涂漆时，木材的含水量（质量分数）应控制在（　　）。

A. 8%~12%　　　　B. 5%~8%

C. 3%~5%　　　　　D. 12%~20%

55. 锌及锌合金涂装前表面脱脂时，一般采用（　　）清洗剂。

A. 强碱性

B. 弱碱性

C. 中等碱性

D. 强碱性或弱碱性都可以

56. 将锌材在含铬的酸性溶液中处理 1 min 左右，可在锌材表面生成一层质量为（　　）左右的无机铬酸盐膜。

A. $1g/m^2$　　　　　B. $1.5g/m^2$

C. $2g/m^2$　　　　　D. $3g/m^2$

57. 纯铝在常温下与空气中的氧发生作用，可生成一层厚度为（　　）μm 的致密氧化膜，能起到保护作用。

A. 0.01~0.015　　　B. 0.01~0.02

C. 0.02~0.03　　　　D. 0.03~0.04

58. 黄膜铬酸盐处理锌材的工艺时间为（　　）。

A. 1min　　　　　　B. 2min

C. 3min　　　　　　D. 5min

59. 红丹粉属于（　　）。

A. 有机颜料　　　　B. 体质颜料

C. 防火颜料　　　　D. 防锈颜料

60. 在铝及铝合金表面形成磷酸铬酸盐膜时，处理液的 pH 值一般控制在（　　）内。

A. 1.5~3　　　　　B. 2~2.5

C. 2~3　　　　　　D. 3~4

61. 塑料制品退火的目的是（　　）。

A. 除去静电

B. 消除塑料制品的内应力

C. 增加涂膜的附着力

D. 增加表面粗糙度

62. 采用湿碰湿喷涂时，两次喷涂的间隔时间为（　　）min。

A. 1~2　　　　　　B. 2~3

C. 3~4　　　　　　D. 3~5

63. 采用三涂层体系喷涂金属闪光漆时，金属底漆的涂膜厚度一般为（　　）μm。

A. 5~10　　　　　B. 10~15

C. 15~20　　　　　D. 20~25

64. 采用三涂层体系喷涂珠光漆时，珠光底色漆的涂膜厚度为（　　）μm。

A. 5~10　　　　　B. 10~15

C. 15~20　　　　　D. 20~30

65. 采用手工空气喷涂法喷涂工件时，喷房的风速一般控制在（　　）m/s 内。

A. 0.2~0.3　　　　B. 0.1~0.2

C. 0.3~0.5　　　　D. 0.5~0.6

66. 采用高速旋杯喷涂溶剂型涂料时，喷房内的风速一般控制在（　　）m/s 内。

A. 0.2~0.3　　　　B. 0.3~0.4

C. 0.4~0.5　　　　D. 0.5~0.6

67. 喷漆室相对擦净室来说，室内空气呈（　　）。

A. 正压　　　　　　B. 微正压

C. 负压　　　　　　D. 等压

68. 阴极电泳涂装中，槽液的 MEQ 值降低，可以通过补加（　　）来调整。

A. 中和酸　　B. 溶剂

C. 色浆　　D. 乳液

69. 在孟塞尔颜色立体中，颜色的位置偏上，那么（　　）。

A. 它的颜色偏浅

B. 它的颜色偏红

C. 它的颜色偏深

D. 它的颜色偏黄

70. 孟塞尔颜色立体中，用（　　）来表示颜色的纯度分级。

A. 圆柱体　　B. 陀螺形

C. 圆球体　　D. 立方体

71. 在孟塞尔色相环中，字母B代表（　　）。

A. 红色　　B. 绿色

C. 蓝色　　D. 黄色

72. 利用手工空气喷枪喷涂工件时，枪口距工件的距离应控制在（　　）cm之间。

A. 10~20　　B. 15~20

C. 20~30　　D. 30~40

73. 各种金属中最容易遭到腐蚀的是（　　）的金属。

A. 电极电位高　　B. 电极电位适中

C. 电极电位较低　　D. 电极电位为零

74. 对有色金属腐蚀最厉害的有害气体是（　　）。

A. 氧化碳　　B. 二氧化硫

C. 硫化氢　　D. 氧气

75. 电极电位越低或负电位较高的金属是阳极，阳极部分会被腐蚀，阴极面积比阳极面积（　　），阳极就会被腐蚀得更快。

A. 越小　　B. 相等

C. 越大　　D. 0

76. 下列不属于金属腐蚀的是（　　）。

A. 晶间腐蚀　　B. 缝隙腐蚀和点蚀

C. 湿度腐蚀　　D. 露点腐蚀

77. 下列属于金属腐蚀内部原因的是（　　）。

A. 受化学品腐蚀　　B. 金属的结构

C. 生产加工时的腐蚀　　D. 温度变化

78. 对于薄钢板工件的大面积除锈，宜采用（　　）。

A. 喷丸　　B. 喷砂

C. 钢丝刷　　D. 酸洗

79. 下列不属于电蚀的是（　　）。

A. 电视塔地线　　B. 有轨电车钢轨腐蚀

C. 船舶漏电　　D. 水管沉积物腐蚀

80. 与铜接触后最容易受到腐蚀的金属是（　　）。

A. 铁　　B. 锌

C. 铝　　D. 镁

81. 黄铜中发生金属腐蚀的类型是（　　）。

A. 电偶腐蚀　　B. 氢腐蚀

C. 合金选择腐蚀　　D. 热应力腐蚀

82. 船舶壳体的防腐方法是（　　）。

A. 外加电流阴极保护法

B. 牺牲阳极法

C. 阴极保护法

D. 覆膜法

83. 颜色深的物体使人感觉（　　）。

A. 轻松　　B. 寒冷

C. 物体较小　　D. 较远

84. 锌和铁之间产生金属腐蚀的类型是（　　）。

A. 电偶腐蚀　　B. 晶间腐蚀

C. 氢腐蚀　　D. 合金选择腐蚀

85. 下列不适合作牺牲阳极的金属保护材料的是（　　）。

A. 阳极电位要足够正

B. 阳极自溶量要小，电流效率要高

C. 单位重量材料电量小

D. 材料稀少

86. 在浓硝酸中浸过的钢板更耐腐蚀的原理是（　　）。

A. 覆膜法　　B. 环境处理法

C. 钝态法　　D. 阴极保护法

87. 下列金属中最容易受到电化学腐蚀的是（　　）。

A. 汞　　B. 铝

C. 铁　　　　　　　D. 铜

88. 铜片和锌片一同浸在稀硫酸溶液中并用导线连接，这时会发现（　　）。

A. 锌片上有氢气产生

B. 铜片上有氢气产生

C. 两块金属片上都有氢气产生

D. 两块金属片上都没有氢气产生

89. 水蒸气结成露水和水垢在裂缝中发生腐蚀的类型是（　　）。

A. 露点腐蚀和沉积固体物腐蚀

B. 露点腐蚀和积液腐蚀

C. 电偶腐蚀和晶间腐蚀

D. 积液腐蚀与露点腐蚀

90. 经钝化处理的黑铁管、黑铁皮发生的金属腐蚀属于（　　）。

A. 点蚀　　　　　　B. 晶间腐蚀

C. 电蚀　　　　　　D. 缝隙腐蚀

91. 在铜锌原电池中，电流方向为（　　）。

A. 从锌流到铜　　　B. 方向不断改变

C. 从铜流到锌　　　D. 没有电流

92. 下列金属与铜的合金中最不易受腐蚀的是（　　）。

A. 铁　　　　　　　B. 银

C. 金　　　　　　　D. 镁

93. 浓硫酸可以用铝罐来盛装，其原因是（　　）。

A. 铝罐内部有塑料衬里

B. 铝本身有很强的耐蚀性

C. 硫酸的浓度不够高

D. 浓硫酸与铝的表面形成钝化层

94. 青铜是以（　　）作为主要成分的合金。

A. 铜和锌　　　　　B. 锌和镁

C. 铜和锡　　　　　D. 镁和锡

95. 在铜锌原电池中，作为负极的是（　　）。

A. 锌

B. 锌、铜均可作为负极

C. 铜

D. 电解质溶液

二、判断题

1. 涂层的弱点是有"三透性"，所以只能作为时间性防腐材料。（　　）

2. 涂层厚薄程度不能作为衡量防腐蚀性能好坏的一个因素。（　　）

3. 金属在干燥条件或理想环境中不会发生腐蚀。（　　）

4. 当电解质中有任意两种金属相连时，即可构成原电池。（　　）

5. 黄铜合金中，铜作阳极，锌作阴极，形成原电池。（　　）

6. 在高温条件下，金属被氧气氧化是可逆的反应。（　　）

7. 没有水的硫化氢、氯化氢、氯气等也可能与金属发生高温干蚀反应。（　　）

8. 铁在浓硝酸中浸过之后再浸入稀盐酸，比未浸入硝酸就浸入稀盐酸更容易溶解。（　　）

9. 在金属表面涂覆油漆属于覆膜防腐法。（　　）

10. 阴极保护法通常不与涂膜配套使用。（　　）

11. 在应用阴极保护时，涂膜要有良好的耐碱性。（　　）

12. 牺牲阳极保护法中，阳极是较活泼的金属，将会被腐蚀掉。（　　）

13. 马口铁的应用是阴极保护防锈蚀法。（　　）

14. 外加电流保护法常应用在海洋中船体的保护上。（　　）

15. 光就是能够在人的视觉系统上引起明亮的颜色感觉的电磁辐射。（　　）

16. 光有时可以发生弯曲。（　　）

17. 发光的物体是光源。（　　）

18. 发亮的物体是光源。（　　）

19. 光是一种电磁波。（　　）

20. 可见光是电磁波中的一个波段。（　　）

21. 人眼对光的感受是人眼对外界刺激的一种反应。（　　）

22. 肥皂泡上的颜色就是它本身的颜色。
（　　）

23. 浮在水面上的油花五颜六色是光发生干涉的结果。（　　）

24. 能全部吸收太阳光，物体呈白色。（　　）

25. 白色物体大部分反射了太阳光。（　　）

26. 白光部分被吸收，物体呈彩色。（　　）

27. 白色、灰色、黑色物体为消色物体。
（　　）

28. 对反射率大于75%的物体称为白色。
（　　）

29. 对反射率小于20%的物体称为黑色。
（　　）

30. 所有光源发出的光都是一样的。（　　）

31. 物体的颜色不随环境光线变化而变化。
（　　）

32. 相邻物体也会发生颜色互相影响的情况。
（　　）

33. 物体距离越远颜色越鲜明。（　　）

34. 相邻的大物体会受小物体颜色影响。
（　　）

35. 物体表面越粗糙，受环境影响而发生颜色变化越小。（　　）

36. 三刺激值中用 R、G、B 分别代表红、绿、蓝三种颜色。（　　）

37. 光的三原色是红、黄、蓝。（　　）

38. 颜色的三刺激值又称为孟塞尔表色法。
（　　）

39. 孟塞尔表色法是用颜色立体模型表色的方法。（　　）

40. 颜色的三属性是色相、明度和纯度。
（　　）

41. 在孟塞尔颜色立体中没有黑色和白色。
（　　）

42. 在孟塞尔颜色立体上所有颜色明度相等。
（　　）

43. 孟塞尔纯度用某一点离中央轴的远近来表示。（　　）

44. 孟塞尔立体中明度越接近于 0 时，纯度值

就越高。（　　）

45. 奥斯特瓦尔德立体呈纱锤形。（　　）

46. 奥斯特瓦尔德立体呈陀螺状。（　　）

47. 奥斯特瓦尔德立体中可用三个数字表示一种颜色。（　　）

48. 颜色的三个基本色是红、绿、蓝。（　　）

49. 间色和三原色一样都只有三个。（　　）

50. 补色是两种原色调出的间色对另一原色的称呼。（　　）

51. 浅色的物体让人感觉比深色的物体大。
（　　）

52. 在调配色料时，可以把各种不同材料的颜料混在一起。（　　）

53. 在涂料中，颜料的密度通常大于树脂的密度。（　　）

54. 涂料的添加剂对涂膜有多种益处，因而添加量越多越好。（　　）

55. 涂料颜色在涂装体系中表现出很强的装饰性。（　　）

56. 涂刷涂料时，为使颜色鲜艳，通常先涂深色后涂浅色。（　　）

57. 国产涂料的分类命名是按涂料的基本名称进行分类的。（　　）

58. 辅助材料不应划为涂料的一大类。（　　）

59. 两种以上混合树脂，应以在涂料中起主导作用的一类树脂进行分类。（　　）

60. 在醇酸树脂类中，油占树脂总量的60%以上者为中油度。（　　）

61. 涂料类别中的前四类被统称为油性涂料。
（　　）

62. 国产涂料有 13 大类是合成树脂涂料。
（　　）

63. 油脂类涂料都有自干能力。（　　）

64. 洋干漆不属于天然树脂类涂料。（　　）

65. 酚醛树脂类涂料中浅颜色品种较多。
（　　）

66. 醇酸树脂类涂料是应用最广泛的合成树脂涂料。（　　）

67. 环氧树脂类涂料的绝缘性能很优良。
（　　）

68. 热固性丙烯酸树脂类涂料具有很高的装饰性。　　　　　　　　　　　　　　　（　　）

69. 油基漆俗称洋干漆，主要是指酯胶漆和钙酯漆两种。　　　　　　　　　　　（　　）

70. 酚醛树脂类涂料可分为醇溶性酚醛树脂漆、油溶性纯酚醛树脂漆、松香改性酚醛树脂漆三种。　　　　　　　　　　　　　　　（　　）

71. 加油沥青漆是在沥青中加入树脂和干性油混合制成的。　　　　　　　　　　（　　）

72. 长油度醇酸树脂类涂料的干燥只能采用烘干。　　　　　　　　　　　　　　　（　　）

73. 在氨基树脂中加入质量分数为 30%~50% 的醇酸树脂可组成氨基醇酸涂料。　　（　　）

74. 硝基类涂料的突出特点是干燥迅速，但不可在常温下自然干燥。　　　　　　（　　）

75. 纤维素类涂料是以由天然纤维素经化学处理而生成的聚合物为主要成膜物质的一类涂料。　　　　　　　　　　　　　　　（　　）

76. 聚乙烯醇缩醛树脂类涂料附着力、柔韧性差。　　　　　　　　　　　　　　　（　　）

77. 橡胶类涂料是以天然橡胶为主要成膜物质的一类涂料。　　　　　　　　　　（　　）

78. 磷化是大幅度提高金属表面涂层耐蚀性的一种工艺方法。　　　　　　　　　（　　）

79. 磷化材料绝大部分为无机盐类。　（　　）

80. 磷化处理材料的主要成分为不溶于水的酸式磷酸盐。　　　　　　　　　　　（　　）

81. 磷酸锌皮膜的重量由膜厚所决定。（　　）

82. 磷酸锌结晶厚度大的皮膜有较佳的涂膜附着力。　　　　　　　　　　　　　（　　）

83. 磷酸盐皮膜的耐碱性由 P 比支配，P 比越高的皮膜在碱性液中溶解越多。　　（　　）

84. 磷化液的总酸度直接影响磷化液中成膜离子的含量。　　　　　　　　　　　（　　）

85. 磷化处理方法有浸渍法和喷射法两种。　　　　　　　　　　　　　　　　　（　　）

86. 促进剂是提高磷化速度的一个成分。　　　　　　　　　　　　　　　　　　（　　）

87. 槽液的搅拌装置是用来搅拌和加热槽液的。　　　　　　　　　　　　　　　（　　）

88. 阳极电泳所采用的电泳涂料是带负电荷的阴离子型。　　　　　　　　　　　（　　）

89. 电泳涂装过程伴随着电解、电泳、电沉积、电渗四种电化学物理现象。　　　（　　）

90. 电泳涂料的泳透力可使被涂装工件的凹深处或被遮蔽处表面均能涂上涂料。　（　　）

91. 电泳涂装适合所有被涂物涂底漆。（　　）

92. 阴极电泳的最大优点是防腐蚀性优良。　　　　　　　　　　　　　　　　　（　　）

93. 电泳槽的出口端设有辅槽。　　（　　）

94. 电泳槽液自配槽后就应连续循环，停止搅拌不应超过 5h。　　　　　　　　　（　　）

95. 电泳槽内外管路都应用不锈钢管制成。　　　　　　　　　　　　　　　　　（　　）

96. 静电场的电场强度是静电涂装的动力，它的强弱直接关系到静电涂装的效果。（　　）

97. 静电涂料具有"静电环抱"效应，其涂装效率可达 80%~90%。　　　　　　（　　）

98. 静电涂装所采用的涂料黏度一般比空气喷涂所用涂料的黏度要高。　　　　　（　　）

99. 电喷枪是静电涂装的关键设备。（　　）

100. 静电粉末振荡涂装法分为静电振荡法和机械振荡法两种。　　　　　　　　（　　）

101. 静电粉末喷涂法的主要工具是静电粉末喷枪。　　　　　　　　　　　　　（　　）

102. 涂料的自然干燥仅适用于挥发性涂料。　　　　　　　　　　　　　　　　（　　）

103. 对流加热是烘干的唯一加热方式。　　　　　　　　　　　　　　　　　　（　　）

104. 静电粉末涂装室一般都采用干室。　　　　　　　　　　　　　　　　　　（　　）

105. 粉末涂装回收的粉末涂料不可重新使用。　　　　　　　　　　　　　　　（　　）

106. 取样工作是检测工作的一小步骤，可有可无。　　　　　　　　　　　　　（　　）

107. 涂料取样时很随意，没有什么标准可遵循。　　　　　　　　　　　　　　（　　）

108. 在取样的国家标准中，将现在的涂料品种分成 5 个类型。　　　　　　　　（　　）

109. 不论涂料的数量多少，取样的数目都是一定的。（　　）

110. 取样数目在 50 桶以上时，每增加 50 桶加 1。（　　）

111. 涂料取样时的工具要清洗干净，应无任何残留物。（　　）

112. 涂料取样的数量足够检验即可。（　　）

113. 取样后的样品应存在清洁干燥、密闭性好的金属小罐或磨口瓶内。（　　）

114. 涂料样品储存在大气温度下即可。（　　）

115. 涂装车间的设计是一项复杂的技术工作。（　　）

116. 涂装车间设计包括工艺设计、设备设计、建筑和公用设施设计。（　　）

117. 涂装车间设计的第一步应是设备设计。（　　）

118. 工艺设计贯穿整个涂装车间项目设计。（　　）

119. 工艺设计有时也被称为概念设计。（　　）

120. 在各专业完成总图设计之后，即可进行设备施工。（　　）

121. 工艺设计中不包含工艺说明书。（　　）

122. 工艺设计时，可以不包含"三废"治理设计。（　　）

123. 车间建成投产前的技术准备工作有时也需要由工艺设计人员来做。（　　）

124. 原始资料和设计基础数据是进行工艺设计的前提条件。（　　）

125. 原始资料应由工艺设计人员自己去实地收集整理。（　　）

126. 涂装所在地的自然条件是指气候、温度、湿度、风向及大气含尘量等情况。（　　）

127. 设计依据要符合环保要求。（　　）

128. 涂装车间设计只要符合工厂标准即可。（　　）

129. 在进行旧厂房改造时，要注意完整地提供原有资料。（　　）

130. 动力能源有时被简称为"五气动力点"。（　　）

131. 生产纲领即被涂零件的班产量。（　　）

132. 按照国家规定，工厂可一天开四班。（　　）

133. 工厂开三班时，第三班的工作时间为 7h。（　　）

134. 目前在设计时，工厂的年时基数为 254d。（　　）

135. 工厂的年时基数为不可变项目。（　　）

136. 现代涂装车间可把工艺过程分为主要工序和辅助工序。（　　）

137. 以客车侧端墙外部涂装为例，生产过程可简单分为刮腻子、涂底漆、涂面漆三个主要工序。（　　）

138. 涂装车间工艺就是工艺流程表。（　　）

139. 材质表面的油污对涂层是有害的。（　　）

140. 涂件表面存有酸液或碱液是导致涂装缺陷的一个因素。（　　）

141. 涂装时中间涂层是可有可无的，因为它只有增加涂层厚度的作用。（　　）

142. 涂装时中间涂层可以使面漆涂膜光滑平整、丰满度高、装饰性好。（　　）

143. 只要面漆层涂料高级，整个涂膜就会达到非常好的涂装效果。（　　）

144. 高固体分涂料施工中固体分的质量分数可达到 70%~80%。（　　）

145. 静电喷涂主要用于形状复杂的尖边棱角或内腔等部位的喷涂。（　　）

146. 湿膜厚度的测定可以代替干膜厚度的测定，没有必要测定两种厚度。（　　）

147. 相对湿度高时不应施工涂料的一个原因是溶剂不易挥发。（　　）

148. 大多数涂料施工后都有一定程度的收缩现象。（　　）

149. 现代化干膜测厚仪极其精确，不需要按规定的要求进行校准。（　　）

150. 无气喷涂设备总是采用压缩空气雾化油漆。（　　）

151. 油漆混合不好，会导致漆膜混浊、干燥慢及光泽差。　　　　　　　　（　　）

152. 预涂涂层应总是采用刷涂施工。（　　）

153. 湿膜厚度可在喷涂结束后的任何时间进行测量。　　　　　　　　　（　　）

154. 涂膜上的针孔可能是因为加入了太多的稀释剂或加入了错误的稀释剂而造成的。（　　）

155. VOC 与施工时所加入的油漆稀释剂无关，只与所供应的涂料有关。　　　（　　）

156. 弧状移动喷枪会导致涂料损耗及施工厚度不均。　　　　　　　　　（　　）

157. 损坏的无气喷涂软管在使用前应采用双层强力胶带包裹，以保证不漏气。（　　）

158. 预涂涂层施工在自由边、角落和焊接处，以增加这些区域的漆膜厚度。（　　）

159. 用于多孔表面的涂料不应进行稀释。

　　　　　　　　　　　　　　　（　　）

160. 喷涂油漆的流体软管通常为电绝缘，以防电火花传导。　　　　　　　（　　）

161. 使用无气喷涂设备时，厚涂料需采用小孔径喷嘴，薄涂料需采用大孔径喷嘴。（　　）

162. 湿膜厚度以梳齿仪（湿膜卡）上所显示的最后湿阶梯读数。　　　　　（　　）

163. 经无气喷涂施工的涂料能较好地渗入角落、点蚀麻坑和裂缝。　　　　（　　）

164. 湿膜测厚仪是非破坏性的，决不会损坏所测量的漆膜。　　　　　　　（　　）

165. 在现场易于控制预涂涂层的干膜厚度。

　　　　　　　　　　　　　　　（　　）

166. 检查工作不能代替适当的监督工作和合适的配套工作。　　　　　　　（　　）

167. 施工环境的风速决不会影响涂料的施工操作。　　　　　　　　　　（　　）

168. 漏涂点的测试只是为了发现涂层中的针孔。

　　　　　　　　　　　　　　　（　　）

169. 检查人员可采用透明胶带试验检查喷砂清理表面上的灰尘。　　　　　（　　）

170. 喷砂清理和涂料施工通常只应在表面温度至少在露点温度3℃以上进行。（　　）

171. 使用磁性探头测厚仪时，检查人员应检查探头，以保证其清洁且无杂质颗粒存在。

　　　　　　　　　　　　　　　（　　）

172. 相对湿度是空气中的含水量与其饱和状态之比。　　　　　　　　　（　　）

173. 太厚或太薄的涂层通常会导致涂料的早期损坏。　　　　　　　　　（　　）

174. 铜和不锈钢通常不会发生腐蚀。（　　）

175. 施工时将稀释剂加入涂料，不会影响其VOC 额定值。　　　　　　　（　　）

176. 漆膜过厚的涂层会产生内部应力并出现龟裂。　　　　　　　　　　（　　）

177. 涂层中的缩孔可能由油/油脂的存在引起。

　　　　　　　　　　　　　　　（　　）

178. 非转化型涂料仅靠溶剂挥发而固化。

　　　　　　　　　　　　　　　（　　）

179. 涂料中加入溶剂在某种程度上是为了控制挥发速率。　　　　　　　　（　　）

180. 当底漆太厚并有针孔时，通常会出现闪锈。

　　　　　　　　　　　　　　　（　　）

三、填空题

1. 我国涂料型号由三部分组成，第一部分是（　　　　），用一个汉语拼音字母表示。

2. 涂料型号的第二部分是涂料的（　　　　），用两位数字表示。

3. 涂料型号的第三部分是涂料产品的（　　　　），用一位或两位数字表示。

4. 国产涂料按成膜物质分类，可分为（　　　　）大类。

5. 国产涂料分类中有一类严格说来并非涂料，而是涂料组成中的辅助成膜物质，称为（　　　　）类。

6. 我国规定涂料分类以涂料基料中的（　　　　）为基础。

7. 防止金属腐蚀的方法有多种，其中应用最广、最为经济而有效的是（　　　　）的方法。

8. 金属腐蚀的种类很多，根据腐蚀过程中的特点，一般可分为（　　　　）和电化学腐蚀两大类。

9. 涂料是指涂覆于物体表面，经过（　　）变化或化学反应，形成坚韧而有弹性的保护膜的物料的总称。

10. 粉末静电喷涂的主要设备是由高压静电发生器、（　　）、固化炉等组成的。

11. 三原色红、黄、蓝能调出橙、（　　）、绿三种基本复色。

12. 木制设备涂装油漆的目的主要是（　　），增加美观，从而更充分发挥木材的作用。

13. 银珠颜料的化学分子式是（　　），钴兰颜料的化学分子式是 $CoAl_2O_3$。

14. 绝缘漆必须具备（　　），良好的耐热性，以及耐摩擦、振动、膨胀、收缩等力学性能。

15. 美术漆包括（　　）、晶纹漆、锤纹漆、裂纹漆、结晶漆等品种。

16. 油漆膜的保护机理是屏蔽作用、（　　）、电化学作用。

17. 天气温度变化对漆膜破坏性非常大，如湿度大的阴雨天使漆膜（　　），导致漆膜破坏，温度高及辐射线强使漆膜易老化破坏。

18. 就现在来说，水性涂料可分为（　　）、自干水性漆、烘干型水性漆、电泳水性漆和自泳水性漆等几大类。

19. 油漆附着力测定方法有（　　）、划圈法、拉拔、划 X 等。

20. 色彩分为（　　）和无色彩两大类。

21. 车辆车体本身是由底架、（　　）、端墙、车顶组成的。

22. 着色颜料按其化学成分可分为无机颜料和（　　）。

23. 油漆成膜后泛白的原因和性质可分为（　　）、纤维泛白、树脂泛白等三种。

24. 常用的黄色颜料有铅铬黄、（　　）、铁黄等三种。

25. 测定油漆干燥时间的方法有（　　）、滤纸法。

26. 铁标中要求：车体外部面漆厚度应不小于

$60\mu m$，车体内部及车内零部件面漆厚度应不小于（　　）。

27. 粉末涂装的两个要点：如何使粉末（　　）在被涂物表面；如何使它成膜。

28. 波长在（　　）区间内的色光波呈现出的是红色。

29. 常用的蓝色颜料有（　　）、群青、酞菁蓝三种。

30. 油漆加热干燥，干燥温度分为低温 [（　　）℃ 以下]、中温（100～150℃）、高温（150℃以上）三个阶段。

31. 热喷涂的优点是减少稀释剂的用量，不挥发成分含量高，（　　），不受气候的影响，漆膜丰满。

32. 绝缘漆分为漆包线漆、浸渍漆、（　　）、胶粘漆等四种。

33. 煤焦溶剂品种有（　　）、甲苯、二甲苯、轻溶剂油、重质苯。

34. 人眼可见光波在 400～（　　）nm 之间。

35. 中铬黄的化学分子式是（　　）；石膏粉的化学分子式是 $CaSO_4$。

36. 电泳涂漆的过程有（　　）、电泳、电沉积、电渗。

37. 常用字体的基本形式有（　　）、老仿宋体、黑字体、仿宋体四种。

38. 用途最广泛的表面活性剂是（　　），也是水基金属清洗剂的主料。

39. 前处理废水中有害物质是（　　）、碱、金属盐和重金属离子等物质

40. 油漆库内温度宜在（　　），静电粉末喷涂室属于 1~2 级爆炸危险场所。

41. 油漆干燥过程分为（　　）、实际干燥和完全干燥三个阶段。

42. 油漆黏度的检测方法很多，以适应不同类型的流体，其检测方法主要有（　　）、落球法、起泡法、固定剪切速率测定方法。

43. 美术漆最突出的是（　　），油漆的配套基本原则是同类型而不同产品。

44. 磷化膜厚度与磷化液的（　　）和工艺要

求有很大的关系。

45. 立德粉的化学分子式是（　　）+BaSO₄。

46. 油漆溶剂的沸点分为（　　）、中沸点、高沸点三种。

47. 催干剂质量应控制（　　）、含水量、纯度、催干能力和溶解力。

48. 淋涂法分为（　　）和低压法。

49. 油漆写字应掌握（　　）、统一字体、字体匀称、字体部位安排四个方面。

50. 测定漆膜硬度的方法常用的有三类，即摆杆阻尼硬度法、划痕硬度法和（　　）硬度法。

51. 在工业生产中已形成的法定色是（　　）、橙、黄、青、白和黑。

52. 根据国家标准规定，涂膜标准实验样板可以用厚度为（　　）mm 的马口铁板制作（或用涂装产品的材质制作）。

53. 磷化膜除了单独用作金属的防腐覆盖层以外，还常作为涂料的（　　），以提高涂层的使用寿命。

54. 钝化处理是指通过成膜、沉淀或局部吸附作用，使金属表面的局部活性点失去化学活性而呈现（　　）的处理过程。

55. 影响电泳涂装的工艺参数有电压、槽液的（　　）和 pH 值、电泳时间、温度、颜基比、电导率、泳透力、二极间距和极比等。

56. 在粉末静电喷涂过程中，有时会因喷枪与工件太靠近而产生打火现象，因此，通常枪、件之间距离应不小于（　　）mm。

57. 粉末静电喷涂时，在深腔、尖边棱角处的喷涂，因静电屏蔽而影响上粉量，易形成薄层或漏涂，为此须进行手工喷粉或自动喷粉后的补喷，补喷时宜采用（　　）的方法。

58. 远红外加热的原理是（　　）。

59. 高压无气喷涂法是利用（　　）或电能为动力，驱动高压泵工作，将涂料施涂。

60. 光固化类涂料中必须加入（　　）材料。

61. 静电喷涂时，如高压静电的电压超过 30V，并且是持续放电，此时高压静电场内的电子运动能量增强，会撞击其他中性分子，使其电子产生如雪崩现象的连续反应而被电离，气体出现导电性，并伴有辉光，又称为（　　）。

62. 电化学脱脂有（　　）、阳极脱脂和联合脱脂三种方法。

63. 电子束辐射干燥类涂料须含有（　　）引发剂。

64. 把塑料加热到稍低于（　　）温度，并保持一定时间，以缓解成形时产生的内应力，从而可防止龟裂，这种处理被称为退火处理。

65. 经涂装后的机床，宜采用（　　）塑料罩包装，在塑料罩和涂料表面之间应用一层中性纸加以隔开。

66. 真空浸涂法需有（　　）个浸漆槽。

67. 高压水除锈设备是利用（　　）射流的冲击作用进行除锈的。

68. 高压水砂除锈装置是从（　　）中获得高速的水砂射流，并利用水和砂的冲击摩擦达到除锈目的。

69. 某些塑料表面在涂装施工前，可先喷上一种具有强溶解性的溶剂来软化表面，以增强（　　）。

70. 涂料从喷嘴淋涂至被涂物表面，涂料经自上而下的流淌将被涂物表面完全覆盖，滴去余漆形成漆膜，这种涂装方法叫作（　　）。

71. 国内的电泳超滤技术，其关键在于（　　）的性能，与国外相比尚有差距。

72. 空气雾化式电喷枪枪体用（　　）材料制成，在枪头前端设置有针状放电极。

73. 电喷枪和（　　）发生器是静电涂装的关键设备。

74. 热喷涂工艺需在输漆系统中增设（　　）。

75. 涂膜越厚，孔隙度越（　　）。

76. 热带气候的主要特点是高温、高湿，因此，所用涂料应具有（　　）的抗水性和低的膨胀性。

77. 进行脉冲电沉积涂漆时，只要一台（　　）发生器作电源，其余设备与普通电沉积涂漆设备相同。

78. 对静电喷涂用的溶剂，一般要求其沸点

（　　　　）、导电性能好、不易燃烧等。

79. 皱纹漆必须用（　　　　）喷涂，并且只需喷涂一遍就得烘干。

80. 静电喷涂应选用易于（　　　　）的涂料。

81. 选择涂料时，要熟悉和掌握不同类别品种涂料所具（　　　　）和用途。

82. 中间层涂料又称为二道底层涂料，经选择使用的中间层涂料应具有良好的（　　　　）和较高的遮盖力。

83. 调配涂料前，除仔细核对涂料的（　　　　）、名称和型号及品种外，还要核对涂料的生产厂及生产批次和生产日期。

84. 调配涂料时，通常使用（　　　　）的铜丝网或不锈钢网筛选过滤。

85. 色带又称为（　　　　），是色光的混合。

86. 白色、黑色和灰色及它们所有（　　　　）都被称为无色彩类。

87. 明度就是颜色的明亮程度，它决定于（　　　　）的照射与物体反射光的强度。

88. 以颜色的色相、亮度、纯度用代表符号和数字组合成一个按顺序堆积的方格块体，称为（　　　　）。

89. 颜料是涂料中（　　　　）的来源，它既是涂料中的着色物质，又是次要的成膜物质。

90. 颜料能够赋予涂膜一定的（　　　　）和颜色，还能够增加涂料的防护性能。

91. 红、黄、蓝是基本色，用（　　　　）也不能调配出来，所以称为三原色。

92. （　　　　）、绿色和橙色是三个间色。

93. 两个原色可配成一个间色，而另一个原色称为（　　　　），它有调整色调的作用。

94. 两个间色相混调会成为一个（　　　　），而与其对应的另一个间色，也称为补色。

95. 颜色的调配层次很重要。调色时，要先找出主色和依次相混调的颜色，最后才是补色和（　　　　）。

96. 涂料标准色卡或用户提出的色板是涂料配色的（　　　　），并以此作为对比色之用。

97. 涂料配色的顺序是（　　　　），再按产品需要大量调配。

98. 涂料中常用的颜料有（　　　　）、防锈颜料和体质颜料三大类。

99. 钛白和（　　　　）色颜料按照一定比例混合，能调成奶油色。

100. （　　　　）和柠黄色颜料按照一定比例混合，能配出苹果绿。

四、简答题

1. 写出颜料的主要性能。

2. 常用美术型油漆有哪几种？

3. 颜料颜色的鲜艳度主要取决于什么？

4. 简述锌黄防锈底漆的防锈原理。

5. 油漆中使用的着色颜料、体质颜料，对其粒度有什么要求？

6. 体质颜料在油漆中起到哪些主要作用？

7. 催干剂应控制哪些方面？

8. 油漆工业使用的8个色系是哪些？

9. 什么是酚醛磁漆？写出其组成材料及配方说明。

10. 绝缘漆分为几种类型？

11. 简述涂膜的保护机理。

12. 简述选择喷枪的原则。

13. 怎样选择喷涂黏度？

14. 简述机车车架油漆涂装工艺。

15. 简述机车燃油箱油漆涂装工艺。

16. 简述普通客车外墙板油漆涂装工艺。

17. 简述电力机车外墙板油漆涂装工艺。

18. 简述货车厂、段修涂装技术要求。

19. 油漆附着力测定方法有哪几种？

20. 油漆写字字体基本形式有几种？各种字体有何特点？

21. 怎样掌握油画的基本方法？

22. 前处理废水中有哪些有害物？

23. 金属是由于哪些原因引起腐蚀的？分别是什么？

24. 电蚀是怎样产生的？

25. 金属的干蚀是怎么回事？

26. 牺牲阳极保护法对材料有什么要求？

27. 物体呈现的颜色有几种情形？分别是什么？

28. 影响物体颜色的有哪几种因素？

29. 什么是孟塞尔表色法？

30. 美术涂装有哪些技术特点？

31. 简述涂料的适用性。

32. 简述涂料有哪些特殊功能。

33. 高分子合成树脂包括哪几类？

34. 简述酚醛树脂的配制方法。

35. 醇酸树脂类涂料有哪些优点？

36. 简述纤维素类涂料的优缺点。

37. 聚乙烯醇缩醛树脂类涂料有何特点？

38. 热塑性丙烯酸涂料的组成及特点是什么？

39. 环氧树脂类涂料有哪些特点？

40. 橡胶类涂料有哪两个主要品种？

41. 什么是磷化处理法？

42. 磷酸锌皮膜的质量由哪些因素决定？

43. 影响磷化效果的主要因素有哪些？

44. 简述电泳涂装法。

45. 在电泳涂装过程中伴随着哪几种现象？

46. 电泳涂装设备包括哪些？

47. 简述静电喷涂法。

48. 工业上常用的电喷枪有哪些？

49. 在工业上得到应用的粉末涂装方法有哪些？

50. 静电粉末涂装设备包括哪些部分？

51. 简述涂料的成膜过程。

52. 简述涂料产品取样的重要性。

53. 现有的涂料品种取样时分为几种类型？

54. 涂料产品取样时应注意什么？

55. 涂装车间设计时所需原始资料包括哪些内容？

56. 什么是工艺卡？它的作用是什么？

57. 平面布置图应包含哪些内容？

58. 涂装车间设备管理应注意什么？

59. 简述车间的5S管理内容。

60. 国内外常用的涂装方法有哪几种？

61. 高压无气喷涂法有哪些优缺点？

62. 常用的脱脂方法有哪几种？其原理是什么？

63. 简述电泳涂膜干燥性的测试方法。

64. 黑色金属常用的除锈方法有哪些？

65. 何为涂层的打磨性？

66. 什么是阴极电泳涂装？其过程伴随哪些反应？

67. 高固体分涂料有什么特点？

68. 涂装后涂膜保养应注意哪些问题？

69. 说明下列符号的意义。

（1）H （2）2H （3）H_2 （4）$2H_2$

五、综合题

1. 简述碱度的概念及测试方法。

2. 简述磷化液的总酸度、游离酸度、酸比的测定方法。

3. 简述电泳涂膜再溶性的测定方法。

4. 简述涂料产生沉淀与结块的原因及防治措施。

5. 简述阴极电泳涂装的优点。

6. 简述国内外阴极电泳涂装的应用现状及发展动向。

7. 简述高红外快速固化技术的应用现状及发展动态。

8. 简述反渗透（RO）技术的原理。

9. 现涂刷客车外顶板需要65kg的中灰醇酸漆，配制此种油漆，需要白色醇酸漆和黑色醇酸漆各多少千克（已知白色醇酸漆和黑色醇酸的比例为3：2）？

10. 选用铝粉油漆涂刷内燃机机房墙板一侧（长16m，高3m），则需要多少千克铝粉油漆（已知每千克铝粉油漆能涂刷16m²）？

11. 一辆内燃机车，需要涂刷奶白色醇酸磁漆28m²，橘红色醇酸磁漆30m²，淡灰色醇酸磁漆50m²，则需各色油漆多少千克（已知每千克各色醇酸漆能涂刷18m²）？

12. 喷涂保温车外墙板奶白色醇酸磁漆120m²，则需要此种油漆多少千克（已知奶白色醇酸磁漆每千克能涂刷18m²）？

13. 油漆样板耐酸试验，要用浓度为37%的浓盐酸（比重为 1.19）配制 2g 分子浓度的盐酸溶液 500mL，需要盐酸多少毫升？

14. 用灰色醇酸磁漆涂刷直径为 500mm、高度 13m 的通风筒的表面，通风筒附带两个通风帽，需要多少油漆（已知通风帽为圆锥形，直径为 860mm，母线长 540mm，每千克灰色醇酸磁漆涂刷 20m²）？

15. 现有薄钢板 50 块，形状是直径为 0.8m 的圆，单面需要涂磁化铁防锈底漆一道，干后再涂刷灰色醇酸磁漆两道，则需要磁化铁防锈底漆和灰色醇酸磁漆各多少（已知磁化铁防锈底漆用量为 60g/m²，灰醇酸磁漆用量为 50g/m²）？

16. 现有 0.1mm 厚梯形铝板一块，尺寸为上底 0.1m，下底 0.2m，高 0.15m，计 250 件，尚要喷涂锌黄环氧底漆一道，再喷涂奶黄氨基醇酸磁漆一道，则需要锌黄环氧底漆和奶黄氨基醇酸磁漆各多少？（已知锌黄环氧底漆用量为 60g/m²，奶黄氨基醇酸磁漆用量为 80g/m²）

17. 现有油漆 300g，固体分含量为 53.1%，涂刷面积为 3.045m²，则漆膜厚度为多少微米？（已知漆膜干燥后的密度为 1.107g/cm³）

18. 以氧原子为例，说明构成原子的微粒有哪几种？它们怎样构成原子？为什么整个原子不显电性？

19. 利用在空气里燃烧的方法生成氧化锌（ZnO），制得的氧化锌的质量比金属锌大，试解释这种现象，并写出化学反应方程式。

20. 静电喷涂法有哪些优缺点？

21. 如何正确选择涂装方法？

22. 什么是电泳涂装？阳极电泳和阴极电泳的分类依据是什么？

23. 何谓涂装前表面预处理？其目的是什么？

24. 常用的去除旧漆膜的方法有哪些？

25. 简述刷涂法的优缺点。

26. 浸涂法适用于哪些涂料？

27. 简述电泳过程中涂膜产生桔皮的原因及防治方法。

28. 涂装生产为什么要注意安全和个人防护？

29. 高空涂装作业时需要注意哪些安全事项？

30. 涂膜烘干过程中的安全措施有哪些？

31. 涂装生产时为什么要注意防火？

32. 涂装用的底层涂料应具有哪些特点？

33. 油漆储存一段时间后黏度突然增高的原因是什么？如何消除？

第11章

职业道德类试题

一、单项选择题

1. 下列不属于劳动合同必备条款的是（   ）。

A. 劳动合同期限   B. 保守商业秘密

C. 劳动报酬   D. 劳动保护和劳动条件

2. 下列不属于劳动合同类型的是（   ）。

A. 固定期限的劳动合同

B. 无固定期限的劳动合同

C. 以完成一定工作为期限的劳动合同

D. 就业协议

3. 下列关于劳动合同试用期条款的说法正确的是（   ）。

A. 试用期最长不得超过 3 个月

B. 试用期最长不得超过 6 个月

C. 试用期最长不得超过 10 个月

D. 试用期最长不得超过 12 个月

4. 爱岗敬业的基本要求是要乐业、勤业及（   ）。

A. 敬业   B. 爱业

C. 精业   D. 务业

5. 职业道德的实质内容是（   ）。

A. 改善个人生活

B. 增加社会的财富

C. 树立全新的社会主义劳动态度

D. 增强竞争意识

6. （   ）就是要求把自己职业范围内的工作做好。

A. 诚实守信   B. 奉献社会

C. 办事公道   D. 忠于职守

二、多项选择题

1. 下列说法中，正确的有（   ）。

A. 岗位责任规定岗位的工作范围和工作性质

B. 操作规则是职业活动具体而详细的次序和动作要求

C. 规章制度是职业活动中最基本的要求

D. 职业规范是员工在工作中必须遵守和履行的职业行为要求

2. 文明生产的具体要求包括（   ）。

A. 语言文雅，行为端正，精神振奋，技术熟练

B. 相互学习，取长补短，互相支持，共同提高

C. 岗位明确，纪律严明，操作严格，现场安全

D. 优质，低耗，高效

3. 符合坚持真理要求的是（   ）。

A. 坚持实事求是的原则

B. 尊敬师长就是坚持真理

C. 敢于挑战权威

D. 多数人认为正确的就是真理

4. 加强职业道德修养的途径有（　　）。

A. 树立正确的人生观

B. 培养自己良好的行为习惯

C. 学习先进人物的优秀品质

D. 坚决同社会上的不良现象做斗争

5. 符合团结互助精神的表述是（　　）。

A. 三人同心，其利断金

B. 三个和尚没水喝

C. 三个臭皮匠，顶个诸葛亮

D. 三人行必有我师焉

6. 关于职业纪律的正确表述是（　　）。

A. 每个从业人员开始工作前，就应明确职业纪律

B. 从业人员只有在工作过程中才能明白职业纪律的重要性

C. 从业人员违反职业纪律造成损失，要追究其责任

D. 职业纪律是企业内部的规定，与国家法律无关

7. 如果有足够的钱让你支配，以下做法中具有合理性的是（　　）。

A. 投资创业　　　　B. 用于慈善事业

C. 改善生活　　　　D. 捐献给国家

8. 关于职业生活，下列说法中正确的是（　　）。

A. 多数人工作是为了养家糊口

B. 有工作就是快乐的，工资高低不重要

C. 工作是体现个人价值的一种方式

D. 工作是社会交往的重要途径

9. 对从业人员语言规范的具体要求是（　　）。

A. 用尊称　　　　B. 语气委婉

C. 语意明确　　　　D. 语速

10. 评价从业人员的职业责任感，应从（　　）入手。

A. 能否与同事和睦相处

B. 能否完成自己的工作任务

C. 能否得到领导的表扬

D. 能否为客户服务

11. 法律与道德的区别体现在（　　）。

A. 产生时间不同　　B. 依靠力量不同

C. 阶级属性不同　　D. 作用范围不同

三、判断题

1. 从零件的生产到产品的组装，只要质量符合标准，就不需要精打细算。（　　）

2. 搞好自己的本职工作，不需要学习与自己生活工作有关的基本法律知识。（　　）

3. 勤俭节约是劳动者的美德。（　　）

4. 企业职工应自觉执行本企业的定额管理，严格控制成本支出。（　　）

5. 提高生产效率，无须掌握安全常识。（　　）

6. 企业的投资计划、经营策略、产品开发项目不是秘密。（　　）

7. 企业的利益就是职工的利益。（　　）

8. 职工是国家的主人，也是企业的主人。（　　）

9. "干一行、爱一行、钻一行、精一行"是企业职工良好的职业道德。（　　）

10. 铺张浪费与定额管理无关。（　　）

11. 在工作中我不伤害他人就是有职业道德。（　　）

12. 本职业与企业兴衰、国家振兴毫无联系。（　　）

13. 社会主义职业道德的基本原则是用来指导和约束人们的职业行为的，需要通过具体明确的规范来体现。（　　）

14. 树立"忠于职守，热爱劳动"的敬业意识，是国家对每个从业人员的起码要求。（　　）

15. 每一名劳动者，都应坚决反对玩忽职守的渎职行为。（　　）

16. 掌握必要的职业技能，是完成工作的基本手段。（　　）

17. 每一名劳动者都应提倡公平竞争，形成相互促进、积极向上的人际关系。（　　）

18. 职业道德与职业纪律有密切联系，两者相互促进，相辅相成。（　　）

19. 为人民服务是社会主义的基本职业道德的核心。（　　）

20. 社会主义职业道德的基本原理是国家利益、集体利益、个人利益相结合的集体主义。（　　）

四、填空题

1. 班组经济责任制包括（　　）、经济责任制、岗位责任制三大责任制。

2. 认真学习习近平新时代中国特色社会主义思想，树立正确的（　　）、人生观、价值观。

3. 热爱企业，把爱党、爱国、爱企业、爱岗有机（　　）。

4. 自觉做到身在企业、情系企业、奉献企业与企业（　　）。

5. 对于我们赖以生存的企业，应该做到（　　）。

6. 树立"干一行、爱一行、钻一行、精一行"的良好（　　），尽最大努力履行自己的职责。

7. 树立精工出精品，精品出效益的意识，从零件的生产到产品的组装，每个产品都要做到精工细作，（　　），精益求精。

8. 养成良好的勤俭（　　）习惯。

第12章

实操类试题

12.1 排障器钢板工件的涂装

1. 考核内容

（1）按照工艺要求进行排障器钢板工件的前处理　考核要求如下：

1）无油污，无锈迹，去焊渣、焊瘤，去灰尘、水分，屏蔽彻底等。

2）满分 20 分，考试时间 20min。

3）正确使用工具和器具。

4）遵守配件涂装前处理的有关规程。

（2）按照工艺规程进行排障器钢板工件的底漆喷涂　考核要求如下：

1）调漆正确。

2）施工方法合理，涂层无缺陷，漆膜厚度在 $60 \sim 80 \mu m$。

3）工具清洗及时。

4）满分 20 分，考试时间 25min。

5）正确使用工具和器具。

6）遵守配件涂装的有关规程。

（3）按照工艺规程进行排障器钢板工件的腻子找补　考核要求如下：

1）腻子调配、使用正确，按要求进行打磨施工。

2）施工方法合理，腻子层无缺陷。

3）满分 20 分，考试时间 20min。

4）正确使用工具和器具。

5）遵守配件涂装的有关规程。

（4）按照工艺规程进行排障器钢板工件的面漆喷涂　考核要求如下：

1）调漆正确。

2）施工方法合理，涂层无缺陷，漆膜总厚度在 $140 \sim 180 \mu m$。

3）工具清洗及时。

4）满分30分，考试时间30min。

5）正确使用工具和器具。

6）遵守配件涂装的有关规程。

2. 注意事项

（1）具体考核要求

1）考试中工件应竖直放置。

2）按照提供的考试工件和考场所准备的设备、设施、各种材料和工具以及现场环境，按照1C1B油漆的喷漆工艺，对需要涂装的工件进行表面处理和喷涂工作。喷漆结束后，把工件送入烘烤房，并达到干燥温度。喷漆考试结束，应达到操作过程中的正确性、涂膜外观质量和涂膜特性质量的优良性。

（2）否定项说明　若考生发生下列情况之一，则应及时终止其考试，考生该试题成绩计为零分：

1）喷错颜色。

2）携带含油类物质进行操作。

3）严重违反安全操作规程进行操作。

4）严重磕碰工具、工件的行为。

12.2 导风板工件的涂装

（1）按照工艺要求进行导风板工件的前处理　考核要求如下：

1）无油污，无锈迹，去焊渣、焊瘤，去灰尘、水分，屏蔽彻底等。

2）满分20分，考试时间20min。

3）正确使用工具和器具。

4）遵守配件涂装前处理的有关规程。

（2）按照工艺规程进行导风板工件的底漆喷涂　考核要求如下：

1）调漆正确。

2）施工方法合理，涂层无缺陷，漆膜厚度在$60 \sim 80 \mu m$。

3）工具清洗及时。

4）满分20分，考试时间25min。

5）正确使用工具和器具。

6）遵守配件涂装的有关规程。

（3）按照工艺规程进行导风板工件的腻子找补　考核要求如下：

1）腻子调配、使用正确，按要求进行打磨施工。

2）施工方法合理，腻子层无缺陷。

3）满分20分，考试时间20min。

4）正确使用工具和器具。

5）遵守配件涂装的有关规程。

（4）按照工艺规程进行导风板工件的面漆喷涂　考核要求如下：

1）调漆正确。

2）施工方法合理，涂层无缺陷，漆膜总厚度在100~140μm。

3）工具清洗及时。

4）满分30分，考试时间25min。

5）正确使用工具和器具。

6）遵守配件涂装的有关规程。

12.3　受电弓工件的涂装

（1）按照工艺要求进行受电弓工件的前处理　考核要求如下：

1）无油污，无锈迹，去焊渣、焊瘤，去灰尘、水分，屏蔽彻底等。

2）满分20分，考试时间30min。

3）正确使用工具和器具。

4）遵守配件涂装前处理的有关规程。

（2）按照工艺规程进行受电弓工件的底漆喷涂　考核要求如下：

1）调漆正确。

2）施工方法合理，涂层无缺陷，漆膜厚度在30~60μm。

3）工具清洗及时。

4）满分20分，考试时间30min。

5）正确使用工具和器具。

6）遵守配件涂装的有关规程。

（3）按照工艺规程进行受电弓工件的腻子找补　考核要求如下：

1）腻子调配、使用正确，按要求进行打磨施工。

2）施工方法合理，腻子层无缺陷。

3）满分20分，考试时间60min。

4）正确使用工具和器具。

5）遵守配件涂装的有关规程。

（4）按照工艺规程进行受电弓工件的面漆喷涂　考核要求如下：

1）调漆正确。

2）施工方法合理，涂层无缺陷，漆膜总厚度在60~120μm。

3）工具清洗及时。

4）满分 30 分，考试时间 60min。

5）正确使用工具和器具。

6）遵守配件涂装的有关规程。

12.4 电气屏柜工件的涂装

（1）按照工艺要求进行电气屏柜工件的前处理　考核要求如下：

1）无油污，无锈迹，去焊渣、焊瘤，去灰尘、水分，屏蔽彻底等。

2）满分 20 分，考试时间 45min。

3）正确使用工具和器具。

4）遵守配件涂装前处理的有关规程。

（2）按照工艺规程进行电气屏柜工件的底漆喷涂　考核要求如下：

1）调漆正确。

2）施工方法合理，涂层无缺陷，漆膜厚度在 $90\sim140\mu m$。

3）工具清洗及时。

4）满分 20 分，考试时间 30min。

5）正确使用工具和器具。

6）遵守配件涂装的有关规程。

（3）按照工艺规程进行电气屏柜工件的腻子找补　考核要求如下：

1）腻子调配、使用正确，按要求进行打磨施工。

2）施工方法合理，腻子层无缺陷。

3）满分 20 分，考试时间 30min。

4）正确使用工具和器具。

5）遵守配件涂装的有关规程。

（4）按照工艺规程进行电气屏柜工件的喷涂面漆　考核要求如下：

1）调漆正确。

2）施工方法合理，涂层无缺陷，漆膜厚度在 $60\sim100\mu m$。

3）工具清洗及时。

4）满分 30 分，考试时间 30min。

5）正确使用工具和器具。

6）遵守配件涂装的有关规程。

12.5 木器工件涂装及现场问答

1. 考核内容

漆合板表面刷涂清漆的考核要求如下：

1) 腻子调配、使用正确，按要求进行打磨施工，调漆正确。

2) 施工方法合理，涂层无缺陷。

3) 漆膜总厚度在 $80 \sim 100 \mu m$。

4) 工具清洗及时。

5) 满分50分，考试时间120min（含烘烤时间）。

6) 正确使用工具和器具。

7) 遵守配件涂装的有关规程。

2. 现场问答内容

试题1　根据木器工件的特点所采取的干燥方式有哪些？

参考答案：由于木器工件的多孔性，易于吸水和排水，具有干缩湿胀的特点，易造成涂膜发生起泡、开裂、脱落和回黏等现象，所以新木器工件需要干燥到适当程度（一般水分含量在 $8\% \sim 12\%$）时才能涂漆。木器工件的干燥方式一般是自然晾干和低温烘干两种。

试题2　什么是涂料的流平性？

参考答案：涂料的流平性是指涂料适应涂刷的能力。涂料涂刷在物体表面上成膜时，通过液体的表面张力，涂痕印逐渐消失而形成无刷痕的涂层。涂料的档次越高，其流平性越好，刷痕印越小。

12.6 钢铁工件涂装及现场问答

1. 考核内容

（1）按照工艺要求进行排障器钢板工件的前处理　考核要求如下：

1) 无油污，无锈迹，去焊渣、焊瘤，去灰尘、水分，屏蔽彻底等。

2) 满分30分，考试时间20min。

3) 正确使用工具和器具。

4) 遵守配件涂装前处理的有关规程。

（2）按照工艺规程进行排障器钢板工件的底漆喷涂　考核要求如下：

1) 调漆正确。

2) 施工方法合理，涂层无缺陷，漆膜厚度在 $60 \sim 80 \mu m$。

3) 工具清洗及时。

4) 满分30分，考试时间25min。

5) 正确使用工具和器具。

6) 遵守配件涂装的有关规程。

2. 现场问答内容

试题1　简述涂料的特殊功能。

参考答案：涂料有耐高温、耐低温、伪装、示温、防毒、防振、防污、抗红外线辐射、防燃烧、密封、绝缘、导电、抗气流冲刷等多种多样的特殊功能。

试题2　简述涂料的经济性。

参考答案：由于产品涂装对涂料的性能要求不一样，被选用涂料的经济性也就不一样。在选择涂料时，要根据产品涂装的质量要求，能用低档涂料的就不用高档涂料，能采用单一涂层或底层、面层的，就可以省去底层、中间涂层，这关系着产品涂装全过程的经济效益。

试题答案

10 基础知识类试题

10.1 初级工试题

一、选择题

1. A	2. C	3. A	4. C	5. C	6. D	7. C	8. C	9. D	10. A
11. B	12. C	13. B	14. D	15. D	16. C	17. B	18. B	19. B	20. C
21. C	22. D	23. A	24. A	25. A	26. D	27. A	28. B	29. C	30. B
31. A	32. B	33. C	34. D	35. C	36. B	37. A	38. B	39. C	40. A
41. A	42. C	43. A	44. A	45. A	46. D	47. B	48. C	49. B	50. C
51. B	52. B	53. B	54. D	55. B	56. B	57. A	58. C	59. A	60. C
61. A	62. B	63. B	64. D	65. C	66. B	67. C	68. B	69. C	70. B
71. D	72. C	73. D	74. C	75. C	76. C	77. C	78. B	79. D	80. B
81. C	82. D	83. A	84. C	85. B	86. C	87. B	88. A	89. B	90. A
91. B	92. A	93. D	94. B	95. A	96. B	97. B	98. A	99. B	100. D

二、判断题

1. ×	2. ×	3. ×	4. √	5. √	6. ×	7. √	8. ×	9. ×	10. ×
11. √	12. ×	13. √	14. √	15. √	16. ×	17. √	18. ×	19. ×	20. ×
21. ×	22. √	23. √	24. ×	25. ×	26. √	27. ×	28. ×	29. ×	30. ×
31. √	32. ×	33. ×	34. √	35. √	36. ×	37. ×	38. √	39. ×	40. √
41. ×	42. ×	43. ×	44. √	45. √	46. ×	47. ×	48. ×	49. √	50. ×
51. √	52. √	53. ×	54. √	55. √	56. √	57. √	58. ×	59. ×	60. √
61. ×	62. √	63. ×	64. √	65. ×	66. √	67. ×	68. √	69. √	70. √
71. √	72. ×	73. ×	74. ×	75. √	76. √	77. √	78. √	79. ×	80. ×
81. ×	82. √	83. ×	84. √	85. √	86. √	87. √	88. √	89. ×	90. √
91. √	92. ×	93. ×	94. ×	95. √	96. ×	97. ×	98. ×	99. √	100. √

三、填空题

1. 涂装工艺　2. 机械处理法　3. 擦洗　4. 浸渍法　5. 浸渍法　6. 碱性清洗剂　7. 有机溶剂　8. 碱液的浓度　9. 中性清洗剂　10. 金属　11. 低碳醇　12. 金属氧化物　13. 化学法　14. 喷砂　15. 酸洗　16. 阳极　17. 无机　18. 将酸加入水中　19. 热水冲洗　20. 防腐性能　21. 基体金属　22. 氧化剂　23. 促进剂　24. 干燥　25. 同时　26. 涂层　27. 硫酸铜点滴　28. 有色金属　29. 表面性能　30. 化学氧化　31. 酸洗　32. 阳极氧化膜　33. 光化处理　34. 机械抛光　35. 碱性溶液　36. 铬酸　37. 封闭或填充　38. 工序　39. 铬酸　40. 易燃　41. 粉末喷涂　42. 底层　43. 结合力　44. 自然　45. 涂层　46. 缺陷　47. 25mm　48. 低沸点　49. 吸上式　50. 粗糙度　51. 阴极电泳　52. 刷涂　53. 油分离器　54. 手工　55. 热塑性　56. 装饰　57. 排污　58. 槽子　59. 浸漆槽　60. 不规则　61. 机械辊涂机　62. 漆刷　63. 硬　64. 颜色　65. 缺陷　66. 满刮　67. 干　68. 酸洗　69. 底漆　70. 防锈　71. 面漆　72. 干燥　73. 粉末　74. 比例　75. 配料　76. 失光　77. 5~35℃　78. 先进先出　79. 质量　80. 透明　81. 针孔　82. 起泡　83. 拉丝　84. 阴阳面　85. 不盖底　86. 返铜光　87. 横放　88. 下沉　89. 粗化　90. 脱落　91. 呼吸　92. 物理性　93. 霜露　94. 表面预处理　95. 底漆　96. 底层和面层　97. 配套使用　98. 调配　99. 底层涂料　100. 电磁波

四、简答题

1. 答：油漆统称涂料，分为有机涂料和无机涂料，习惯仍称为油漆。

2. 答：乳胶是由乳液聚合制得，作为油漆基料的主要成分的合成树脂，是稳定水的分散体。

3. 答：热塑性树脂是指在特定的温度范围内，能多次反复加热软化、冷却硬化，而性质无明显变化的一类树脂。

4. 答：酚醛树脂是指由醛类与苯酚、苯酚的同系物或由醛类与苯酚的同系物、衍生物缩聚制得的树脂。

5. 答：表面粗糙度是指表面微观不平度高度的算术平均值。

6. 答：附着力是指涂膜对底材表面物理和化学结合力的总和。

7. 答：纤维素是由许多失水的葡萄糖所组成的天然有机高分子多糖，为高等植物细胞壁中的主要成分。

8. 答：清漆是以干性油、半干性油或其他混合物经热炼加工后，加入催干剂制得的液体。

9. 答：防锈颜料指是具有物理性防锈和化学性防锈的材料。

10. 答：原色是指任何颜色相混调也调不出的颜色。

11. 答：催干剂是加速油漆干燥的材料，大多数催干剂来源于金属氧化物及其盐类。

12. 答：主要成膜物是组成油漆的基础，它使油漆黏附在物体表面，成为漆膜主要物质。

13. 答：次要成膜物是组成油漆的一部分，它本身不能构成漆膜，但可以使漆膜性能有所改进，使油漆品种有所增多。

14. 答：辅助成膜物是不参加成膜的，只是在油漆变成漆膜的过程中，对漆膜的性能起一些辅助作用。

15. 答：底漆是物面的第一层油漆涂膜。

16. 答：面漆是指底漆或中间层表面处理干净后，所涂刷的最后表面油漆。

17. 答：磁漆是指以树脂作为主要成分的油漆。

18. 答：油性漆是指以油料作为主要成分的油漆。

19. 答：无溶剂油漆是指不含有发挥性有机溶剂的油漆。

20. 答：粉末涂料是指不含有有机溶剂的粉末状涂料。

21. 答：空气喷涂是指利用压缩空气将油漆雾化，并射向物体表面进行涂装的方法。

22. 答：涂装是指将油漆（涂料）涂于物体表面，形成防护、装饰或特殊功能的过程。

23. 答：自动喷涂是指利用电气、机械原理（机械手或机械人等）自动控制喷涂的过程。

24. 答：浸涂是指先将工件浸入油漆中，再取出除去过量油漆的涂装方法。

25. 答：施工黏度是指适合于某种施工方法的油漆黏度。

26. 答：氧化聚合干燥是指湿涂膜与空气中的氧气发生氧化聚合反应，进行干燥和固化的过程。

27. 答：油漆施工中的三废是指废水、废气、废渣。

28. 答：醇酸树脂是由多元醇、多元酸和其他单元酸通过酯化缩合而成的长链状树脂。

29. 答：环氧酯是由环氧脂树脂的环氧基及羟基，与脂肪酸发生酯化反应制得的树脂。

30. 答：聚乙烯醇树脂是聚醋酸乙烯的醇溶液碱解制得的热塑性树脂。

31. 答：石油沥青是指由石油蒸馏过程的残余物制得的沥青。

32. 答：硝化纤维是指由木材、麻类、植物茎和棉花等制成纤维素后，经过硝化后制得的物质。

33. 答：酯类是指由醇和酸类反应后的产物。

34. 答：复色是指两间色与其他色相混调或三原色之间以不等量混调而成的颜色。

35. 答：消光剂是指加入油漆中，能够减弱漆膜表面反光能力并成为很弱或无光泽的表面的物质。

36. 答：无苯溶剂（稀释剂）是指含苯量不超过 1% 的稀释剂。

37. 答：脱漆剂是指能使旧漆膜溶胀、溶解并从底材表面脱除的液体或膏状物。

38. 答：烤漆是指在一定的温度、时间内烘烤成膜的油漆。

39. 答：光固化油漆是指用光能引发而干燥成膜的油漆。

40. 答：高固体分是指油漆中含有固体分（不挥发物）的重量超过 50% 的油漆。

41. 答：稀释比是指油漆原液调配到某一种施工黏度，所需要的油漆原液与稀释液的比例。

42. 答：热喷涂是指利用加热使油漆黏度降低，以达到喷涂需要的黏度进行喷涂的方法。

43. 答：高压无气喷涂是指利用动力使涂料增压，迅速膨胀而达到雾化的涂装方法。

44. 答：酸洗是指利用酸液洗去基底表面锈蚀物和轧制氧化皮的过程。

45. 答：磷化是指利用含磷酸或磷酸盐的溶液在基底金属表面形成一种不溶性磷酸盐膜的过程。

46. 答：pH 值表示溶液的酸、碱浓度。

47. 答：遮盖力是指单位重量的油漆遮盖物面的能力。

48. 答：耐蚀性是指涂膜抗腐蚀破坏作用的能力。

49. 答：相对湿度是指空气在一定温度下的潮湿程度，以%来表示。

50. 答：客车基本标志是指用汉字拼音来表示客车名称的种类。

51. 答：在原色和复色中加一定量白色或黑色可使原色和复色的色相变浅或变深，调成多种色相的浅色或深色，这种白色或黑色称为消色。

52. 答：油漆涂膜从液态变化到表面形成薄而软的不黏滞膜称为表干。

53. 答：流平剂通过降低涂膜表面张力、改善流动方式获得良好的涂膜外观，部分特殊的助剂同时能提供滑爽、增硬、抗划伤、防粘连的效果。

54. 答：带锈底漆是指直接涂刷或喷涂在带有锈的金属表面的防锈底漆。

55. 答：化学腐蚀是指金属与干燥空气、二氧化碳等非电解质接触而发生化学反应产生的腐蚀。

56. 答：使液体中物质聚集在一起的过程称为凝聚。

57. 答：利用酸、胺、过氧化物等物质与合成树脂反应制得的物质称为固化剂。

58. 答：使金属底材表面产生钝态的过程称为钝化。

59. 答：利用高速磨料的射流冲击作用，清理和粗化底材表面的过程叫作喷射处理。

60. 答：由天然橡胶或合成橡胶经氯化作用制得的衍生物叫作氯化橡胶。

61. 答：聚酯树脂是由多元酸和多元醇缩聚制得的一类合成树脂。按其结构分为饱和与不饱和聚酯树脂。

62. 答：聚氨酯树脂是指含有异氰酸基的化合物与含有羟基等的化合物进行反应而生成的聚合物。

五、综合题

1. 答：涂装生产中的废水既有来自水溶性涂装处理产生的废水，也有来自溶剂型涂料施工时排放的清洗水。例如在电泳涂装时，被涂物需要大量的水冲洗才能除掉附着在其上的沉渣、浮沫和电泳涂料，这些水需要不断更新。有机溶剂型涂料在施工过程中，为了减少空气污染，而将废弃的涂料、施工时的漆雾和溶剂雾等夹带到水中成为有机物污染源。

2. 答：涂装前表面除锈时常用到硫酸、硝酸和盐酸，以它们为主配制成酸溶液，再加入缓蚀剂或乳化剂等。在除锈或脱脂时，还会产生大量的冲洗水，冲洗水中也含有有毒物质，pH 值呈强酸性，这些废水都对水质和生物有极大危害。

3. 答：在手工空气喷涂时，将有大量的过喷漆雾和大量的有机溶剂，这些有机物中含有甲苯、二甲苯、酯类、酮类、醇类等的混合溶剂及涂料颗粒，毒性很大，当这些物质被吸入人体后，将危害人的呼吸器官、神经系统和造血系统。涂料中的金属干料、树脂、无机颜料等对人体也有严重的危害。此外，它们对大气、生物和环境也将带来严重的危害。

4. 答：天然大漆俗称国漆、大漆，是我国特产之一。从漆树上采割下来的大漆为乳白色胶状液体，接触空气后发生氧化作用，白色逐渐转变为褐色、紫红色至深褐色。大漆主要的化学成分是漆酚、漆酶、树胶质、油和水等。大漆能溶解于酒精、石油醚、三氯甲烷、甲醇、丙酮、四氯化碳、二甲苯、汽油等多种有机溶剂中，但不溶于水。大漆中含有的漆酚量在 30%~70%，其含量越高漆质越好。大漆具有的独特优点是耐水、耐酸、耐溶剂、耐油、光泽都优于其他漆种。它的缺点是不耐碱及强氧化剂，漆膜干燥条件苛刻、时间长，毒性大，施工过程中容易引起部分人员的皮肤过敏性皮炎、奇痒，严重者发生红疹、红块、溃烂等皮肤病。大漆的干燥温度为 150℃ 左右，稀释剂有汽油、松节油、二甲苯、苯等，其中汽油为常用，用量一般为大漆量的 30% 左右。

5. 答：聚氨酯油漆的基本成分为异氰酸酯。异氰酸酯常分为两类：芳香族异氰酸酯，如甲苯二异氰酸酯（TDI）、二苯基甲烷二异氰酸酯（MDI）、多苯基甲烷多异氰酸酯（PAPI）等；脂肪酸族异氰酯，如六亚甲基二异氰酸酯（HDI）、二聚酸二异氰酸酯（DDI）、环己烷二异氰酸酯等。

6. 答：颜料使油漆具有一定的颜色，并起到增加涂层厚度及遮盖力、表面装饰、特殊标志等作用。颜料还能在涂层中起到防锈、防腐、耐磨、热耐、耐冲击、耐各种化学药品的侵蚀等作用。

7. 答：油漆辅助材料的型号分为两部分：第一部分是辅助材料的种类，用汉语拼音字母表示；第二部分是序号，用阿拉伯数字表示。

8. 答：因为现在绝大多数的油漆都由化学物质组成，其组成部分都具有一系列的化学性质。性能不同的油漆混合在一起就会发生一系列的化学反应，产生各种弊病。因此，在选择油漆时一定要考虑它的配套性。

9. 答：油漆生产的一般程序是配方设计、配方流程工艺、按投料工艺流程进行生产。

10. 答：混合干燥是指利用热辐射等组合作用干燥和固化湿涂膜的方法。

11. 答：油漆的干燥应严格遵守油漆本身规定的干燥温度和干燥时间。

12. 答：选择油漆时，应考虑被涂物面的使用环境条件、各被涂物的材质、涂料涂装特点、涂装前的表面处理方法、油漆干燥方法、油漆配套性、经济效果等有关因素。

13. 答：醇酸树脂类油漆原材料来源广泛、价格低、品种种类多、性能多种多样、可供选择使用的范围大、与其他类油漆配套性好，是合成树脂油漆中的重要类型，施工简便，适合大、中、小工件、设备。所以，它是用量最大的油漆。

14. 答：常用的醇酸树脂磁漆溶剂由 200 号溶剂汽油（50%）和二甲苯（50%）配制而成。

15. 答：油漆辅助材料有催干剂、固化剂、抗结皮剂、防霉剂、消光剂、紫外线吸收剂等。

16. 答：丙烯酸树脂油漆有自干性和烘干性两种。漆膜干燥后，涂膜色彩鲜艳、光泽饱满、保光性强，并且耐久、抗紫外线的照射，尤其具有耐油、耐水、耐化学药品、硬度高、力学性能良好的优点。

17. 答：机车、车辆工业对使用油漆的要求是要有良好的防腐性、耐候性、耐冲击性、耐磨性、耐洗涤性、耐化学药品性、耐油性、装饰性。

18. 答：机车、车辆工业常用的腻子有酯胶腻子、酚醛腻子、醇酸腻子和环氧酯腻子、不饱和聚酯腻子等。

19. 答：防锈漆的主要作用是，防止金属表面生锈，特别是钢铁表面，涂刷防锈漆后使金属表面与大气隔绝。另外，在防锈漆内有防锈剂、缓蚀剂等，可使金属产生钝化，阻止外来有害介质与金属发生化学或电化学反应。

20. 答：油漆刷涂法是我国传统涂装方法。它的主要优点是：适用范围广泛、无需任何专业设备、操作简便、节约用料。它的缺点是劳动强度大、生产力低、漆膜表面刷纹较多、厚薄不均匀。

21. 答：目前机车、车辆工厂常用的涂装方法有刷涂、喷涂、浸涂、淋涂、高压无气喷涂和静电喷涂等数种。

22. 答：漆膜失光的原因有：工作物表面粗糙或表面处理不干净；天气冷、气温低、干燥慢；稀释剂加入过多，冲淡光泽度。具体处理办法是：加强工作物表面处理；提高施工场地温度，适当加入催干剂；保持油漆黏度〔涂-4黏度杯涂刷黏度 30~35s，喷涂黏度 25s 左右，室温 25℃，湿度（65±5）%〕。

23. 答：各色氨基烘漆施工工艺过程为三个阶段：第一阶段，底面处理。银白色金属表面除锈，涂刮腻子使表面平整光洁，放至 100~120℃烤箱内烘烤 1h 后，打磨修补。第二阶段，施工准备。测定油漆黏度，调整喷枪装置后试喷（一般黏度为涂-4杯 30~40s 室温 25℃左右）。第三阶段，烘烤施工。喷涂油漆后，正常温度下静置 15min，放入 60℃烘箱内烘烤 30min，升温到 100~120℃，保持 1~1.5h，取出自干 10~20min，检查质量。

24. 答：漆刷有圆形、扁形、歪脖形等三种，常用规格有 20mm、25mm、40mm、45mm、65mm、70mm 和 100mm 等数种。

25. 答：压缩空气喷枪空气喷嘴位置不同，有垂直的扁形射流、圆形射流、水平的扁形射流三种射流形状。

26. 答：有手工除锈法、机械除锈法和化学除锈法三种除锈方法。

27. 答：货车在厂、段修理时，车体及车底架上的旧油漆膜有剥离或腐蚀的地方，应首先清除锈垢、旧漆膜及油污、烟尘等污物，然后用钢丝刷对原锈层除锈，表面处理干净后，涂刷一道磁化铁防锈底漆，干后再喷黑色酚醛或醇酸调合漆一道，干燥后涂打车辆标志。

28. 答：油漆在施工中常见的病态有漆膜发白（泛白）、浮色、发酵、渗色、慢干、回粘、结皮、咬底、表面粗糙、起皱、流挂、针孔、发汗、倒光和露底等不良病态。

29. 答：油漆储存中产生浑浊的原因有三点：温度太低，水分过多；溶剂选择不当，稀释剂过多；漆质不良，性质不稳定。具体处理方法也有三点：保持漆库的温度在 18~25℃；不得加入强溶剂；加强油漆的配套性，禁止使用不同性质的油漆。

30. 答：闪点也叫作闪光点或燃点，燃烧物刚刚燃起一刹那的闪光称为闪点。

10.2 中级工试题

一、选择题

1. B	2. D	3. C	4. A	5. B	6. B	7. B	8. C	9. A	10. C
11. D	12. B	13. B	14. C	15. B	16. B	17. A	18. C	19. D	20. B
21. C	22. B	23. C	24. B	25. D	26. B	27. A	28. C	29. B	30. C
31. D	32. A	33. B	34. B	35. B	36. B	37. C	38. C	39. B	40. A
41. C	42. D	43. C	44. C	45. B	46. A	47. B	48. B	49. C	50. C
51. C	52. B	53. A	54. D	55. B	56. B	57. B	58. B	59. C	60. C
61. C	62. B	63. C	64. B	65. C	66. D	67. D	68. B	69. C	70. C
71. D	72. B	73. C	74. C	75. D	76. B	77. A	78. C	79. B	80. C
81. B	82. B	83. C	84. C	85. C	86. A	87. D	88. A	89. B	90. C
91. B	92. D	93. B	94. B	95. C	96. C	97. C	98. C	99. D	100. A

二、判断题

1. ×	2. ×	3. ×	4. √	5. ×	6. ×	7. √	8. ×	9. √	10. ×
11. √	12. ×	13. √	14. ×	15. ×	16. ×	17. √	18. √	19. ×	20. ×
21. √	22. √	23. ×	24. √	25. ×	26. ×	27. ×	28. √	29. ×	30. ×
31. √	32. √	33. √	34. ×	35. ×	36. √	37. ×	38. √	39. ×	40. ×
41. √	42. √	43. √	44. √	45. ×	46. ×	47. √	48. √	49. √	50. √
51. √	52. √	53. ×	54. ×	55. ×	56. ×	57. √	58. ×	59. ×	60. √
61. √	62. ×	63. √	64. √	65. √	66. ×	67. √	68. ×	69. ×	70. √
71. ×	72. √	73. √	74. ×	75. √	76. √	77. √	78. √	79. √	80. √
81. ×	82. ×	83. √	84. √	85. √	86. ×	87. ×	88. √	89. √	90. √
91. ×	92. √	93. ×	94. √	95. √	96. ×	97. ×	98. √	99. √	100. √
101. ×	102. √	103. ×	104. √	105. √	106. √	107. ×	108. √	109. ×	110. √
111. √	112. √	113. √	114. √	115. ×	116. √	117. ×	118. ×	119. √	120. √
121. ×	122. √	123. ×	124. ×	125. √	126. ×	127. ×	128. √	129. √	130. ×
131. √	132. ×	133. √	134. √	135. √	136. √	137. ×	138. √	139. √	140. ×
141. √	142. ×	143. ×	144. ×	145. √	146. √	147. √	148. √	149. ×	150. √

151. √ 152. × 153. √ 154. √ 155. × 156. √ 157. √ 158. √

三、填空题

1. 汉语拼音　2. 两位数字　3. 辅助　4. 主要　5. 电化学腐蚀　6. 化学　7. 合成　8. 热固性　9. 辅助材料　10. 粉末涂料　11. 表面干燥　12. 体质颜料　13. 惰性　14. 涂层　15. 化学处理法　16. 蒸气　17. 喷射法　18. 汉语拼音　19. 22　20. 轻工用　21. 1∶2　22. 保护　23. 30　24. 抹油　25. 低黏　26. 水砂纸　27. 手柄　28. 喷头　29. 光泽　30. 除油　31. PQ-1 型　32. 磁化铁　33. 加色法　34. 表干　35. 废水　36. 铸铁　37. 类型　38. B　39. 中油度　40. 100℃　41. 无机颜料　42. 任何颜色　43. 铝粉　44. 中绿色油漆　45. 碱土金属盐类　46. S-1 级　47. 冷磷化　48. 粒胶　49. 透明度高　50. 严禁　51. 阻止　52. 干燥温度　53. 坚硬　54. 成分　55. 金属　56. 喷嘴　57. 高压　58. 10　59. 底面处理　60. 电泳　61. 静电效应　62. 浓度　63. 100　64. 紫　65. 高效率　66. 刮涂　67. 酸液　68. C　69. 爆炸品专用　70. 二氧化碳　71. 622～770　72. 容器不封闭或漏气　73. 底面不干净　74. 水源　75. 金属盐类　76. 恶心　77. 热固型　78. 基本名称　79. 水溶　80. 附着力　81. 干性　82. 成膜　83. 干燥快　84. 锈　85. 浸渍　86. 湿热　87. 电解质　88. 露点　89. 装饰　90. 附着力　91. 肥皂和甘油　92. 非皂化油　93. 动物油和植物油　94. 碱洗　95. 表面活性剂　96. 乳化剂　97. 离子乳化剂　98. 水包油型　99. 金属氧化物　100. 氧化物

四、简答题

1. 答：涂-4 黏度计是一个用金属制成支架，圆锥形的容量为 100mL 的容器，其最底部有圆形漏嘴，一般同秒表配合使用。

2. 答：表面活性剂是指在物体的分界面上，具有活化性能的物质。

3. 答：金属与液态的酸、碱、盐以及水、潮湿空气等电解质接触产生化学反应引起的腐蚀称为电化学腐蚀。

4. 答：酸洗磷化一步法是指采用酸洗、磷化液除去钢材表面的氧化皮、铁锈的磷化作用，这两种不同的处理过程，合并一槽溶液内进行。

5. 答：油脂与碱类起化学反应而分解成能溶解于水的脂肪酸盐类，这种反应过程称为皂化反应。

6. 答：萜烯溶剂是一种植物性溶剂，如松节油、松油、樟脑油等。

7. 答：电解质被电流分解的现象称为电解。

8. 答：远红外是一种电磁波，波长大于 $2.5\mu m$。

9. 答：金属进入电解质溶液中，会形成双电层使金属与溶液之间产生电位差，这种电位差称为电极电位。

10. 答：利用催化剂使湿涂膜的树脂聚合进行干燥和固化的过程称为催化聚合干燥。

11. 答：湿碰湿是指在一道未干燥固化的涂膜上，涂覆下一道涂膜，并且最后一起干燥固化的涂装方法。

12. 答：气温降低到露点以下，水蒸气凝结成露，在这种情况下所产生的腐蚀称为露点腐蚀。

13. 答：噪声是指超出正常的响声，使人烦躁。

14. 答：涂装环境是指涂装温度、湿度、采光、空气清洁度、防火防爆等环境条件的总称。

15. 答：泛黄是指涂膜尤其是白色涂膜或清漆涂膜在老化过程中颜色变黄的现象。

16. 答：加速老化是指模拟并强化自然户外气候对试件破坏作用的一种实验室试验，又叫作人工老化试验，即将试件暴露于人工产生的自然气候成分中进行的实验室试验。

17. 答：做工的技术水平称为工艺，参与产品人员必须遵守的原则统称工艺守则。

18. 答：酸的通性主要有：酸能跟碱等指示剂起反应；酸能跟活泼金属起反应，生成盐和氢气；酸能跟某些金属氧化物反应，生成盐和水；酸能跟某些盐反应，生成另一种酸和另一种盐；酸能跟碱发生中和反应，生成盐和水。

19. 答：碳酸钠（Na_2CO_3）俗名纯碱或苏打，碳酸氢钠（$NaHCO_3$）俗名小苏打，它们在化学性质上有很多相同之处。它们的不同点是：碳酸钠很稳定，受热没有变化；碳酸氢钠不很稳定，受热容易分解，放出 CO_2，其化学反应方程式为 $2NaHCO_3 = Na_2CO_3 + H_2O + CO_2$。

20. 答：从化学方程式 $CuO + H_2 = Cu + H_2O$ 可见，在此反应中，Cu 的化合价降低被还原，得到电子，为氧化剂；H 的化合价升高，失去电子，被氧化，为还原剂。

21. 答：苯的化学式为 C_6H_6。苯环上碳与碳间的键是一种介于单键和双键之间的独特的键。因此苯的结构式表示为〈○〉。苯的化学反应有如下几类：

1）取代反应：可以与卤素发生取代反应，还能与硝酸、硫酸发生化学反应。

2）加成反应：在一定温度和催化剂条件下，苯与氢发生加成反应。

3）苯与氧发生化学反应：苯在空气里燃烧生成二氧化碳和水。

22. 答：丙三醇俗称甘油。它的用途广泛，大量用来制造硝化甘油，还能用来制造油墨、印泥、日用化工产品（如牙膏、香脂等），也用于加工皮革、汽车防冻液、润滑剂等。

23. 答：铝是一种比较活泼的金属，纯铝在常温下的干燥空气中比较稳定，这是因为铝在空气中与氧发生作用，在铝表面生成一层薄而致密的氧化膜，其厚度为 $0.01 \sim 0.015 \mu m$，起到了保护作用。若在铝中加入 Mg、Cu、Zn 等元素制成铝合金后，虽然机械强度提高了，但耐蚀性能却下降了。这时可根据铝合金的使用环境要求，经过表面预处理（因为铝及其合金表面光滑，涂膜附着不牢。经过化学转化膜处理后，可以提高表面与涂层间的结合力）后再涂装所需要的涂料即可予以保护。

24. 答：木制品的表面预处理方法常用的有以下几种：干燥、去毛刺、去松脂、去污物、漂白。其中，干燥包括自然干燥和在低温烘房、火炕中加热干燥；去毛刺包括砂磨法、火燎法；去松脂常用碱洗法和溶剂洗法；去污物可以采用砂磨法、溶剂清洗法、擦净法等；漂白常用氧化分解漂白、气体漂白、脱脂漂白和草酸漂白。

25. 答：由于大多数塑料的极性小、结晶度大、表面张力低、润湿性差、表面光滑，所以对涂膜的附着力小。表面处理的目的是，通过一系列物理的或化学的方法，提高涂料对塑料表面的附着力，以减少塑料涂膜上的各种缺陷。

26. 答：塑料制品涂装前化学处理，就是通过适当的化学物质，例如酸碱、氧化剂、溶剂、聚合物单体等对塑料表面进行处理，使其氧化产生活性基团，或有选择性地除去表面低分子成分、非晶态成分，使塑料表面粗化、多孔，以增加涂料在塑料表面上的附着力。

27. 答：锌及其合金在正常的条件下不易被腐蚀，但若有酸、碱或电解盐的存在则很快被腐蚀。这是因为锌及其合金表面平滑，涂膜不易附着。经过表面处理后可使锌及其合金表面粗糙，并形成一层能防止锌及其合金与涂料反应的保护膜，可使涂膜与锌及其合金表面结合牢固，从而提高锌及其合金的耐腐蚀性。

28. 答：由胺或酰胺与醛缩聚，并经过醇类醚化制得的一类合成树脂称为氨基树脂。

29. 答：硝基漆的优点有：涂膜干燥快，施工后10min即可干燥；坚硬耐磨，干后有足够的机械强度和耐久性，可以打蜡上光，便于修整，光泽好。它的缺点有：固体分含量低，干燥后涂膜薄，需要多道涂装，一般需要3~5道，高档产品要求更多道数涂装；施工时有大量溶剂挥发，对环境污染严重；涂膜易发白，在潮湿条件下施工尤其明显。

30. 答：丙烯酸树脂涂料具有突出的、优良的附着力、耐候性、保光保色性，涂膜色彩鲜艳、丰满、耐久、耐汽油、抗腐蚀性，具有"三防"性能，能自干或烘干。有溶剂型液态、固态粉末（热塑型和热固型）等配套品种。

31. 答：环氧树脂涂料最突出的性能是附着力强，耐化学腐蚀性好，并且具有较好的涂膜保色性、热稳定性和绝缘性。但户外耐候性差，涂膜易粉化、失光，丰满度不好，故不宜作为高质量的户外用漆和高级装饰用漆。

32. 答：组成涂料的树脂的特性有：多数树脂不溶于水，可溶于有机溶剂，如醇、酯、酮等；一般树脂都是高分子化合物，高聚物相对分子质量大，不易挥发，不能蒸馏；树脂具有高分子小链的柔韧性和良好的机械强度，并具有弹性；树脂分子中的原子彼此以共价键结合，不产生电离，因此具有良好的绝缘性能；树脂为不完全结晶，其结晶度（结晶区域所占的体积分数）越大，机械强度及熔点越高，溶解与溶胀的趋势越小。

33. 答：物品除污除了机械作用外，同时还有表面活性剂的润湿、乳化、增溶和分散等多种复杂的综合作用。当将被污染的物品浸在含有表面活性剂的洗涤液中时，由于表面活性剂具有双亲基团的作用，即吸附在油污和水的界面上，这样就减弱了污垢在物品上的附着力，再加上机械搅拌的作用，污垢就能从物品上脱落。同时由于表面活性剂具有乳化、润湿、增溶、分散等作用，从而使油污不再附着在物品上而被除去。

34. 答：表面活性剂的用途有三个方面：第一，表面活性剂自身或与碱液混合作为涂装前表面脱脂剂。第二，在涂装前的酸洗除锈液中添加少量的表面活性剂，可以缩短酸洗时间，提高酸洗质量。第三，表面活性剂可用于部分塑件的涂装前表面处理，可以改善塑料表面的润湿性，从而提高塑料件涂膜的附着力。

35. 答：由于产品涂装对涂料的性能要求不一样，被选用涂料的经济性也就不一样。在选择涂料时，首先要根据产品涂装的质量要求，能用低档涂料的就不用高档涂料，能采用单一涂层或底层、面层的，就可以省去底层、中间涂层。这关系着产品涂装全过程的经济效益。

36. 答：各种波长不同的色光照射在物体上，物体反射出来的色光的波长也不相同，人眼所见的颜色是一定波长范围内的色光所能呈现的颜色。例如将两种不同颜色的光照射在同一点上，则反射回来的色光刺激人们的眼睛，人眼可见到的这种可见光的颜色比单一色的可见光的色彩更明亮。这种以颜色相加而获取更多不同明度的混合色彩的方法称为加色法配色。

37. 答：在配色过程中，根据涂料与涂装的使用要求需要加入催干剂、固化剂、防霉剂等辅助材料或添加定量清漆。因为配色时使用原色涂料与颜料色浆使黏度增大，需要加入稀释剂，使之互溶，但应注意加入配套品种，加入量应以少为佳。催干剂、固化剂等要按适宜比例加入。

38. 答：溶剂选用原则有：①极性相近原则，即极性相近的物质可以互溶。例如，无极性的非晶态的天然橡胶和丁苯橡胶能溶于苯、甲苯、环己烷、石油醚等非极性溶剂中，聚甲基丙烯酸甲酯能溶于丙酮而不能溶于苯。②溶剂化原则。溶剂化是指高分子链段和溶剂分子间的作用力，它能使溶剂将高分子链段分开，从而使高聚物溶解。③结构相似原则，即根据被溶漆基的结构选择含有相似基团结构的溶剂。

39. 答：混合溶剂的优点有：能取长补短，弥补一种溶剂单独使用时的不足；能够提高多种树脂配合时的互溶性和涂料储存时的稳定性；能提高溶解能力并获得均一的挥发速度；能降低溶剂的价格，节省价格较贵的真溶剂。

40. 答：静电喷涂的主要设备有高压静电发生器、静电喷枪、供漆系统、传递装置、静电喷漆室和烘干炉等。

41. 答：手提式静电喷枪由枪体、高压放电针、喷嘴、电极扳机、高压电缆和接头等组成。手提式静电喷枪的类型有外接高压静电发生器的普通静电喷枪和高压静电发生器安装在枪体内的静电喷枪。

42. 答：粉末喷涂的优点有：无溶剂，固体分为100%，可减少环境污染，改善了施工条件；一次喷涂涂膜厚度可达 $50 \sim 300 \mu m$，可简化施工工艺，缩短生产周期，降低生产成本，提高工作效率，保证涂层质量，避免厚涂层易出现的流挂、堆积、气孔等缺陷的产生；涂料损失少，固体粉末回收率可达90%。

43. 答：粉末回收装置的结构形式有：振荡布袋式粉末二级回收装置、旋风式布袋粉末回收装置、脉冲袋式滤布粉末回收装置、双旋风布袋式二级粉末回收装置、静电式粉末回收装置和袋式滤布粉末过滤循环回收装置。

44. 答：电泳涂装设备主要由电泳槽、搅拌装置、涂料过滤装置、温度调节装置、涂料补加装置、直流电源、电泳后冲洗系统、超滤装置和备用槽等组成。

45. 答：涂料的干燥方式有自然干燥、加速干燥、烘烤干燥及照射固化4种。

46. 答：烘干室的热传递有4种形式：吸风口→燃烧室→过滤器→风机→送风口；吸风

口→过滤器→燃烧室→风机→送风口；吸风口→风机→加热器→过滤器→送风口；吸风口→风机→过滤器→加热器→送风口。

47. 答：开桶后涂料呈上下分层的明显沉淀状态。产生原因是：涂料组分中有的颜料密度过大，储存过期，包装桶破损等。防治方法是：若为不过期的涂料，应加入足够量的配套溶剂进行充分搅拌和过滤，调制涂料时再进行充分搅拌，稀释剂不可加入太多；若为储存保管过期产生沉淀，经化验判断其是否符合出厂质量标准后决定使用或予以报废。

48. 答：油漆及溶剂易引起燃烧的原因是油漆及溶剂中含有低燃点的有机物，其性质属于易燃、易爆。

49. 答：由乙烯单体聚合或共聚制得的一类热塑性合成树脂称为乙烯树脂。

50. 答：聚酯树脂漆有饱和聚酯漆和不饱和聚酯漆两种类型，有液态的聚酯漆和聚酯粉末涂料。

51. 答：按油漆溶剂的组成和来源不同可分为萜烯溶剂类、石油溶剂类、煤焦油溶剂类、酯类、氯化物、硝基化合物、醚类和酮类等几类。

52. 答：环氧树脂漆类形成漆膜后，涂膜坚硬耐磨、力学性能高、柔韧性好，能耐水抗热，并且有良好的附着力、极强的绝缘性和抗潮性。所以，它是一类较好的防腐油漆。

53. 答：油漆施工方法有涂刷法、喷涂法、浸漆法、辊漆法、电泳法和静电喷涂法等。

54. 答：空气喷涂法适用于各种不同的材质、形态大小的产品涂装，能满足各种涂层的要求，适宜大、中、小批量涂装的生产。

55. 答：电泳涂装的化学过程包括电泳、电沉积、电渗、电解4个反应过程。

56. 答：由各种丙烯酸酯和甲基丙烯酸（酯）单体聚合或共聚制得的一类合成树脂称为丙烯酸酯树脂。

57. 答：静电喷涂的雾化通常有空气式雾化和旋杯式雾化两种方式。

58. 答：机械除锈方法有喷砂（干砂和湿砂）、喷丸、抛丸等。干砂吸入式喷砂适用于小零件；压力式喷砂适用于大中型零件；喷丸、抛丸适用于钢铁板材、型钢及大中型零件。

59. 答：由于受到介质的作用不同，金属腐蚀分为化学腐蚀和电化学腐蚀两种类型。

60. 答：沥青防腐涂料色泽纯正，施工简便，干燥成膜后，有优良的耐酸、耐碱等化学性能，并有较高的耐蚀性、电绝缘性，耐油、耐水、耐久性都比一般涂料要好，漆膜表面丰满，还可起到隔声、减振等作用。

61. 答：新造机车喷涂阻尼浆的部位有：车体内部间隔内表面、车顶内表面、司机室、车架盖板表面；顶盖内表面；燃油箱膨胀水箱表面；柴油发电机下部油槽；车体其余各室，车架上盖板等。

62. 答：装载过轻油（汽油、煤油）的罐车，一般没有油污要清洗，只要机械鼓风20～30min 排除油气或直接酸洗除锈；装载过柴油、润滑油、变压器油等的罐车的罐体，采用高压热水清洗数次除锈。

63. 答：铁道车辆上的主要标志有路徽、车种车号（包括型号和号码）、制造厂名及制造日期的标牌，定期修理日期及处所的标记，车辆的自重、载重、定员、全长、换长（容积）等标志，配属局、段的简称。

64. 答：甲醇的化学分子式为 CH_3OH；丙酮的化学分子式为 CH_3COCH_3。

65. 答：三酸分子式：硝酸，HNO_3；硫酸，H_2SO_4；盐酸，HCl。三碱的分子式：氢氧化钠，$NaOH$；氢氧化钾，KOH；氢氧化钙，$Ca(OH)_2$。

66. 答：铁红粉，Fe_2O_3；铬绿粉，Cr_2O_3；钴兰粉，$CoAl_3O_4$

67. 答：中铬黄颜料的化学分子式为 $PbCrO_4$。

五、综合题

1. 答：含铬废水是指含有重铬酸盐的废水。其治理方法主要是采用氧化还原法中的加药治理方法。这种方法是在含铬废水中加入亚硫酸盐、二氧化硫、亚硫酸钠作为氧化还原剂，使废水中的六价铬变为三价铬，然后进一步通过曝光装置和氧化作用，使金属物质氧化成其他物质，也可采用离子交换法或电解法治理含铬废水。

2. 答：1）简明易懂，避免重复，形式内容按实际需要确定。

2）要考虑品种的特征、油漆性质、价格成本和厂/段修的具体条件。

3）必须保证涂装质量、油漆品种、颜色标准、使用年限，要达到厂/段修规定标准的要求。

4）必须认真总结长期生产实践、科技经验和革新成果。

5）工艺文件编制人签字，车间或技术室主任批准执行，重大关键工序和属于较大项目的必须经总工程师批准执行。

6）文件中应编制出检查范围和质量标准。

7）工艺文件的修改，必须按原工艺审批手续办理，作废时使用单位提出报告。

3. 答：流挂的产生原因有：所用溶剂挥发过慢或与涂料不配套；涂膜过厚；喷涂操作不当，如喷枪用力过大、喷涂距离过近、角度不当；涂料黏度过低；涂料中含有密度较大的颜料；在光滑的涂层上涂布新涂料，也容易产生流挂；施工环境温度过低，或周围空气中蒸汽含量过高。

防治方法是：正确使用溶剂，注意溶剂的溶解能力和挥发速度；提高喷涂操作的熟练程度，喷涂应均匀，涂层一次不宜过厚，一般以 $20\sim25\mu m$ 为宜，可采用"湿碰湿"工艺；严格控制涂料的施工黏度和环境温度；加强换气，环境温度应保持在15℃以上；调整涂料配方，添加阻流剂或选用触变性涂料；在旧涂层上涂装新漆时需经打磨。

4. 答：电泳颗粒是指在电泳涂膜烘干后的表面上存在的肉眼可见的较硬颗粒现象。防治方法是：加强电泳槽液的循环和过滤；提高电泳后冲洗水的清洁度，尽量降低电泳后冲洗水中的固体分含量；保持烘干室密封良好，确保清洁无尘；保持涂装环境清洁，防止工序间工件受到污染；加强涂装前预处理，将工件表面的焊渣、颗粒、磷化渣等彻底清理干净。

5. 答：油脂漆主要有清油、厚漆、油性调合漆和油性防锈漆四大类。清油可单独用于物体表面涂覆，作为防水、防腐和防锈之用，也可用于调制厚漆和红丹防锈漆。厚漆一般用于要求不高的建筑物或水管接头处的涂覆，也可作为木质物件打底之用。油性调合漆则用于室内外一般金属、木质物件以及建筑物表面的保护和装饰。油性防锈漆有红丹、硼砂、锌灰、铁红等不同的防锈颜料漆之分，主要用于不同的钢铁表面作防锈打底之用。

6. 答：大白粉（俗称老粉），$CaCO_3$；云母粉，$K_2O \cdot 3Al_2O_3 \cdot 6SiO_2 \cdot 2H_2O$；石棉粉，$3MgO \cdot 2SiO_2 \cdot 2H_2O$；滑石粉，$4MgO \cdot 4SiO_2 \cdot H_2O$；石膏粉，$CaSO_4$。

7. 答：淋涂法的优点是：用漆量少，能得到比较厚而且均匀的涂膜，适用于不能浸涂的中空容器或形状复杂的、浸涂容易产气泡的被涂物的涂装，既适用于大型物件的涂装，又适用于小型物件的涂装。

8. 答：辊涂法的主要优点是：可以采用较高粒度的涂料，涂膜较厚，节省稀释剂，涂膜质量较好，有利于自动化流水线生产，生产效率高，可减轻劳动强度，特别适用于大批量、大面积平板件的涂装。

9. 答：常用的刮涂工具有腻子刀（又称为铲刀）、牛角刮刀（又称为牛角翘）、钢板刮刀、橡胶刮板（又称为橡皮刮刀）、硬塑刮板、嵌刀、腻子盘和托腻子板等。

10. 答：重力式喷枪的优点是：涂料能从涂料罐中完全流出，涂料喷出量要比吸上式喷枪大。其缺点是：加满涂料后喷枪的重心在上，故手感较重，喷枪有翻转趋势。这种喷枪所需的压缩空气的压力较低，适用于小面积的精细操作。

11. 答：一般空气喷涂时的枪件距离应控制在 $180 \sim 300mm$。手工喷涂时，枪件间的距离的合理控制与操作者个人操作技术水平、熟练程度等有很大关系。若枪件间的距离过远，涂膜表面薄膜不均匀、粗糙，甚至出现漏涂；若枪件间的距离过近，容易产生流挂、起皱、厚度不均匀等。

12. 答：高压空气喷涂适用于喷涂以下高固体分涂料：环氧树脂类、硝基类、醇酸树脂类、过氯乙烯树脂类、氨基醇酸树脂类、环氧沥青类、乳胶涂料合成树脂漆、热塑性和热固性丙烯酸树脂类等涂料。

13. 答：高压空气喷涂的涂装效率可为普通空气喷涂的 3 倍以上，涂料和溶剂可节省 $5\% \sim 25\%$（质量分数），涂着效率达 70%，涂膜附着力好，喷涂时的漆雾少，适用于涂料黏度大、固体分含量高的涂料施工。

14. 答：高压空气喷枪由枪身、喷嘴、连接部件组成。它不需要使用压缩空气作动力，而是将涂料加压到一定的压力，直接通过喷枪将涂料雾化喷涂到被涂物的表面上。对于高压空气喷枪，要求其密封性好、不泄漏涂料，要求喷枪能耐一定压力，一般用钢材或铝合金制成，喷枪应轻巧、灵活、操作方便。

15. 答：涂装过程中常见的涂膜缺陷有：流挂、颗粒、露底、盖底不良、起皱、咬底、起泡、白化、发白、发花、浮色、渗色、变色、失光、发汗、过烘干、烘干不良、未干透、针孔、缩孔、抽缩、陷穴、凹坑、桔皮、拉丝、打磨缺陷、刷痕、辊筒痕、丰满度不良、缩边、漆雾、吸收、掉色、遮盖、接触痕迹、腻子残痕和色差等。

16. 答：使用过程中产生的涂膜损坏类型有：起泡、黏污、斑点、剥落、裂纹、粉化、生锈、回粘、褪色、返铜光、变色、溶解和划伤等。

17. 答：电泳涂装过程中产生的涂膜缺陷有：颗粒、针孔、缩孔、涂膜过厚、涂膜过薄、涂层再溶解、涂膜粗糙、变色、泳透力低、橘皮、附着异常和水迹等。

18. 答：防止流挂产生的措施是：提高喷涂操作的熟练程度，喷涂应均匀，一次不宜喷涂过厚，一般应控制在20μm左右。如果需要一次喷涂30~40μm厚的涂膜，则应采用湿碰湿工艺（适用于热固性涂料），或选用高固体分涂料以及超高速悬杯式静电喷涂机等新材料和新装备。

19. 答：涂膜颗粒缺陷有如下几种：由混入涂料中的异物或涂料变质而引起的涂膜颗粒；由金属闪光涂料中的铝粉在涂膜表面造成的金属颗粒；在涂装时或刚涂装完的湿涂膜表面上附着的灰尘或异物颗粒。

20. 答：防止涂膜起皱的方法有：①在底层干透后再涂面层，按工艺规定调制涂料的施工黏度，控制好涂膜厚度，不应超过规定值；②严格执行晾干和烘干的工艺规范，不得任意改变涂装工艺规定的烘干时间和烘干温度，采用合理的对流循环干燥方式；③涂装前在涂料中加入一定比例的相适应的催干剂或少量硅油等，并适当地采用防皱剂。

21. 答：涂膜发花产生的原因有：①涂料中的颜料分散得不均匀或两种以上色漆混合时搅拌不充分，混合得不均匀；②所用溶剂的溶剂力不足或涂料黏度不当；③涂膜过厚，使得涂膜中的颜料产生里表对流。

22. 答：防止涂膜产生缩孔的方法有：选用流平性好、释放性好、对缩孔敏感性小的涂料；涂装所用的各种设备和工具，绝对不能带有对涂料有害的异物，特别是硅油；确保涂装环境清洁，空气中应不含灰尘、漆雾、油雾等，并应确保压缩空气清洁、无油、无水；在擦净后的被涂物表面上，严禁裸手、脏手套、脏擦布接触，以防污染。

23. 答：涂膜粉化产生的原因有：在大气腐蚀、阳光暴晒的情况下，涂膜发生老化，使树脂被破坏，颜料露出造成粉化；所用涂料的耐候性差，造成粉化。防治方法是：加强涂膜的维护保养，若涂膜破坏严重，应及时进行新的涂漆；选择耐候性、保光性好的涂料，切勿将室内用的涂料用于户外涂装。

24. 解：已知白色醇酸磁漆与绿色醇酸磁漆比例为4:2，6.5kg/(4+2) = 6.5kg÷6 ≈ 1.1kg;1.1×4 = 4.4kg（白色醇酸磁漆）；1.1×2 = 2.2kg（绿色醇酸磁漆）。

25. 解：已知每千克绿色醇酸磁漆能涂刷25m², 则实际使用油漆量=需要涂刷面积/每千克能涂刷的面积=150m²/25（m²/kg）= 6kg。

26. 解：已知每千克磁化铁酚醛防锈底漆能涂20m², 则实际使用油漆量=需要涂刷面积/每千克能涂刷的面积=150m²/20（m²/kg）= 7.5kg。

27. 解：已知每公斤硝基清漆能涂刷22m², 按计算公式：实际计算油漆量=需要涂刷面积/每千克能涂刷面积=180m²/22（m²/kg）≈8.18kg。

28. 解：已知油漆的密度为1.107g/cm³, 则漆膜厚度 = （油漆实际消耗量×固体含量）/

（油漆密度×涂刷面积）＝（300×53.1%）g/（1.107×3.045）（g/μm）＝47.3μm。

10.3 高级工试题

一、选择题

1. C	2. D	3. D	4. A	5. A	6. C	7. D	8. C	9. B	10. A
11. B	12. C	13. A	14. C	15. D	16. C	17. B	18. D	19. A	20. C
21. B	22. A	23. C	24. D	25. B	26. A	27. B	28. C	29. D	30. A
31. B	32. A	33. B	34. D	35. C	36. A	37. A	38. C	39. B	40. C
41. B	42. D	43. B	44. D	45. D	46. A	47. C	48. C	49. B	50. D
51. B	52. D	53. C	54. A	55. B	56. A	57. A	58. A	59. D	60. A
61. B	62. D	63. B	64. D	65. C	66. A	67. B	68. A	69. A	70. C
71. C	72. C	73. A	74. C	75. C	76. C	77. B	78. D	79. D	80. D
81. C	82. C	83. C	84. A	85. A	86. C	87. B	88. B	89. A	90. D
91. C	92. C	93. D	94. C	95. A					

二、判断题

1. √	2. ×	3. ×	4. ×	5. ×	6. √	7. √	8. ×	9. √	10. ×
11. √	12. √	13. ×	14. √	15. √	16. ×	17. √	18. ×	19. √	20. √
21. √	22. ×	23. √	24. ×	25. ×	26. √	27. ×	28. √	29. ×	30. √
31. ×	32. √	33. ×	34. ×	35. √	36. √	37. ×	38. ×	39. √	40. √
41. ×	42. √	43. √	44. √	45. √	46. ×	47. √	48. √	49. √	50. √
51. √	52. ×	53. √	54. ×	55. √	56. ×	57. √	58. √	59. √	60. ×
61. √	62. √	63. √	64. ×	65. √	66. √	67. √	68. √	69. ×	70. √
71. √	72. √	73. ×	74. ×	75. √	76. ×	77. ×	78. √	79. √	80. ×
81. ×	82. ×	83. ×	84. √	85. √	86. ×	87. ×	88. ×	89. √	90. √
91. ×	92. √	93. √	94. ×	95. ×	96. √	97. √	98. √	99. ×	100. √
101. √	102. ×	103. ×	104. √	105. ×	106. ×	107. ×	108. √	109. ×	110. √
111. √	112. ×	113. √	114. ×	115. √	116. √	117. ×	118. √	119. √	120. ×
121. ×	122. ×	123. √	124. √	125. √	126. √	127. √	128. ×	129. √	130. √
131. ×	132. ×	133. √	134. √	135. ×	136. √	137. ×	138. √	139. √	140. √
141. ×	142. √	143. ×	144. ×	145. ×	146. ×	147. √	148. √	149. ×	150. ×
151. √	152. ×	153. ×	154. √	155. √	156. √	157. √	158. √	159. √	160. ×
161. ×	162. √	163. ×	164. ×	165. ×	166. √	167. ×	168. ×	169. √	170. √
171. √	172. √	173. √	174. ×	175. ×	176. √	177. √	178. √	179. √	180. ×

三、填空题

1. 成膜物质　2. 基本名称　3. 序号　4. 17　5. 辅助材料　6. 主要成膜物质　7. 涂料涂装　8. 化学腐蚀　9. 物理　10. 喷粉枪　11. 紫　12. 保护木器　13. HgS　14. 良好的绝缘性　15. 皱纹漆　16. 缓蚀作用　17. 吸水膨胀　18. 乳胶漆　19. 划格法　20. 有色彩21. 侧墙　22. 有机颜料　23. 潮湿泛白　24. 镉黄　25. 棉球法　26. 40μm　27. 分散和附着　28. 622～770nm　29. 铁兰　30. 100　31. 漆膜流平性好　32. 覆盖漆　33. 纯苯34. 700　35. $PbCrO_4$　36. 电解　37. 正楷字　38. 非离子表面活性剂　39. 酸　40. 35～40.5℃　41. 表面干燥　42. 流出法　43. 高装饰性　44. 成分　45. ZnS　46. 低沸点　47. 颜色　48. 高压法　49. 字体结构　50. 压痕　51. 红　52. 0.2～0.3　53. 基底　54. 钝态55. 固体分　56. 100　57. 低电压高气压　58. 辐射热量　59. 压缩空气　60. 感光　61. 辉光放电　62. 阴极脱脂　63. 活性游离基　64. 热变形　65. 聚乙烯　66. 两　67. 高压水68. 高压水　69. 附着力　70. 淋涂　71. 超滤膜　72. 绝缘　73. 高压静电　74. 加热器75. 小　76. 高　77. 脉冲电流　78. 高　79. 喷枪　80. 带电　81. 性能　82. 流平性83. 类别　84. 120～180目　85. 光谱　86. 深浅不同的颜色　87. 光源　88. 色立体89. 颜色　90. 遮盖力　91. 任何颜色　92. 紫色　93. 补色　94. 复色　95. 消色　96. 主要依据　97. 先调小样　98. 着色颜料　99. 浅黄　100. 铁青蓝

四、简答题

1. 答：颜料的主要性能包括：颜色、着色力、遮盖力、分散度、耐光性和耐候性。

2. 答：常用美术型油漆有皱纹漆、锤纹漆、桔纹漆、透明漆、金属闪光漆、花纹漆、美术型粉末涂料等不同类型和品种。

3. 答：颜料颜色的鲜艳度主要决定于颜料颗粒的分布均匀度。颜料颗粒大小比较均匀、整齐，色泽就比较鲜艳；颜料颗粒太小或太大，都会降低颜料的光学效应。

4. 答：锌黄防锈底漆的防锈能力，主要是锌黄中的铬酸锌和钢铁结合，生成铬酸铁，覆盖在钢铁表面，使钢铁的化学性能变得迟缓，不能产生化学锈蚀。其反应式为 $3ZnCrO_4 + 2Fe \rightarrow Fe_2(CrO_4)_3 + 3Zn$。此外，锌的电极电位比铁高，对铁来说它是正极。因此，它也保护钢铁使之不被锈蚀。

5. 答：一般粗的着色颜料的直径为 0.1～1μm，细的为 0.01～0.2μm。一般粗的体质颜料的直径为 2～30μm，细的为 1～5μm。

6. 答：体质颜料的主要作用有：增加颜料的体积比；为底漆增加表面粗糙度；改善油漆涂刷性能；控制油漆的黏度；减少油漆的光泽；改进油漆中颜料的悬浮性；降低经济成本。

7. 答：催干剂应控制下列几个方面：颜色（金属皂和金属皂液的颜色都应检查）；外观（观察是否含有杂质）；含水量（检查结晶水或混入的水）；溶解情况（按比例溶于油中，或观察溶液的透明度）；纯度（分析金属含量）；催干能力。

8. 答：油漆工业使用的 8 个色系是：1）红色系，如大红、铁红、酞菁红；2）紫红系（紫是原色，不是以兰+红），如甲基胺紫、酞菁紫；3）黄色系，如浅、中、深铬黄，深、浅沙黄，深、浅镉黄；4）蓝色系，如铁蓝、酞菁蓝；5）白色系，如锌钡白、钛白；6）黑色系，如硬质炭黑、软质炭黑、色素炭黑、松烟；7）绿色系，如酞菁绿、氧化铬绿；8）橙色系，如铝铬橙。以上 8 大色系相互调配，可以产生以千万计的不同颜色的复色。

9. 答：酚醛磁漆是以酚醛树脂及干性油制成的油基漆料，加入颜料和少量体质颜料经研制而成的，由于使用颜料的色彩不同，而制成各色磁漆。其组成材料有松香改性酚醛树脂、甘油松香脂、钙脂、桐油、松香酸铅皂、亚麻厚油、松香水。配方说明：树脂：油 = 1：2.4，桐油：亚麻油 = 3：1，黏度（涂-4 杯）为 130~180s，固体分含量为 56%。

10. 答：绝缘漆根据用途分为 4 种类型：漆包线漆、浸渍漆（浸渍电线、电器、电机线圈等）、覆盖漆（用于涂刷电机线圈、电工器材表面）、胶粘漆（用于粘接各种绝缘材料）。

11. 答：涂膜基于三个方面的作用，才能达到保护的目的。1）屏蔽作用：涂膜作为屏障将金属与外界环境隔离，阻滞腐蚀介质对金属的作用。2）缓蚀作用：借油漆内部的化学组分与金属反应，使金属表面纯化或形成保护膜，阻止外界介质渗透到内部引起腐蚀。3）电化学作用：油漆组分中某种金属及其氧化物、盐类（如锌）对主体金属钢铁表面能起到牺牲阳极的保护作用。

12. 答：在选择喷枪时，除了工作条件以外，主要是从喷枪本身的大小和重量、涂料供给方式和喷枪喷嘴的口径 3 个方面加以考虑。

13. 答：选择油漆喷涂黏度时，要根据油漆的类型、材质、被涂物的形态、难易情况进行选择，一般在常温条件下（25℃）底漆黏度在 18~20s，面漆黏度在 20~28s（涂-4 杯）。黏度配好之后，宜用 120~180 目铜丝网过滤。

14. 答：机车车架油漆涂装工艺是：干燥机车构架表面处理（除锈、除油、除污）→喷涂铁红醇酸防锈底漆→喷灰醇酸磁漆。

15. 答：机车燃油箱油漆涂装工艺是：燃油箱表面处理（除锈、除油、除污）→喷涂铁红醇酸防锈底漆（如需涂刷阻尼浆者，再涂刷阻尼浆）、干燥→整个燃油箱的外表面喷涂灰色醇酸磁漆、干燥。

16. 答：普通铁路客车包括硬卧车、硬座车、行李车、餐车等常用车辆，其外墙板油漆涂装工艺是：抛丸除锈→清砂→涂第一道防锈底漆、待干→喷涂二道防锈底漆、待干→涂刮一道腻子、待干、铲棱→涂刮二道腻子、待干、铲棱→涂刮三道和四道腻子、待干、打磨→挤稀腻子、待干、打磨→湿碰湿喷涂二道面漆、待干→喷涂腰带及各种标记。

17. 答：电力机车外墙板油漆涂装工艺是：抛丸除锈→涂装防锈底漆、干燥→涂刮一道腻子、干燥、铲棱→涂刮二道腻子、干燥、铲棱→涂刮三道和四道腻子、打磨→喷涂中间层油漆→找补腻子、打磨→喷涂一道面漆→喷涂各色油漆→喷涂各种标记。

18. 答：货车厂、段修涂装技术要求如下：1）车体及底架露出、油漆脱落时，应刮除锈皮，涂刷面漆。保温车底架及转向架必须除锈。水泥车入孔口、卸货口附近，保温车底架均须涂防锈漆，后涂面漆。保温车转向架必须涂清油。2）棚车新换的外层木板，门板栒樺必须刷清油，新换单层侧、端木板枘榫处，必须涂刷熟桐油，或以其他相似油料代用。3）新换侧、端、门、顶板的外侧或守车、保温车内侧墙、顶板、桌、椅子、门、窗及框等，应按原色涂漆，棚车内侧墙、顶板可不涂漆。4）新造车或厂修后第二个段修时，保温车车体外部按原色漆涂刷一道。

19. 答：油漆附着力测定方法有划格法、划叉法、拉拔法。

20. 答：油漆字体形式有四种：1）正楷字：常见字体，特点是单画有细、有粗，起落笔有顿挫。2）老仿宋体：特点是正方字，单画是横细有粗。3）黑体字：特点是方头粗体，笔画一致。4）宋体：特点是笔画粗细一致，起落笔均有笔触，表现出笔力。

21. 答：油画是具有极强表现力的一种绘画艺术，要求具备足够的素描基础和对色彩的充分认识才能画好油画。1）工具的选择：笔、画板、画布、调色油。2）先画好素描，再上油彩，油彩以淡为主，逐步加深，画时起落笔要沉着，用色必须有一定的厚度，切勿来回拖动，一笔之中有软、硬、轻、重的变化。

22. 答：废水中含有酸、碱、金属盐、重金属离子等物质。

23. 答：金属腐蚀有内部和外部原因，但主要是内部原因起作用。

内部原因主要有：金属较活泼，电极电位较负；有氧化膜的金属，氧化膜脱落；金属化学成分不均匀；金属表面物理状态不均匀。

外部原因主要有：湿度较大，金属表面形成水膜产生腐蚀；金属表面受空气中污染物的腐蚀；四季、早晚等温度变化引起腐蚀；受化学品的腐蚀；生产加工中的污染腐蚀。

24. 答：在接近地面的土壤中，通常存在着各种可溶性的电解质，还有有轨电车的钢轨和电气设备、无线电、收发报机、电视天线等设备的接地线，都可能把电流带到土壤中，使埋在土壤中的金属管道或其他金属物成为电极，它们的阳极区会被杂散电流腐蚀，称为电蚀。

25. 答：在某些情况下，即使没有水分存在金属的腐蚀也会发生，特别是高温情况下，腐蚀是很严重的。没有水分参加反应而发生的金属腐蚀现象称为干蚀。

26. 答：作为牺牲阳极的材料要能满足如下要求：阳极的电位要足够的负，即驱动电位要大；在整个使用过程中，阳极极化要小，表面不产生高电阻，并保持相当的活性；阳极要有较高的电化当量，即单位质量发生的电量要大；阳极自溶量要小，电流效率要高；材料来源丰富，便于加工。

27. 答：物体呈现的颜色大体上可分为两种情况：一种是光在物体表面产生干涉现象而呈现的颜色，例如水面上的油花、肥皂泡等，用这种方法产生颜色既不方便又不易控制；另一种是物体对光有选择性地吸收、反射、透射而产生颜色。

28. 答：影响物体颜色的因素有光源、光源照度、环境色、视距远近、物体大小、物体表面状态。

29. 答：孟塞尔表色法是美国色彩学家和美术教育家孟塞尔在1905年创立的，是用一个三维空间类似球体的模型，把各种颜色的三属性——色相、明度和纯度全部表示出来。在模型中的每一部位代表一个特定颜色，并给出一定符号。

30. 答：美术涂装的技术特点有：高装饰性；涂装前表面预处理要求严格；涂装环境要求高；具有一定的保护性；可实现机械化、自动化的流水生产。

31. 答：涂料的适用性特别强，既能对金属材料及其制品进行涂装，又可对合金制品及非金属材料，例如橡胶、陶瓷、皮革、塑料、木材等的表面进行涂装，而且不受产品的形状、大小、轻重等条件的限制和影响。

32. 答：涂料有耐高温、耐低温、伪装、示温、防毒、防振、防污、抗红外线辐射、防燃烧、密封、绝缘、导电、抗气流冲刷等多种多样的特殊功能。

33. 答：高分子合成树脂包括醇酸树脂类、氨基树脂类、硝基类、纤维素类、过氯乙烯树脂类、乙烯树脂类、丙烯酸树脂类、聚酯树脂类、环氧树脂类、聚氨酯树酯类、有机硅树脂类、橡胶类和其他类，共13类。

34. 答：酚醛树脂类涂料是以酚醛树脂和改性酚醛树脂为主要成膜物质，加入桐油和其他干性油经混炼后，再加入颜料、催干剂、有机溶剂和其他辅助材料混合调制而成的一类涂料。

35. 答：醇酸树脂类涂料的优点是干燥成膜后涂膜柔韧、光亮、附着力好、耐摩擦，不易老化，同时耐久、耐候性好。经烘烤后，涂膜的耐水性、耐油性、绝缘性、耐候性以及硬度、柔韧性都有明显提高。

36. 答：纤维素类涂料的优点是涂膜干燥速度快，硬度高，坚韧耐磨，耐水、耐久、耐候性良好，具有一定的保光保色性，易于修补和保养，不易变色泛黄。其缺点是涂料中固体分含量低，施工时需涂多道，溶剂挥发大并有一定毒性。

37. 答：聚乙烯醇缩醛树脂类涂料的特点是具有其他乙烯树脂类涂料少有的附着力、柔韧性、耐热性和耐光性，涂膜硬度高、透明性好、耐寒、绝缘性好、有较强的黏结性、力学性能好。

38. 答：热塑性丙烯酸涂料是以热塑性丙烯酸树脂为主并加入增韧剂而制成的一种涂料，靠溶剂挥发而干燥，属于高档涂料。其特点是常温下干燥较快，保光、保色、耐候性好。

39. 答：环氧树脂类涂料具有独特的附着力强和耐化学腐蚀的优良性能，特别是对金属表面的附着力更强，还具有极佳的耐水、耐酸碱性，优良的电绝缘性，涂膜坚硬耐磨、柔韧性好。

40. 答：橡胶类涂料有由天然橡胶衍生物经氯化而得的氯化橡胶涂料和由合成橡胶调制而成的氯丁橡胶涂料两个主要品种。

41. 答：磷化处理法是把金属表面清洗干净，在特定的条件下，让其与含磷酸二氢盐的酸性溶液接触，进行化学反应生成一层稳定的不溶的磷酸盐保护膜层的一种表面化学处理方法。

42. 答：磷酸锌皮膜的质量由结晶的形状、膜厚及孔隙率决定。对于孔隙率一定的柱状结晶，皮膜越厚其质量越大，但皮膜厚度一定时，孔隙率较小的柱状结晶比孔隙率较大的柱状结晶的皮膜质量大。

43. 答：影响磷化效果的主要因素有：磷化工艺参数；磷化设备和工艺管理因素；促进剂因素；被处理钢材表面的状态等。

44. 答：电泳涂装法是以水溶性涂料和去离子水（或蒸馏水）为稀释溶剂，调配成槽液，将导电的被涂物浸渍在槽液中作为阳极（或阴极），另在槽液中设置与其相对应的阴极（或阳极），在两极间通以一定时间的直流电，在被涂物表面上即可沉淀一定厚度、均一、不溶于水的涂膜的一种涂装方法。然后再经烘干，最终形成附着力强、硬度高、有一定光泽、耐蚀性强的致密涂膜。

45. 答：电泳涂装过程伴随着电解、电泳、电沉积、电渗 4 种电化学物理现象。

46. 答：电泳涂装设备包括电泳槽、储槽、槽液循环过滤系统、超滤（UF）系统、制冷系统、直流电源和供电系统、涂料补给系统、电泳后冲洗装置、电气控制柜、电泳涂装室、电极和极液循环系统以及电泳烘干室、强冷室、纯水设备等。

47. 答：静电喷涂法是以接地的被涂物为阳极，涂料雾化器或电栅为阴极，接上负高压电，在两极间形成高压静电场，阴极产生电晕放电，使喷出的涂料粒子带电，并进一步雾化，按照同性排斥、异性相吸的原理，使带电的涂料粒子在静电场的作用下沿电力线的方向吸往被涂物，放电后黏附在被涂物上，并在被涂物背面的部分表面上靠静电环抱现象也能涂上涂料。

48. 答：工业上常用的电喷枪有离心式静电雾化式喷枪、空气雾化式电喷枪、液压雾化式电喷枪、静电雾化式电喷枪和振荡式静电雾化器。

49. 答：在工业上得到应用的粉末涂装方法有靠熔融附着的熔射法、流化床浸渍法、喷涂法、靠静电引力附着的静电粉末喷涂法、静电流化床浸渍法、静电粉末振荡涂装法、静电粉末雾化法。

50. 答：静电粉末涂装设备主要包括粉末涂装室、供粉装置、粉末回收装置、粉末静电喷涂工具、高压静电发生器等部分。

51. 答：涂料由液态（或粉末态）变为固态，在被涂物表面上形成薄膜的过程称为涂料的成膜过程。液态涂料靠溶剂的挥发、氧化、缩合、聚合等物理或化学作用成膜。粉末涂料靠熔融、缩合、聚合等物理或化学作用成膜。在成膜中起主导作用的过程，取决于涂料的类型、结构和组分。

52. 答：涂料产品的取样用于检测涂料产品本身以及所制成涂膜的性能。取样是为了得到适宜数量品质一致的测试样品，要求所测试的样品具有足够的代表性。取样工作是检测工作的第一步，非常重要，取样正确与否直接影响到检测结果的准确性。

53. 答：根据现有涂料的品种，可分为 5 个类型：A 型为单一均一液相的流体，如清漆和稀释剂；B 型为 2 个液相组成的流体，如乳液；C 型为 1 个或 2 个液相与 1 个或多个固相一起组成的流体，如色漆和乳胶漆；D 型为黏稠状液体，由 1 个或多个固相带有少量液相所组成，如腻子、原浆涂料和用油或清漆调制的颜色色浆，也包括黏稠的树脂状物质；E 型为粉末状固体，如粉末涂料。

54. 答：涂料产品取样时应注意：1）取样时所用的工具、器皿等均应仔细清洗干净，金属容器内不允许有残留的酸、碱性物质。2）所取的样品数量除足以提供规定的全部试验项目检验用以外，还应有足够的数量做储存试验，以及在日后需要时可对某些性能做重复试验用。3）样品一般应放在清洁、干燥、密闭性好的金属小罐或磨口玻璃瓶内，贴上标签，注明生产批次及取样日期等有关细节，并储存在温度没有较大变动的场所。

55. 答：涂装车间设计时所需原始资料包括自然条件、地方法规、工厂标准、厂房条件、动力能源、工厂状况、产品资料，共7项。

56. 答：在某些情况下，工艺设计师在完成工艺设计、平面设计后，还要编写生产准备用工艺卡（或称涂装工序卡），它比工艺流程表更为详细地说明工序内容、所使用设备和材料的情况、工艺管理要点以及质量检查要求等。它是涂装车间进行生产准备工作的依据。

57. 答：平面布置图应包括平面图、立面图和剖面图。必要时，还要画出涂装车间在总图中的位置。如果一张图不能完全反映布置情况，可用2张或3张图，原则上是使看图人能很容易地了解车间全貌。

58. 答：涂装车间设备管理应注意：关键设备应具有操作规程（起动、转移和关闭等操作顺序及注意事项，技术状态优良的标准等）；各台设备应有专人负责，工长、调整工或操作人员、机动维修人员，都应定期检查设备运转情况，并做好记录；应编制主要关键设备的检修和保养计划，做到定期检修和保养。

59. 答：所谓车间的5S管理是指整理、整顿、清扫、清洁和素养。

整理：是指在生产现场将要与不要的物件分开，去掉不必要的东西。

整顿：是指在生产现场将要的物质定位定量，把杂乱无章的东西收拾得井然有序。

清扫：是把生产现场清扫得干干净净。

清洁：将以上3S实施的做法制度化、规范化，维持其成果。

素养：培养文明礼貌习惯，按规定行事，养成良好的工作习惯。

60. 答：国内外常用的涂装方法有刷涂、浸涂、淋涂、辊涂、刮涂、空气喷涂、高压无气喷涂、电泳涂装、静电喷涂、粉末涂装等。

61. 答：优点是：应用范围广，涂装效率高，涂料利用率高，环境污染小，涂装覆盖率高。缺点是：操作时喷幅和吐出量不能调节，必须更换喷嘴来实现；涂装质量不高，不适用于薄层装饰性涂装。

62. 答：常用的脱脂方法有碱液清洗法、表面活性剂清洗法、有机溶剂清洗法等。其原理是借助溶解力、物理作用力、界面活性力、化学反应力、吸附力等，来清除被涂物上的油污。

63. 答：电泳涂膜干燥性测试要点：将脱脂棉团和纱布团用专用溶剂（甲乙酮或丙酮）浸透，用其在电泳涂膜上用力（约100N）往复摩擦10次；观察涂膜表面状态及棉团或纱布团上是否粘有涂膜的污染物。以涂膜表面不失光、不变色，棉团或纱布团不沾色为合格。

64. 答：黑色金属常用的除锈方法有手工除锈法、机械除锈法（包括借助风动或电动工具除锈）、喷丸或喷砂除锈、抛丸除锈法、高压喷水除锈、化学除锈法（主要是酸洗除锈）。

65. 答：涂层的打磨性是指涂层表面经打磨后，形成平滑无光表面的性能。例如底涂层和腻子膜，经过浮石、砂纸或其他研磨材料打磨后，能得到平滑无光泽的表面的性能。其另一个含义是使涂层能达到同一平滑度时的打磨难易程度。

66. 答：阴极电泳涂装，是将具有导电性的被涂物浸渍在用水稀释的、浓度比较低的电泳涂料槽中作为阴极，在槽中另设置与其相对应的阳极，在两极之间通入一定时间的直流电，在被涂物上即可沉淀出均一、不溶于水的涂膜的一种涂装方法。阴极电泳涂装过程伴随着电解、电泳、电沉积、电渗 4 种电化学物理现象。

67. 答：高固体分涂料基本同于溶剂型涂料，但它们中的树脂含量较高，用于涂装时固体分质量分数可达到 65%~70%，涂装后形成的涂膜厚度有明显提高，一道涂膜厚度可达到 40~60μm。

68. 答：工件涂装后，必须注意涂膜的保养，绝对避免摩擦、撞击以及沾染灰尘、油腻和水迹等。根据涂膜的性质和使用时的气候条件，应在 3~15d 以后方能投入使用。

69. 答：①H 表示氢元素；②2H 表示两个氢原子；③H_2 表示氢气分子；④$2H_2$ 表示两个氢气分子。

五、综合题

1. 答：金属表面脱脂往往采用复合碱配方，碱度表示水中 OH^-、CO_3^{2-}、HCO_3^- 及其他弱酸盐类的总和。因为这些盐类在水中呈碱性，可以用酸中和，统称为碱度。在实际生产中，通常测定的碱度是指总碱度。总碱度的测定方法是：用移液管取 10mL 脱脂工作液置于锥形烧瓶中，加蒸馏水约 20mL，滴入两滴质量分数为 1% 的甲基橙指示剂，以 0.1mol/L 的盐酸（或硫酸）标准溶液滴定至溶液由橙黄色变为橙红色，读取耗用的盐酸（或硫酸）标准溶液的毫升数即为碱度，通常用"点数"表示。

2. 答：用移液管吸取磷化液试样 10mL 置于 250mL 锥形瓶中，加水 100mL 及甲基橙指示剂 3~4 滴，以 0.1mol/L 氢氧化钠标准溶液滴定至橙红色为终点，记录耗用标准溶液毫升数（A）。加入酚酞指示剂 2~3 滴，继续用 0.1mol/L 氢氧化钠标准溶液滴定至溶液由黄色转为淡红色为终点。记录总的耗用标准溶液毫升数（B）（包括 A 毫升在内）。记录所得的 A 值为游离酸度，B 值为总酸度，B：A 为酸比。

3. 答：电泳涂膜再溶性的测定方法如下：按照产品要求的电泳条件对电泳试板进行电泳和水洗，将已水洗过的电泳试板的 1/2 浸泡在搅拌的槽液中，浸泡 10min 后，取出电泳试板，水洗、烘干，目测外观是否有明显差别，测量浸泡与未浸泡的电泳试板涂膜厚度，计算结果。

4. 答：涂料产生沉淀与结块的原因及防治措施如下：①所用颜料或体质颜料因研磨不细、分散不良、密度大等因素促使沉淀与结块产生。对此，可将沉渣研磨和分散后再利用。②因储存时间过长，尤其是长期静放产生沉淀和结块。对此，可以通过缩短储存周期来预防。③因颜料与漆基间产生化学反应，或相互吸附生成固态沉淀物。对此，可以通过选择适当的颜料和漆基、添加防沉淀剂或润湿悬浮剂来防治。

5. 答：阴极电泳涂装的优点有：整个涂装工序可实现全自动化，适用于大批量、流水线的涂装生产。可以得到均一的涂膜厚度。泳透性好，可提高工件的内腔、焊缝、边缘等处的耐蚀性。例如，薄膜电泳涂料涂膜的耐盐雾性在500h以上；厚膜电泳涂料涂膜的耐盐雾性在1000h以上。涂料的利用率高，电泳后可采用VF封闭液水洗回收带出槽的涂料液，涂料的利用率在95%以上。安全性比较高，是低公害涂装。电泳涂膜的外观好，烘干时有较好的展平性。

6. 答：国外从20世纪70年代后期开始应用阴极电泳涂装，到20世纪80年代中期基本上由阳极电泳涂装过渡到阴极电泳涂装。国内应用阴极电泳涂装始于20世纪80年代中期，以汽车行业为龙头，到目前为止汽车行业90%以上使用阴极电泳涂装。在其他行业，例如机械、化工、电器、仪器、仪表等产品的阴极电泳涂装也正在普及和推广，并且正向着中厚涂膜、高抗蚀、低温、节能、少公害方面发展。

7. 答：高红外快速固化技术在涂膜的烘干中应用推广很快，尤其是汽车行业的粉末涂料、水性涂料、中涂涂料、PVC车底涂料及密封胶等涂膜的烘干。目前，在新建的涂装生产线和旧的涂装生产线改造上以及烘干炉的建设和改造上，采用高红外快速固化技术的很多，可实现设备投资、占地面积、装机功率和能耗的大幅度降低，因而提高了生产效率，保证了产品的内在质量。基于上述因素和应用现状，高红外快速固化技术在涂装行业中将有很大的应用价值和发展前途。

8. 答：反渗透技术是利用半透膜（在压力作用下）对溶液中的水和溶质进行分离的一种技术。当不同浓度的溶液被半透膜间隔时，依照自然现象，浓度较低的溶液会往浓度较高的一侧渗透，纯水往盐水方向渗透就是典型的例子。但是如果在盐水的一方施加足够的压力（也即大于渗透压），那么就会产生盐水往纯水方向渗透的反常现象，这种现象称为反渗透。利用这一技术，将溶液进行分离，从而实现了其在涂装行业中应用的价值。

9. 答：已知白色醇酸漆和黑色醇酸漆比例为3∶2，$65kg \div (3+2) = 65kg \div 5 = 13kg$；$13kg \times 3 = 39kg$（白色醇酸漆）；$13kg \times 2 = 26kg$（黑色醇酸漆）。

10. 答：已知每千克铝粉油漆能涂刷$16m^2$，机房内墙板面积＝长×高＝$16m \times 3m = 48m^2$，则实际计算油漆量＝需要涂刷面积/每千克能涂刷的面积＝$48m^2 / (16m^2/kg) = 3kg$。

11. 答：已知每千克各色醇酸漆能涂刷$18m^2$，计算公式为实际计算油漆量＝需要涂刷面积/每千克能涂刷面积。奶白色漆量＝$28m^2 / (18m^2/kg) \approx 1.56kg$；橘红色漆量＝$30m^2 / (18m^2/kg) \approx 1.67kg$；淡灰色漆量＝$50m^2 / (18m^2/kg) \approx 2.78kg$。总共需要醇酸漆6.01kg，其中奶白色漆1.56kg，橘红色漆1.67kg，淡灰色漆2.78kg。

12. 计算公式为实际计算油漆量＝需要涂刷面积/每千克能涂刷的面积，则奶白色漆量＝$120m^2 / (18m^2/kg) \approx 6.7kg$，即需要奶白色醇酸磁漆6.7kg。

13. 答：需要37%的盐酸为83mL。

14. 答：需要灰色醇酸磁漆约1.1kg。

15. 答：需要磁化铁防锈底漆1.5072kg，灰色醇酸磁漆2.512kg。

16. 答：需要锌黄环氧底漆0.675kg，奶黄氨基醇酸磁漆0.9kg。

17. 答：该漆膜厚度为$47.3\mu m$。

18. 答：在氧原子中，其构成微粒有三种：质子、中子和电子。其中，质子带正电，中子不带电，电子带负电。质子带有 8 个单位正电荷，电子带有 8 个单位负电荷。因为它们所带电量（即电荷数）相等，但电性相反，因此不显电性。

19. 答：因为锌和氧气燃烧生成氧化锌，燃烧时并没有计算氧气质量，而氧化锌质量等于氧气和锌质量之和，所以燃烧后生成物增加了。其化学反应方程式为 $2Zn+O_2=2ZnO$。

20. 答：优点：涂料的利用率高，生产效率高，适于大批量流水线生产；可改善作业环境，减少涂装公害。缺点：因静电喷涂法使用高压电，容易产生火花放电引起火灾；因静电屏蔽作用和电场分布不均匀，被涂物凸凹部位涂膜不均匀；对涂料和溶剂有一定的特殊要求。

21. 答：正确选择涂装方法时应考虑的因素有：涂装的目的，涂料的性能，被涂件的材质、形状、大小、表面状况及预处理方法，现有设备工具及需要增添的设备工具，涂料干燥方法，涂装的环境条件，组织管理以及操作人员的技术水平等。综合考虑后选择涂装方法。

22. 答：电泳涂装就是利用外加电场，使悬浮于电泳液中的颜料和树脂等微粒定向迁移并沉积于电极之一的基底表面的涂装方法。根据被涂物的极性和电泳涂料的种类，电泳涂装可分为阳极电泳（被涂物是阳极，涂料是阴离子型）和阴极电泳（被涂物是阴极，涂料是阳离子型）两种涂装法。

23. 答：在被涂物涂装前，为了获得优质的涂膜，应对被涂物表面进行涂装前的准备工作，称为涂装前的表面预处理。表面预处理的目的就是消除被涂物表面上的各种污垢，即对被涂物表面进行各种物理和化学处理，以消除被涂物表面的机械加工缺陷，从而提高涂膜的附着力和耐蚀性。

24. 答：常用的去除旧漆膜的方法有：手工除旧漆法（利用手工工具和材料去除金属表面旧漆膜的过程）、机械除旧漆法（利用风动或电动工具以及喷砂、抛丸、高压水喷洗等方法来去除旧漆膜）、火焰除旧漆法、电热除旧漆法、化学除旧漆法（包括碱液清除法、有机溶剂脱漆法）。

25. 答：刷涂法的优点是：设备与工具简单，操作方便，节省涂料，不受施工场地以及工件形状和大小的限制，适应性强。因此，对涂料而言，除了分散性差的挥发性涂料外，几乎全部涂料均可采用刷涂法施工。它的缺点是：劳动强度大，工作效率低，不能适应机械化流水线生产，刷涂硝基漆等快干型涂料时比较困难，被涂物表面容易出现刷痕等。

26. 答：浸涂法主要用于烘烤型涂料的涂装，但也可用于自干型涂料的涂装，一般不适用于挥发型快干涂料的涂装。浸涂法使用的涂料还应具有不结皮、颜料不沉淀以及不会产生胶化等特点。

27. 答：在电泳涂装过程中，涂膜产生桔皮的原因有：泳涂时工作电压过高；槽液固体分含量高；泳涂时间过长；槽液温度过高。防治方法是：严格在电泳涂料规定的工作电压范围内执行涂装；槽液中的固体分控制在工艺规定范围内；泳涂时间控制在工艺规定范围内，不宜过长；槽液温度过高时应适当降低。

28. 答：涂装作为工业生产中的特殊工种，在生产中需要掌握的安全知识很多。由于涂料产品大多是易燃、易爆、有毒的危险品，因此不论在涂料的储存或使用过程中，都应采取有效措施，切实做到防火、防爆、防毒和个人防护，确保安全生产和工人的健康。

29. 答：高空涂装作业时需要注意的安全事项有：高空作业时要系好安全带，以防跌落；高空作业时所站的脚踏板要有足够的强度和宽度，周围要有 2m 高的围栏或侧板，在脚架下面应安设安全保护网，严禁在同一垂直线的上下场所同时进行作业；高空作业人员应定期检查身体，如患有心脏病、高血压症及癫痫病者，不得参加高空作业；要注意高空作业场所附近的电路，必要时要将电路切断或做绝缘防护。

30. 答：涂膜烘干应严格按照工艺规定的干燥温度和干燥时间进行烘干，防止超温或超时（超温、超时都有可能造成事故）；要求控制炉温的电控装置、仪表及炉内设置的热电偶等要相对准确；烘干炉内的辐射加热元件布置要合理；烘干炉内应设有溶剂排放装置，以防溶剂含量过高时产生爆炸；使用燃油、燃气的烘干炉，应控制好喷油量和燃气量，燃烧装置应设置防爆阀门；电气加热炉的加热器和循环风机要有联锁保护，以防加热器过热烧坏。

31. 答：因为涂装生产所用的涂料和溶剂大多是易燃易爆物质，极易产生火灾。火灾的发生会造成生命和财产的严重损失，严重影响生产的正常进行。所以，从事涂装作业的单位和个人必须注意防火安全。

32. 答：底层涂料的特点是：它与金属等不同材质的被涂件表面直接接触，涂料中应有防锈颜料和抑制性颜料，可起到防锈、钝化作用。此外，它还要对金属及其他材质有很强的附着力，而对上层材料又有优良的结合力。

33. 答：油漆储存一段时间后黏度突然增高的原因有：漆料酸性太高，与碱性颜料化合成盐从而导致漆料变稠；颜料中含有水分等杂质而使漆料变稠；沥青漆全部采用 200 号油漆溶剂油调漆后在储存中也容易变稠；硝基漆因包装桶漏气，溶剂挥发致使油漆变稠；快干氨基漆使用溶剂不当导致油漆变稠。消除方法有：对于油基漆及油性漆变稠，可采用松节油及少量二甲苯混合溶液调稀；对于沥青漆变稠，可采用纯二甲苯调稀；对于硝基漆变稠，可直接加入香蕉水调稀；对于氨基漆变稠，在氨基漆稀释剂中加入质量分数为 25%~30% 的丁醇及少量的三乙醇胺稳定剂即可消除。另外，还要注意油漆包装容器的密封。

11　职业道德类试题

一、单项选择题

1. B　2. D　3. B　4. C　5. C　6. D

二、多项选择题

1. ABC　2. ABCD　3. AC　4. ABCD　5. ACD　6. AC　7. ABD　8. ABCD
9. ABCDE　10. BD　11. ABD

三、判断题

1. × 2. × 3. × 4. × 5. × 6. × 7. × 8. × 9. √ 10. × 11. × 12. ×
13. × 14. √ 15. √ 16. × 17. √ 18. × 19. √ 20. √

四、填空题

1. 施工过程中责任制 2. 世界观 3. 融为一体 4. 精诚合作 5. 尽心，尽力，尽职，尽责 6. 职业道德 7. 精打细算 8. 节约

参 考 文 献

[1] 张煜. 涂装工 [M]. 北京：中国劳动社会保障出版社，2015.

[2] 刘发锐. 丙烯酸酯共聚物乳液基涂料的制备及调湿抗菌性能研究 [D]. 兰州：西北师范大学，2014.

[3] 严微，鲁琴，胡荣涛，等. 有机硅改性丙烯酸酯涂料的性能研究 [J]. 化学与生物工程，2011，28 (9)：32-35.

[4] 韩海军，段鹏飞，李红英. 环保型水固化聚氨酯防水涂料的制备及性能研究 [J]. 新型建筑材料，2015，42 (2)：25-29.

[5] 王廷勋，颜小洋，李京龙，等. 硅丙乳液防水涂料及其在不同基材上的应用研究 [J]. 中国建筑防水，2011 (17)：12-15.

[6] 夏文丽. 抗菌防霉内墙涂料的研制及其防霉性能研究 [J]. 上海涂料，2020 (1)：11-13.

[7] 佚名. 杀菌防霉涂料 [J]. 涂料技术与文摘，2016，36 (8)：59-60.

[8] 黄超群，禤明妮，刘永福，等. 涂装干式喷房迷宫纸盒和多层网格纸盒的应用研究 [J]. 电镀与涂饰，2019 (16)：908-912.

[9] 彭芬，何曦，尹涛，等. 水旋式喷漆室及设计方案研究 [J]. 中国环保产业，2016 (7)：34-37.

[10] 张旭. 杜尔走珠系统在小颜色喷涂领域中的应用 [J]. 上海涂料，2019，57 (1)：33-36.